北京市宣传文化系统高层次人才培养资助项目

（2017XCB038）最终成果之一

SHENGTAI WENMING JIANSHE DE
XITONG JINLU YANJIU

生态文明建设的系统进路研究

张云飞◎著

人民出版社

前　言

生态文明是中国化马克思主义提出的原创性的理论创新概念。生态文明是人类历史发展的趋势,是人类文明进步的积极成就。

为了深入推动社会主义生态文明建设,必须大力构建中国自主的生态文明知识体系。2016 年 5 月 17 日,习近平总书记在哲学社会科学工作座谈会上提出,“中国特色哲学社会科学应该涵盖历史、经济、政治、文化、社会、生态、军事、党建等各领域”①。这里明确指出,生态文明哲学社会科学学科应该成为中国特色哲学社会科学的重要内容。2022 年 4 月 25 日,习近平总书记在考察中国人民大学时进一步指出:“加快构建中国特色哲学社会科学,归根结底是建构中国自主的知识体系。”②在这个意义上,构建中国特色生态文明学科的关键是要构建中国自主的生态文明知识体系。

构建中国自主的生态文明知识体系,必须坚持系统观念,明确生态文明建设的系统进路。

生态文明建设是一项复杂的系统工程。只有坚持生态文明理论创新,才能为生态文明建设提供科学的指导思想。同时,我们需要在科技范式、发展方

---

① 《习近平谈治国理政》第二卷,外文出版社 2017 年版,第 344 页。

② 《习近平在中国人民大学考察时强调　坚持党的领导传承红色基因扎根中国大地　走出一条建设中国特色世界一流大学新路》,《人民日报》2022 年 4 月 26 日。

式、国家治理等方面系统发力，整体推动生态文明建设。此外，我们应该具有开放的视野和宽阔的胸怀，积极参与和大力推动全球生态文明建设。无论如何，我们都必须坚持“中国共产党领导人民建设社会主义生态文明”，坚持社会主义生态文明自信。

我们分八章对之进行探讨，力求推动中国自主生态文明知识体系的构建和社会主义生态文明的建设。第一章“生态文明建设的一般问题”，主要探讨生态文明建设的总体方位、哲学基础、时代课题、空间维度、未来走向等问题。第二章“当代中国的生态文明理论创新”，主要考察中国共产党在改革开放以来尤其是党的十八大以来的理论创新成果及其科学内涵和理论贡献。第三章和第四章“生态文明建设的技术支撑”，主要考察生态化技术（可持续发展）的技术范式创新及其对于生态文明建设的支撑作用。第五章“生态文明建设的现实路径”，主要研究作为生态文明建设现实路径的绿色发展的理念创新、实践要求、典型案例，最后落脚到建设人与自然和谐共生现代化建设上来。第六章“生态文明建设的治理保障”，主要研究生态环境领域国家治理体系和治理能力现代化的原则、要求、任务及其对于生态文明建设的保障作用。第七章“生态文明建设的国际维度”，主要考察全球生态环境治理背景下的国际合作和中国贡献的问题。第八章“生态文明建设的制度自信”，主要突出我国生态文明建设的社会主义性质，强调要坚持道路、理论、制度、文化自信。

生态文明既不可能一蹴而就，更不可能一劳永逸。只有在自由王国当中，才可能真正实现人道主义和自然主义相统一的这一生态文明建设的崇高理想。

目　　录

第一章　生态文明建设的一般问题 …… 001
一、生态文明理念创新的历史和经验 …… 003
二、生态文明建设的生态理性基础 …… 025
三、面向后疫情时代的生态文明抉择 …… 036
四、生态文明建设的系统推进 …… 053
五、生态文明建设的空间维度 …… 067

第二章　当代中国的生态文明理论创新 …… 078
一、改革开放以来生态文明建设的成就和经验 …… 080
二、推动生态文明建设成为“国之大者” …… 093
三、习近平生态文明思想的政治宣言 …… 100
四、习近平生态文明思想的话语体系 …… 109
五、习近平生态文明思想的创新贡献 …… 129

第三章　生态文明建设的技术支撑(上) …… 146
一、技术进步的生态哲学追问 …… 148
二、全球性问题的技术对策 …… 154

三、可持续发展的技术抉择 …… 167
四、技术革命的生态化方向 …… 183
五、生态化技术的建构原则 …… 199

第四章　生态文明建设的技术支撑（下） …… 210
一、可持续农业的技术模式 …… 212
二、农业减灾的技术支持 …… 234
三、生物安全治理的技术支撑 …… 256
四、绿色水利的科学抉择 …… 269
五、绿色产业的地方案例 …… 278

第五章　生态文明建设的绿色发展路径 …… 287
一、坚持绿色发展的科学理念 …… 289
二、促进社会经济全面绿色转型 …… 314
三、谱写绿色发展新篇章 …… 332
四、绿色发展的内蒙古篇章 …… 352
五、绿色发展的普洱实践 …… 357
六、绿色发展的沁源实践 …… 362

第六章　生态文明建设的治理保障 …… 371
一、加强党对生态文明建设的全面领导 …… 373
二、生态型政府的建设之道 …… 383
三、生态文明制度的体系框架 …… 396
四、加强生态治理现代化的现实课题 …… 422
五、京津冀绿色协同发展的共享导向 …… 442

第七章　生态文明建设的国际视野和贡献 …………………… 449
一、走向绿色新政的国际潮流 …………………… 451
二、全球生态环境治理的新努力 …………………… 458
三、东北亚环境 NGO 与东北亚环境合作 …………………… 466
四、生态文明的正义底线 …………………… 485
五、创造世界生态文明美好未来的中国贡献 …………………… 498

第八章　生态文明建设的制度自信 …………………… 507
一、社会主义生态文明内在规定的科学自觉 …………………… 510
二、社会主义生态文明观的科学典范 …………………… 524
三、新时代社会主义生态文明观的三重意蕴 …………………… 539
四、坚持人类文明新形态的自觉和自信 …………………… 557

主要参考文献 …………………… 564

第一章　生态文明建设的一般问题

生态文明是人类文明发展的历史趋势。——习近平①

我们坚持和发展中国特色社会主义，推动物质文明、政治文明、精神文明、社会文明、生态文明协调发展，创造了中国式现代化新道路，创造了人类文明新形态。——习近平②

如何认识生态文明的历史方位，是生态文明理论研究中一个众说纷纭、莫衷一是的问题。生态中心主义将生态文明看作是取代和超越工业文明的新的文明形态。这一看法在生态文明领域当中已经取得话语霸权。按照这种方式看待生态文明，中国只能原地踏步甚至退回到农业社会，而西方社会已经在工业文明的基础上迈入智能文明时代。如此下来，中国和西方的发展差距会越来越大，中国只能永远保持世界上二等公民的地位。其实，这就是生态中心主义的“微言大义”。与之不同，我们将建设生态文明（美丽中国建设）看作是实现中华民族伟大复兴中国梦的重要内容。同时，我们将生态文明看作是人类文明发展的历史趋势。

物质文明、政治文明、精神文明、社会文明、生态文明是一个系列的范畴

① 习近平：《论坚持人与自然和谐共生》，中央文献出版社 2022 年版，第 294 页。
② 习近平：《在庆祝中国共产党成立 100 周年大会上的讲话》，《人民日报》2021 年 7 月 2 日。

（文明要素），由之构成了文明系统的整体。渔猎采集文化、农业文明、工业文明、智能文明（信息文明、知识文明）是一个系列的范畴（文明形态），由之构成了文明演进的过程。整个人类文明，就是在人民群众的社会实践的基础上，沿着由前者构成的“空间轴”和由后者构成的“时间轴”之间的对角线不断发展、不断上升的过程。因此，一方面，我们要将生态文明全面地渗透到物质文明建设、政治文明建设、精神文明建设、社会文明建设的各个方面和各个过程；另一方面，我们要将生态文明彻底地贯穿于从农业文明到工业文明、从工业文明到智能文明的各个过程和各个步骤。这样，我们才能既保障文明的全面发展，又保障文明的持续演进。

当然，从工业文明迈入智能文明时代，同样需要生态文明。没有生态文明的支撑和约束，智能文明同样是不可持续的。因此，在当代中国，我们必须坚持协同推进新型工业化、城镇化、信息化、农业现代化和绿色化。当下，我们应该按照“生态化+信息化”方式推进生态文明建设。其中，没有社会主义制度的支撑，难以实现这一点。从社会主义走向共产主义，按照生态文明的方式从工业文明走向智能文明，或许是未来文明的发展方向。

从总体方位来看，生态文明是人类时时处处需要的文明。我们必须协调推进物质文明、政治文明、精神文明、社会文明、生态文明，必须协调推进农业革命、工业革命、信息革命、生态文明。生态文明必须以人民性为价值取向，追求自然主义和人道主义的统一。生态文明必须沿着社会主义道路实现立体的全面的生态正义。为此，必须构建中国特色的生态哲学和生态伦理学。

从现实任务来看，生态文明建设是一场涉及空间结构、产业结构、生产方式、思维方式、价值观念、生活方式等方面的全方位革命。过去，可持续发展主要注意的是“时间”问题，现在，我们在此基础上突出了优化国土空间布局在生态文明建设中的重要性，这样，就实现了“时间”和“空间”的统一，实现了代际正义和代内正义的统一。在总体上，生态文明建设是一项复杂的社会系统工程。经过持续不断的努力,我们一定会建成美丽中国,一定会迎来一个清洁美丽的世界。

一、生态文明理念创新的历史和经验

在全球性生态环境问题日益恶化的情况下,走生态文明之路必须成为人类的共同选择。对于后发型现代化来说,更应该避免西方工业化先污染后治理的老路。鉴此,2007 年 10 月,党的十七大旗帜鲜明地将生态文明写入了中国共产党的政治报告中,要求在中国现代化的过程中走生产发展、生活富裕、生态良好的文明发展道路。生态文明集中体现为人与自然的和谐发展。不仅如此,生态文明也是对中国传统文化资源的历史承续,更是中国未来可持续发展的基本保证。可以说,生态文明是贯穿中国的过去、现在和未来的一条基本主线。在此基础上,习近平生态文明思想系统形成。

(一)中华优秀传统生态文化的历史经验

在 5000 多年的悠久历史中,中华文明基本上是一种农业文明。由于农业文明是同自然的再生产过程紧密地交织在一起的,因此,生态文明以"早熟"的方式出现在中华文明中,形塑和推动着中华文明。

1. 中国古代生态文明的科学形式

虽未形成"生态学"专门术语,但中国古代存在着较为丰富的生态学思想,对生态学季节节律的科学认识是其突出贡献。在中国古代,是用"时"(时令、时节)来表示该节律的。根据对"时"的认识,夏朝就规定:"春三月,山林不登斧斤以成草木之长;夏三月,川泽不入网罟,以成鱼鳖之长。"(《全上古三代秦汉三国六朝文·全上古三代文》)即,在万物复苏和生长的季节,应该禁止采伐和捕捞等行为,这样才能保证生物的正常生长。约成书于战国早期的

《夏小正》,用夏历的月份,分别在十二个月中记载着各个月份中的物候、气象、天文,以及各个月份应该进行的活动,如渔猎、农耕、蚕桑、制衣、养马等。它之所以以时系事,主要是看到了遵循季节节律对于人类生活和生产的重大意义,将天、地、人看作是一个系统。在此基础上,《诗经·豳风·七月》进一步认识到星象、物候和农事之间的系统关联。一者,物候与星象是相对应的。例如,“七月流火,九月授衣”,“春日载阳,有鸣仓庚”,“四月秀葽,五月鸣蜩”。即,随着天上星象位置的变化,动植物也会出现相应的变化。另一者,农事与时令也是相对应的。例如,“六月食郁及薁,七月亨(烹)葵及菽。八月剥枣,十月获稻”,“九月筑场圃,十月纳禾稼”。即,随着时令的变化,人们要进行不同的农事活动。由此,《诗经》确立了“时”在农业生产中的主导地位:“率时农夫,播厥百谷”(《诗经·周颂·噫嘻》)。进而,《礼记·月令》根据天文变化来确定季节更替、气象变化和物候,然后按照十二月的顺序来合理安排农事活动、利用和保护自然资源的措施等,规定一定的农事必须在一定的季节完成,某种特定的自然资源只能在某个特定的季节采伐和利用,并论述了乖舛“时”的生态学后果,形成了“顺时”“得时”“失时”和“违时”等概念,由此提出了“时禁”。例如,春天是万物复苏、萌芽、发育的季节,因此,“昆虫未蛰,不以火田,不麑,不卵,不杀胎,不夭夭,不覆巢”(《礼记·王制》)。即,在春天不能采用灭绝生物种群的方法,应该保护动物的胎体、幼崽。此后,“月令”成为了中国农学、生态学以及自然保护等方面理论的一种独特文体。不仅如此,中华文明也将“时”作为政治统治的一项基本原则。例如,孔子提出了“道千乘之国,敬事而信,节用而爱人,使民以时”(《论语·学而》)的主张,认为一个高明的统治者应该懂得让老百姓按照季节节律休养生息,不得延误农时。

2. 中国古代生态文明的经济形式

在长期农业生产中,中国古代形成了一套精耕细作、集约经营的有机农业模式。

第一，农业生态系统的科学认识。中国古代用“三才”（三度）概念来表达农业生态系统。“所谓三度者何？曰：上度之天祥，下度之地宜，中度之人顺，此所谓三度。故曰，天时不祥，则有水旱；地道不宜，则有饥馑；人道不顺，则有祸乱。此三者之来也，政召之。曰：审时以举事，以事动民，以民动国，以国动天下。天下动，然后功名可成也。”（《管子·五辅》）即，只有天地人和谐，才能保证农业丰收。后来，元代王祯将其概括为：顺天之时，因地之宜，存乎其人。在此基础上，中国古代形成了一系列实用而有效的生态农业模式。

第二，节水农业和农业水利建设技术。节水是生态农业的基本要求，为此，必须按照生态科学和系统科学的原则来修建农业水利工程。都江堰和坎儿井是这方面的典范。位于四川省的都江堰是在李冰父子的主持下于 2000 多年前建成的。这一水利枢纽工程由鱼嘴分水堤、飞沙堰溢洪道和宝瓶口进水口三项组成。尽管这三者的性质各异，但具有功能互补性，使整个工程实现了自动分流、溢洪排沙、自流灌溉、航运舟楫等功能。新疆的坎儿井（kanat）也体现了同样的智慧。早在《史记》中便对之有记载，时称“井渠”。现存的坎儿井，多为清代以来陆续修建。其具体做法是：在高山雪水潜流处，寻找水源，按一定间隔开凿竖井，然后在井底修通暗渠，沟通各井，引水下流。暗渠出水口与地面明渠相连接，把地下水引至地面灌溉农田。由于设计巧妙，坎儿井有效避免了水分的大量蒸发，所以，流量稳定，保证了自流灌溉。

第三，植物营养管理和肥料技术。玛雅文明采用的是“斯维顿农业”（Sweden，即游耕农业）的方式。随着土壤有机肥补充不足、环境及资源恶化，导致了农业生产力的下降，最终使一个高度发达的文明毁灭。与此不同，中国施用肥料的历史可以追溯到 5000 多年前。《吕氏春秋》很重视“土宜”，看到“土不肥，则长遂不精”的严重性（《吕氏春秋·离俗览·贵信》）。从种类来看，中国古代肥料大体上分为大粪、牲畜粪、绿肥、渣粪、骨蛤粪、皮毛粪、生活废弃物粪、泥土粪、泥水粪和矿物肥料等。从制作来看，也有十分复杂的方法。单就制造堆肥的技术来看，就包括踏粪法、窖粪法、蒸粪法、酿粪法、煨粪法和煮粪法等。从施肥方法来看,有基肥、种肥和追肥三种形式。从施肥原则来看,考虑到了天、地、物三者,要求按照“时宜”“地宜”和“物宜”来进行。显然,上述肥料科学技术是长期维持大量人口生活而地力不衰的关键所在。

第四,混合农作制度和农作多样化技术。单一制的农场或养殖场是不可持续的,必须将混合农作制度和农作多样化战略作为农业的发展方向。桑基鱼塘(mulberry fish pond)就是这方面的典型。在中国珠江三角洲地区,为集约利用土地,人们创造了一种挖深鱼塘、垫高基田、塘基植桑而塘内养鱼的人工生态系统——桑基鱼塘。具体做法是:栽桑、养蚕、养鱼三者结合,蚕粪喂鱼,塘泥肥桑,桑叶养蚕,形成桑、蚕、鱼、泥的良性循环,这样,就实现了多种经营、节约资源、避免水涝、减少污染、保证收获等效益。桑基鱼塘自17世纪明末清初兴起,到20世纪初一直在发展。总之,在中国古代就形成了生态农业的模式。

3. 中国古代生态文明的政治形式

中国古代很重视资源管理和环境管理的制度建设。“虞衡”就是为之专门设置的机构和成员。

第一,从其演变来看,据说,最早的虞官名叫伯益,产生于四千多年前的帝舜时期。周代已经达到了一定的水平:“以九职任万民,三曰虞衡。”(《周礼·天官·太宰》)郑玄注:“虞衡,掌山泽之官,主山泽之民者。”虞衡分职,始于周汉。贾公彦疏:“地官掌山泽者谓之虞,掌川林者谓之衡。”孙诒让正义:“山林川泽之民属於虞衡,故即名其民职曰虞衡,亦通谓之虞。”魏晋以来,统称虞曹、虞部。隋代以后,虞部属工部尚书。明改为虞衡司,清末始废。

第二,从其名称来看,虞有山虞、泽虞、野虞、兽虞、水虞之分,其职官有虞师、虞候、虞人之级。例如,山虞的职责是:“山虞:掌山林之政令。物为之厉,而为之守禁。仲冬,斩阳木;仲夏,斩阴木。凡服耜;斩季材,以时入之。令万民时斩材,有期日。凡邦工入山林而抡材,不禁,春秋之斩木不入禁。凡窃木者有刑罚。若祭山林，则为主而修除，且跸。若大田猎，则莱山田之野。及弊田，植虞旗于中，致禽而珥焉。”（《周礼·地官·山虞》）即，山虞掌管山林的政令，管理山林的封闭开放。即便是砍伐用于农具和舟车的木材，亦须按照时令进行。再如，虞师的职责是：“修火宪，敬山泽林薮积草，夫财之所出，以时禁发焉。使民于宫室之用，薪蒸之所积，虞师之事也。”（《管子·立政》）即，根据时禁，封山育林，保证国家对财物的需求。同时，衡有林衡、川衡、鹿衡等。例如，林衡的职责是：“林衡：掌巡林麓之禁令而平其守，以时计林麓而赏罚之。若斩木材，则受法于山虞，而掌其政令。”（《周礼·地官·林衡》）即，根据时令来管理山林，对违反禁令砍伐者要严惩不贷；对于爱护山林者，要给予奖励。这样，在虞衡的引导下，就可以有效进行资源管理和环境管理。

进而，中国古代将可持续性作为判断贤明政治的重要标准。在荀子看来，“圣王之制也：草木荣华滋硕之时，则斧斤不入山林，不夭其生，不绝其长也；鼋鼍、鱼鳖、鳅鳝孕别之时，罔罟毒药不入泽，不夭其生，不绝其长也；春耕、夏耘、秋收、冬藏四者不失时，故五谷不绝，而百姓有余食也；洿池、渊沼、川泽，谨其时禁，故鱼鳖优多而百姓有余用也；斩伐养长不失其时，故山林不童而百姓有余材也”（《荀子·王制》）。这里，自然可持续性是人类可持续性的基础，可持续性制度（圣王之制）是自然可持续性的保障。因此，在一些西方人看来，中国在很早的时候就有了专门的环境保护部门和专门的环境保护管理人员。

4. 中国古代生态文明的哲学形式

中国古代哲学是一种典型的有机论思维。之所以将之称为有机的，就在于它将“作为一个整体的宇宙中的所有的组成部分看作是隶属于一个有机整体的，它们都作为自发地产生生命的过程的参与者而相互作用”①。追求人与自然的和谐与统一，是有机思维的基本要求和根本特征。

---

① Frederick W. Mote, *Intellectual Foundations of China*, New York: Alfred A. Knopf, 1971, pp.17-18.

第一,“天人合一”的自然观。“天人合一”本身具有十分广泛的含义。“天”既有“天命”之“天”的含义,也有“自然”之“天”的含义。就后者来看,天人合一提出了人与自然和谐的哲学思想。在这个问题上,儒家的基本思想是“三才”,即天、地、人的协调一致,道家的基本思想是“四大”,即道、天、地、人的协调一致。他们都把自然(天、地)与人作为一个统一的整体来思考,都要求建立两者之间的和谐关系。

第二,“中庸勿我”的方法论。以儒家来看,“中庸”就是要求在对立中看到联系、在差异中看到依存。将“中庸”运用到人与自然的关系上,儒家提出了“毋我”的主张。“子绝四,毋意,毋必,毋固,毋我。”(《论语·子罕》)即,孔子断绝了自私、自利、固执和自我四种行为。人们运用这一方法,就可实现人与自然的和谐。“致中和,天地位焉,万物育焉。”(《中庸》)即,只有适中,天地万物才能各得其所;只有和谐,天地万物才能自然生长。可见,“中庸勿我”就是儒家提出的生态学方法。

第三,“民胞物与”的道德观。由于“仁”具有推己及人的心理机制,因而能使人将这种道德之心扩展到自然万物上。宋儒在自觉的道德本体论的基础上将“爱物”直接作为“仁”的内在规定,提出了“民胞物与”的主张。“乾称父,坤称母,予兹藐焉,乃混然中处。故天地之塞,吾其体;天地之帅,吾其性。民吾同胞,物吾与也。”(《张载集·正蒙·乾称》)即,人是天地之间的一份子,是与天地万物为一体的,因此,要将其他人看作是兄弟(民吾同胞),形成人对人的爱;要将自然看作是伙伴(物吾与也),形成人对自然的爱。显然,“民胞物与”是中国古代的生态伦理思想。

这样,在中国古代就形成了一个生态哲学的框架。

5. 中国古代农业文明的生态困境

在农业社会中,为了应对日益增长的人口对粮食的需求,人们在毁林开荒的过程中造成了森林破坏;同时,建筑和战争进一步加剧了对森林的砍伐,这样，就形成了生态恶化的局面。第一，森林破坏。孟子就曾记录过森林破坏的事件："牛山之木尝美矣，以其郊于大国也，斧斤伐之，可以为美乎？是其日夜之所息，雨露之所润，非无萌蘖之生焉，牛羊又从而牧之，是以若彼濯濯也。人见其濯濯也，以为未尝有材焉，此岂山之性也哉？"（《孟子·告子上》）有关方面估计，在新石器时代后期，中国种林地450多万平方千米，相当于现在国土面积的43%。大约在200年前，中国原有原始森林几乎被砍伐殆尽。第二，水土流失。随着森林面积的减少，土壤的植被保护层就遭到了破坏，这样，就容易造成水土流失。例如，孕育了中华文明的黄河流域，在先秦时期，环境状况良好，适合农业生产。到了秦汉时期，这一区域的森林开始遭到破坏。两宋时，森林破坏范围进一步扩大，吕梁山、渭河中游地区和洛阳周围地区的森林所剩无几，黄河泥沙含量超过50%，明代达到60%，清代高达70%。当然，这种情况的出现也与黄土高原的土壤层有一定的关系。第三，灾害频发。由于植被破坏和水土流失，洪涝灾害一直是中国最古老的重大自然灾害。在历史上，黄河流域经常泛滥成灾。据记载，2000多年来，黄河下游溃堤达1590多次，较大规模的改道有26次，水灾范围北至天津，南抵苏皖，广达25万平方公里。清初至鸦片战争近200年间，黄河决口达361次，平均约每6个多月一次。在1854—1855年间，黄河的入海口向北移动了将近500公里，几百万人为此丧生。此外，随着灌溉事业的发展，由于不注意排水问题，也造成了土壤的盐渍化、沼泽化、沙漠化等一系列的问题。显然，不能简单地美化农业社会。

总之，中国古代存在着追求人与自然和谐的悠久传统，形成了中华优秀传统生态文化，构成了当代中国生态文明的历史源头，但是，古代的人和自然的关系绝不是田园牧歌式的，也存在着生态破坏的问题。这就提醒我们注意：在任何情况下，自然规律都是不可超越的，都必须追求人与自然的和谐。

（二）科学发展观的生态文明理念创新

新中国成立以后，中国开始了向工业社会的自觉过渡。在实现现代化的过程中，实现经济社会发展和人口资源环境相协调，始终是中国发展面临的重大问题。在经过多年艰辛探索的基础上，党的十七大旗帜鲜明地将生态文明作为全面建设小康社会奋斗目标的新要求。

1. 中国现代化的自然困境和环境代价

中国是世界上的人口大国和资源大国，又是世界上人均资源占有量较低的资源小国。

第一，人口基数大，人口素质较低。人口问题是中国发展面临的最大难题。从数量来看，一直处在持续增长的过程中。1949 年为 45000 万人，1978 年为 96259 万人，2000 年为 129533 万人，2010 年为 13397.2 万人（第 6 次人口普查）。与 2000 年第 5 次全国人口普查相比，十年增加了 7390 万人，增长 5.84%，年均增长 0.57%。从质量来看，人口素质也令人堪忧。1949 年的文盲率为 80%以上，1978 年大约是 20%，1990 年为 15.88%，2006 年已降到 7.88%。尽管如此，联合国教科文组织在 2011 年 3 月发布的一份报告称，在全世界文盲率最高的十个国家中，中国的成人文盲数位列第八。

第二，资源总量大，人均占有量少。中国以占世界 9%的耕地、6%的水资源、4%的森林、1.8%的石油、0.7%的天然气、不足 9%的铁矿石、不足 5%的铜矿和不足 2%的铝土矿，养活着占世界 22%的人口。煤、油、天然气人均占有水平只及世界水平的 55%、11%和 4%；全国耕地保有量人均不到 1.4 亩，是世界平均水平的 1/3；大多数矿产资源人均占有量仅为世界平均水平的 58%；2007 年人均水资源占有量为 1916.3 立方米，约为世界平均水平的 1/4 左右，被列为全球 13 个人均贫水的国家；人均森林面积和森林蓄积量分别为 0.12 公顷和 10 立方米，只相当于世界平均水平的 17.2%和 12%，为世界第 119 位。

第三，发展水平有限，环境污染严重。发达国家是在工业化高度发展的情况下出现环境污染的，中国却是在工业化起飞中遭遇这一问题的。在水污染方面，2001 年，中国单位 GDP（按汇率计算）有机污水排放量为 18.9 千克/万美元,在世界上 109 个国家或地区中居第 98 位。2006 年全国废水排放总量为 536.8 亿吨,2007 年为 556.8 亿吨,比上年增加 3.7%。在大气污染方面,2003 年,中国每万美元 GDP(按汇率计算)SO_2排放量为 218.03 千克,是美国的 10 倍,加拿大的 5 倍。2006 年,全国废气中 SO_2排放量 2589 万吨,比上年增加 1.6%。据估计,环境污染使中国的发展成本比世界平均水平高出 6%左右,造成的损失约占 GDP 的 15%左右。

第四,发展速度不适,生态持续恶化。中国生态环境具有脆弱性的特点,由于人为原因,致使生态环境进一步持续恶化。水土流失面积为 356 万平方公里,占国土总面积的 37.1%,需要治理的水土流失面积有 200 多万平方公里,全国每年流失土壤 50 亿吨。全国沙化面积 173.97 万平方公里,占国土面积的 18%,影响着近 4 亿人的生产和生活,每年造成的直接经济损失达 500 多亿元。2006 年全国酸雨发生率在 5%以上区域占国土面积的 32.6%,酸雨发生率在 25%以上区域占国土面积的 15.4%。

第五,天灾人祸叠加,自然灾害频发。中国是一个灾害频发、灾损严重的国家,这往往与人口密集和破坏自然有直接联系。中国有 45%的国土属于干旱或半干旱地区,干旱频率均在 40%以上,南方地区在 50%—60%以上。同时,由于盲目砍伐造成水土流失、江河泥沙淤积、河床抬高,洪涝灾害有加剧趋势。就灾损情况来看,2006 年,各类灾害受灾人口为 43453.3 万人(次),比上年增长 6.9%;因灾经济损失 2528.1 亿元,比上年增长 23.8%。因此,中国必须始终把节约资源、保护环境放在重要的战略位置。

从上述基本国情出发,党的十五大将可持续发展确立为我国现代化建设的重大战略。在此基础上,党的十七大提出了生态文明的理念。

2. 注重人与自然和谐传统的发扬光大

在中国现代化起飞的过程中,在统筹人与自然和谐发展方面,中国共产党也走过了一条艰辛的探索道路。

第一,人口问题。最初,中国在人口控制问题上是动摇的。在20世纪50年代,一度对马寅初的“新人口论”进行过批判,间接导致了人口政策的失误。后来,认识到了人口多具有二重性,提出对人类自身的生产也应该实行计划管理。在20世纪50年代的设想是,“政府可能要设一个部门,或者设一个节育委员会,作为政府的机关。人民团体也可以组织一个”①;同时提出,“计划生育,也来个十年规划”②。1978以后,中国明确地将计划生育确立为基本国策。③

第二,资源问题。在20世纪50年代,受征服自然这种思想的影响,在“大跃进”和“文化大革命”时期,曾经出现过以粗放式开发和利用自然资源的情况,导致了资源的破坏和浪费。后来,对人多地少的矛盾有了清醒的意识,要求在国民经济和社会发展的过程中要厉行节约。1978年以后,社会主义初级阶段理论的基本根据之一,就是中国人多地少的基本国情。即“土地面积广大,但是耕地很少。耕地少,人口多特别是农民多,这种情况不是很容易改变的。这就成为中国现代化建设必须考虑的特点”④。因此,中国现代化不能走资源高消耗尤其是土地资源高消耗的发展道路。

第三,环境问题。在20世纪五六十年代,一些人简单地认为,环境污染是资本主义的“文明病”,不会出现在社会主义国家。这样,在一定程度上放松了对环境污染的警惕性,最终导致环境污染开始在中国出现。从20世纪六七十年代开始,中国明确地意识到了西方工业化的生态弊端,提出了经济建设、城乡建设和环境建设要同步规划、同步实施、同步发展的“三同步”方针,并在国务院中设立了相应的机构来处理这方面的问题。同时,中国积极开展环境

① 《毛泽东著作专题摘编》(上),中央文献出版社2003年版,第970页。

② 《毛泽东文集》第7卷,人民出版社1999年版,第308页。

③ 根据中国的人口动态趋势,2015年10月,党的十八届五中全会公报提出“全面实施一对夫妇可生育两个孩子政策”。自此,中国开始进一步调整和完善人口政策。这里,我们叙述的实施计划生育政策时期的人口情况及其带来的资源、环境、生态造成的压力,与当下无涉。

④ 《邓小平文选》第2卷,人民出版社1994年版,第164页。

外交和环境合作。1972 年,中国派代表参加了联合国人类环境会议;中国学者还参与了《只有一个地球》的有关工作。1978 年以后,中国明确地将环境保护确立为基本国策,开始颁布相关的法律,并设置了相应的政府机构。

第四,生态问题。在这个问题上,中国的认识一开始就比较清晰。在 20 世纪 50 年代就认为,森林是宝贵的资源,应该做好绿化工作,这对工农业的发展是很有利的。同时,提出了要注意水土流失造成的灾害问题。在农村地区,"短距离的开荒,有条件的地方都可以这样做。但是必须注意水土保持工作,决不可以因为开荒造成下游地区的水灾"①。1978 年以后,邓小平同志明确提出要"植树造林,绿化祖国,造福后代"②。这事实上就是一种可持续发展的要求。

在总体上,这些科学认识和成就为中国提出生态文明的奋斗目标积累了有益的经验。

3. 可持续发展战略的科学提升和发展

从 1992 年左右开始,中国积极主动地融入到了国际可持续发展的潮流中。联合国环境与发展委员会在 1987 年发表的《我们共同的未来》中,对"可持续发展"作出了一个较为权威的定义:既满足当代人的需要,又不对后代人满足其需要的能力构成危害的发展。为了纪念联合国人类环境会议召开 20 周年,1992 年 6 月 3 日至 14 日,联合国环境与发展大会在巴西里约召开。会议提出了"地球在我们手中"的口号,要求人类应该加强环境保护工作,促进全球的可持续发展。会议通过和签署了《里约热内卢环境与发展宣言》《21 世纪议程》《关于森林问题的原则声明》《联合国气候变化框架公约》和《生物多样性公约》等重要文件。以此为契机,可持续发展被国际社会普遍接受。

中国政府高度重视这次会议,中国政府总理亲自率团参加会议,并承诺要

---

① 《毛泽东文集》第 6 卷,人民出版社 1999 年版,第 466 页。

② 《邓小平文选》第 3 卷,人民出版社 1993 年版,第 21 页。

认真履行里约会议通过的各项文件。根据对国情的科学判断，中国政府于1994年颁布了世界上第一个国家级的“21世纪议程”——《中国21世纪议程——中国21世纪人口、环境与发展白皮书》，明确地将可持续发展作为中国的发展战略。这充分履行了中国对国际社会的庄重承诺。1995年9月，江泽民同志发表了《正确处理社会主义现代化建设中的若干重大关系》的重要讲话，明确地提出：在现代化建设中，必须把实现可持续发展作为一个重大战略。要把控制人口、节约资源、保护环境放到重要位置，使人口增长与社会生产力的发展相适应，使经济建设与资源、环境相协调，实现良性循环。

在1997年9月召开的党的十五大上，可持续发展战略被写入了党的的政治报告中：“我国是人口众多、资源相对不足的国家，在现代化建设中必须实施可持续发展战略。坚持计划生育和保护环境的基本国策，正确处理经济发展同人口、资源、环境的关系。”①这样，中国就将可持续发展和科教兴国一同确立为中国现代化的重大战略。

在2002年11月召开的党的十六大上，把增强可持续发展能力与经济、政治和文化相并列，确立为中国全面建设小康社会的重要目标：“可持续发展能力不断增强，生态环境得到改善，资源利用效率显著提高，促进人与自然的和谐，推动整个社会走上生产发展、生活富裕、生态良好的文明发展道路。”②这里，将生产发展、生活富裕和生态良好作为可持续发展的基本要求和目标，事实上揭示出了可持续发展和生态文明的内在关联。为此，党必须代表先进生产力的发展要求，通过可持续发展带动先进生产力的发展；必须代表先进文化的前进方向，努力提高广大干部群众的可持续意识；必须代表中国最广大人民的根本利益，充分发挥人民群众在环境治理中的主力军作用。这就为提出生态文明目标进行了科学准备。

---

① 《江泽民文选》第2卷，人民出版社2006年版，第26页。
② 《江泽民文选》第3卷，人民出版社2006年版，第544页。

4. 坚持走生态文明发展道路的新要求

1978 年，中国提出了现代化的“三步走”的发展战略：第一步是国民生产总值在 20 世纪 80 年代翻一番。以 1980 年为基数，当时国民生产总值人均只有 250 美元，翻一番，达到 500 美元；基本解决温饱问题。第二步是到 20 世纪末，再翻一番，人均达到 1000 美元；基本实现小康。第三步是在 21 世纪中叶，再翻两番，达到人均 4000 美元；实现“比较富裕”。2003 年，中国 GDP 达到 1.4 万多亿美元，人均 GDP 达到 1090 美元，已顺利胜利实现了现代化战略的前两步目标。但是，当时达到的小康还是低水平的、不全面的、发展很不平衡的小康。其中，一个非常严重的问题是：能源资源对经济增长的约束强度不断增加，煤电油运企业超负荷运转，经济运行绷得过紧；生态系统的整体功能下降，制约经济社会发展，影响人民群众身体健康，人口与资源环境的矛盾日益尖锐。为此，中国亟需推进在发展观上的革命。

科学发展观就是在回答和解决这些具有历史高难度性课题的过程中产生的创新性成果。2003 年 10 月，在《中共中央关于完善社会主义市场经济体制若干问题的决定》中，第一次明确地提出了以经济建设为中心、以人为本、全面、协调和可持续发展的科学发展观。2004 年 3 月，胡锦涛同志指出：“可持续发展，就是要促进人与自然的和谐，实现经济发展和人口、资源、环境相协调，坚持走生产发展、生活富裕、生态良好的文明发展道路，保证一代接一代永续发展。”①这里，生态文明是目标，可持续发展是手段，人与自然和谐是灵魂。2004 年 9 月，在《中共中央关于加强党的执政能力建设的决定》中，第一次明确地提出了构建社会主义和谐社会的任务。作为社会主义和谐社会的基本特征，“人与自然和谐相处，就是生产发展，生活富裕，生态良好”②。作为和谐社会基本特征的人与自然和谐的内涵，与作为发展战略的可持续发展的内涵是

① 《胡锦涛文选》第 2 卷，人民出版社 2016 年版，第 167 页。

② 《胡锦涛文选》第 2 卷，人民出版社 2016 年版，第 285 页。

一致的。2005 年 6 月，中国国务院下发《关于做好建设节约型社会近期重点工作的通知》，要求加快建设“节约型社会”。2005 年 7 月，中国国务院又下发《关于加快发展循环经济的若干意见》，要求大力发展循环经济，建设“资源节约型社会”和“环境友好型社会”。

在此基础上，2007 年 10 月，党的十七大从经济、政治、文化、社会和生态五个方面提出了全面建设小康社会奋斗目标的新要求。在生态方面，就是要“建设生态文明，基本形成节约能源资源和保护生态环境的产业结构、增长方式、消费模式。循环经济形成较大规模，可再生能源比重显著上升。主要污染物排放得到有效控制，生态环境质量明显改善。生态文明观念在全社会牢固树立”①。这表明，中国已将可持续发展、统筹人与自然的和谐发展上升到了生态文明的高度。可见，生态文明是科学发展观提出的原创性理念。

5. 科学把握生态文明科学内涵和实质

尽管在人类文明史上有过丰富的生态文明思想，但是，只有科学发展观才第一次把生态文明上升到了国家意志的高度。

第一，生态文明的科学内涵。生态文明是关系到人类整体的可持续生存和永续性发展的基础性和普遍性的问题，是人类解决全球性问题、统筹人与自然和谐发展、贯彻和落实可持续发展战略过程中形成的一切理论努力和实践探索的总和，集中体现为人与自然的和谐发展。“什么是和谐？它是地球上的许多事物——用中国的话来说就是‘万物’——积聚在一起成为了一个有规则的整体：它被看作是包括生物和非生物在内的所有事物构成的一个多元的世界，是一首交响曲，或是由许多有差异的事物构成的奏鸣曲。”②在总体上，可持续发展、统筹人与自然和谐发展、生态文明是高度一致的。从哲学实

---

① 《胡锦涛文选》第 2 卷，人民出版社 2016 年版，第 628 页。

② Hwa Yol Jung, “The Harmony of Man and Nature: A Philosophic Manifesto”, *Philosophical Inquiry*, Vol.8, No.1-2, 1996, pp.32-49.

质来看,生态文明是人化自然和人工自然的积极进步成果的总和。

第二,生态文明的系统构成。从其构成来看,生态文明是一个是由生态化的(可持续性)自然物质因素、经济物质因素、社会生活因素、科学技术因素和人的发展方向等方面构成的复合性系统。在这个意义上,生态文明是指和谐美好的可持续发展环境和条件,良性增长的可持续发展经济和产业,健康有序的可持续运行机制和制度,科学向上的可持续发展意识和价值,协调创新的可持续科学和技术,以及由此保障的人的自由而全面发展以及社会的全面进步。因此,必须将生态文明作为一项复杂的系统工程来建设。

第三,生态文明的实质要求。在改造客观世界和主观世界的实践中不断认识自然,在顺应自然规律的基础上合理开发自然,在同自然的和谐相处中发展自己,是人类生存和进步的永恒主题。因此,“建设生态文明,实质上就是要建设以资源环境承载力为基础、以自然规律为准则、以可持续发展为目标的资源节约型、环境友好型社会”①。这里要害是遵循自然规律。只要人类锲而不舍地探索和认识自然规律,坚持按自然规律办事,不断增强促进人与自然相和谐的能力,就一定能够让人类更好地适应自然、让自然更好地造福人类。

总之,生态文明是在总结中国社会主义现代化建设经验、概括社会主义现代化建设规律的过程中提出的一个科学思想。

6. 贯彻落实生态文明的实际成就

在科学发展观的指导下,按照生态文明的原则和要求,中国积极推进生态文明建设,取得了一系列重要的成就。

第一,国内生态建设成绩。在国民经济和社会发展第十一个五年规划期间(2006—2010 年),中国扎实推进节能减排、生态建设和环境保护等方面的工作,取得了可喜的成绩。一是在节能和清洁能源方面,“十一五”前 4 年累

---

① 《胡锦涛文选》第 3 卷,人民出版社 2016 年版,第 6 页。

计单位国内生产总值能耗下降 14.38%。5 年期间，新增发电装机容量 4.45 亿千瓦，其中水电 9601 万千瓦、核电 384 万千瓦。关停小火电机组 7210 万千瓦，淘汰了一批落后的煤炭、钢铁、水泥、焦炭产能。二是在林业建设和生态治理方面，完成造林 2529 万公顷，综合治理水土流失面积 23 万平方公里。三是在治理污染方面，化学需氧量、二氧化硫排放量分别下降 12.45%、14.29%。此外，中国政府积极应对气候变化，明确提出 2020 年中国控制温室气体排放行动目标和政策措施。

第二，国际环境外交成绩。在做好国内生态建设工作的同时，中国还积极开展环境外交和国际合作。中日韩环境部长会议就是这方面的宝贵尝试。该会议是为了落实中日韩三国首脑会议共识，探讨和解决共同面临的区域环境问题，促进本地区可持续发展而设立的。会议每年召开一次，在三国轮流举行。本着务实、协商的合作精神，三国环境部门努力拓展合作项目，取得了积极效果。例如，2011 年 4 月 28—29 日，第 13 次中日韩环境部长会议在韩国釜山举行。会议就防控电子废弃物非法越境转移、生物多样性保护与遗传资源惠益分享、环保技术信息交流和节能减排技术转让、沙尘暴等区域和全球性问题交换了意见。在听取了环境合作项目进展情况报告，三国环境部长对未来三方环境合作项目的开展提出了建议。在听取学生论坛和企业论坛代表的报告后，三国环境部长高度赞赏建设低碳绿色校园和在改善环境方面加强与发展中国家企业合作的理念，并希望继续开展类似的交流和探讨。在谈到由于地震引发的日本福岛核泄漏事故时，中国代表团表示，非常希望日方加强信息交流，及时准确提供相关信息，并对向海洋排放受污染废水问题也表达了关注；同时，结合核污染与核辐射管理，三国应就废弃物非法越境转移和海洋漂浮物的问题，采取更加有效的措施，将其环境影响控制在最小范围。会议通过了《第十三次中日韩环境部长会议联合公报》。当然，中日韩环境部长会议之所以能够取得成功，是三国鼎力合作的结果。可见，生态文明的科学理念不仅为中国的可持续发展指明了方向，而且会促进中国为世界和平与发展作出更大的贡献。

总之,在中国共产党人长期探索的基础上,党的十七大创造性地提出了生态文明的理念,将之确立为全面建设小康社会奋斗目标的新要求。这是科学发展观的重要理论贡献。

(三)中国“十二五”时期的生态文明实践创新

在科学发展观看来,尽管中国目前的经济总量已跃居世界第2位,但是,人均水平位仍居世界50名以后,将长期处于社会主义初级阶段。其中,自然生态环境对现代化的约束是一个重要的问题。因此,在面向信息化(智能文明)的未来征程中,中国必须把生态化和现代化融合起来,推进中国特色的生态创新。

1. 中国生态文明建设的任务选择

面对日趋强化的资源环境约束,科学发展观已明确地意识到,必须增强危机意识,树立绿色、低碳发展理念,以节能减排为重点,健全激励与约束机制,加快构建资源节约、环境友好的生产方式和消费模式,增强可持续发展能力,提高生态文明水平。在2011年3月通过的《中华人民共和国国民经济和社会发展第十二个五年规划纲要》中提出,在“十二五”期间,中国生态环境建设的主要目标是:“资源节约环境保护成效显著。耕地保有量保持在18.18亿亩。单位工业增加值用水量降低30%,农业灌溉用水有效利用系数提高到0.53。非化石能源占一次能源消费比重达到11.4%。单位国内生产总值能源消耗降低16%,单位国内生产总值二氧化碳排放降低17%。主要污染物排放总量显著减少,化学需氧量、二氧化硫排放分别减少8%,氨氮、氮氧化物排放分别减少10%。森林覆盖率提高到21.66%,森林蓄积量增加6亿立方米。”①“十

① 《中华人民共和国国民经济和社会发展第十二个五年规划纲要》,人民出版社2011年版,第9页。

二五”规划纲要中有关资源环境的约束性指标最多，占总数比重由“十一五”的27.2%提高至33.3%。

为了保证上述目标的实现，“十二五”规划纲要专门设有“绿色发展，建设资源节约型、环境友好型社会”一篇，对“十二五”期间的生态建设进行了系统的部署。该章包括积极应对全球气候变化、加强资源节约和管理、大力发展循环经济、加大环境保护力度、促进生态保护和修复、加强水利和防灾减灾体系建设等内容。事实上，这六者是绿色发展和生态建设的六大支柱，是实现资源环境约束性指标的保障，将为中国的绿色发展和生态文明奠定坚实的基础。在此基础上，“十二五”规划纲要进一步将六大支柱具体化，提出了节能重点工程（4项）、循环经济重点工程（7项）、环境治理重点工程（4项）、生态保护和修复重点工程（14项）、水利和防灾减灾重点工程（3项）等一系列重点绿色发展工程。这表明，在科学发展观的指导下，中国在走向生态文明的过程中，又迈出了重要的一步。

2. 中国生态文明建设的努力方向

在科学发展观看来，中国是在工业化、信息化、城镇化、市场化、国际化（全球化）深入发展的新形势新任务下实现现代化的，因此，必须将生态化的原则和要求贯穿和渗透在上述过程中，走生态创新之路。

（1）生态化和工业化的融合。实现工业化仍然是中国艰巨的历史任务，但是，传统工业化是造成中国资源浪费和环境污染的主要原因，因此，必须将生态化原则和要求运用在工业化中，开辟绿色工业化的新的发展道路。为此，既要考虑能源资源产出总量的增加，也要考虑能源资源消耗量的减少，还要顾及对生态环境的影响。此外，必须建立节约能源资源和保护生态环境的产业结构，即生态化的产业结构。环境产业是建立和完善生态化产业结构的突破点。我们要重视对环境产业的投入。在增加对环境产业投入的同时如何防止环保产业存在助长泡沫风险的可能性，也是中国发展环境产业需要重视的问题。

(2)生态化和信息化的融合。中国工业化的任务尚未完成,现在又面临着信息化的挑战。尽管信息化具有明显的环境效益,但是,也会导致新的环境问题,因此,必须将生态化的原则和要求贯穿和渗透在信息化的过程中,实现生态化和信息化的融合。鉴此,中国共产党人提出了新型工业化道路的设想:坚持以信息化带动工业化,以工业化促进信息化,走出一条科技含量高、经济效益好、资源消耗低、环境污染少、安全条件有保障、人力资源优势得到充分发挥的新型工业化路子。为此,除了重视这方面的新技术、新制度外,还必须加强国际合作。现在,电子废弃物的跨境转移已成为国际社会面临的一个新的环境问题。当时的资料表明,美国、日本、韩国是电子废弃物的最大出口国,而中国、印度、巴基斯坦是最大的电子废弃物进口国。根据第 8 次中日韩环境部长会议联合公报要求,三国对有毒有害危险废弃物跨境转移问题开展了积极的对话与合作。2007 年 6 月在北京举行了中日韩三国控制电子废弃物跨境转移研讨会,就三国电子废弃物管理以及跨境转移控制等问题进行了交流与讨论,一致同意在电子废弃物跨境转移信息交流以及能力建设等方面加强合作。

(3)生态化和城镇化的融合。城镇化有利于实现产业结构的转型、社会事业和公共服务业以及现代服务业的发展。在 2010 年的时候,中国工业化率已达 70%,城市化率却大约为 48%,这样,就要求中国必须加快城镇化的步伐。但是,城镇化也具有明显的生态环境负效应。联合国一份报告指出,虽然城市面积只占全球土地总面积的 2%,但消耗着世界上 75%的资源,并产生了更大比率的废弃物。中国城镇化是在一个高度挤压和紧张的时空中进行的,也产生了大量的生态风险,如资源和能源紧张、环境污染、交通堵塞等。这样,就必须将生态化的原则和要求贯穿和渗透在城镇化的过程中,大力推进生态城市建设。为此,中国进行过积极的尝试,也积累了一定的经验。例如,在"绿色奥运"的基础上,北京市提出了建设"绿色北京"的口号:要建设以资源环境承载能力为基础,以自然规律为准则,以可持续发展为目标的资源节约型、环境友好型社会,坚持走生产发展、生活富裕、生态良好的文明发展之路。

其中,“十二五”规划纲要将“以人为本、节地节能、生态环保、安全实用、突出特色、保护文化和自然遗产”作为了中国城镇化建设的原则,为中国城镇化的可持续发展指明了方向。随着中国掀起生态城市建设的热潮,跨国企业也将迎来新的商务机遇。

(4)生态化和市场化的融合。市场经济具有明显的外部不经济性,因此,必须将生态化的原则和要求贯穿、渗透在市场化的过程中。在中国,深化资源性产品价格和环保收费改革,是节约能源资源、保护环境、实现可持续发展的重要举措。一方面,必须用生态化原则约束市场化过程。“十二五”规划纲要提出,必须加强规划指导、财税金融等政策支持,完善法律法规和标准,实行生产者责任延伸制度,制订循环经济技术和产品名录,建立再生产品标识制度,建立完善循环经济统计评价制度。这样,就可以促使企业成为绿色企业、经济成为绿色经济。另一方面,必须用市场化手段推进生态化进程。在解决生态环境问题的过程中,由于难以达成“自愿协商”,因此,必须引入市场机制,促使外部问题“内部化”。中国“十二五”规划纲要提出:要“建立健全能够灵活反映市场供求关系、资源稀缺程度和环境损害成本的资源性产品价格形成机制,促进结构调整、资源节约和环境保护。”①为此,需要从完善资源性产品价格形成机制、推进环保收费制度改革、建立健全资源环境产权交易机制等方面进行努力。在这些方面,中国也需要学习市场经济国家的先进经验。

(5)生态化和国际化的融合。随着全球化的发展,环境问题也已成为全球性问题,这样,就突出了环境外交和国际合作的重要性。第一,环境外交和国际环境的重点内容。加入世界贸易组织后,中国生态建设面临着新的形势和新的要求,也对中国提高可持续发展能力提出了新的挑战。譬如,如何随着人口流动的增多加强人口管理和服务,如何既充分利用国外资源又不过分依赖国外资源,如何既扩大资源领域的对外交流又防止珍稀资源流失,如何既不

① 《中华人民共和国国民经济和社会发展第十二个五年规划纲要》,人民出版社 2011 年版,第 128 页。

断促进贸易发展又确保环境安全,等等,都需要进行深入研究。其中,气候变化、能源资源安全、粮食安全、自然灾害、核安全等问题也是需要中国关注的重点问题。第二,环境外交和国际合作的基本原则。科学发展观强调,在处理国际环境事务时,必须坚持“共同但有区别的责任原则”。例如,在气候问题上,中国政府明确强调:要“坚持共同但有区别的责任原则,积极参与国际谈判,推动建立公平合理的应对气候变化国际制度。加强气候变化领域国际交流和战略政策对话,在科学研究、技术研发和能力建设等方面开展务实合作,推动建立资金、技术转让国际合作平台和管理制度。为发展中国家应对气候变化提供支持和帮助”①。其实,坚持“共同但有区别的责任”原则就是要坚持国际环境正义原则。第三,环境外交和国际合作的中国责任。美国等一些发达国家要求中国在气候问题上承担更多的责任,甚至是与发达国家相同的责任。显然,这种立场有失公允。这在于,“当美国(在过去的温室气体排放中负有最大责任的国家)仍然平均每人产生五倍于中国的温室气体而且仍在增加其排放总量,并将其最具污染性的制造工业转移到像中国这样的半边缘国家时,期望中国采取单方面行动减少温室气体排放也是不切题的”②。事实上,中国为控制气候问题一直在持续努力着,已制定和实施了《应对气候变化国家方案》,成立了国家应对气候变化领导小组,颁布了一系列法律法规,提出了节能减排的具体任务。在“十二五”规划纲要中已将之列入,并将继续采取强有力的措施。第四,环境外交和国际合作的主要举措。除了履行自己的国际责任、维护国家的生态安全外,中国的绿色发展需要积极引进国外资金、先进环保技术与管理经验。为此,要运用已生效的《京都议定书》确定的清洁发展机制,积极开展国际合作,引进国外先进技术。要抓紧修订外商投资产业目录,鼓励

---

① 《中华人民共和国国民经济和社会发展第十二个五年规划纲要》,人民出版社 2011 年版,第 63—64 页。

② Arran Gare, “Marxism and the Problem of Creating an Environmentally Sustainable Civilization in China”, *Capitalism Nature Socialism*, Vol.19, No.1, 2008, pp.5-26.

外资投向高新技术、节能环保、现代服务业等领域和中国中西部地区。总之，全球化既是造成全球性问题的深层原因，又是人类共同呵护地球家园的必要条件。

总之，科学发展观全面认识到工业化、信息化、城镇化、市场化、国际化深入发展的新形势新任务，要求中国沿着生产发展、生活富裕、生态良好的文明发展道路奋力走向未来。

3. 生态文明建设的依靠力量

只有坚持依靠群众，才能不断提高生态文明的建设成效。国际经验表明，环境非政府组织（ENGO）是人民群众参与生态文明建设的重要形式。如何促进中国 ENGO 的发展同样是中国生态文明建设面临的重大课题。第一，法治环境的建设。国外一些 ENGO 之所以能够持续发展并产生广泛影响，就在于有一个比较完善的法治环境。由于中国的注册需要严格遵守民政部的相关规定，因此，中国的 ENGO 注册率较低。在这种情况下，就需要中国在构建社会主义和谐社会的过程中，必须加强非政府组织方面的立法。第二，治理结构的建设。正如市场会“失灵”一样，社会领域也存在着“失灵”现象，因此，中国 ENGO 必须提高自己的透明度尤其是财务透明度，在接受社会监督的过程中，来提高自己的社会公信力，以避免在陷入财政困难的同时也陷入道德泥潭。第三，文化理念的建设。随着环境运动的发展，“在很多情况下，环境话语凭借它们对国外理论的依赖，较少反映我们关于环境的观点。通常，由于它们必须同发展话语争斗，环境话语似乎过于政治化。近来，环境话语出现了关于阶级导向的明显限制。即环境话语有退化为一种意识形态或适合中产阶级利益的文化方式的趋势。这是环境话语成为屈从于资本主义需要的重要指标，这是随着新自由主义渗透到社会生活的各个角落而出现的趋势”①。因此，中国

---

① Cho Myung-Rae, “Emergence and Evolution of Environmental Discourses in South Korea”, *Korea Journal*, Vol.44, No.3, 2004, pp.138-164.

ENGO必须按照"综合创新"的原则建构起自己的话语体系，用以指导自己的行动，赢得社会的认可。第四，合作机制的建设。ENGO必须处理好与政府的关系，需要在党的领导下，在政府、市场和社会、公众之间建构一种合作的机制，形成共治的格局。为此，"要积极创造条件，完善公众参与的法律保障，为各种社会力量参与人口资源环境工作搭建平台，真正形成党政领导、部门指导、各方配合、群众参与的工作格局，不断开创人口资源环境工作的新局面"①。这样，在促进ENGO持续而健康发展的同时，可以为生态文明建设提供适宜的社会环境。

在科学发展观看来，中国的生态文明建设不是脱离或反对现代化（发展）的绝对性的生态化（如西方的生态中心主义和后现代主义等思想主张的那样），也不是在现代化（发展）之外寻求一些绿色措施来弥补发展的生态负效应的修补性的生态化（如西方的生态现代化和绿色资本主义等思想主张的那样），而是将生态化和现代化融合起来的绿色发展（可持续发展），是中国特色的生态创新。在此基础上，党的十八大将生态文明建设纳入到了中国特色社会主义总体布局当中，形成了中国特色社会主义总体布局。

党的十八大以来，以习近平同志为核心的党中央大力推进生态文明理论创新、实践创新、制度创新，系统形成了习近平生态文明思想。从其形成的历史源头来看，习近平生态文明思想根植于中华优秀传统生态文化，是中国共产党不懈探索生态文明建设的理论升华和实践结晶。在总体上，习近平生态文明思想是当代中国马克思主义、二十一世纪马克思主义在生态文明建设领域的集中体现。

二、生态文明建设的生态理性基础

无论人的主体性如何强大，外部自然界的优先性始终存在。习近平总书

① 《十六大以来重要文献选编》（中），中央文献出版社2006年版，第826页。

记指出:“中国将按照尊重自然、顺应自然、保护自然的理念,贯彻节约资源和保护环境的基本国策,更加自觉地推动绿色发展、循环发展、低碳发展,把生态文明建设融入经济建设、政治建设、文化建设、社会建设各方面和全过程,形成节约资源、保护环境的空间格局、产业结构、生产方式、生活方式,为子孙后代留下天蓝、地绿、水清的生产生活环境。”①这里,尊重自然、顺应自然、保护自然的科学理念就是生态理性的科学理念。生态理性既是建构美丽中国梦的哲学基础,又是生态文明建设的路径选择。

(一)生态理性的哲学入场

将尊重自然、顺应自然、保护自然的生态理性明确地作为实现美丽中国梦的哲学基础和生态文明建设的路径选择,是我们党对世界性的生态理性哲学潮流的积极回应。

尽管在启蒙运动中出现过“回归自然”的主张,但是,由于片面强调人为自然立法,结果造成了人与自然的双重异化。首先,人的物欲化。启蒙运动确立了人权,唤醒了人性,实现了人的解放,但是,在解放人的肉体本性的同时却舍弃了对人性的全面的、深度的审视,使人沉沦为“单向度的人”,导致了人对物(商品、货币和资本)的本质依赖。这样,物就成为实现人与自然之间物质变换的中介,从而切断了人与自然的血肉联系。其次,自然的物质化。启蒙运动打倒了神权,揭开了笼罩在自然之上的神秘面纱,恢复了自然的本来面目,但是,它在科学之名下对自然进行了全面的祛魅化,这样,就使自然成为了满足人类欲望的纯粹的对象,成为了对人有用的单纯的物。于是,自然的多重价值被降解了,人类对自然的敬畏和热爱被抛诸脑后了。最终,在资本逻辑的主宰下,现代理性的出场和张扬是以人的异化和生态异化为代价的,这样,就把人类和地球推向了危险的边缘。

---

① 习近平:《论坚持人与自然和谐共生》,中央文献出版社 2022 年版,第 36—37 页。

现代理性在强调思想和行为的合理性的同时，主要强调的是功利和算计的原则，因此，它主要是以经济理性和科技理性两种形态呈现出来的。这二者都具有极大的反生态性。其一，经济理性的反生态性。经济理性的基本逻辑是追求功利的最大化，将功利主义视为普遍的道德原则。尽管它促进了工业文明的兴起和市场经济的繁荣，但是，在其视野中“金钱是一切事物的普遍的、独立自在的价值。因此它剥夺了整个世界——人的世界和自然界——固有的价值。金钱是人的劳动和人的存在的同人相异化的本质；这种异己的本质统治了人，而人则向它顶礼膜拜”①。这样，自然界也成为功利的目标和算计的对象，而其本身的规律和价值被忽视了，因而，加剧了人与自然的矛盾。其二，科技理性的反生态性。科技理性的基本逻辑是追求算计的精确化，将分析还原作为掌握自然规律的基本方法。在推动人们认识和改造自然的同时，科技理性的过分张扬导致了主体和客体（人与自然）的分离和对立。资本逻辑进一步加剧了这种分离和对立。“只有在资本主义制度下自然界才真正是人的对象，真正是有用物；它不再被认为是自为的力量；而对自然界的独立规律的理论认识本身不过表现为狡猾，其目的是使自然界（不管是作为消费品，还是作为生产资料）服从于人的需要。”②这样，自然就被彻底“征服”了。可见，在理性的旗帜下，人类事实上对自然采取了一种彻底的“非理性”的甚至是“反理性”的姿态。

在批判资本逻辑的过程中，马克思恩格斯鲜明地抓住了资本主义生态异化的理性根源。为了避免自然成为资本算计的对象，他们明确认为，自然与价值无涉。同时，他们都突出了尊重自然规律的必要性和重要性，提醒人们要注意自然界对人类盲目行为的“报复”和“惩罚”。在法兰克福学派那里，霍克海默和阿多尔诺认为，人类进入文明社会的标志是：人类的理性战胜迷信，去支配已经失去魅力的自然。弗洛姆指出，人在征服自然的过程中，却成为了自己

① 《马克思恩格斯文集》第1卷，人民出版社2009年版，第52页。

② 《马克思恩格斯文集》第8卷，人民出版社2009年版，第90—91页。

创造的机器的奴隶。法国存在主义哲学家高兹明确提出了生态理性的主张。在他看来，在资本主义条件下，经济理性取得了绝对的支配地位，突破了“够了就行”的底线，崇尚“越多越好”的原则。这样，在无止境地消耗自然资源的过程中，导致了生态危机。相反，“生态学有一种不同的理性：它使我们意识到经济活动的效用是有限的，经济依赖于经济之外的条件。它尤其能使我们发现，试图克服相对匮乏的经济努力在超出一定的界限之后反倒成为了绝对的、不可超越的匮乏。结果成为否定性的东西：生产的破坏性远远超出了其创造性。当经济活动侵犯了原初的生态平衡或破坏了不可再生或不可重新组成的资源时，就会发生这种颠倒问题”①。因此，必须对理性进行生态重建。此外，风险社会理论、生态现代化理论和建设性后现代主义都呼吁进行以“生态理性”为主题的“生态启蒙”。

当然，只有社会主义方向的重建才能使生态理性成为社会生活中的主导性的原则。中国特色社会主义理论在创造性地提出生态文明的理念、原则、目标的同时，明确地将生态理性作为生态文明的哲学基础和哲学要求。“建设生态文明，实质上就是要建设以资源环境承载力为基础、以自然规律为准则、以可持续发展为目标的资源节约型、环境友好型社会。”②在党的十八大精神的基础上，习近平总书记进一步突出了树立尊重自然、顺应自然、保护自然的生态文明理念的价值和意义。这样，我们党就科学而系统地揭示出了生态理性的科学含义和要求。在科学上，生态理性是人们基于对自然运动的生态阈值（自然界的承载能力、涵容能力和自净能力是有限的）的科学认识而自觉实现生态效益的过程。在哲学上，生态理性是一种以自然规律为依据和准则、以人与自然的和谐发展为原则和目标的全方位的理性。在实践上，生态理性是指人类在适应自身活动的场所——自然环境时，其推理和行为从生态学上来看是合理的，其要害是实现可持续发展。在这个意义上，建

① André Gorz, *Ecology As Politics*, Boston: South End Press, 1980, p.16.

② 《胡锦涛文选》第3卷，人民出版社2016年版，第6页。

设生态文明就是要张扬生态理性。

（二）生态理性的基本原则

理性是规律的自觉反映和能动运用。生态理性的基本原则就是要在尊重自然规律及其特征的基础上，实现人与自然的和谐发展。

1. 尊重自然规律的客观性

自然界和自然规律是客观的，不以人的主观意志为转移。但是，现代理性将人类视为至高无上的存在，这样，自然和自然规律的客观性就被搁置起来了，导致了生态异化和生态危机。其实，“自然规律是根本不能取消的。在不同的历史条件下能够发生变化的，只是这些规律借以实现的形式”①。在一般意义上，规律是事物自我构成的客观过程。规律的客观性是通过其构成的自我性、实现的条件性和后果的强制性等环节表现出来的。自然运动是客观的，是有规律可循的。因此，只有确立尊重自然规律客观性的唯物论立场，才能有效走出生态困境。生态理性就是建立在对自然规律尤其是其客观性的科学认识的基础上的，其首要要求就是尊重自然规律尤其是尊重自然规律的客观性。尊重自然规律的客观性，不是要限制人类的自由，而是为了更好地实现人类自由。毕竟，自由是对必然的科学认识。总之，生态理性要求我们要坚持唯物论的立场、观点和方法，克服“人定胜天”的唯意志论，坚持按照自然界和自然规律的本来面目来处理人与自然的关系。只有这样，发展才是永续的；否则，就是不可持续的。显然，生态理性即生态唯物论。因此，当习近平总书记进一步明确地提出了“树立尊重自然、顺应自然、保护自然的生态文明理念”的科学原则和哲学要求时，就进一步丰富和发展了马克思主义的生态唯物论。

① 《马克思恩格斯文集》第10卷，人民出版社2009年版，第289页。

2. 尊重自然规律的系统性

自然界是一个复杂的系统，自然规律具有系统性的特征。“整个自然界构成一个体系，即各种物体相联系的总体”①。在自然系统性的基础上，自然规律的系统性是在自然运动的自组织的过程中形成的各种自然运动规律的相互关联的不可分割性，即自然规律构成的系统。在此基础上，人与自然的关系是在自然进化过程中通过劳动发生的系统关系，这样，就构成了一个巨复合生态系统——“人—自然”系统。“人—自然”系统是自然规律系统性的进化和体现。因此，只有确立尊重自然的系统性、自然规律的系统性、人和自然关系的系统性的辩证法的立场，才能实现人与自然和谐发展。生态理性就是从系统的角度看待自然、自然规律、人与自然关系的哲学视野，提供了认识人与自然关系的系统理论和方法。显然，生态理性即生态系统论。习近平总书记指出：“我们要认识到，山水林田湖是一个生命共同体，人的命脉在田，田的命脉在水，水的命脉在山，山的命脉在土，土的命脉在树。用途管制和生态修复必须遵循自然规律，如果种树的只管种树、治水的只管治水、护田的单纯护田，很容易顾此失彼，最终造成生态的系统性破坏。由一个部门行使所有国土空间用途管制职责，对山水林田湖进行统一保护、统一修复是十分必要的。”②这样，习近平总书记关于生命共同体的科学论述，就进一步丰富和发展了马克思主义的生态系统论。

3. 尊重自然规律的价值性

自然和自然规律既具有工具性，也具有价值性；但是，在现代理性的拷问下，丧失了诗意的感性光辉，成为了人实现其目的的单纯的工具。其实，在人与自然之间存在着一种需要和需要的满足、目的和目的的实现的关系，即生态

---

① 《马克思恩格斯文集》第9卷，人民出版社2009年版，第514页。

② 习近平：《论坚持人与自然和谐共生》，中央文献出版社2022年版，第42页。

价值。生态价值只能在作为实现人与自然之间物质变换手段的劳动中才能实现。劳动是合规律性和合目的性的统一。这样,自然规律就具有了价值性。自然规律的价值性是指它对确保人的生存、享受和发展的意义,是自然生态系统的生态服务价值的集中体现。这种服务价值不仅具有生态学和经济学的意义,而且具有伦理学和美学的意义。所以,生态理性要求用价值论的视野来透视自然、自然规律以及人与自然的关系,承认和尊重生态价值。这里,关键是要“按照美的规律来构造”①,对自然保持伦理上的敬畏和美学上的热爱。总之,生态理性就是要唤醒人类敬畏自然和热爱自然的意识和情感。显然,生态理性即生态价值论。“美丽中国梦”就是我们在建设中国特色社会主义过程中按照美的规律进行构建的进取过程和积极成果,是实现人与自然和谐发展过程中所实现的合规律性和合目的性的统一,是通过社会主义生态文明建设实现的中国人民的诗意的生活和理想。同样,在实现中国特色新型城镇化的过程中,“要让城市融入大自然,不要花大气力去劈山填海,很多山城、水城很有特色,完全可以依托现有山水脉络等独特风光,让居民望得见山、看得见水、记得住乡愁”②。山水乡愁,就是要形成一种诗情画意的生存方式。这样,习近平总书记关于美丽中国梦的论述,就进一步丰富和发展了马克思主义的生态价值论。

4. 尊重自然规律的和谐性

自然运动是斗争性与和谐性的辩证统一。但是,近代以来,在张扬理性的过程中,“人定胜天”成为了现代性的主旋律,这样,就导致了生态异化和生态危机。其实,“自然界中无生命的物体的相互作用既有和谐也有冲突;有生命的物体的相互作用则既有有意识的和无意识的合作,也有有意识的和无意识

---

① 《马克思恩格斯文集》第 1 卷,人民出版社 2009 年版,第 163 页。

② 习近平:《论坚持人与自然和谐共生》,中央文献出版社 2022 年版,第 56 页。

的斗争。因此，在自然界中决不允许单单把片面的‘斗争’写在旗帜上”①。同样，和谐性是自然规律的重要特征。在思维上，和谐是对立面之间共存、斗争以及融合成为一个新范畴的过程。自然规律的和谐性即自然运动中矛盾着的各方面通过相反相成而形成的自然进化的未来方向。在此基础上，人与自然的和谐发展成为客观的自然规律。人与自然既斗争又和谐，人类才能生存和发展。如果单纯地强调斗争，那么，必然会造成对自然的污染和破坏。如果只突出和谐，那么，自然会成为限制人类生存和发展的障碍。因此，生态理性的核心指向是探索人与自然和谐发展的规律，要求突破人类中心论和生态中心论的狭隘视野，追求人道主义和自然主义的统一。生态理性是人类在人与自然的共生、共存、共荣方面达成的普遍共识和共同选择。显然，生态理性即生态辩证法。这样，当党的十八届三中全会提出“推动形成人与自然和谐发展现代化建设新格局”的要求时，就进一步丰富和发展了马克思主义的生态辩证法。

总之，生态理性的核心就是要在科学认识自然规律的基础上，树立尊重自然、顺应自然、保护自然的生态文明的科学理念。

（三）生态理性的实践塑造

对于当代中国来说，塑造和张扬生态理性就是要实现经济理性和科技理性的生态化，造就生态理性人格，实现美丽中国梦。

1. 塑造和张扬生态经济理性

忽视生态理性的经济理性是不可持续的，必须将生态理性引入到经济理性中，塑造和张扬生态经济理性。其一，以生态经济规律为准则。经济理性忽视了生态经济规律，尤其是忽视了自然在价值形成中的作用，结果导致了对自

① 《马克思恩格斯文集》第9卷，人民出版社2009年版，第547—548页。

然的破坏和污染。事实上,尽管自然不创造价值,但参与价值的形成。生态经济规律是基本的经济规律。因此,“发展必须是遵循经济规律的科学发展,必须是遵循自然规律的可持续发展”①。为此,必须统筹考虑社会经济发展与人口资源环境的关系,坚持走可持续发展和生态现代化之路。其二,以生态产业发展为核心。经济理性突出了工业化的重要性,但是,忽视了自然对工业的限制和工业对自然的破坏。事实上,产业结构和自然系统存在着复杂的相互作用。这样,就必须将生态理性贯穿和渗透在产业结构调整和优化的过程中,大力发展生态产业,坚持走新型工业化道路。其三,以生态环境管理为手段。经济理性追求利润的最大化,没有将生产过程中的资源消耗和环境污染计入成本。因此,“最重要的是要完善经济社会发展考核评价体系,把资源消耗、环境损害、生态效益等体现生态文明建设状况的指标纳入经济社会发展评价体系,建立体现生态文明要求的目标体系、考核办法、奖惩机制,使之成为推进生态文明建设的重要导向和约束”②。为此,必须建立和完善绿色 GDP 体系,充分考虑生态损失和生态收益在 GDP 中的比重。其四,以生态环境效益为目标。由于忽视生态环境效益及其对经济效益的限制,经济理性成为导致经济不可持续性的罪魁祸首。因此,必须将生态环境效益引入经济发展的评价和衡量中。生态环境效益就是要用最少的资源和能源的投入、最少的废物排放和最低的污染而获得最多的经济产品和最好的经济服务。只有充分考虑生态环境效益的经济理性,才能保证经济效益的最大化和持续性。可见,塑造和张扬生态经济理性,是当代中国面对经济新常态的必然选择。

2. 塑造和张扬生态科技理性

忽视生态理性的科技理性同样是不可持续的,必须将生态理性引入科技理性中,塑造和张扬生态科技理性。其一,科技思维方式的生态化。为了克服

① 《习近平关于社会主义经济建设论述摘编》,中央文献出版社 2017 年版,第 320 页。

② 习近平:《论坚持人与自然和谐共生》,中央文献出版社 2022 年版,第 34 页。

科技理性将自然视为蕴藏丰富的机械客体的弊端,生态学不仅要求将生物与环境、人与自然的关系看作系统,而且提出了“生态系统”的概念。当用生态系统的视野观察问题和解决问题时,就形成了生态思维。生态思维是辩证思维和系统思维在生态领域相结合的科学结晶。因此,整个科技体系都必须将之作为思维方式。其二,科技价值观念的生态化。为了克服科技理性对自然祛魅化所造成的生态弊端,必须将生态价值尤其是生态道德援入科技理性中。科技共同体必须遵循这样的规范:当一个事物或活动有助于保护自然系统的和谐、稳定、美丽的时候,就是善的;反之,就是恶的。生态道德是道德理性和生态理性的融合,必须将之确立为科技理性的内在要求。其三,科技体系结构的生态化。近代科技是在机械力学的基础上实现整合的,结果降解了自然界的复杂性。进入21世纪以来,“信息技术、生物技术、新材料技术、新能源技术广泛渗透,带动几乎所有领域发生了以绿色、智能、泛在为特征的群体性技术革命”①。现在,生态学成为了联结自然科学和社会科学的桥梁,获得了一般科学方法论的意义。因此,整个科技体系结构必须在生态学基础上实现新的整合,以整体的方式推动生态文明建设。其四,科技社会功能的生态化。为了克服科技理性片面突出科技征服自然的弊端,科技必须实现自身功能的生态化。事实上,“化学的每一个进步不仅增加有用物质的数量和已知物质的用途,从而随着资本的增长扩大投资领域。同时,它还教人们把生产过程和消费过程中的废料投回到再生产过程的循环中去,从而无须预先支出资本,就能创造新的资本材料”②。因此,科技必须自觉地将促进人与自然和谐发展作为自己的使命。可见,塑造和张扬生态科技理性,是当代中国实施绿色创新驱动战略的重要课题。

---

① 《习近平关于科技创新论述摘编》,中央文献出版社2016年版,第81页。

② 《马克思恩格斯文集》第5卷,人民出版社2009年版,第698—699页。

3. 培养和造就生态理性人格

理性是人所独有的能力，生态理性最终必须转化为生态理性人格（生态人）。这在于"绿水青山和金山银山决不是对立的，关键在人，关键在思路"①。生态人是人类对生态理性在主体自我发展方面的自觉把握、科学反思、情感投射和能动实践，是人道主义和自然主义相统一的主体表现和结晶，实质上是人的全面发展的生态要求和生态维度。"无论生态人选择的是被动的自然还是能动的自然，他都关注自然不可替代的杰作——植物和动物——的存续，它们首先是进化的创造，其次也是人类驯化的成果。"②与受盲目的自然必然性支配的"自然人"相比，生态人突出的是人的主体性；与资本逻辑支配下形成的"单面人"相比，它强调的是人与自然和谐发展对于人的全面发展的价值和意义；与经济理性造就的"经济理性人"相比，它彰显的是人类保护自然的责任和义务。所以，"要化解人与自然、人与人、人与社会的各种矛盾，必须依靠文化的熏陶、教化、激励作用，发挥先进文化的凝聚、润滑、整合作用"③。我们既需要用社会主义核心价值观引导生态理性的培育，也需要将生态理性融入社会主义核心价值观中。可见，塑造和张扬生态理性，是当代中国弘扬和践行社会主义核心价值观的重要使命。

总之，只有大力塑造和张扬生态经济理性和生态科技理性，培养和造就生态理性人格，才能实现生态文明。塑造和张扬生态理性，就是要科学认识和正确运用自然规律，学会按照自然规律办事。

---

① 习近平：《论坚持人与自然和谐共生》，中央文献出版社 2022 年版，第 63 页。

② ［法］塞尔日·莫斯科维奇：《还自然之魅——对生态运动的思考》，庄晨燕译，生活·读书·新知三联书店 2005 年版，第 131 页。

③ 习近平：《之江新语》，浙江人民出版社 2007 年版，第 149 页。

三、面向后疫情时代的生态文明抉择

有越来越多的论者呼吁深刻反思人类中心主义、走向生态中心主义。生态中心主义是由深层生态学提出的一种生态哲学主张。现在，经过诸多变形和变异，它已经发展成为一种以“内在价值”为本体论、以“整体主义”为方法论、以尊重“自然权利”为价值观、以超越工业文明或回归乡土文明为发展观的生态思潮甚至是完整的生态哲学方案。这当中存在着诸多的陷阱。其一，承认自然界的“内在价值”就是要实现价值的泛化，存在着复活“万物有灵论”的危险。其二，“整体主义”存在着导向种族主义的危险。这一概念由南非前国防部部长史末资提出，成为南非划分种族隔离线的臭名昭著的“科学依据”。其三，承认“自然权利”就是将权利泛化，是一种将自然拟人化的做法。其四，用生态文明来超越工业文明或将生态文明看作是回归乡土文明，就是要维持现有的发展格局和发展差距，甚至会拉大发展差距。德国法西斯具有严重的生态中心主义情节，强调“血”与“土”的统一和一致，以此为依据制造了令人发指的犹太大屠杀。当一位中国学者在 1994 年发出“走出人类中心主义”的呼吁时，尽管遭到了一批学者尤其是一些马克思主义哲学工作者的猛烈而科学的批评，但是，令人遗憾的是，生态中心主义在中国不仅取得了学术话语“霸权”，而且存在着取得政策话语“霸权”的可能。这样，会极大地误导中国的生态文明建设事业，会极大地误伤中国的生态哲学和生态伦理学研究事业。为了促进人与自然和谐共生，必须再度科学反思和科学推进生态文明建设。

（一）生态文明的历史方位问题

建设生态文明，首先必须明确生态文明的历史方位。在这个问题上，大体上存在着以下几种观点：其一，农业文明或乡土文明是生态文明的典范，生态文明就是要回归到农业文明或乡土文明。其二,生态文明是对工业文明的生态补救、生态修复、生态再造,从属于或依附于工业文明。其三,生态文明是一种超越工业文明的后现代文明,是一种新的文明形态。其四,生态文明是贯穿于人类文明始终的基本要求,人类时时处处都需要生态文明。

针对第三种观点,一些论者认为,如果将这种观点付诸实践,对于像中国这样的发展中国家来说无异于自废武功、自毁前程。显然,这一批评切中要害。假如包括中国在内的发展中国家为了生态文明选择超越工业文明,或者如第一种观点主张的那样回归乡土文明,而西方发达国家绝不会由于生态文明和疫情放弃从工业社会向信息社会(智能社会)的发展或再现代化、绝不会主动放弃资本主义制度和帝国主义扩张,那么,这就意味着南北差距越来越大,最终发展中国家必然要重蹈“落后就要挨打”的覆辙。显然,超越工业文明或回归农业文明,都会影响包括中国在内的后发国家现代化的历史进程。尽管现代化的道路和模式是多样的,但是,作为整体的历史进步过程,现代化是人类不可超越和跨越的发展阶段。这是鸦片战争以来的历史给予我们的深刻警示,而不是所谓的历史受虐者的心理。

面对上述批评,生态中心主义认为,这是一种典型的西方中心主义的思想,是一种线性进步观。有的论者甚至提出,由于比不过人家,我们不与西方国家比工业文明;但是,在生态文明领域,我们可以完全领先西方社会。这是我们的优势所在。问题是,在西方的“船坚炮利”面前,我们的“田园牧歌”不堪一击。当然,问题的根本原因在于西方资本主义的扩张本性和中国传统帝制的腐败和腐朽。因此,面对西方在资本主义主导下形成的强劲工业文明,我们不可能“晴耕雨读”。关于农业文明,我们不得不说:“夕阳无限好,可惜近黄昏。”即使在今天,美国的军机之所以可以擅自侵入我国南海领空把我国的军机撞毁,美国的炸弹之所以可以肆无忌惮地炸毁我国驻南斯拉夫使馆,美国之所以悍然发动旷日持久的海湾战争和伊拉克战争,除了其帝国主义本性这一根本原因之外,恐怕是由美国是世界上头号工业大国甚至是头号工业强国的地位决定的。作为资本家的特朗普将复兴美国工业作为实现“让美国再次强大”的现实国家战略，事实上比我们那些深绿学者看得明白和透彻。显然，“和平、发展和保护环境是相互依存和不可分割的”。“为了公平地满足今世后代在发展与环境方面的需要，求取发展的权利必须实现。”①在这方面，习近平总书记提出的“绿水青山就是金山银山”的理念已经科学地回答了这一问题。

除了制度优势等原因之外，我们之所以能够为疫情防控提供强大的物质保障和物质支撑，就在于新中国成立70多年来尤其是改革开放40多年社会主义工业化的快速发展夯实了社会主义中国的经济基础，就在于我们已经告别了物质短缺的时代。不论怎么说，工业文明创造的物质财富超过了以往一切时代的总和。中国社会主义工业化70多年创造的物质财富奠定了我们站起来、富起来的物质基础。只有坚定不移地推进社会主义工业化，我们强起来才会有雄厚的物质基础。总之，我们不可能脱离工业文明来实现强起来的目标。

当然，工业文明在生态上具有明显的二重性甚至是多重性。一方面，面对农业文明时代出现的生态环境困境，“在工业中向来就有那个很著名的‘人和自然的统一’”②。如果完全违背生态学法则，工业文明根本寸步难行。另一方面，工业文明又严重地破坏了这种统一。随着这种破坏危及人类文明，工业文明又试图重建这种统一，而且取得了一批具有生态意义和价值的成果。从其社会性质来看，回顾人类工业化的历史，我们可以明显地发现：存在着资本主义工业化和社会主义工业化、苏联式工业化和中国式工业化、传统工业化和新型工业化的区别。在坚持社会主义现代化（工业化）道路的前提下，中国共产党人要求正确处理农轻重的比例关系而使中国式工业化区别于苏联式工业

① 《里约环境与发展宣言》，载中国环境报社编译：《迈向21世纪——联合国环境与发展大会文献汇编》，中国环境科学出版社1992年版，第32、29页。

② 《马克思恩格斯文集》第1卷，人民出版社2009年版，第529页。

化，中国共产党人要求实现工业化、信息化、生态化的统一而使新型工业化区别于传统工业化。其实，我们难以简单地断定是工业文明造成了生态危机，更难以认为用生态文明取代和超越工业文明就可以克服生态危机。“生态主义前进的最好方法是对抗资本主义的工业主义的扩大，而不是作为多头兽的工业主义本身。”①当然，基于自然可持续性，我们谋求的发展应该是绿色发展，我们建成的小康社会应该是绿色小康，我们实现的现代化应该是人与自然和谐共生的现代化。其实，这就是当代中国生态文明建设的目的和使命。

但是，令人遗憾的是，一些论者认为，生态文明从属于工业文明。生态文明是在工业文明的基础上并且是在完善和优化工业文明的过程中产生的一种依附性文明。这样，事实上窄化和矮化了生态文明。生态文明的概念确实是在工业文明时代或者说是在反思、补救、重建工业文明的基础上提出的，但是，生态文明不是依附于工业文明的文明，而是一切文明存在的基础和条件。其一，从自然观来看，人与自然是一个生命共同体。尽管在原初自然（第一自然）的领域不存在文明与否的问题，但是，自然的先在性、客观性、条件性始终存在，因此，尊重自然规律是自然界向一切文明提出的“绝对命令”。以人类实践（劳动）为基础和中介，随着世界历史从自然界向人的生成，人与自然形成了系统发生、协同进化的关系，构成了一个生命共同体。这样，就形成了人与自然和谐共生的客观规律。在这一生命共同体中，按照人与自然和谐共生的规律去生活和生产，就会形成生态文明。同样，正是由于生态文明的存续，才维护和延续了自然进化。否则，自然只能永远是一个盲目的必然王国。其二，从历史观来看，生态兴则文明兴，生态衰则文明衰。在人类历史发展的任何阶段，生态都是文明的“序参量”。就目前延续时间最长的农业文明时代来看，一方面，由于形成了桑基鱼塘、都江堰等有机农业模式，中华文明才延续了5000多年。另一方面，由于采用刀耕火种、斩尽杀绝等粗放的生产方式和生

① ［英］安德鲁·多布森：《绿色政治思想》，郇庆治译，山东大学出版社2005年版，第242页。

活方式，达到很高发展程度的玛雅文明、楼兰文明遗憾地从地球上消失。在人类文明的演化过程中，按照生态“序参量”调控历史发展，就会形成生态文明。同样，正是由于生态文明的存续，才维护了社会进步。否则，历史只能永远是一个不可能的乌托邦。总之，皮之不存，毛将焉附，生态文明是人类时时处处都需要的文明。

当然，自然是一个无限发展的过程，自然本质的暴露是一个过程，人对自然的认识和调控是一个历史过程，因此，生态文明不可能一蹴而就，更不可能一劳永逸。即使我们承认生态文明是附属于工业文明的文明，难道工业文明就是文明的“终结”吗？即使我们承认生态文明是超越工业文明的文明，难道人类文明就此“终结”吗？即使我们承认生态文明就是回归农业文明，难道农业文明就是文明的“终结”吗？其实，“纵观世界文明史，人类先后经历了农业革命、工业革命、信息革命”①。尽管我们可以将信息革命归入工业革命，但是，信息文明（智能文明）预示着工业文明之后的技术社会形态的发展方向。因此，生态文明与农业文明、工业文明、信息文明到底是什么关系，恐怕需要我们深思熟虑。在人类文明发展的洪流中，生态文明存在着一个从原始发生到现实发生、从自发发生到自觉建设、从零星表现到系统呈现的过程。更为重要的是，人与自然的关系总是受人与社会关系的制约和影响。因此，只有在社会主义条件下，才真正开启了生态文明的历史进程。只有社会主义生态文明才代表着生态文明的未来和方向。在严格意义上，只有消灭了私有制，消灭了三大差别，在自由人联合体中，当人们理性而人道地调控人与自然之间物质变换的时候，才会形成真正的生态文明。当然，共产主义只是必然王国的结束和自由王国的开始。

今天，只有坚定不移地走生态优先绿色发展之路，协调推进物质文明、政治文明、精神文明、社会文明、生态文明，协调推进农业产业化、新型工业化、城

---

① 《习近平关于科技创新论述摘编》，中央文献出版社 2016 年版，第 86 页。

镇化、信息化和绿色化(协调推进农业革命、工业革命、信息革命、生态革命),我们才能协调好经济社会发展和生态文明建设的关系。

(二)生态文明的价值取向问题

生态文明的价值取向问题或者生态文明建设的价值取向问题,本来应该是一个不言自明的问题。1992年,联合国环境与发展大会通过的《里约宣言》宣称:"人类处于普受关注的可持续发展问题的中心。"①这是国际社会达成的基本共识。但是,受西方环境哲学和环境伦理学的影响,在中国学界形成了人类中心主义和生态中心主义的旷日持久的争论。即使在科学发展观提出之后,这种争论仍然有增无减。在科学发展观的语境中,中国共产党人创造性地提出了以人为本的价值诉求,创造性地提出了生态文明的科学理念。一些论者认为,在政治领域应该坚持以人为本,在生态文明领域还是应该坚持以自然为本,即应该坚持生态中心主义。这样,在价值取向上就存在着割裂生态和政治的危险,或者说,存在着价值取向二元化的问题。面对突如其来的新冠肺炎疫情,这种分裂更为明显。一种观点认为,疫情充分暴露了人类中心主义的虚妄性,人类应该放弃这种价值取向。另一种观点认为,既然细菌和病毒等病原体的源头在野生动物身上,那么,为了保护人类,就应该进行生态灭绝。显然,前者意味着要张扬生态中心主义,后者则有可能将人类中心主义发展为人类沙文主义。那么,人类中心主义是造成生态危机的价值根源吗?

事实上,"人类中心主义"只是生态中心主义炮制出来的神话。血族复仇的存在表明,在原始社会中,人们总是从自己氏族、部落利益出发来处理问题,不会考虑到全人类的利益。随着私有制的形成,人类进入了阶级社会当中。在阶级社会中,人们总是从自己所处的阶级地位出发考虑和处理问题。我们不能根据"厩焚,子退朝,曰:'伤人乎?',不问马"(《论语·乡党》)就简单地

① 《里约环境与发展宣言》,载中国环境报社编译:《迈向21世纪——联合国环境与发展大会文献汇编》,中国环境科学出版社1992年版,第29页。

断定孔子是人类中心主义者。在孔子那里，人和民是截然不同的。他向往的是周代的家天下。用"文革"期间不恰当的说法，孔子是"没落贵族"的代表。同样，我们不能根据"人是万物的尺度"就断定普罗泰戈拉是人类中心主义者。这一论断与希腊城邦国家即希腊奴隶主民主制相适应。当康德呼吁"人为自然立法"时，确立的是主体性哲学，但并不意味着主张人类中心主义。这里的人特指处于上升时期的德国资产阶级。尽管马克思主义致力于全人类的解放，但是，从其阶级基础和政治使命来看，马克思恩格斯始终强调"共产主义是关于无产阶级解放的条件的学说"①。马克思主义总是从无产阶级和劳动人民利益出发看待问题的。显然，在人类历史上从来就没有存在过真正的人类中心主义。在阶级社会中，人类绝不会从"类意识"出发看待和处理问题。当实现共产主义的时候，人类肯定会从全人类的利益出发看待和处理问题。但是，对于那时已经实现了自由全面发展的人来说，人类始终会将自然当作自己的现实躯体来认识和把握。因此，这也绝不是什么人类中心主义。

在阶级社会中，人类同样总是从自己特定的阶级地位和阶级利益出发来与自然交往。与私有制相适应，个人主义、利己主义、拜金主义是剥削阶级的价值观，成为支配人与人、人与自然关系的价值准则。"人们对自然界的狭隘的关系决定着他们之间的狭隘的关系，而他们之间的狭隘的关系又决定着他们对自然界的狭隘的关系。"②在此基础上，资产阶级将商品拜物教、货币拜物教、资本拜物教确立为自己的价值观。尽管资本具有"伟大的文明创造"的作用，但是，商品、货币、资本成为支配一切的主导力量。工业化成为实现剩余价值的工具和手段。透过商品、货币、资本，资本主义形成和强化了雇佣劳动关系，极力压迫和剥削工人阶级，导致了工人阶级的异化；资本主义形成和强化了对自然的支配关系，极力压榨和掠夺自然财富，导致了自然的异化。这样看来，"在私有财产和金钱的统治下形成的自然观，是对自然界的真正的蔑视和

① 《马克思恩格斯文集》第1卷，人民出版社2009年版，第676页。

② 《马克思恩格斯文集》第1卷，人民出版社2009年版，第534页。

实际的贬低”①。这才是造成生态危机的根本的价值原因。因此,与其说是工业文明造成了生态危机,不如说是资本主义工业化造成了生态危机;与其说是人类中心主义造成了生态危机,不如说是个人主义、利己主义、拜金主义造成了生态危机。在当今,生态中心主义将生态危机的根源归结为人类中心主义,实质上遮蔽了造成生态危机的资本主义制度根源,遮蔽了造成生态危机的资产阶级价值观根源。当这种价值观成立的时候,必然是对无产阶级和劳动人民环境权益的漠视和侵犯。

当然,在现实的社会主义社会中,同样存在生态环境问题,甚至是较为严重的生态环境问题。这是由一系列复杂原因造成的。异因同果,是常见的现象。就新中国的情况来说,前 30 年的问题主要是由于科学认知不足造成的,后 40 年的问题主要是由发展方式不当方式造成的。同时,我们必须实事求是地承认,社会主义是从旧社会脱胎而来的,在各方面都带有旧社会的痕迹。虽然旧社会的经济基础不存在了,但是,旧社会价值观的影响根深蒂固。就现实的情况来看,我们是在世界资本主义体系的包围当中建设社会主义的,因此,资本主义的价值观必然会向我们渗透。因此,“对社会主义国家环境问题的任何真正的理解都必须被置放在自 20 世纪早期以来主要的西方国家对社会主义所发动的政治——经济——军事——意识形态斗争的语境之中,同时,还必须被置放在第二次世界大战结束以来的冷战的语境之中”②。毋庸讳言,个人主义、利己主义、拜金主义同样是导致社会主义国家现实存在的生态环境问题的重要价值根源。因此,我们才需要走向社会主义生态文明新时代。

那么,生态文明到底应该以什么为价值取向或价值本位呢?一些论者认为,必须走入以人类整体的、长远的利益作为处理人与自然关系的根本价值尺

① 《马克思恩格斯文集》第 1 卷,人民出版社 2009 年版,第 52 页。

② [美]詹姆斯·奥康纳:《自然的理由——生态学马克思主义研究》,唐正东等译,南京大学出版社 2003 年版,第 419 页。

度的人类中心主义，亦即必须坚持以人类整体作为价值本位。这在原则上似乎没错，但尚待论证和推敲。第一，对人类整体的、长远的利益需要进行具体分析。在私有制社会中，根本不可能存在人类整体的、长远的利益。以存在着生态环境问题等全球性问题为理由，戈尔巴乔夫认为“全人类利益”高于民族利益和国家利益，结果这一主张成为压垮苏联这匹骆驼的最后一根意识形态的稻草。就全球范围来看，西方国家绝不会为了人类整体的、长远的利益牺牲自己的利益。从美国一度退出控制全球气候变化的《巴黎议定书》的野蛮行为就可看出这一点。只有在社会主义社会中，人类整体的、长远的利益才成为可能和现实。而这只能归结为以人民为中心。只有坚持人民性，才能实现人类整体的、长远的利益。第二，对人类中心主义需要进行具体分析。尽管人类是自然界进化到目前的顶点，但是，由于人与自然是一个生命共同体，二者存在着唇亡齿寒的关系，因此，在实体上不能讲到底以人还是以自然为中心的问题。事实上，坦斯莱当年就是在反对生态中心主义主张的“生态演替”概念的过程中提出“生态系统”概念的。人与自然是生命共同体，就是指人与自然构成了一个生态系统。从价值观上来看，价值这个普遍的概念是人们在对待外部世界的过程中产生的。因此，价值是一个关系范畴，而不是一个实体范畴。将人类中心主义确立为生态文明的价值取向，存在着割裂人与自然有机联系的危险。因此，不论在哪个意义上，我们都不应该坚持人类中心主义，而应该坚持人道主义。

在现实的社会主义条件下，按照马克思主义政治立场和以人民为中心的发展思想，生态文明或生态文明建设必须坚持以人民性为价值取向。过去的一切运动是由少数人为主体或为少数人谋利益的运动，无产阶级运动是以绝大多数人为主体、为绝大多数人谋利益的独立的运动。这里的多数人就是无产阶级和劳动人民。我们要看到：“坚持良好生态环境是最普惠的民生福祉。生态文明建设同每个人息息相关。环境就是民生，青山就是美丽，蓝天也是幸福。必须坚持以人民为中心，重点解决损害群众健康的突出环境问题，提供更多优质生态产品。”[①]疫情表明，人民群众的生命安全和身心健康与生态环境息息相关，甚至存在着环境健康和生态健康的需要。环境风险和生态风险会造成人的健康风险，环境安全和生态安全会保障人的身心健康。因此，我们必须坚持人民性的价值取向，既要通过发展物质生产和精神生产创造出更多更优的物质产品和精神产品以满足人民群众日益增长的物质需要和文化需要，也要通过生态文明建设创造出更多更优的生态产品和生态服务以满足人民群众的生态环境需要。只有满足人民群众的生态环境需要，切实保障人民群众的环境健康和生态健康，才能保证人民群众的生命安全和身体健康。显然，人民性是社会主义生态文明和“绿色资本主义”、社会主义生态文明和生态中心主义的根本价值分歧所在。

最终，实现人道主义和自然主义的统一是生态文明的最终价值取向和价值理想。在未来社会，人与自然的和谐与人与社会的和谐将达到高度的统一。“共产主义，作为完成了的自然主义，等于人道主义，而作为完成了的人道主义，等于自然主义，它是人和自然界之间、人和人之间的矛盾的真正解决。”[②]人的需要的满足和利益的实现，丝毫离不开自然。因此，坚持人道主义就必须坚持自然主义。人类是自然进化到目前的最高产物，促进了自然的新进化。因此，坚持自然主义就必须坚持人道主义。显然，问题不在于马克思主义是否有自己的生态文明思想，而在于生态文明能否超越马克思提出的人道主义和自然主义相统一的价值取向和价值理想。在这个意义上，人道主义和自然主义的统一是生态文明的最高价值取向。这一取向是人的全面发展的应有之义。目前，尽管还不具备实现这一点的条件，但是，我们可以按照这一原则和要求去处理人与自然的关系，让人与自然和谐相处，那么，我们就可以保证人民群众的生命安全和身心健康，就可以促进人的全面发展。

---

① 《中共中央　国务院关于全面加强生态环境保护坚决打好污染防治攻坚战的意见》，《人民日报》2018 年 6 月 25 日。

② 《马克思恩格斯文集》第 1 卷，人民出版社 2009 年版，第 185 页。

（三）生态文明的正义追求问题

在生态哲学和生态伦理学的研究初期，论者主要关注的是人与自然之间的价值关系和道德关系等问题，相对忽略了与人与自然关系相关的人与社会的关系问题。事实上，人与社会的关系影响和制约着人与自然的关系。这样，生态正义问题就被提上了议程。正义就是人们得其应得。“环境正义不是聚焦于惩罚和其替代性选择上，它的焦点在于，在所有那些因与环境相关的政策与行为而被影响者之间，利益与负担是如何分配的。”①我们可以将生态正义看作是与环境正义大体相当的范畴。若无正义追求，生态文明建设只是一种单纯的工具性活动。正是由于追求生态正义，生态文明建设才成为一种价值性活动，生态文明才真正获得了文明的意义和价值。

生态正义构成了生态文明领域的国家战略和政策的价值依据和追求。在形式构成方面，一般将生态正义划分为代际正义和代内正义两个方面。代内正义存在着国内生态正义和国际正义两个方面。国内正义又存在着阶层、阶级、性别、年龄、民族（种族）、城乡、地域（区域）等多个维度。这绝不是单纯的文字游戏，而关涉到生态环境政策的制定和执行。首先，可持续发展主要突出强调的是代际正义，代内正义不是其关注的重点。因此，当中国共产党人提出生态文明的理念、原则和目标时，就提升和发展了可持续发展。

生态文明是我们党提出的马克思主义理论创新概念，具有鲜明的正义诉求和追求。因此，我们“要坚持生态惠民、生态利民、生态为民，重点解决损害群众健康的突出环境问题，加快改善生态环境质量，提供更多优质生态产品，努力实现社会公平正义，不断满足人民日益增长的优美生态环境需要”②。满足全体人民的优美生态环境需要就是社会主义生态文明的正义追求。此外，协调发展、绿色发展、共享发展的统一，突出强调的是国内生态正义问题。在

---

① ［美］彼得·S.温茨：《环境正义论》，朱丹琼等译，上海人民出版社2007年版，第4页。

② 习近平：《论坚持人与自然和谐共生》，中央文献出版社2022年版，第11页。

扶贫攻坚战中，通过生态扶贫和生态脱贫的方式，就是要把绿水青山变成金山银山，带动贫困人口增收，用生态文明建设的成果造福贫困群众。因此，统筹城乡绿色发展的成果理应为城乡群众共享，是城乡生态正义的基本要求。

同样，区域协调发展包括区域绿色协调发展。现在，探索生态优先、绿色发展的新路子是长江经济带发展战略的内涵和要求，关键是要处理好绿水青山和金山银山的关系，探索协同推进生态优先和绿色发展新路子，使绿水青山产生巨大生态效益、经济效益、社会效益。[①] 因此，统筹区域绿色发展的成果理应为所协调区域内的所有群众共享，是区域生态正义的基本要求。疫情防控期间，我们举全国之力支援武汉保卫战和湖北保卫战，充分体现了社会主义制度的优越性，充分彰显了社会主义公平正义的价值追求。这不仅有助于实现区域社会正义，而且有助于实现区域生态正义。

最后，按照人类命运共同体的理念，我们致力于推动构筑尊崇自然、绿色发展的生态体系，致力于推动建设清洁美丽的世界。这集中体现了我们对国际生态正义的追求。病毒是全人类共同的敌人，扰乱了社会秩序和生态秩序，因此，疫情防控也是全球生态文明建设的重要议题。“病毒没有国界，疫情不分种族。在应对这场全球公共卫生危机的过程中，构建人类命运共同体的迫切性和重要性更加凸显。唯有团结协作、携手应对，国际社会才能战胜疫情，维护人类共同家园。”[②]因此，全球生态文明建设的成果理应为全世界人民共享，是国际生态正义的基本要求。

从形式划分来看，“种际正义”或“自然正义”也是生态正义的重要构成方面。新冠肺炎疫情将人与自然尤其是人与动物、人与野生动物的紧张关系直接呈现在了人们的面前，因此，有些论者再次强调，人类应该平等地看待自然万物，应该承认自然的“内在价值”，应该实现“动物福利”，应该尊重“自然权利”，即应该实现种际正义或自然正义。其实，自然界既存在着和谐也存在着

---

① 习近平：《论坚持人与自然和谐共生》，中央文献出版社 2022 年版，第 215 页。

② 习近平：《团结合作是国际社会战胜疫情最有力武器》，《求是》2020 年第 8 期。

冲突,物竞天择、适者生存才是自然界的生存法则。“动物实际生活中表现出来的唯一的平等,是特定种的动物和同种的其他动物之间的平等;这是特定的种本身的平等,但不是类的平等。动物的类本身只在不同种动物的敌对关系中表现出来,这些不同种的动物在相互的斗争中显露出各自特殊的不同特性。自然界在猛兽的胃里为不同种的动物准备了一个结合的场所、彻底融合的熔炉和互相联系的器官。”①显然,在自然界中,存在的是弱肉强食,无所谓正义不正义。如同内在价值、动物福利、自然权利一样,种际正义或自然正义都是一种拟人化的表述,是人类将自己的价值创制投射到了动物的身上,投射到了自然界中,而不是动物和自然脱离人而“客观”具有的价值。

进一步来说,由于处于人与自然生命共同体中的人是一种具有超越性、创造性的存在物,能够将事实尺度和价值尺度统一起来,能够按照美的规律构造,能够在自然界实现人道主义,因此,人类应该承认和实现种际正义。当然,这不是指在不同的物种之间存在着正义,不是指人与不同物种之间存在着正义,而是指人与其他物种之间、人与自然万物之间应该保持一种和谐共生的价值关系和伦理关系。当然,这其实讲的就是人类对其他物种和自然万物的价值关照和伦理关怀,是一种生态道德。研究表明,原来寄生在野生动物身上的细菌和病毒可以与野生动物共生,对人类不会造成危害。但是,当人类以不适当的方式对待野生动物,乱捕乱杀野生动物、滥捕滥杀野生动物,那么,就会扰乱细菌和病毒的生存环境,细菌和病毒就会从野生动物身上溢出,传染给人类,结果就会危害到人类的身体健康。因此,科学界形成了“一体化健康”(One Health,“大健康”)的理念。“‘一体化健康’一词表明人类、动物和生态系统的健康是紧密相连的,需要在彼此的背景下进行研究。”②在这种情况下,倡导种际正义(生态道德)有助于恢复人与自然的正常关系,最终会为人民群

---

① 《马克思恩格斯全集》第1卷,人民出版社1995年版,第249页。

② Juliet Bedford, et al, “A New Twenty-first Century Science for Effective Epidemic Response”, *Nature*, Vol.575, No.7, 2019, pp.130-136.

众的生命安全和身心健康提供适宜的生态环境条件。

那么,我们应该如何履行生态道德的责任呢?第一,在肯定性价值判断方面,应该确认爱护自然的道德规范。自然是生命之母,人类是之子,因此,人类应该将爱护自然确立为自己的行为规范。例如,人类应该爱护野生动物(爱生)。第二,在否定性价值判断方面,应该确认不破坏自然的道德规范。例如,从生态学上来看,随意杀生和随意放生,都会扰乱既有的生态平衡,会危及人类自身的安全和健康。因此,应该确认这样的道德规范:人类不得随意杀害野生动物(不杀生),人类不得随意放生野生动物(不放生)。第三,在选择性价值判断方面,应该确认人与自然和谐共生的道德规范(共生)。在自然界中,存在着大量的有害生物和病媒生物。在一般情况下,人类不加干扰的话,它们不会危及人类健康。但是,如果以保护人类健康为由,对之进行生态捕杀和生态灭绝,那么,就会干扰和破坏既存的生态平衡秩序,就会危及人类健康。这在于,即使是有害生物都是自然界进化到今天的成果,是自然系统不可分割的部分。因此,让人兽各安其道,就是理想选择。

实现生态正义不是一种单纯的伦理道德诉求,而是一场复杂深刻长远系统的社会变革甚至是社会革命,涉及现实利益关系的调整。需要是历史的原动力,人们奋斗的一切都与利益密切相关。思想和道德离开需要和利益都会出丑。因此,那些不触及和不涉及现实利益关系调整的伦理革命和道德革命,都是虚假的革命。就此而论,人类中心主义比生态中心主义真诚,生态学马克思主义比深层生态学深刻。由于资本主义制度建立在资本家私人占有生产资料的基础上,因此,在这个"虚假"的共同体中,公平正义同样具有"虚假"的性质。

在现实中,资本逻辑的存在仍然具有合理性。由于我国在相当长的时间内处于社会主义初级阶段,因此,为了促进生产力的发展,我们选择了多种经济成分并存的所有制结构,允许资本逻辑发挥作用。这是一种科学而理性的现实选择。同时,我们要警惕资本逻辑的二重性。资本既具有伟大的文明创造作用，又会导致人与自然的双重异化。因此，我们在利用资本的同时必须节制资本。连孙中山先生都主张节制资本，在社会主义条件下，我们共产党人为什么要放弃节制资本呢？节制资本不是要阻止经济发展，而是要防范资本逻辑对生活世界和自然世界的入侵。良好的生态环境是最普惠的民生福祉，是最公平的公共产品。假如任由资本逻辑肆意侵入自然世界，自然界提供的生态产品和生态服务成为买卖的对象，那么，必然会破坏自然的可持续性，会造成社会不公。

最终，只有在消灭资本逻辑的基础上，才能实现公平正义。建立在私有制基础上的阶级社会，以急功近利的方式对待自然，结果造成了自然界对人类的"报复"和"惩罚"。资本主义将之发展到了登峰造极的地步。因此，需要对人类直到目前为止的生产方式，以及同这种生产方式一起对人类的现今的整个社会制度实行完全的变革和革命。① 因此，在既利用资本又节制资本的同时，我们必须推进资本批判，进而逐步消灭资本逻辑。对此，空想社会主义者从经济、政治和思想道德等方面，对资本主义制度进行了无情批判，将斗争矛头对准了资本主义生产方式。"对所有这些人来说，社会主义是绝对真理、理性和正义的表现，只要它被发现了，它就能用自己的力量征服世界；因为绝对真理是不依赖于时间、空间和人类的历史发展的，所以，它在什么时候和什么地方被发现，那纯粹是偶然的事情"②。由于将人类理性作为历史动力，作为分析社会的方法，因此，空想社会主义者的唯心主义世界观决定了其社会主义主张必然具有空想性。与之不同，马克思恩格斯创立了唯物史观和剩余价值论，从而使社会主义从空想发展成为了科学。唯物史观坚持从社会存在出发看待社会意识，剩余价值论是在唯物史观的指导下、在劳动价值论的基础上对资本主义生产方式进行政治经济学批判的科学成果。在对资本主义进行政治经济学批判的过程中，马克思恩格斯进一步证明和发展了唯物史观。尽管马克思主

---

① 《马克思恩格斯文集》第9卷，人民出版社2009年版，第561—562页。

② 《马克思恩格斯文集》第3卷，人民出版社2009年版，第536—537页。

义对资本主义的批判具有总体性，但是，从其实质和要害来说是政治经济学批判。但是，一些论者认为，资本主义生产方式是资本主义制度的内在构成部分，而资本主义制度文化与其他各种形式的文化一样都是以一定的价值观为核心的，因此，只有深入到价值观批判，资本主义批判才能真正触及资本主义制度的内核和灵魂。这一跳跃确实很惊险。到底资本主义生产方式和资本主义政治制度、资本主义价值观念是什么关系？政治经济学批判和价值观批判是什么关系？“批判的武器”和“武器的批判”是什么关系？

由于在研究的初期没有什么可资借鉴的材料，因此，一些论者将罗尔斯的“正义论”作为研究生态正义的典范。其实，罗尔斯有意遮蔽了社会制度对实现正义的决定性影响，将之归结为“无知之幕”，存而不论。同时，罗尔斯明确指出，其“正义论”不适用于自然领域。可见，罗尔斯“正义论”存在着内在缺陷，用之难以说明生态正义问题，更难以说明生态正义的实现问题。近些年来，一些论者试图用政治哲学的方式解决生态正义问题。但是，一些政治哲学研究，试图在刻意遮蔽消灭私有制、有意回避阶级斗争等问题的基础上来实现公平正义。其实，“无产阶级平等要求的实际内容都是消灭阶级的要求。任何超出这个范围的平等要求，都必然要流于荒谬”①。这同样适用于包括生态正义的正义领域。当然，这指的是未来的发展方向。在社会主义初级阶段，我们既需要利用资本又需要节制资本，既需要发展市场经济又需要避免市场经济的失灵。我们应该站在人民性的立场上，将共同理想和远大理想统一起来。假如任由资本逻辑泛滥，推行绝对的市场化的医疗卫生改革，那么，在防控疫情的时候，我们就不可能形成这样的全国性动员。没有平时的社会主义作为支撑，就不会有“疫时共产主义”。“疫时共产主义”集中体现了社会主义制度的优越性。同样，我们必须沿着社会主义道路实现生态正义。

总之，只有在社会主义条件下，才能真正谈得上公平正义，才能真正实现

① 《马克思恩格斯文集》第9卷，人民出版社2009年版，第113页。

生态正义。当然，社会主义制度的建立只是万里长征迈出了第一步，仍然需要坚持不懈地推进社会主义社会的全面发展和全面进步。

（四）生态文明的哲学学科表达

哲学是时代精神的精华，理应成为引领和支撑生态文明的理论先导。但是，目前生态中心主义范式主导下的生态哲学和生态伦理学难以承担起这一历史重任。在习近平生态文明思想的指导下，我们应该探索发展中国特色的生态哲学和生态伦理学。

在自然观上，按照人与自然是生命共同体的科学理念，必须大力发展系统自然观和生态自然观。由于人与自然构成了一个有机系统，生态价值只能是指人与自然之间的需要和需要满足的关系，因此，内在价值难以成立。其实，“发现内在价值的能力取决于人类主体的能力”①。假如认为自然界天然地具有内在价值，容易走向唯心主义。因此，我们必须超越人类中心主义和生态中心主义的抽象争论，将生命共同体作为确定生态文明价值取向的哲学基础。

在方法论上，按照山水林田湖草沙是生命共同体的科学理念，必须大力发展生态系统方法，全方位、全地域、全过程推进生态文明建设。从形式来看，整体主义（holism）有助于克服机械论和还原论，但是，“史末资的整体主义也是生态民族主义的一种形式，因为它是一种包含了与种族线相关的自然的生态的区分的整体主义”②。我们应该按照社会系统工程的方式推进社会主义生态文明建设。从系统工程角度寻求新的生态治理之道，就是要统筹兼顾、整体施策、多措并举地推进生态文明建设。

在价值观上，按照良好生态环境是最普惠的民生福祉的科学理念，必须将

---

① ［美］戴维·哈维：《正义、自然和差异地理学》，胡大平译，上海人民出版社 2010 年版，第 179 页。

② John Bellamy Foster, “Marx′s ecology in historical perspective”, *International Socialism Journal*, Vol. 2, No. 96, 2002. c. f. https://www.marxists.org/history/etol/newspape/isj2/2002/isj2-096/foster.htm.

人民性确立为社会主义生态文明的价值取向。在资本主义社会中，在无产阶级和劳动人民的人权都难以保证的前提下，张扬自然权利是一种虚伪的姿态。况且，自然权利是一种拟人化的说法。因此，我们要坚持生态惠民、生态利民、生态为民，最终要按照自然主义和人道主义相统一的原则确立生态文明的价值目标，促进人的全面发展。

在发展观上，按照绿水青山就是金山银山的科学理念，必须坚持生态优先、绿色发展为导向的高质量发展道路。中国的现代化不能走西方先污染后治理的老路，也不能采用西方生态现代化的模式。“生态现代化指的是沿着更加有利于环境的路线重构资本主义政治经济。”①我们既不能退回到农业文明时代建设生态文明，也不能用生态文明取代和超越工业文明。我们的选择是形成人与自然和谐共生的现代化格局，将我国建设成为一个富强民主文明和谐美丽的社会主义现代化强国。

在这个过程中，我们当然需要坚持将本来、外来、未来统一起来，包括借鉴生态中心主义的有益成分。按照中国特色的生态哲学和生态伦理学来推进生态文明建设，我们才能平稳地走向后疫情时代，最终促进我国走上生产发展、生活富裕、生态良好的文明发展道路。

四、生态文明建设的系统推进

坚持推进生态文明建设，既是我国改革开放的重要内容，又是我国未来发展的重要方向。在庆祝改革开放 40 周年大会上，在科学总结我国改革开放以来生态文明建设的成就和经验的基础上，习近平总书记高瞻远瞩地指出：在前进道路上，“我们要加强生态文明建设，牢固树立绿水青山就是金山银山的理念，形成绿色发展方式和生活方式，把我们伟大祖国建设得更加美丽，让人民

① ［澳］约翰·德赖泽克：《地球政治学：环境话语》，蔺雪春等译，山东大学出版社 2008 年版，第 193 页。

生活在天更蓝、山更绿、水更清的优美环境之中”①。这样,就为推动我国生态文明建设迈上新台阶指明了方向。

(一)新时代生态文明建设的价值取向

搞好新时代生态文明建设,首先必须明确社会主义生态文明建设的价值取向,将以人民为中心的发展思想贯彻和落实在生态文明建设中。在资本主义条件下,“物的逻辑”居于支配地位;在社会主义条件下,“人的逻辑”居于主导地位。这里的“物”不是一般的物质,而是商品、货币和资本。在物的逻辑的支配下,造成了人和自然的双重异化,结果影响到了资本家对剩余价值的追求。为了能够更为有效地实现剩余价值,资本主义开始加强生态环境治理,促进了绿色资本主义的出现。这里的“人”不是一般的人,而是人民群众。在人的逻辑的主导下,社会主义充满了生机和活力。例如,我们党作出实行改革开放的历史性决策,就是基于对人民群众期盼和需要的深刻体悟。正是由于将以人民为中心的发展思想创造性地运用到生态文明建设中,激发了人民群众建设生态文明的能动性、积极性和创造性,我国生态文明建设才取得了重要成就。在2018年5月18日至19日召开的全国生态环境保护大会上,习近平总书记鲜明地提出:“要坚持生态惠民、生态利民、生态为民,重点解决损害群众健康的突出环境问题,加快改善生态环境质量,提供更多优质生态产品,努力实现社会公平正义,不断满足人民日益增长的优美生态环境需要。”②这样,就进一步明确了社会主义生态文明的价值取向。

(二)新时代生态文明建设的科学理念

生态文明建设的核心问题是如何协调环境和发展、生态化和现代化的关

---

① 习近平:《在庆祝改革开放40周年大会上的讲话》,《人民日报》2018年12月19日。

② 习近平:《论坚持人与自然和谐共生》,中央文献出版社2022年版,第11页。

系。新时代生态文明建设同样如此。在这个问题上,习近平生态文明思想提出了“绿水青山就是金山银山”的科学理念。这样,就为搞好新时代生态文明建设提供了科学理念。

1. 牢固树立“绿水青山就是金山银山”的科学理念

环境和发展、生态化和现代化是辩证统一的关系。在这个问题上,我们必须反对以竭泽而渔为特征的单纯的发展主义(增长主义)和以缘木求鱼为特征的单纯的生态主义(环境主义)。前者以增长和发展为借口,肆意掠夺自然,结果造成了生态环境问题。后者以生态和环境为优先选项,主张向自然的浪漫退却,结果会重演落后就要挨打的悲剧。对此,习近平总书记从辩证思维的高度指出,必须坚持在发展中保护、在保护中发展,最终实现经济社会发展与人口资源环境相协调。他用形象的语言将之表述为:“绿水青山就是金山银山”。这里,绿水青山是指生态环境价值和生态环境财富,金山银山是指社会经济价值和社会经济财富。在这个问题上,人类的认识经历了一个辩证发展的过程。人们在发展初期的选择是,宁要金山银山,不要绿水青山。在经济起飞以后的选择是,既要绿水青山,也要金山银山。在发展中期的选择是,宁要绿水青山,不要金山银山。科学发展的要求是,绿水青山就是金山银山。尽管实现绿水青山和金山银山的统一需要这样一个复杂过程,但是,在科学认识的基础上可以促进第四步的早日到来。

从实质来看,“绿水青山就是金山银山”阐明了自然价值和经济价值、自然资本和经济资本之间的转化和统一的问题。在资本主义条件下,像金属矿石、矿物、煤炭、石头等之类的原料不是过去劳动的产品,不是预付资本的组成部分,是不费资本分文的东西,而是由自然无偿馈赠的。因此,马克思恩格斯不承认自然价值和自然资本。这在于,一旦承认自然价值和自然资本的存在,自然界就会变成买来买去的商品,就会成为资产阶级独自占有和垄断的物品,无产阶级和劳动人民就会被排斥在自然物品的占有和享用之外。但是,从价值形成的一般机理来看，自然通过影响劳动生产率确实参与了价值的形成。针对拉萨尔主义将劳动看作是一切财富和一切文化源泉的错误观点，马克思指出："劳动不是一切财富的源泉。自然界同劳动一样也是使用价值（而物质财富就是由使用价值构成的！）的源泉，劳动本身不过是一种自然力即人的劳动力的表现。"①同样，针对政治经济学家将劳动看作是一切财富源泉的错误思想，恩格斯指出："劳动和自然界在一起才是一切财富的源泉，自然界为劳动提供材料，劳动把材料转变为财富。"②在他们看来，劳动是财富之父，土地是财富之母。就此而论，马克思主义同样承认自然价值和自然资本的存在。

按照马克思主义的上述思想，习近平总书记明确提出："绿水青山既是自然财富、生态财富，又是社会财富、经济财富。保护生态环境就是保护自然价值和增值自然资本，就是保护经济社会发展潜力和后劲，使绿水青山持续发挥生态效益和经济社会效益。"③这样，在马克思主义语境中第一次明确提出了自然价值和自然资本的概念。这里，任何一种资源只要参与了价值的形成，都可被称之为价值。自然价值是指自然资源在经济价值形成中的作用和贡献。任何一种价值只要在价值增值中贡献了力量，都可被称之为资本。自然资本就是指自然价值在价值增值中的作用和贡献。这是对马克思主义政治经济学的重要贡献。

可见，"绿水青山就是金山银山"科学指明了自然价值可以转化为经济价值、自然资本可以转化为经济资本，科学阐明了自然财富和生态财富能够与社会财富和经济财富统一起来，是社会主义生态文明建设必须坚持的科学理念。

2."绿水青山就是金山银山"的转换途径

在社会主义现代化建设的过程中，我们必须努力促进绿水青山转化为金

---

① 《马克思恩格斯文集》第3卷，人民出版社2009年版，第428页。

② 《马克思恩格斯文集》第9卷，人民出版社2009年版，第550页。

③ 习近平：《论坚持人与自然和谐共生》，中央文献出版社2022年版，第10页。

山银山。在第一产业领域中，我们要继承有机农业的传统、消除石油农业的弊端、大力发展现代高效生态农业，协调推进农业产业化和绿色化。同时，要加强美丽乡村建设。在第二产业领域中，我们要将工业化、信息化、生态化统一起来，坚持走新型工业化道路，协调推进新型工业化和绿色化、城镇化和绿色化、信息化和绿色化。在第三产业领域中，我们要大力发展生态旅游、生态服务、节能环保产业。在总体上，我们要将生态的产业化和产业的生态化统一起来，建立起现代生态经济体系。

在践行“绿水青山就是金山银山”的科学理念的过程中，我们必须划清两种自然价值、两种自然资本之间的界限。第一，反对私地闹剧。自然资源是大自然馈赠给全人类的共同财富，理应归全民所有。良好的生态环境是最大的公共产品，理应为全民共享。况且，自然界存在着可持续与否的问题，只有共有和共享，才能维护和实现可持续性。如果按照新自由主义方案进行生态环境治理，那么，自然财富和生态产品就会沦落为私有物，这样，即使理性经济人会以可持续性方式经营自然资产，即使会存在正外部性，但是，大多数人已经被剥夺了所有权。如此一来，毫无公平正义可言。其实，不是任何人都会成为理性经济人，不是任何经济人都会实现效益的最大化，不是任何效益最大化都会导向生态效益。关键是，私有制具有排他性。因此，我国《生态文明体制改革总体方案》明确提出了“坚持自然资源资产的公有性质”的原则。我国宪法对之有明确的规定。唯此，才能避免自然资源资产的流失，确保其保值和增值。第二，避免公地悲剧。公地悲剧的牧场案例表明，不是公有制导致了草地退化，而是由于缺乏规制造成的。一是人们没有意识到牧场等自然资源和生态环境存在着生态阈值，其承载能力、涵容能力、自净能力是有限的，人类不可能无限地“放牧”。因此，习近平总书记强调，必须划定和严守生态保护红线、环境质量底线、资源利用上限。这样，才能保证可持续发展。二是在产生于私有制基础之上的个人主义、利己主义、拜金主义的主宰下，人们必然以自私自利之心对待自然，以“邻避情结”对待环境，以“城门失火殃及池鱼”的方式对待他人,这样,势必会导致生态危机。因此,必须在集体主义的基础上,贯彻和落实习近平总书记提出的共同体思维,将人与自然看作是生命共同体,为了复兴中华民族共同体而建设富强美丽的中国,为了维护人类命运共同体而建设清洁美丽的世界。

总之,在社会主义市场经济条件下,自然价值和自然资本是一种将外部问题内部化的科学选择。只要坚持社会主义生态文明的方向,坚持"绿水青山就是金山银山"的过程就是我们实现绿色发展的过程。正如要把我国建设成为人力资本强国一样,我们必须通过对自然价值进行投资的方式把我国建设成为自然资本强国。这是我们建设社会主义现代化强国的应有之义,是建设美丽中国的重要追求。

总之,只有牢固树立和科学践行"绿水青山就是金山银山"的科学理念,大力发展生态经济,我们才能夯实社会主义生态文明的物质基础。

（三）新时代生态文明建设的现实路径

将生态文明的原则、理念和目标贯穿和渗透在经济建设、政治建设、文化建设、社会建设中,是生态文明建设的一般路径。在坚持这一总体框架的前提才下,我们应该积极探索生态文明建设的现实路径。

1. 在坚持总体布局中推动生态文明建设

人类社会是在自然运动的基础上通过劳动诞生的社会运动的产物,是一个由经济、政治、文化、社会等要素构成的有机体。社会有机体须臾不可离开自然。生态兴则文明兴,生态衰则文明衰,在人类历史上,这样的事例不胜枚举。实践证明,只有经济、政治、文化、社会、生态文明等领域实现协调发展,人类社会才能实现全面发展。社会主义社会是全面发展、全面进步的社会,社会主义现代化是人与自然和谐共生的现代化。建设社会主义现代化,既要创造更多物质财富和精神财富以满足人民日益增长的美好生活需要,又要提供更多优质生态产品以满足人民日益增长的优美生态环境需要。经过长期探索，党的十八大将生态文明建设纳入中国特色社会主义总体布局，从“四位一体”到“五位一体”，生态文明建设与经济建设、政治建设、文化建设、社会建设高度融合，我们党从系统思维的科学高度明确了生态文明建设的战略地位。

党的十八大以来，以习近平同志为核心的党中央将生态文明建设放在更加突出的战略位置，自觉把生态文明的原则、理念和目标融入经济、政治、文化、社会等建设事业各方面和全过程，生态文明被写入党章和宪法。由此，通过经济建设、政治建设、文化建设、社会建设、生态文明建设五大建设，实现富强、民主、文明、和谐、美丽五大目标，最终实现物质文明、政治文明、精神文明、社会文明、生态文明五大文明的协调发展，就成为推动社会全面进步和人的全面发展的必由之路。在新时代，我们必须将统筹推进“五位一体”总体布局和加快构建生态文明体系统一起来，按照总体布局推进生态文明体系构建，通过构建生态文明体系不断完善总体布局。同时，我们要通过贯彻和落实“四个全面”战略布局推进生态文明建设。

2. 在坚持基本方略中推动生态文明建设

在新时代，坚持人与自然和谐共生，必须把坚持以经济建设为中心和加强生态文明建设统一起来，必须依然将绿色发展作为现实路径。

自然界为人类提供了基本的生产资料和生活资料，是人类社会产生、存在和发展的基础和前提，因此，人与自然的关系问题是人类社会最基本的关系。发展方式是影响这一关系的重要因素。工业革命以来，竭泽而渔、杀鸡取卵式的发展方式导致了全球性生态危机。1994 年，国务院常务会议通过《中国 21 世纪议程》，确定实施可持续发展战略，这是世界上第一个国家级的可持续发展议程。党的十五大明确将可持续发展战略作为我国经济发展的战略之一。在这一背景下，我们必须坚决推进发展方式的绿色变革。

在贯彻和落实可持续发展战略的过程中，我们党赋予可持续发展战略以新的含义,进而提出了绿色发展的科学理念。所谓可持续发展是既满足当代人的需要又不对后代人满足其需要的能力构成危害的发展。这一理念突出的是代际公平的原则,对代内公平有所忽略。根据可持续发展的国际趋势和潮流,从我国人口众多、人均资源占有量少的实际国情出发,我国将可持续发展作为了我国社会主义现代化建设的重大战略。在此基础上,我们党将人与自然和谐发展作为可持续发展的核心要求,将坚持走生产发展、生活富裕、生态良好的文明发展道路作为可持续发展的目标。人与自然和谐共生要求在尊重自然规律的前提下,实现人与自然的共存共荣、协调发展。进而,党的十八大以来,我们党又提出了绿色发展的科学理念。这里,与循环发展、低碳发展并列的绿色发展是狭义的绿色发展,是清洁发展之意。与创新发展、协调发展、开放发展、共享发展并列的绿色发展是广义的绿色发展,具有人与自然和谐共生之意。习近平总书记指出:“绿色发展注重的是解决人与自然和谐问题。”①换言之,绿色发展就是要坚持人与自然和谐共生。这样,绿色发展就扩展和提升了可持续发展的思想内涵,实现了生态观和发展观上的双重变革,成为生态文明建设的现实路径。

坚持绿色发展,就是要通过绿色化(生态化)的方式,促进生产方式、生活方式、思维方式、价值观念的绿色化,建立起绿色化的生产方式、生活方式、思维方式、价值观念。在生产方式方面,必须坚决摒弃损害甚至破坏生态环境的生产方式,坚决摒弃以牺牲生态环境换取一时一地经济增长的做法,通过大力发展绿色科学技术的方式,形成绿色循环低碳发展的生产方式。在生活方式方面,在有效解决消费不足的同时,必须防范消费主义的入侵,大力倡导绿色消费、合理消费、适度消费、节约消费,弘扬中华民族“取之有节、用之有度”的传统美德。在思维方式上,必须反对违背自然规律的唯心主义、肢解自然系统的形而上学,在尊重自然规律的基础上,将人与自然是生命共同体的科学

① 习近平:《论坚持人与自然和谐共生》,中央文献出版社 2022 年版,第 105 页。

理念转化为思维方式，将辩证思维、有机思维、系统思维、生态思维统一起来。在价值观念上，必须反对以个人主义、利己主义、拜金主义的方式对待自然，必须将生态文明上升为社会主流价值观，像保护眼睛一样保护生态环境，像对待生命一样对待生态环境，按照真善美统一的方式对待自然。显然，建设生态文明，是一场涉及生产方式、生活方式、思维方式和价值观念的绿色革命变革。

总之，只有在建立起绿色的生产方式、生活方式、思维方式和价值观念的基础上，才能实现五大建设的融合，建设高度发达的生态文明。

3. 坚持全方位、全地域、全过程开展生态文明建设

生态文明建设是关系人民福祉、民族未来、地球命运的根本大计。习近平总书记指出："要从系统工程和全局角度寻求新的治理之道，不能再是头痛医头、脚痛医脚，各管一摊、相互掣肘，而必须统筹兼顾、整体施策、多措并举，全方位、全地域、全过程开展生态文明建设。"①这样，就进一步指明了生态文明建设的现实路径。

第一，全方位开展生态文明建设。在社会有机体中，存在着经济生活、政治生活、文化社会、社会生活等多个领域。无论是社会结构的哪个方面，都丝毫不能离开自然界。人靠自然界生活。因此，建设生态文明必须将生态文明的原则、理念和目标融入经济生活、政治生活、文化生活、社会生活当中，这样，才能维系社会有机体的正常运行。根据这一点，党的十八大创造性地提出了"五位一体"的中国特色社会主义总体布局，将社会主义经济建设、政治建设、文化建设、社会建设、生态文明建设看作是一个不可分割的整体。在此基础上，党的十九大提出了物质文明、政治文明、精神文明、社会文明、生态文明共同发展、全面发展、协调发展的科学理念。因此，全方位开展生态文明建设，就

---

① 习近平：《论坚持人与自然和谐共生》，中央文献出版社 2022 年版，第 12 页。

是要做到:一是将物质文明建设和生态文明建设统一起来,既要夯实生态文明的物质基础,又要促进物质文明建设的生态化,建设生态文明的物质文明形态。二是将政治文明建设和生态文明建设统一起来,既要强化生态文明的政治保障,又要促进政治文明建设的生态化,建设生态文明的政治文明形态。三是将精神文明建设和生态文明建设统一起来,既要为生态文明提供智力支持和价值导引,又要促进精神文明建设的生态化,建设生态文明的精神文明形态。四是将社会文明建设和生态文明建设统一起来,既要为生态文明提供良好的社会氛围和社会保障,又要促进社会文明建设的生态化,建设生态文明的社会文明形态。总之,全方位开展生态文明建设,就是要按照“五位一体”的中国特色社会主义总体布局,推动物质文明、政治文明、精神文明、社会文明、生态文明的共同发展、全面发展、协调发展。

第二,全地域开展生态文明建设。人与自然和谐发展规律是人类文明发展的一般规律,生态文明是人类文明发展的普遍要求,因此,必须全地域开展生态文明建设。就国内来看,东中西部地区都必须将生态文明建设作为区域可持续发展的目标,因地制宜地推动人与自然和谐发展。对于东部地区来说,在率先实现现代化的过程中,必须将生态化和现代化统一起来,走出一条人与自然和谐共生的现代化道路。例如,绿色北京应该成为全国生态文明建设的样板。对于中部地区来说,必须避免发达国家和发达地区先污染后治理的弊端,根据区域自然禀赋,选择可持续的区域发展模式。例如,对于江西省来说,要走出一条经济发展和生态文明相辅相成、相得益彰的路子,打造生态文明建设的江西样板。对于西部地区来说,必须全力破解环境和贫穷的恶性循环,将生态脱贫和生态扶贫作为精准扶贫的内在要求和方向,利用生态文明建设的机遇实现后来居上。例如,在三江源地区,要做好生态移民工作。在总体上,必须将共同富裕、共享发展作为区域生态文明建设的目标和方向,实现共有、共建、共治和共享。就国际范围来看,在维护国内生态安全的同时,必须大力维护全球生态安全;在推动美丽中国建设的同时,必须大力建设一个清洁美丽的世界。为此,我们要立足于地球村整体,秉承人类命运共同体的科学理念,按照共同但有区别责任的原则,积极落实《巴黎协定》,大力实施节能减排,推动全球气候治理;维护全球核安全,构筑一个核安全命运共同体;积极推进"一带一路"建设,携手打造"绿色丝绸之路";积极推进生态文明领域的外交活动和国际合作,充分履行一个负责任的社会主义大国的庄重的国际承诺。最后,我们要构筑一个尊崇自然、绿色发展的生态体系。

第三,全过程开展生态文明建设。生态兴则文明兴,生态衰则文明衰。撇开社会生产的不同发展阶段不说,劳动生产率是同自然条件相联系的。在文明早期,生活资料的自然富源具有决定性意义。在文明发展的较高阶段,生产资料的自然富源,具有决定性的意义。继渔猎采集文化之后,人类文明经过了农业文明、工业文明、智能文明等几个发展阶段。正如习近平总书记指出的那样:"从茹毛饮血到田园农耕,从工业革命到信息社会,构成了波澜壮阔的文明图谱,书写了激荡人心的文明华章。"①因此,我们应该协同推进新型工业化、信息化、城镇化、农业现代化和绿色化。一是协同推进农业现代化和绿色化。农业产业化是现代化的起点和基础。但是,以石油农业为核心的西方农业现代化具有不可持续性。因此,必须把绿色化作为农业现代化的发展方向,大力建设现代高效生态农业,实现现代农业文明和生态文明的融合。二是协同推进新型工业化和绿色化。工业化是从农业社会向工业社会的转变过程。资本主义工业化造成了严重的生态危机。因此,在坚持社会主义工业化道路的同时,必须坚持走新型工业化道路,大力发展绿色产业,实现工业文明和生态文明的融合。三是协同推进城镇化和绿色化。城市化是工业化的社会基础和社会条件。资本主义城市化造成了人与自然之间物质变换的断裂。根据我国的国情,我们应该选择城镇化的发展方向,大力发展生态城市,实现现代城市文

① 《习近平谈治国理政》第1卷,外文出版社2018年版,第258页。

明和生态文明的融合。四是协同推进信息化和绿色化。当下，信息科技革命日新月异，正将人类带入智能文明阶段。信息化同样会造成环境污染等问题。因此，必须将绿色化作为信息化的发展方向，大力发展绿色信息科技和产业，实现智能文明和生态文明的融合。这样，才能确保地球和人类的可持续未来。当然，全过程也意味着在具体的生活过程和生产过程中要从末端治理转向事前治理，实行全程治理。

总之，习近平总书记关于全方位、全地域、全过程开展生态文明建设的思想具有重大的世界观意义和方法论价值，要求我们按照社会系统工程的方式推进社会主义生态文明建设。

（四）新时代生态文明建设的制度保障

制度是关系到一切事业发展的根本性、全局性、稳定性、长期性问题。党的十八大以来，我们不断推动生态文明制度创新，已经初步建立起了生态文明制度的“四梁八柱”。但是，我国目前的生态文明建设仍然处于“三期叠加”（关键期，攻坚期，窗口期）的时期，因此，搞好新时代生态文明建设依然要求加强生态文明制度建设。

我国的改革经历了一个从以经济体制改革为主到全面深化经济、政治、文化、社会、生态文明体制和党的建设制度改革的历史过程。在全面深化改革的过程中，我们党创造性地提出了推动国家治理体系和治理能力现代化的任务。与西方多元治理不同，中国特色的治理突出的是一元多体和依法治理，即要把党委领导、政府主导、企业主体、社会协调、公众参与、依法保障、科技创新统一起来。在这样的背景下，我们提出了实现生态文明领域国家治理体系和治理能力现代化的任务。这就是要通过生态文明体制改革推动生态文明制度建设。这里的生态文明制度指的是生态文明领域的规范、规章、标准的制度化成果。2015 年 9 月，中共中央、国务院印发的《生态文明体制改革总体方案》提出，我国生态文明体制改革的目标是：“到 2020 年，构建起由自然资源资产产权制度、国土空间开发保护制度、空间规划体系、资源总量管理和全面节约制度、资源有偿使用和生态补偿制度、环境治理体系、环境治理和生态保护市场体系、生态文明绩效评价考核和责任追究制度等八项制度构成的产权清晰、多元参与、激励约束并重、系统完整的生态文明制度体系，推进生态文明领域国家治理体系和治理能力现代化，努力走向社会主义生态文明新时代。”①目前，我国的生态环境督察体制改革已取得了明显的成效。党的十九届四中全会对此作出了新的战略安排。

面向未来，习近平总书记提出：“我们要加强生态文明制度建设，实行最严格的生态环境保护制度。”②为了建立和完善以治理体系和治理能力现代化为保障的生态文明制度体系，我们应该从以下几个方面作出努力：第一，必须加强党对生态文明建设、生态文明体制改革和生态文明制度创新的领导，党要提高自身领导和指导生态文明建设的能力和水平。从顶层设计来看，我们可以考虑设立中央生态文明建设指导委员会之类的机构，推动在中央全面深化改革领导小组下设立生态文明体制改革专项小组。第二，必须强化各级政府的生态文明建设职能，将各级政府打造成为生态型政府。从机构设置来看，应该按照山水林田湖草沙是生命共同体的科学理念，进一步推动生态文明领域大部制改革，将自然资源管理、生态环境保护、森林和草原管理等职能进一步整合起来，以增强生态环境治理的整体性、系统性和有效性。第三，必须进行广泛的社会动员，坚持建设美丽中国全民行动，依法大力发展群众性生态环境保护运动和社会团体（民间组织），强化各类社会主体建设生态文明的责任，推动环境公益诉讼。第四，按照《中国共产党章程》和《中华人民共和国宪法》中关于生态文明的相关规定，完善生态文明领域的法律体系，实现“环境权”入宪、入法。在此前提下，要推动设立生态文明领域警察队伍、法庭，严格执法。

---

① 《中共中央国务院印发〈生态文明体制改革总体方案〉》，《人民日报》2015年9月22日。

② 《习近平谈治国理政》第3卷，外文出版社2020年版，第185页。

总之,我们必须坚持用最严格制度最严密法治保护生态环境,让制度为生态文明建设保驾护航。

(五)新时代生态文明建设的美好愿景

在中国共产党领导下的以人民群众为主体的社会主义生态文明建设具有广阔的视野和开放的胸怀。在新时代推动生态文明建设,必须将建设"富强美丽的中国"和"清洁美丽的世界"统一起来,使二者携手同行。

在国内层面上,社会主义生态文明建设是"五位一体"总体布局和"四个全面"战略布局的重要内容,是实现中华民族伟大复兴中国梦的重要内容,最终目标是建设一个"富强美丽的中国"。因此,我们要全面推进社会主义经济建设、政治建设、文化建设、社会建设、生态文明建设,实现社会主义物质文明、政治文明、精神文明、社会文明、生态文明共同发展、协调发展、全面发展,努力把我国建设成为一个富强、民主、文明、和谐、美丽的社会主义现代化强国,使我国以经济发展、政治清明、文化繁荣、社会和谐、人民团结、山河秀美的东方大国形象屹立于世界先进民族之林。

在国际层面上,我们要立足于地球村的实际,面向全球性问题,按照人类命运共同体的倡议,大力构筑尊崇自然、绿色发展的生态体系,建设一个持久和平、普遍安全、共同繁荣、开放包容、清洁美丽的世界。为此,我们要在坚决反对资源殖民主义、环境霸权主义、生态帝国主义的前提下,按照共同但有区别责任的原则,积极推进生态文明领域的国际合作,积极推动全球生态治理,积极参与全球生态文明建设。在这个过程中,我们要打造核安全命运共同体、气候命运共同体、能源命运共同体、生态命运共同体、卫生健康命运共同体。同时,作为一个负责任的社会主义大国,我们必须推动实现国际生态正义,支持和帮助第三世界国家的可持续发展。

在让"富强美丽的中国"和"清洁美丽的世界"交相辉映的过程中,我们必须努力走向社会主义生态文明新时代。在此基础上,我们必须坚持人道主义和自然主义相统一的共产主义远大理想。习近平总书记指出:“信仰、信念、信心,任何时候都至关重要。”①为此,我们必须坚持自然资源公有的性质,依法防范国有自然资源资产的流失和贬值;我们必须保证生态产品的公共性质,大力生产和供给优质的生态产品;我们必须保证人民群众共同参与生态文明建设,共同参与生态环境治理;我们必须保证人民群众共享生态文明建设的成果。在当下,只有坚持共有、共建、共治、共享的底线原则,我们才能保证生态文明建设的社会主义性质,才能划清与“绿色资本主义”的界限。

总之,我们不仅要把我们伟大祖国建设得更加富强美丽,让中国人民生于斯、长于斯的家园更加富强美丽宜人,而且要把地球家园建设得更加清洁美丽,让世界人民生于斯、长于斯的家园更加清洁美丽动人。最终,我们始终不能忘记人与自然、人与社会双重和解的共产主义理想。

五、生态文明建设的空间维度

在领导中国人民走向社会主义生态文明新时代的征程中,习近平总书记十分重视生态文明建设的空间布局,从空间维度提出了一系列的生态治理方略,为我国形成均衡、节约、低碳、清洁、循环、安全的生态文明空间格局指明了方向。

(一)国土是生态文明的空间载体

空间是人类一切生产和活动的要素。它不仅是自然形成的同时性结构,而且是社会建构的同时性关系。生态文明空间布局是将自然空间和社会空间集于一身的系统优化过程。

① 习近平:《在庆祝改革开放40周年大会上的讲话》,《人民日报》2018年12月19日。

空间问题是马克思主义的重要论题。针对资本主义条件下的空间异化，马克思严正地指出，资本主义条件下的节约变成了对工人在劳动时的生活条件系统的掠夺，也就是对空间、空气、阳光以及对保护工人在生产过程中人身安全和健康的设备系统的掠夺。① 显然，空间异化的实质是资本主义力求用时间去消灭空间，从而导致了生态危机。围绕着“自然—社会”空间问题，马克思主义形成了生态空间思想。在此基础上，大卫·哈维开创了地理学历史唯物主义的新视域。但是，哈维把自己置于现实政治的对立面，明确批判马克思主义基本原理与特定文明和历史精神的有机结合。换言之，他缺乏具体问题具体分析的唯物辩证法视野。

中国化马克思主义创造性地将马克思主义生态空间思想运用于社会主义生态文明建设实践。继党的十五大提出可持续发展战略、十七大提出生态文明建设的奋斗新目标之后，党的十八大在将生态文明纳入中国特色社会主义总布局的同时，要求优化国土空间开发格局，形成节约资源和保护环境的空间格局。在此基础上，习近平总书记提出：“国土是生态文明建设的空间载体。从大的方面统筹谋划、搞好顶层设计，首先要把国土空间开发格局设计好。要按照人口资源环境相均衡、经济社会生态效益相统一的原则，整体谋划国土空间开发，统筹人口分布、经济布局、国土利用、生态环境保护，科学布局生产空间、生活空间、生态空间，给自然留下更多修复空间，给农业留下更多良田，给子孙后代留下天蓝、地绿、水净的美好家园。”②进而，党的十八届五中全会又提出了有度有序利用自然、调整优化空间结构的任务。

总之，优化生态文明空间格局是社会主义生态文明建设的重要任务，我们必须紧密围绕这一任务大力开展生态治理。这样，才能让良好生态环境成为人民生活质量的增长点，成为展现我国良好形象的发力点。

---

① 参见《马克思恩格斯文集》第5卷，人民出版社2009年版，第491页。

② 习近平：《论坚持人与自然和谐共生》，中央文献出版社2022年版，第31页。

（二）坚定不移实施主体功能区战略

国土空间是指国家主权与主权权利管辖下的作为人们生产和生活的场所和环境的地域空间集合体。一定范围的国土空间具有多种功能，但必有一种主体功能。为此，在社会主义现代化建设中必须实施主体功能区战略。

实施主体功能区战略，就是要根据不同区域的自然禀赋、经济特征等因素划分其主体功能，据此促使经济、人口布局向均衡方向发展，陆海空间开发强度、城市空间规模得到有效控制，城乡结构和空间布局明显优化，逐步形成和谐共生的国土空间开发格局。为了有效解决因无序开发、过度开发、分散开发导致的优质耕地和生态空间占用过多、生态破坏、环境污染等问题，习近平总书记指出："要坚定不移加快实施主体功能区战略，严格按照优化开发、重点开发、限制开发、禁止开发的主体功能定位，划定并严守生态红线，构建科学合理的城镇化推进格局、农业发展格局、生态安全格局，保障国家和区域生态安全，提高生态服务功能。"①这一战略不仅适用于全部国土，也适用于一个地区、一个城市的空间规划和布局。例如，在了解北京地理环境、规划布局等情况后，习近平总书记指出，应多留点绿地和空间给老百姓。其实，如何促使人口均衡发展仍然是建设绿色北京的头号任务。

目前，我们要以主体功能区规划为基础统筹各类空间性规划，建立空间规划体系，避免规划的部门化、分割化和孤立化，推进"多规合一"。为此，我们必须加快构建以空间规划为基础、以用途管制为主要手段的国土空间开发保护制度。

（三）坚持统筹领土、领海和领空的生态文明建设

从空间结构来看，国土可划分为领土、领海和领空三个层次。这三者具有

---

① 《习近平谈治国理政》第1卷，外文出版社2018年版，第209页。

复杂的关系，共同构成了完整的国土空间结构。因此，我们必须统筹领土、领海和领空的生态文明建设。

捍卫国家生态环境整体权益。我们不能将“环境权”仅仅停留在公民个体的层次上，而必须将之扩展到国家层面上，扩展到国家的全部领土、领海和领空上，从整体上捍卫国家生态环境权益。只有确保国家领土、领海、领空等主权的独立性和完整性，才能有效维护国家的整体安全。显然，维护国家的环境权是优化生态文明格局的重要前提和基本任务。

大力加强海洋生态文明建设。海洋是蓝色国土。过去，我们较为重视捍卫蓝色国土安全、发展海洋经济，而忽视了海洋生态文明建设。为此，习近平总书记提出，必须大力“保护海洋生态环境，着力推动海洋开发方式向循环利用型转变。”①因此，我们要把海洋生态文明建设纳入到海洋开发总布局之中，坚持开发和保护并重、污染防治和生态修复并举，科学合理开发利用海洋资源，维护海洋自然再生产能力。要从源头上有效控制陆源污染物入海排放，加快建立海洋生态补偿和生态损害赔偿制度，开展海洋修复工程，推进海洋自然保护区建设。要构建科学的自然岸线格局，开展蓝色海湾整治，维护自然岸线的连续、完整和统一。要下决心采取措施，全力遏制海洋生态环境不断恶化趋势。由此来看，作为环渤海经济圈中的重要成员，北京市在国家海洋生态文明建设方面同样大有可为。这是建设绿色北京的题中之义，是确保北京市开放发展的重要前提。

总之，我们必须将陆海空的资源能源开发和生态环境整治统一起来，统筹领土、领海、领空的生态文明建设，按照立体方式推进生态治理，这样，才能建成美丽中国。

（四）大力加强生态城市建设

城市化是造成生态环境问题的重要原因，城市是生态文明建设的重要的

① 《习近平关于社会主义生态文明建设论述摘编》，中央文献出版社 2017 年版，第 46 页。

空间节点，生态城市（绿色城市）是城市未来发展的重要方向。因此，在推动当代中国绿色发展的过程中，必须协同推进城镇化和绿色化。

根据世界城市化的一般经验和中国的具体实际，我们不仅要将城镇化作为空间布局的重要方向，而且要将绿色化和城镇化协调起来，建设以人为本、节地节能、生态环保、安全实用、突出特色、保护文化和自然遗产的生态城市。1971 年联合国教科文组织发布的“人与生物圈”计划中首次提出了“生态城市”的概念，明确要求从生态学的角度用生态方法来研究城市。一般认为，生态城市是自然、城市与居民融合为一的有机整体，是社会和谐、经济高效和生态良性循环的人类住区形式。生态城市的发展目标是实现城市与自然的相融，实质是实现人与人的和谐。现在，许多城市提出生态城市的口号，但思路却是大树进城、开山造地、人造景观、填湖填海等。这不是建设生态文明，而是破坏自然生态。针对这些问题，为了切实有效地推进我国的城镇化，习近平总书记提出，提高城镇化水平，必须体现尊重自然、顺应自然、天人合一的理念，依托现有山水脉络等独特风光，让城市融入大自然，让居民望得见山、看得见水、记得住乡愁。

建设生态城市是一项复杂的系统工程。目前，重点要抓好以下工作：一是要根据资源环境承载力调节城市规模，依托山水地貌优化城市形态和功能，实行绿色规划、设计、施工标准。就规划和自然的关系，习近平总书记指出：“城市规划建设的每个细节都要考虑对自然的影响，更不要打破自然系统。”①为什么这么多城市缺水？一个重要原因是水泥地太多，把能够涵养水源的林地、草地、湖泊、湿地给占用了，切断了自然的水循环，雨水来了，只能当作污水排走，地下水越抽越少。这也是建设绿色北京的一个重要瓶颈。二是要建立健全经济、适用、环保、节约资源、安全的住房标准体系，逐年减少建设用地增量。三是要防治“城市病”，推进现代城市文明建设。习近平总书记在北京考察工

---

① 《十八大以来重要文献选编》（上），中央文献出版社 2014 年版，第 603 页。

作时要求，必须深入实施人文北京、科技北京、绿色北京战略，努力把北京建设成为国际一流的和谐宜居之都。在解决城市缺水问题上，要深入开展节水型城市建设，使节约用水成为全社会的自觉行动。更为重要的是，解决供水问题必须顺应自然。比如，在提升城市排水系统时要优先考虑把有限的雨水留下来，优先考虑更多利用自然力量排水，建设自然积存、自然渗透、自然净化的“海绵城市”。在大气污染防治上，要坚持标本兼治和专项治理并重、常态治理和应急减排协调、本地治污和区域协调相互促进，多策并举，多地联动，全社会共同行动。在解决好海量人口的出行问题上，要把解决交通拥堵问题放在城市发展的重要位置，加快形成安全、便捷、高效、绿色、经济的综合交通体系。在城市管理方面，要健全体制，提高水平，尤其要加强市政设施运行管理、交通管理、环境管理、应急管理，推进城市管理目标、方法、模式的现代化。

在更为根本的要求上，“我们要认识到，在有限的空间内，建设空间大了，绿色空间就少了，自然系统自我循环和净化能力就会下降，区域生态环境和城市人居环境就会变差。要学习借鉴成熟经验，根据区域自然条件，科学设置开发强度，尽快把每个城市特别是特大城市开发边界划定，把城市放在大自然中，把绿水青山保留给城市居民”①。此外，根据世界城市化发展的一般规律和我国具体实际，在发展城市群的同时大力实现城镇化尤其是大力发展特色镇，是我国实现城市化的必然选择。与工业化、城市化过程一样，城镇化同样会产生生态环境负效应。因此，我们必须将生态化的原则和要求贯穿和渗透在城镇化的过程中，实现城镇化与生态化的交融，优化城市空间结构，走生态化的城镇化道路。

（五）大力保护湿地

湿地是“地球之肾”。随着人类活动频率加快等一系列复杂原因，湿地面

① 《习近平关于社会主义生态文明建设论述摘编》，中央文献出版社 2017 年版，第 48 页。

积大为减少，地球出现了“肾衰竭”。我国同样面临着这一问题，一些地方湿地面积不断萎缩。现在亟需给地球“补肾”——加强湿地保护修复。党的十八大以来，习近平总书记在一系列重要讲话中谈及了湿地保护修复问题。尤其是，2016 年 11 月 1 日，在他的主持下，十八届中央全面深化改革领导小组第二十九次会议审议通过了《湿地保护修复制度方案》。这样，湿地保护修复问题就成为习近平生态文明思想的重要内容，为我国湿地保护修复工作指明了方向。

1. 湿地保护修复的基本理念

湿地是重要的生态系统和生态空间。按照习近平生态文明思想，湿地保护修复必须坚持以下理念。

坚持人与自然和谐共生。人与自然是一个生命共同体。各类湿地是地球生态系统的重要组成部分，是地球母亲的“肾脏”，具有涵养水源、净化水质、蓄洪抗旱、调节气候、维护生物多样性、增加全球碳汇等多方面的功能。只有呵护好湿地，保持地球机体健康，人类才能正常生存和发展。因此，必须按照人与自然和谐共生的自然观，坚持生态优先、保护优先，搞好湿地保护修复。

坚持绿水青山就是金山银山。绿水青山是生态价值和经济价值的统一。作为绿水青山的重要组成部分，湿地也是生态价值和经济价值的统一。在考察江苏省徐州市贾汪区将采煤塌陷区恢复为湖泊湿地成功经验的基础上，习近平总书记提出：“只有恢复绿水青山，才能使绿水青山变成金山银山。”① 生态保护修复是将绿水青山转化为金山银山的重要方式。因此，必须按照“两山论”的发展观，通过保护修复，发挥湿地的综合功能。

坚持山水林田湖草沙是生命共同体。各种自然要素是相互依存、紧密联

① 《中央经济工作会议在北京举行》，《人民日报》2017 年 12 月 21 日。

系的有机链条，构成为一个生命共同体。湿地是山水林田湖草沙这一生命共同体的内在一环。习近平同志指出："从生态系统整体性着眼，可考虑加大河北特别是京津保中心区过渡带地区退耕还湖力度，成片建设森林，恢复湿地，提高这一区域可持续发展能力。"①因此，必须遵循山水林田湖草沙是生命共同体的方法论，按照系统工程，推进湿地保护修复。

显然，习近平生态文明思想为搞好湿地保护修复提供了科学理念。

2. 湿地保护修复的科技支撑

现在，新科技革命呈现出了绿色、智能、泛在的特征，我们必须将新科技革命的最新成果运用到湿地保护修复中。

为了全面提升湿地生态系统的稳定性和生态服务功能，必须加强湿地生态学的研究和应用。湿地生态学是研究湿地的结构和功能的科学。目前，要加强湿地与水资源、水环境、水生态关系的研究，加强湿地与生物多样性关系的研究，加强湿地与海岸线关系的研究，加强湿地与城市关系的研究，加强湿地与气候变迁、全球碳汇关系的研究。进而，要科学确定湿地保护的边界，科学划定湿地保护红线。这样，才能贯彻好习近平总书记关于严守生态红线的要求。

为了搞好湿地修复和重建，必须加强恢复生态学的研究和应用。恢复生态学是研究生态系统退化的因果关系、恢复与重建退化生态系统的技术和方法及其生态学过程和机理的科学。习近平总书记指出："要采取硬措施，制止继续围垦占用湖泊湿地的行为，对有条件恢复的湖泊湿地要退耕还湖还湿。"②为此，要加强各类湿地萎缩、退化的因果关系的分析研究，开展湿地保护修复技术创新和示范，为退耕还湿提供科技支撑，为湿地保护修复工程提供科技支撑，为建立湿地公园提供科技支撑。

---

① 《习近平关于社会主义生态文明建设论述摘编》，中央文献出版社 2017 年版，第 52 页。

② 《习近平关于社会主义生态文明建设论述摘编》，中央文献出版社 2017 年版，第 57 页。

为了提高湿地保护修复管理决策的科学性，必须完善湿地保护修复管理决策的科技支撑机制。目前，要加快推进对湿地的统计监测核算能力建设，定期开展全国湿地状况调查和评估，提高信息化水平，建立健全信息共享制度。要利用卫星遥感等新技术手段，对湿地状况及其保护修复状况开展全天候监测，健全覆盖各种类型湿地的监测网络体系。要加强湿地生态风险预警，提高湿地生态风险防控和突发事件应急能力。这样，才能搞好湿地保护修复。

总之，科技创新是推动湿地保护修复的第一动力，必须加强相关科技创新和应用。

3. 湿地保护修复的制度保障

为了搞好湿地保护修复，按照习近平生态文明思想，必须建立和完善相关的制度体系。

完善湿地所有制制度。湿地事关生态安全、社会稳定、民生福祉，具有明显的公共产品性质，因此，必须按照我国宪法的相关规定，确保湿地的公有制性质。在此前提下，要明确中央政府对生态功能重要的湿地和湿地国家公园直接行使所有权。同时，要遵循湿地生态系统性、整体性原则，厘清所有权、使用权、管理权的关系，推动湿地产权确权。在这个问题上，既要防止“公地悲剧”，也要预防“私地闹剧”。这样，才能确保湿地面积不减少、功能不减弱，确保湿地保值增值。

制定湿地保护修复法律法规。在我国宪法明确写入了促进物质文明、政治文明、精神文明、社会文明、生态文明协调发展的情况下，必须制定和颁布湿地保护修复的法律法规。在这一法律中，必须进一步明确湿地的公共产品和公有制性质，明确国家、社会、公民保护和修复湿地的法律责任和义务，明确湿地保护和修复的法律流程和法律标准，明确非法挤占和挪用湿地的法律责任和惩处机制，明确破坏和污染湿地行为的法律责任和惩处机制，等等。同时，要做好与其他法律的衔接配套工作。

实施湿地生态补偿和补贴政策。为了体现共同富裕的社会主义本质和共享发展的科学理念,必须实施湿地生态补偿和补贴政策。在国家层面上,应该考虑建立湿地保护修复基金,加大对湿地保护修复的公共投入,对退耕还湿行为进行财政补贴,对湿地保护区域进行生态补偿。在地方层面上,应该考虑设立湿地管理、保护、修复的公益岗位,统筹考虑湿地保护修复和退耕还湿群众的生计问题。在区域层面上,应该明确湿地退化的责任者和受害者的关系,明确湿地保护修复的付出者和受益者的关系,实施横向生态补偿。在资金筹措上,可以引入社会力量,采用政府和企业合作的 PPP 模式。当然,投资者可以获得正常的回报。

总之,只有建立起湿地保护修复方面的制度体系,才能确保搞好湿地保护修复。

显然,湿地保护修复是生态文明建设的重要内容。只要我们坚持以习近平生态文明思想为指导,搞好湿地保护和修复工作,就可以实现人与湿地和谐共处。

(六)科学布局生产空间、生活空间、生态空间

相对于在其中活动的人来说,按照其功能,可将空间划分为生产空间、生活空间和生态空间三种类型(“三生空间”)。因此,优化生态文明的空间布局,最终要体现在三生空间的科学布局上。

三生空间相互制衡、相互影响,构成了完整的空间格局。在现实中,随着生产发展和城市发展,生产空间和生活空间日益扩张,而生态空间不断萎缩。萎缩的生态空间反过来致使生产空间和生活空间难以维系,最终会影响到人们的生产和生活。因此,必须科学布局三生空间。其目标是,促进生产空间集约高效、生活空间宜居适度、生态空间山清水秀。其要害和基础是,要在维护生态空间的完整性、稳定性、多样性的基础上,要不断扩展生态空间。“要推

进城镇留白增绿，使老百姓享有惬意生活休闲空间。”①在建设绿色北京的过程中，不仅要不断加大城区的绿色空间的比重，而且要加大北部生态涵养区的保护和维护的力度，严格划定生态红线。在推动形成京津冀生态共同体的过程中，同样要高度重视这一问题。对此，习近平总书记指出，必须着力扩大环境容量生态空间，加强生态环境保护合作，在已经启动大气污染防治协作机制的基础上，完善防护林建设、水资源保护、水环境治理、清洁能源使用等领域合作机制。② 为此，北京市必须对作为首都生态涵养区的周边地区作出生态补偿，为探索区域之间的横向生态补偿方式作出探索性的贡献。只有坚持区域生态公平，我们才能建设好绿色北京。显然，科学布局“三生空间”实质上就是要坚持走生产发展、生活富裕、生态良好的文明发展道路。

综上，生态文明建设和生态治理，既有其时间维度（贯彻和落实可持续发展战略），也有其空间维度（谋划和优化国土空间开发格局）。党的十八大之前，我们较为重视前者；党的十八大以来，在坚持前者的同时，我们突出了后者，力求将二者结合起来。围绕着优化生态文明空间格局的任务，习近平总书记提出了立体化的生态治理方略。这一方略成为其治国理政思想的重要内容和一大特色，必将推动我国形成人与自然和谐发展的现代化建设新格局，走向社会主义生态文明新时代。

---

① 习近平：《论坚持人与自然和谐共生》，中央文献出版社 2022 年版，第 18 页。

② 参见《习近平关于社会主义生态文明建设论述摘编》，中央文献出版社 2017 年版，第 52 页。

第二章　当代中国的生态文明理论创新

党的十八大以来，党中央以前所未有的力度抓生态文明建设，全党全国推动绿色发展的自觉性和主动性显著增强，美丽中国建设迈出重大步伐，我国生态环境保护发生历史性、转折性、全局性变化。——《中共中央关于党的百年奋斗重大成就和历史经验的决议》①

党的十一届三中全会以后，在将全党和全国工作中心转移到经济建设上来的同时，我们开始将计划生育、节约资源、环境保护确立为基本国策，将可持续发展确立为我国社会主义现代化建设的重大战略，最终将生态文明确立为全面建设小康社会奋斗目标的新要求，创造性地提出了生态文明的科学理念。1978年以来，我国生态文明建设取得了一系列重要成就和宝贵经验，为新时代生态文明理论创新提供了强大而持续的实践基础。

在党的十七大提出的生态文明理念的基础上，党的十八大将生态文明纳入到了中国特色社会主义总体布局当中，《中国共产党章程》和《中华人民共和国宪法》都明确要求协调推进物质文明、政治文明、精神文明、社会文明、生

① 《中共中央关于党的百年奋斗重大成就和历史经验的决议》，《人民日报》2021年11月17日。

态文明，这样，生态文明建设就成为全党和全国的共同意志和共同行动。

党的十八大以来，以习近平同志为核心的党中央高度重视生态文明建设，将生态文明建设看作是“国之大者”，坚持用生态文明理论创新推动生态文明实践创新和生态文明制度创新。“党中央强调，生态文明建设是关乎中华民族永续发展的根本大计，保护生态环境就是保护生产力，改善生态环境就是发展生产力，决不以牺牲环境为代价换取一时的经济增长。必须坚持绿水青山就是金山银山的理念，坚持山水林田湖草沙一体化保护和系统治理，像保护眼睛一样保护生态环境，像对待生命一样对待生态环境，更加自觉地推进绿色发展、循环发展、低碳发展，坚持走生产发展、生活富裕、生态良好的文明发展道路。”①在这个过程中，我们不断提升生态文明建设战略地位，系统拓展生态文明建设的途径，促进我国生态环境保护发生了历史性、转折性、全局性变化。同时，我国已经成为全球生态文明建设的重要参与者、贡献者、引领者。这是以习近平同志为核心的党中央领导中国人民取得的巨大成就和宝贵经验。在此基础上，我们党系统形成了习近平生态文明思想。

党的十八大以来，在创造性地回答重大时代性课题的过程中，习近平生态文明思想提出了一系列生态文明新思想新理念新观点。其核心要义是提出了“十个坚持”：坚持党对生态文明建设的全面领导，坚持生态兴则文明兴，坚持人与自然和谐共生，坚持绿水青山就是金山银山，坚持良好生态环境是最普惠的民生福祉，坚持绿色发展是发展观的深刻革命，坚持统筹山水林田湖草沙系统治理，坚持用最严格制度最严密法治保护生态环境，坚持把建设美丽中国转化为全体人民自觉行动，坚持共谋全球生态文明建设之路。“十个坚持”集中体现着社会主义生态文明观。

习近平生态文明思想从哲学、政治经济学、科学社会主义理论等方面回答了生态文明建设涉及的诸多重大理论和实践问题，夯实了生态文明建设的马

① 《中共中央关于党的百年奋斗重大成就和历史经验的决议》，《人民日报》2021年11月17日。

克思主义哲学、马克思主义政治经济学、科学社会主义理论基础,推动形成了当代中国马克思主义生态文明思想、二十一世纪马克思主义生态文明。这是习近平生态文明思想原创性贡献的集中体现。

习近平生态文明思想为推进社会主义生态文明建设、实现人与自然和谐共生的现代化提供了方向指引和根本遵循,必须用以武装头脑、教育群众、指导实践、推动工作、造福人民。

一、改革开放以来生态文明建设的成就和经验

党的十一届三中全会以来,按照党在社会主义初级阶段的基本路线,在建设富强民主文明和谐美丽的社会主义现代化强国的伟大征程中,我国在生态文明建设方面已取得了一系列重要成就和宝贵经验。这些成就和经验不仅充分证明了中国化马克思主义提出的生态文明理念的科学性和有效性,而且为习近平生态文明思想这一当代中国马克思主义生态文明思想、二十一世纪马克思主义生态文明思想的提出和确立提供强大而持续的实践基础。

(一)改革开放以来生态文明建设的历史进程

绿色是中国改革开放的重要底色。改革开放以来,在科学把握人类社会发展规律、社会主义建设规律、共产党执政规律的基础上,中国共产党科学把握人与自然和谐共生的规律,形成了生态文明的科学理念、原则和目标,推动中国社会主义生态文明建设取得了伟大成就。

1. 从 1978 年到 1992 年的生态文明建设

党的十一届三中全会以后,在将全党和全国工作中心转移到经济建设上来的条件下,借鉴西方现代化先污染后治理的教训,我们党提出要高度重视环境保护。1978 年 12 月 31 日,《中共中央批转〈环境保护工作汇报要点〉的通

知》提出:“我们正在进行大规模的经济建设,我们绝不能走先建设、后治理的弯路,我们要在建设的同时就解决环境污染的问题。”①同时,我们党提出,要根据我国人口多、耕地少的特殊国情,量力而行地实现现代化。基于上述科学认知,以邓小平同志为主要代表的中国共产党人要求从社会主义根本目的的高度做好人口资源环境工作,将消除污染、保护环境看作是推动经济建设、实现四个现代化的一个重要组成部分。为此,我们党确立计划生育和环境保护为我国的基本国策,发起以“环境美”为内容要求之一的“五讲四美三热爱”的社会主义精神文明建设活动,倡导全民义务植树这一具有中国特色的群众性生态运动,要求按照法制化和科学化的原则做好人口资源环境工作。1992 年 6 月,我国领导人在出席联合国里约环境与发展大会时指出:“改革开放十多年来,中国国民生产总值翻了一番多,而环境质量状况基本保持稳定,某些方面还有所改善。实践表明,我们实行的有中国特色的环境与发展战略是成功的。”②这样,就正式开启了我国生态文明建设的历史进程。

2. 从 1992 年到 2002 年的生态文明建设

党的十三届四中全会以后,在确立社会主义市场经济为中国经济体制改革目标的背景下,积极顺应可持续发展的国际潮流,根据我国人口众多、资源相对不足的重要国情,以江泽民同志为主要代表的中国共产党人,将可持续发展战略确立为中国社会主义现代化建设的重大战略。作为一个负责任的社会主义大国,中国积极履行在里约会议上对国际社会的庄重承诺,于 1994 年 3 月 25 日通过了世界上第一个国家级可持续发展战略——《中国 21 世纪议程》。继党的十五大确立可持续发展的战略地位之后,党的十六大将可持续

① 《新时期环境保护重要文献选编》,中央文献出版社、中国环境科学出版社 2001 年版,第 2—3 页。

② 《新时期环境保护重要文献选编》,中央文献出版社、中国环境科学出版社 2001 年版,第 186 页。

发展作为全面建设小康社会的目标之一。在这个过程中,我们党对可持续发展的含义进行了创造性的阐释:“坚持实施可持续发展战略,正确处理经济发展同人口、资源、环境的关系,改善生态环境和美化生活环境,改善公共设施和社会福利设施。努力开创生产发展、生活富裕和生态良好的文明发展道路。”①这样,就超越了单纯从代际公平角度定义可持续发展的局限,引入了文明的考量。实施可持续发展战略以来,我国取得了重大成就。2003 年的《政府工作报告》作出了这样的总结:五年全国环境保护和生态建设投入 5800 亿元,是 1950 年到 1997 年投入总和的 1.7 倍。这样,在贯彻和落实可持续发展战略的基础上,生态文明呼之欲出。

3. 从 2002 年到 2012 年的生态文明建设

党的十六大以后,按照社会主义现代化建设“三步走”战略,我国开始了全面建设小康社会的新征程。以胡锦涛同志为主要代表的中国共产党人提出了实现科学发展、构建和谐社会的战略任务,将统筹人与自然和谐发展作为其内在规定和基本要求。人与自然和谐发展就是要坚持走生产发展、生活富裕、生态良好的文明发展道路。在此基础上,党的十七大创造性提出了生态文明的原则、理念和目标,将之作为全面建设小康社会奋斗目标的新要求。科学发展观提出:“建设生态文明,实质上就是要建设以资源环境承载力为基础、以自然规律为准则、以可持续发展为目标的资源节约型、环境友好型社会。”②这样,就将生态文明建立在了尊重自然规律的马克思主义唯物主义和尊重生态阈值的生态理性的基础上。进而,党的十八大将生态文明纳入到了“五位一体”中国特色社会主义总体布局中,将“中国共产党领导人民建设社会主义生态文明”的内容明确写入了《中国共产党章程》中,要求我们要建设美丽中国,走向社会主义生态文明新时代。在科学发展观的指导下,我国生态文明建设

① 《江泽民文选》第 3 卷,人民出版社 2006 年版,第 295 页。

② 《胡锦涛文选》第 3 卷,人民出版社 2016 年版,第 6 页。

扎实展开、全面推进。例如,“十二五”期间,全国化学需氧量和氨氮、二氧化硫、氮氧化物排放总量分别累计下降 12.9%、13%、18%、18.6%。这样,生态文明就成为我们党原创性的理论成果。

4. 2012 年以来的生态文明建设

党的十八大以来,面对我国社会主要矛盾的变化,以习近平同志为主要代表的中国共产党人,在带领中国人民走向社会主义生态文明新时代的过程中,不断推动生态文明理论创新、实践创新和制度创新,取得了一系列重大成果。在理论上,中国共产党人提出了绿色化、绿色发展、坚持人与自然和谐共生、社会主义生态文明观等科学理念,最终形成了习近平生态文明思想。在实践上,全面节约资源有效推进,防治大气污染、水污染、土壤污染的专项行动深入实施,生态系统保护和修复重大工程进展顺利,核与辐射安全得到有效保障,生态文明建设成效显著,美丽中国建设迈出重要步伐,我国已经成为全球生态文明建设的重要参与者、贡献者、引领者。在制度上,颁布了《中共中央国务院关于加快推进生态文明建设的意见》《生态文明体制改革总体方案》《中共中央国务院关于全面加强生态环境保护坚决打好污染防治攻坚战的意见》《全国人民代表大会常务委员会关于全面加强生态环境保护依法推动打好污染防治攻坚战的决议》等一系列顶层设计文件,推动建立起了生态文明制度的“四梁八柱”。在习近平生态文明思想的指导下,我国生态文明建设取得了重大进展。例如,从党的十八大到党的十九大之间,我国制定实施了 40 多项涉及生态文明建设的改革方案。

总之,一部改革开放史也是一部中国的绿色发展史,也是一部走向社会主义生态文明新时代的壮阔历史。

(二)改革开放以来生态文明建设的主要成就

改革开放以来,在推动生态文明创新的过程中,在中国共产党的创新理论的指导下，中国生态文明建设取得了一系列重大进展，集中彰显着社会主义生态文明建设的历史成就。

1. 确立生态文明建设的基本国策

中国共产党人看到人口资源环境是影响可持续发展的基础性的关键性的基本变量，将计划生育、节约资源、保护环境上升到了基本国策的高度。第一，计划生育。1982 年，中共十二大将计划生育确立为中国的基本国策。这一国策的实施，有效遏制了人口过快增长带来的生态环境压力和社会经济压力，维护了人口的可持续性。现在，由于人口动态趋势出现了新的变化，中国调整了计划生育政策。但是，习近平总书记反复强调，认识中国的国情和发展差距必须要有人均意识。因此，中国必须继续从人口资源环境与经济社会协调发展的角度来完善人口政策。第二，节约资源。1997 年，全国人大通过的《节约能源法》将节约资源确立为中国的基本国策。在此基础上，中国将建设资源节约型社会作为生态文明建设的重要任务。为此，中国建立和完善节约资源的经济政策、管理政策和法律法规，要求实行资源总量和强度双控制，从而大幅度地降低了资源的消耗强度，维护了资源的可持续性。第三，环境保护。1983 年，第二次全国环境保护会议将环境保护确立为中国的基本国策。据此，我国将建立环境友好型社会作为生态文明建设的重要任务。党的十八大以来，中国先后出台了“气十条”“水十条”和“土十条”等污染防治计划，加强了生态环境保护督查工作，维护了环境的可持续性。

2. 夯实生态文明建设的基础工程

为了有效维护和实现自然物质条件的可持续性，我国不断夯实生态文明建设的基础工程。第一，主体功能区建设。国土是生态文明建设的空间载体。在以往自然保护区工作的基础上，2010 年 12 月，国务院印发了《全国主体功能区规划》，详细地提出了主体功能区建设的规划方案。党的十八大以来，我国主体功能区建设积极有序推进。习近平总书记提出,要以主体功能区规划为基础,推进“多规合一”。[①] 第二,节能减排。全球气候变暖是影响全球可持续发展的重大问题。在推动全球气候治理的同时,中国已制定和实施了国家方案,成立了国家应对气候变化和节能减排工作领导小组以及应对气候变化专门管理机构,颁布了一系列法律法规,完成了节能减排的阶段任务。从2005年到2015年,中国累计节能15.7亿吨标准煤,相当于减少二氧化碳排放36亿吨。第三,生态保护和修复工程。生态安全是影响国家总体安全的重要方面。在以往重视生态保护的基础上,党的十八届三中全会以来,中国将生态安全纳入国家总体安全框架中,出台了一系列措施,取得了明显成就。例如,中国沙化土地面积由20世纪末每年扩展3436平方公里转变为现在每年缩减1980平方公里,实现了土地荒漠化面积的零增长。第四,生态环境治理。在科学普查污染源的基础上,中国按照系统工程的思路积极推进生态环境治理,使中国生态环境基础性指标全面提升,生态环境质量大为改善。例如,13.8万个村庄完成农村环境综合整治。

(三)完善生态文明建设的制度体系

中国高度重视生态文明管理和规则的制度化,已经建立起了生态文明制度体系的“四梁八柱”。1979年,《中华人民共和国环境保护法(试行)》,确立了“三同时”制度(建设项目中的防治污染设施,应与主体工程同时设计、同时施工、同时投产使用)、环境影响评价制度和排污收费制度的法律地位。1989年,第三次全国环境保护会议正式将环境保护目标责任制、城市环境综合整治定量考核、排污许可证制度、污染物集中控制和限期治理确立为新的五项环境管理制度。1990年,国务院印发的《关于进一步加强环境保护工作的决定》提出,要全面落实环境保护目标责任制、城市环境综合整治定量考核制、排放污

① 参见《十八大以来重要文献选编》(下),中央文献出版社2018年版,第85页。

染物许可证制、污染集中控制、限期治理、环境影响评价制度、“三同时”制度、排污收费制度等八项环境管理制度。在此基础上，党的十八大提出，必须加强生态文明制度建设。党的十八届三中全会以后，党中央和国务院提出，我国生态文明体制改革的任务是，到2020年，构建起由自然资源资产产权制度、国土空间开发保护制度、空间规划体系、资源总量管理和全面节约制度、资源有偿使用和生态补偿制度、环境治理体系、环境治理和生态保护市场体系、生态文明绩效评价考核和责任追究制度等八项制度构成的产权清晰、多元参与、激励约束并重、系统完整的生态文明制度体系。2019年10月31日，党的十九届四中全会提出，在坚持和完善中国特色社会主义制度、推进国家治理体系和治理能力现代化的过程中，要坚持和完善生态文明制度体系，促进人与自然和谐共生。具体来说，包括以下任务：要实行最严格的生态环境保护制度，全面建立资源高效利用制度，健全生态保护和修复制度，严明生态环境保护责任制度。①

（四）履行生态文明建设的国际责任

从1972年派团参加联合国人类环境会议开始，我国积极参与可持续领域外交和国际合作。为了迎接里约会议的召开，1991年6月，我国发起的“发展中国家环境与发展部长级会议”在北京成功举办。会议就坚持共同但有区别责任的原则达成了共识。里约会议之后，我国国家主席和政府总理连续出席了一系列国际可持续发展会议，在表明中国立场的同时，推动了国际可持续发展领域的合作。尤其是党的十八大以来，习近平主席根据地球村的客观实际创造性地提出了人类命运共同体的倡议，呼吁构筑一个尊崇自然、绿色发展的生态体系。按照这一理念，我国积极参与全球气候治理，推动中美两国元首连续3年发表了《中美元首气候变化联合声明》，推动国际社会达成了《巴黎协

① 参见《中共中央关于坚持和完善中国特色社会主义制度 推进国家治理体系和治理能力现代化若干重大问题的决定》，《人民日报》2019年11月6日。

定》。2018年12月，在中国的积极斡旋下，波兰卡托维茨气候变化大会最终达成重要共识。近200个国家就下一步如何应对气候变化的行动细则达成一致意见。此外，我国还积极推动打造“绿色丝绸之路”，倡导核安全命运共同体、能源命运共同体等，推动制定《二十国集团落实2030年可持续发展议程行动计划》。最后，中国还尽自己的力量积极帮助第三世界国家的可持续发展。1950年至2016年，中国累计对外提供援款4000多亿元人民币。

总之，正如习近平总书记指出的那样：“40年来，我们始终坚持保护环境和节约资源，坚持推进生态文明建设，生态文明制度体系加快形成，主体功能区制度逐步健全，节能减排取得重大进展，重大生态保护和修复工程进展顺利，生态环境治理明显加强，积极参与和引导应对气候变化国际合作，中国人民生于斯、长于斯的家园更加美丽宜人！”①同时，中国为建设清洁美丽的世界也作出了自己的贡献。

（五）改革开放以来生态文明建设的主要经验

在我国社会主义生态文明建设取得巨大成就的基础上，我们党在建设社会主义生态文明方面积累了丰富经验，丰富和发展了中国特色社会主义的基本经验，成为我们走向社会主义生态文明新时代的宝贵财富。

1. 坚持以中国共产党为社会主义生态文明建设的领导核心

党的领导是中国特色社会主义最本质的特征和中国特色社会主义制度的最大优势。中国共产党是一个自主寻求生态改革、生态创新、生态革命的马克思主义执政党。与国内外学者在反思全球性问题的基础上提出的生态文明的学术话语尤其是生态中心主义话语不同，中国共产党是将生态文明作为政策话语提出的，具有广阔的政治视野和深厚的人民情怀。与西方绿党、生态马克

---

① 习近平：《在庆祝改革开放40周年大会上的讲话》，《人民日报》2018年12月19日。

思主义和生态社会主义处在在野位置提出的绿色竞选方案和绿色理论方案不同,中国共产党是将生态文明作为治国理政方略提出的,具有现实的政策要求和强烈的实践指向。在创造性地将生态文明写入党的政治报告和党的章程的过程中,中国共产党人鲜明地表明了带领人民建设社会主义生态文明的政治抱负,表达了将中国建设成为富强民主文明和谐美丽的社会主义现代化强国的雄心壮志。习近平总书记强调:"生态环境是关系党的使命宗旨的重大政治问题。"①因此,我们必须加强党对生态治理的领导,同时,也要提升党自身的生态治理的能力和水平。在建设马克思主义学习型政党的过程中,党的十八届中央政治局专门举行了几次以生态文明为主题的集体学习。这是提升党的生态治理能力和水平的重要创举。显然,只有中国共产党才能带领我们走向社会主义生态文明新时代。

2. 坚持以满足人民群众的生态环境需要为生态文明建设的价值取向

最大多数人的需要和利益是最为要害的东西。出于实现剩余价值最大化的需要,资产阶级也想方设法地改进生态环境质量,从而使资本主义成为绿色资本主义。中国共产党人明确将满足人民群众的生态环境需要作为社会主义生态文明建设的出发点和落脚点。邓小平理论中提高人民生活水平的要求、"三个代表"重要思想中代表中国最广大人民利益的要求,都适用于生态文明建设。科学发展观鲜明地指出:"人口资源环境工作,都是涉及人民群众切身利益的工作,一定要把最广大人民的根本利益作为出发点和落脚点。要着眼于充分调动人民群众积极性、主动性和创造性,着眼于满足人民群众需要和促进人的全面发展,着眼于提高人民群众生活质量和健康素质,切实为人民群众创造良好生产生活环境,为中华民族长远发展创造良好条件。"②在此基础上,按照以人民为中心的发展思想,习近平生态文明思想提出,良好生态环境是最

---

① 《十九大以来重要文献选编》(上),中央文献出版社 2019 年版,第 448 页。

② 《胡锦涛文选》第 2 卷,人民出版社 2016 年版,第 170 页。

公平的公共产品，是最普惠的民生福祉。因此，在坚持让人民共享经济、政治、文化、社会、生态文明等各方面发展成果的基础上，我们必须大力生产和提供更多优质生态产品以满足人民日益增长的优美生态环境需要，同时要做好生态产品的公平分配，并要通过社会主义民主和法治的发展来切实保障人民群众的生态环境权益。在生态治理问题上，要实现维稳和维权的统一。这是社会主义生态文明和绿色资本主义的根本区别。

3. 坚持以当代马克思主义生态文明思想为生态文明建设的指导思想

实践基础上的理论创新是社会发展和变革的先导。在创立唯物史观和发现剩余价值的过程中，马克思主义将自身定位为一种研究自然史和人类史关系的历史科学，科学回答了人与自然关系的问题，从而为社会主义生态文明奠定了理论基础。因此，习近平总书记指出，我们今天学习马克思，就是要学习和实践马克思主义关于人与自然关系的思想。① 在将马克思主义生态思想和我国社会主义生态文明建设实际相结合的过程中，毛泽东思想、邓小平理论、“三个代表”重要思想、科学发展观都形成了自己的生态文明思想。在此基础上，我们党提出和形成了习近平生态文明思想。在这一科学体系中，“坚持党对生态文明建设的全面领导”明确了新时代生态文明建设的根本保证，“生态兴则文明兴”的理念明确了新时代生态文明建设的历史依据，“坚持人与自然和谐共生”的理念明确了新时代生态文明建设的基本原则，“坚持绿水青山就是金山银山”的理念明确了新时代生态文明建设的核心理念，“坚持良好的生态环境是最普惠的民生福祉”的理念明确了新时代生态文明建设的宗旨要求，“坚持绿色发展是发展观的深刻革命”明确了新时代生态文明建设的战略路径，“坚持山水林田湖草沙系统治理”的理念明确了新时代生态文明建设的系统观念，“坚持用最严格制度最严密法治保护生态环境”的理念明确了新时

① 参见《十九大以来重要文献选编》（上），中央文献出版社 2019 年版，第 431 页。

代生态文明建设的制度保障，“坚持把建设美丽中国转化为全体人民自觉行动”明确了新时代生态文明建设的社会力量，“坚持共谋全球生态文明建设之路”的理念明确了新时代生态文明建设的全球倡议。在总体上，习近平生态文明思想是习近平新时代中国特色社会主义思想的重要组成部分，是当代中国马克思主义的生态文明思想，是二十一世纪马克思主义的生态文明思想，集中体现着社会主义生态文明观。这一思想有力指导生态文明建设和生态环境保护取得历史性成就、发生历史性变革。显然，习近平生态文明思想为走向社会主义生态文明新时代提供了方向指引和根本遵循，我们必须用以武装头脑、教育人民、凝聚人心、指导实践、推动工作。

4. 坚持以绿色化和绿色发展为社会主义生态文明建设的现实路径

在贯彻和落实可持续发展战略的过程中，习近平生态文明思想创造性地提出了绿色化和绿色发展的新理念。第一，坚持绿色化。绿色化是实现绿色发展的过程，实质上就是要实现生态化和永续化。从时间坐标来看，我们要协同推进新型工业化、信息化、城镇化、农业产业化和绿色化，保证现代化按照永续化的方向前进。从空间坐标来看，我们要实现生产方式、生活方式、思维方式和价值观念的绿色化，保证现代化按照全面性的要求发展。在此基础上，通过时空交错，我们就可以推动全方位、全地域、全过程的绿色革命，建设好生态文明。第二，坚持绿色发展。绿色发展有狭义和广义的区分。与循环发展、低碳发展并列的绿色发展是狭义的绿色发展，事实上是清洁发展的意思。与创新发展、协调发展、开放发展、共享发展并列的绿色发展是广义的绿色发展，事实上是清洁发展、循环发展、低碳发展的集成和总称。习近平总书记指出：“绿色发展，就其要义来讲，是要解决好人与自然和谐共生问题。”①为了推进绿色发展，我们必须牢固树立绿水青山就是金山银山的理念，协调处理好自然与人、

---

① 习近平：《论坚持人与自然和谐共生》，中央文献出版社 2022 年版，第 133 页。

环境与发展、生态化和现代化的关系，坚持人与自然和谐共生的基本方略，努力形成人与自然和谐共生的现代化建设新格局。我们也要看到，经济发展不应是对生态资源环境的竭泽而渔式的野蛮掠夺，生态环境保护也不应是舍弃经济发展的缘木求鱼式的浪漫复辟。最终，我们要实现环境和发展的内在统一、相互促进、相互提高。

5. 坚持以生态文明制度建设和体制改革为生态文明建设的制度保障

在坚持和完善中国特色社会主义制度的过程中，我们党提出了实现国家治理体系和治理能力现代化的任务。国家治理体系和治理能力包括生态文明领域的治理体系和治理能力。习近平总书记提出："我们要加强生态文明制度建设，实行最严格的生态环境保护制度。"①在顶层设计的高度，我们曾经设立过国务院环境保护委员会。党的十八大以来，我们在中央全面深化改革领导小组下设了经济体制和生态文明体制改革专项小组，先后审议通过了《关于健全生态保护补偿机制的意见》《关于省以下环保机构监测监察执法垂直管理改革试点工作的指导意见》《关于构建绿色金融体系的指导意见》《生态文明建设目标评价考核办法》《关于划定并严守生态保护红线的若干意见》《自然资源统一确权登记办法（试行）》《关于健全国家自然资源资产管理体制试点方案》《关于设立统一规范的国家生态文明试验区的意见》和《生态环境损害赔偿制度改革方案》等一系列事关生态文明建设和环境保护的改革文件。在行政体制改革方面，2018 年 3 月，第十三届全国人民代表大会第一次会议审议通过国务院机构改革方案，在生态文明领域组建了自然资源部、生态环境部、国家林业和草原局。在法治建设方面，在建设社会主义法治国家的过程中，第十三届全国人民代表大会第一次会议将以下内容明确写入了宪法："推动物质文明、政治文明、精神文明、社会文明、生态文明协调发展，把我国

① 习近平：《在庆祝改革开放 40 周年大会上的讲话》，《人民日报》2018 年 12 月 19 日。

建设成为富强民主文明和谐美丽的社会主义现代化强国。”[①]这样，就为社会主义生态文明建设提供了宪法依据和保障。此外，从 1979 年至 2017 年，我国已制定和修订 34 部环保单项法律（宪法、刑法除外）；50 部行政法规；253 件国务院发布的规范性文件；106 件国家环境保护部门规章；26 件国务院部门有关规章；88 件执法解释；114 件政策法规解读；等等。其中，党的十八大以来，共制定和修订包括环保法在内的法律 8 部，行政法规 9 部，国务院规范性文件 53 件，环保部门规章 28 件，有关部门规章 4 件，执法解释 13 件，政策法规解读 71 件。

6. 坚持以建设富强美丽的中国和清洁美丽的世界为生态文明建设的理想愿景

我国在推动国内生态治理的同时积极推动国际生态治理，在推动国内生态文明建设的同时积极推动全球生态文明建设，在推动建设“富强美丽的中国”的同时积极推动建设“清洁美丽的世界”。在国内层面上，我们党将生态文明看作是“五位一体”总体布局和“四个全面”战略布局的重要内容，将建设美丽中国作为实现中华民族伟大复兴中国梦的重要内容，要求协调推进人民富裕、国家强盛和中国美丽，最终要使我国以经济富强、政治民主、文化繁荣、社会和谐、山川秀美的社会主义强国的形象屹立于世界东方。在国际层面上，习近平主席提出了“共谋全球生态文明建设”的要求，呼吁为建设持久和平、普遍安全、共同繁荣、开放包容、清洁美丽的世界而奋斗。为此，我国率先发布了《中国落实 2030 年可持续发展议程国别方案》，并实施了《国家应对气候变化规划（2014—2020 年）》。这样，“富强美丽的中国”和“清洁美丽的世界”交相辉映，共同反映出社会主义生态文明建设的远大而美好的愿景。当然，这也体现出习近平生态文明思想的开放视野和博大胸怀。

---

① 《中华人民共和国宪法》，《人民日报》2018 年 3 月 22 日。

总之，正如习近平总书记指出的那样："我们要加强生态文明建设，牢固树立绿水青山就是金山银山的理念，形成绿色发展方式和生活方式，把我们伟大祖国建设得更加美丽，让人民生活在天更蓝、山更绿、水更清的优美环境之中。"[①]在此基础上，我们必须坚定对社会主义生态文明的道路自信、理论自信、制度自信和文化自信，进而要走向人与自然、人与社会双重和解（和谐）的共产主义社会。

二、推动生态文明建设成为"国之大者"

党的十九届六中全会在总结党的十八大以来工作成就和工作经验时指出，在生态文明建设上，党中央以前所未有的力度抓生态文明建设，美丽中国建设迈出重大步伐，我国生态环境保护发生历史性、转折性、全局性变化。[②]这一成就和经验就是我们始终坚持从政治的高度推进生态文明建设，坚持推动将生态文明建设作为"国之大者"。

（一）生态文明建设指导思想的创新

党的十八大以来，在创造性地回答新时代坚持和发展什么样的中国特色社会主义、怎样坚持和发展中国特色社会主义，建设什么样的社会主义现代化强国、怎样建设社会主义现代化强国，建设什么样的长期执政的马克思主义政党、怎样建设长期执政的马克思主义政党等重大时代课题的过程中，习近平总书记同时科学回答了为什么建设生态文明、建设什么样的生态文明、怎样建设生态文明的问题，明确了社会主义生态文明建设的重大政治地位。

我们党坚持把马克思主义基本原理同中国具体实际相结合、同中华优秀

① 习近平：《在庆祝改革开放40周年大会上的讲话》，《人民日报》2018年12月19日。

② 《中共中央关于党的百年奋斗重大成就和历史经验的决议》，《人民日报》2021年11月17日。

传统文化相结合,坚持和完善了中国特色社会主义道路。中国特色社会主义道路是实现社会主义现代化、创造人民美好生活的必由之路。中国特色社会主义坚持发展的重点论和发展的全面论的有机统一,既坚持将经济建设作为全部工作的中心,又全面推进物质文明、政治文明、精神文明、社会文明、生态文明建设,力求实现社会的全面进步和人的全面发展。我们既坚持将生态文明融入其他各项文明建设中,又坚持将生态文明作为其他各项文明建设的可持续前提和条件。习近平总书记指出:“生态文明建设做好了,对中国特色社会主义是加分项,反之就会成为别有用心的势力攻击我们的借口。”①显然,生态文明建设是中国特色社会主义事业的重要组成部分,同时丰富和发展了中国特色社会主义的科学内涵。

在推动中国特色社会主义进入新时代的基础上,我们进一步完善了中国式现代化新道路。坚持以经济建设为中心就是要将我国建设成为社会主义现代化强国。只有在社会主义现代化的基础上,我们才能实现中华民族的伟大复兴。我们必须避免走西方式现代化“先污染后治理”的黑色资本主义老路,更不能走“外污染内治理”的生态帝国主义歪路,而必须坚持走人与自然和谐共生社会主义现代化的新路和正路。习近平总书记指出:“我国建设社会主义现代化具有许多重要特征,其中之一就是我国现代化是人与自然和谐共生的现代化,注重同步推进物质文明建设和生态文明建设。”②建设人与自然和谐共生的现代化,不仅要将人与自然和谐共生的现代化看作是与经济现代化、政治现代化、文化现代化、社会现代化并列的现代化新领域,而且要将人与自然和谐共生作为整个现代化的理念、原则、方向,实现生态化和现代化的兼容和共赢。建设人与自然和谐共生现代化最终指向的是生态文明。显然,建设人与自然和谐共生现代化是中国式现代化的重要追求和重要特征,同时丰富和完善了中国式现代化的内涵和要求,为中国式现代化提供了可持续保证。

---

① 习近平:《论坚持人与自然和谐共生》,中央文献出版社 2022 年版,第 8 页。

② 习近平:《论坚持人与自然和谐共生》,中央文献出版社 2022 年版,第 281—282 页。

中国特色社会主义和中国式现代化是中国共产党领导下的伟大创新事业。中国共产党的领导是中国特色社会主义最本质的特征和最显著的优势。作为一个先进的马克思主义政党，我们党始终代表中国最广大人民的根本利益，始终坚持全心全意为人民服务的根本宗旨，始终坚持以人民为中心的发展思想。我们不仅坚持通过物质文明建设和精神文明建设来提供更多优质的物质产品和精神产品，以满足人民群众的日益增长的物质文化需要；而且坚持通过生态文明建设来提供更多优质的生态产品和生态服务，以满足人民群众不断增长的优美生态环境需要。习近平同志指出："生态环境是关系党的使命宗旨的重大政治问题。"①因此，我们的现代化是人与自然和谐共生的现代化，不仅将提高自然界的生态产品的产出能力和生态服务的服务能力作为人与自然和谐共生现代化建设的重要任务，而且将生产人工生态产品作为现代化建设的重要任务，将加强生态环境保护作为服务型政府公共服务的重要职能。基于这样的科学认知和生态自觉，党的十八大将"中国共产党领导人民建设社会主义生态文明"的内容鲜明地写入了《中国共产党章程》的总纲部分中，党的十九大将"增强绿水青山就是金山银山的意识"和"实行最严格的生态环境保护制度"补充到了"中国共产党领导人民建设社会主义生态文明"内容当中。总之，领导人民建设社会主义生态文明是中国共产党的重要使命，是中国共产党勇于自我革命和开拓创新的重要标志。

在创造性回答这些问题的基础上，习近平总书记科学阐明了坚持党对生态文明建设的全面领导，坚持生态兴则文明兴、人与自然和谐共生、绿水青山就是金山银山、良好生态环境是最普惠的民生福祉、绿色发展是发展观的深刻革命、统筹山水林田湖草沙系统治理、用最严格制度最严密法治保护生态环境、把建设美丽中国转化为全体人民自觉行动、共谋全球生态文明建设之路等原则，系统形成了习近平生态文明思想。习近平生态文明思想是习近平新时

① 《十九大以来重要文献选编》(上)，中央文献出版社 2019 年版，第 448 页。

代中国特色社会主义思想的重要内容和突出贡献，是我国社会主义生态文明建设的根本遵循，是推动生态文明建设成为“国之大者”的科学思想武器。

（二）生态文明建设战略地位的提升

党的十七大将生态文明建设确立为全面建设小康社会奋斗目标的新要求，党的十八大将生态文明纳入了中国特色社会主义总体布局中，确立了社会主义生态文明建设的重要战略地位。党的十八大以来，习近平总书记进一步明确了“五个一”的生态文明建设战略定位。

生态文明建设是“五位一体”的中国特色社会主义总体布局中的重要一位。总体布局是我们党对社会全面发展和全面进步规律的科学认知和系统把握，是建设中国特色社会主义的系统路线图。在总体布局中，物质文明、政治文明、精神文明、社会文明、生态文明是一个不可分割的有机整体。生态文明既是总体布局的构成要素，又是总体布局的物质支撑。只有坚持“五个文明”的全面提升，我们才能避免西方式现代化造成的“单向度的人”的弊端，实现社会的全面进步和人的全面发展。

坚持人与自然和谐共生是新时代坚持和发展中国特色社会主义基本方略中的一条重要方略。基本方略是党的基本理论的实践形态和实践要求。党的十九大将“坚持人与自然和谐共生”确立为新时代坚持和发展中国特色社会主义十四条基本方略之一。可持续发展是既满足当代人的需要又不对后代人满足其需要的能力造成危害的发展。而要延续这种能力，就必须坚持人与自然和谐共生。坚持人与自然和谐共生，就是要将人与自然看作是一个生命共同体，实现二者的良性互动和协同进化。坚持人与自然和谐共生的基本方略整合和超越了可持续发展，是生态文明建设的现实选择。

绿色发展是以创新、协调、绿色、开放、共享为主要内容的新发展理念中的一个重要发展新理念。在深刻总结国内外发展经验的基础上，党的十八届五中全会创造性地提出了创新发展、协调发展、绿色发展、开放发展、共享发展为主要内容的新发展理念。在新发展理念中，绿色发展注重的是解决人与自然和谐问题。可持续发展主要是从自然界客观存在的生态阈值出发，要求实现代际正义。人与自然和谐共生的基本方略主要突出了人与自然的良性互动，要求维持和保护人与自然的有机联系。绿色发展是实现人与自然和谐共生的现实途径。在狭义上，绿色发展就是要实现清洁发展。在广义上，绿色发展就是要实现清洁发展、低碳发展、循环发展。在现实中，与生态的产业化相对应，绿色发展的重点是实现产业的生态化。

污染防治是防范化解重大风险、精准脱贫、污染防治三大攻坚战中的一大重要攻坚战。根据问题导向的原则，发扬伟大的斗争精神，党的十九大提出了坚决打好防范化解重大风险、精准脱贫、污染防治的攻坚战的系统要求。生态环境是我们生产和生活的基本场域，环境污染是影响可持续发展的重大问题。通过发起污染防治攻坚战人民战总体战，我们有效遏制住了环境污染的态势，极大地改善了我国生态环境质量，不仅推动我国生态环境保护发生了历史性、转折性、全局性的变化，而且为保证如期全面建成小康社会提供了可持续支撑。这样，就使全面建成小康社会得到了人民的认可，经受住了历史的检验。

建设美丽中国是建设富强民主文明和谐美丽的社会主义现代化强国的奋斗目标中的一大重要目标。从社会主义初级阶段的基本国情出发，按照党的基本理论，我们党提出和完善了党的基本路线。按照党的基本路线，我们要坚持以经济建设为中心，坚持四项基本原则和坚持改革开放，最终要在 21 世纪中叶将我国建设成为一个富强、民主、文明、和谐、美丽的社会主义现代化强国。这一目标系统表明，中国式现代化是全面的现代化。我们要通过协调推进经济、政治、文化、社会、生态等领域的现代化，使中华民族以经济富强、政治民主、文化繁荣、社会和谐、生态良好的形象屹立于世界东方，实现中华民族的伟大复兴。建设生态文明是实现中华民族伟大复兴中国梦的重要内容。在贫穷的情况下不能实现复兴，在污染的情况下同样不能实现复兴。美丽中国是建设社会主义现代化强国的重要目标和追求。习近平总书记指出："建设生态文明是中华民族可持续发展的千年大计。”①一年树谷，十年树木，百年树人，千年树“和”。这里的和就是人与自然和谐共生之和。由此可见生态文明建设的非凡战略地位。

在新时代中国特色社会主义伟大事业中，总体布局是系统蓝图，基本方略是实践形态，发展理念是理念导引，攻坚战役是现实任务，发展目标是理想追求。这样，“五个一”就构成一个结构明晰、层层递进、良性互动的有机整体，体现了我们党对生态文明建设规律的科学认知，体现了生态文明建设在中国特色社会主义事业中的重要的战略地位，体现了党对建设生态文明的科学部署和系统要求。

（三）生态文明建设现实路径的扩展

生态文明建设是“四个全面”战略布局的重要内容。“四个全面”是我们党的系统化的治国理政的主体智慧，明确和拓展了生态文明建设的系统路径。

通过全面建成小康推进生态文明建设。发展（现代化）是解决中国问题的关键，是我们的中心任务。小康社会既是中国式现代化的承上启下的阶段，又是中国式现代化的形象总称。习近平总书记指出：“小康全面不全面，生态环境质量很关键。”②随着脱贫攻坚战取得决定性胜利，我们完成了全面建成小康社会的历史任务，开启了全面建设社会主义现代化国家的新征程。建设人与自然和谐共生的现代化是全面建设社会主义现代化国家的重要内容和重要特征。按照“绿水青山就是金山银山”的理念，我们坚持将绿色发展看作是涉及空间格局、产业结构、生产方式、生活方式等一系列领域的全面的绿色化变革过程，力求将我们的小康建设成为生态化的小康，将我们的现代化建设成为人与自然和谐共生的现代化。这样，就推动了生态文明建设。

---

① 习近平：《决胜全面建成小康社会　夺取新时代中国特色社会主义伟大胜利——在中国共产党第十九次全国代表大会上的报告》，《人民日报》2017 年 10 月 28 日。

② 习近平：《论坚持人与自然和谐共生》，中央文献出版社 2022 年版，第 62 页。

通过全面深化改革推进生态文明建设。改革是发展的动力。我们的改革是全面的改革。在全面深化改革中,我们党提出了实现国家治理体系和治理能力现代化的任务。改革包括生态文明体制的改革,国家治理体系和治理能力的现代化包括生态文明领域国家治理体系和治理能力的现代化。我们坚持用最严格的制度保护生态环境。按照源头严防、过程严管、后果严惩的原则,我们建立和完善了生态环境保护制度、资源高效利用制度、生态保护和修复制度,严明了生态环境保护责任制度。按照“山水林田湖草沙是生态系统”的理念,我们坚持统一行使全民所有自然资源资产所有者职责,坚持统一行使监管城乡各类污染排放和行政执法职责,坚持统一行使所有国土空间用途管制和生态保护修复职责,从整体上完善了生态文明行政体制。我们推动生态环境保护制度的垂直改革,建立和完善了大江大河全流域的管理机构。这样,就为生态文明建设提供了强有力的制度支撑和体制保障,推动了生态文明建设。

通过全面依法治国推进生态文明建设。我们坚持将依法治理作为实现国家治理体系和治理能力现代化的重要内容和重要方式,坚持用最严密的法治保护生态环境。我们成功实现了生态文明“入宪”,用国家根本大法确立了生态文明的法律地位。在此基础上,我们相继推出了“环境保护税法”“生物安全法”“长江保护法”等生态文明建设新法,修订了“环境保护法”“野生动物保护法”等生态文明建设已有法律,完善了生态文明法制体系。同时,我们健全和完善了生态文明领域的执法机制,加强了生态文明领域的公益诉讼,设立和完善了生态文明领域的专门法庭,提高了全社会的生态文明法治意识和守法水平。这样,就为生态文明建设提供了强有力的法治保障,推动了生态文明建设。

通过全面从严治党推进生态文明建设。在加强党对生态文明建设领导的同时,我们不断提高党领导生态文明建设的能力和水平,将之作为全面从严治党的重要内容。党的十八大和十九大从中国特色社会主义事业全局的高度提出了生态文明建设的战略部署,党的十八届三中全会提出了实现生态文明领域国家治理体系和治理能力现代化的任务，党的十八届四中全会提出了完善生态文明领域法治建设的任务，党的十八届五中全会提出了绿色发展的科学理念，党的十九届三中全会提出了推动生态文明领域行政体制改革的任务，党的十九届四中全会提出了进一步坚持和完善生态文明制度体系的要求，党的十九届五中全会提出了进一步坚持绿色发展、促进人与自然和谐共生的任务。进而，我们出台了《中共中央　国务院关于加快推进生态文明建设的意见》《中共中央　国务院关于全面加强生态环境保护坚决打好污染防治攻坚战的意见》《中共中央　国务院关于完整准确全面贯彻新发展理念做好碳达峰碳中和工作的意见》《中共中央　国务院关于深入打好污染防治攻坚战的意见》等顶层设计文件。最后，我们实行生态环境保护党政同责、一岗双责的制度，执行生态文明建设目标评价考核制度，建立和完善中央生态环境保护督察制度，建设生态环境保护铁军。这样，在提高党领导生态文明建设的能力和水平的基础上，强化了党对生态文明建设的领导，推动了生态文明建设。

生态文明建设一直是以习近平同志为核心的党中央高度关注的“国之大者”。正是由于上升到了“国之大者”的政治高度，我国生态环境保护才发生了历史性、转折性、全局性的变化。这是党的十八大以来我们取得的巨大成就和宝贵经验，弥足珍贵。

三、习近平生态文明思想的政治宣言

在我国生态文明建设进入关键期、攻坚期和窗口期的特殊时刻，2018 年 5 月 18 日，习近平总书记在全国生态环境保护大会上发表了《推动我国生态文明建设迈上新台阶》的重要讲话，科学总结党的十八大以来我国生态文明建设的成就和经验，高屋建瓴地提出了新时代推进生态文明建设的原则和要求、途径和举措等一系列重大问题，为加强社会主义生态文明建设提供了根本遵循。这是我国社会主义生态文明建设的大事。在科学总结我国生态文明建设尤其是党的十八大以来生态文明创新成果的基础上，这篇科学文献从政治的高度科学回答了我国生态文明建设的一系列重大问题，是走向社会主义生态文明新时代的政治宣言。

（一）社会主义生态文明建设的战略地位

生态环境问题同样是政治问题，必须从政治高度来看待生态文明建设的战略地位。

第一，随着我国社会主要矛盾的变化，人民群众对优美生态环境的需要日益上升，我们必须将满足这一需要作为生态文明建设的出发点和落脚点。习近平总书记提出，生态文明建设是关系民生的重大社会问题，是关系党的使命宗旨的重大政治问题。因此，只有坚持以人民为中心的发展思想，我们才能搞好生态文明建设。

第二，随着我国社会经济的快速发展，生态环境压力日益成为影响民族复兴伟业的重大障碍，我们必须将建设美丽中国作为中华民族伟大复兴中国梦的重要内容。习近平总书记提出，生态文明建设是关系中华民族可持续发展的根本大计。因此，只有把我国建设成为富强民主文明和谐美丽的社会主义现代化强国，中华民族才能屹立于世界东方。

第三，随着我国国际地位的日益提高，“生态威胁论”成为境外敌对势力诋毁中国特色社会主义的借口，我们必须从巩固和发展中国特色社会主义的高度看待生态文明建设。习近平总书记提出，生态文明建设搞好了，有助于给中国特色社会主义事业加分。因此，必须从反思资本主义发展模式弊端的高度看待生态文明，将生态文明确立为社会主义的内在规定。

这样，习近平总书记就明确了我国社会主义生态文明建设的政治地位。

（二）社会主义生态文明建设的创新视野

大力发展生态文化，是社会主义生态文明建设的重要任务和保证，必须坚持综合创新视野。

第一,不忘本来。在5000多年的文明进程中,中华民族形成了优秀的生态文化。天人合一的世界认知、中和位育的方法要求、重农守时的农业传统、设置虞衡的管理机构、取用有度的生活习惯,是中国传统优秀生态文化的代表。立足社会主义生态文明建设实践,必须促进中国传统生态文化的创造性转化和发展。

第二,坚持原来。按照辩证唯物主义历史唯物主义,马克思恩格斯科学回答了人与自然的关系问题,形成了马克思主义生态思想。在他们看来,人类史和自然史是统一的。人类违背自然规律,必然会受到自然界的报复。这样,这一思想就构成了社会主义生态文明的原点(原来)。习近平总书记强调,我们今天纪念马克思的重要任务之一,就是要学习和实践马克思关于人与自然关系的思想,搞好生态文明建设。因此,我们必须坚持敬畏自然、尊重自然、顺应自然、保护自然的理念。

第三,吸收外来。西方现代化走过了一条先污染后治理的道路,留下了深刻教训。习近平总书记明确指出,走美欧老路行不通。因此,我们必须避免西方资本主义发展模式和传统工业化道路的弊端,借鉴西方"工业4.0"的经验,坚持走新型工业化道路。

显然,马魂、中体、西用是习近平生态文明思想的鲜明特色,集中体现着社会主义生态文化建设的综合创新视野。

(三)社会主义生态文明建设的基本原则

实践基础上形成的"实践观念"是实践成功的重要向导。在科学回答生态文明建设基本问题的过程中,习近平总书记提出,新时代推进生态文明建设必须坚持以下原则:

第一,坚持人与自然和谐共生。人因自然而生,自然是生命之母,人与自然是生命共同体。党的十九大提出了坚持人与自然和谐共生的基本方略。因此，我们必须走出人类中心主义和生态中心主义的抽象争论，形成人与人和谐共生的现代化新格局。这样，就奠定了社会主义生态文明的世界观基础。

第二，坚持绿水青山就是金山银山。环境和发展是辩证统一的关系，发展不是不顾环境的竭泽而渔式的发展，环境不是舍弃经济的缘木求鱼式的退却。面对环境和发展之间的矛盾，习近平总书记创造性地提出了绿水青山就是金山银山的科学理念，要求通过大力发展生态农业、生态工业、生态旅游等方式，实现产业生态化和生态产业化的统一，将自然生态优势转化为经济社会优势，从而为我们走出一条人与自然和谐共生的现代化道路指明了方向。因此，我们深刻把握绿水青山就是金山银山的重要发展理念，坚定不移走生态优先、绿色发展道路。这里，绿水青山是指环境、自然价值和生态效益，金山银山是指发展、经济价值和经济效益。党的十八大以来，我们党提出绿色发展理念，核心是人与自然的和谐共生，基本要求是：一方面，发展必须与自然要素过度消耗“脱钩”，通过降低资源消耗、减轻环境污染、放缓生态退化等方式实现发展；另一方面，发展必须与生态化原则“挂钩”，要通过遵循清洁、低碳、循环的原则来实现发展。这样，绿色发展就成为绿水青山转化为金山银山的现实抓手和切实途径。从总体上看，绿水青山就是金山银山的科学理念，在承认和尊重自然规律的前提下，指明了环境和发展统一的原则和路径。因此，在新时代的中国，我们必须按照这一理念，坚持节约优先、保护优先、修复优先的生态优先原则，加快形成生态化的空间格局、产业结构、生产方式、生活方式，努力走出一条人与自然和谐共生的绿色发展道路。显然，“保护生态环境就是保护自然价值和增值自然资本，就是保护经济社会发展潜力和后劲，使绿水青山持续发挥生态效益和经济社会效益”①。这样，就夯实了社会主义生态文明的发展观基础。

第三，坚持良好生态环境是最普惠的民生福祉。自然界是生产资料和生

① 习近平：《论坚持人与自然和谐共生》，中央文献出版社 2022 年版，第 10 页。

活资料的基本来源，直接影响着人民群众的生存和生活。习近平总书记强调：“良好生态环境是最公平的公共产品，是最普惠的民生福祉。”[①]我们要深刻把握良好生态环境是最普惠民生福祉的宗旨精神，着力解决损害群众健康的突出环境问题。针对生态中心主义和人类中心主义的抽象争论，从马克思主义立场和党的全心全意为人民服务的宗旨出发，顺应人民群众从“求温饱”到“求环保”的热切期待，党的十九大报告将生态环境需要看作人民群众美好生活需要的重要组成部分，要求提供更多优质生态产品以满足人民日益增长的优美生态环境需要。在全国生态环境保护大会上，习近平总书记强调，生态环境是关系党的使命宗旨的重大政治问题，也是关系民生的重大社会问题，必须坚持生态惠民、生态利民、生态为民。其实，对人的生存和发展来说，金山银山固然重要，但绿水青山是人民幸福生活的基本保障和内在要求，是金山银山不能代替的。这样，就明确了社会主义生态文明建设的政治立场和价值取向，划清了社会主义生态文明和绿色资本主义的界限。在新时代的中国，我们要积极回应人民群众所想、所盼、所急，重点解决损害群众健康的突出环境问题，切实做好生态环境保护工作，不断满足人民群众日益增长的优美生态环境需要，依法切实保护人民群众的生态环境权益。这样，就彰显了社会主义生态文明的价值观取向。

第四，山水林田湖草是生命共同体。自然界的各种要素之间、自然要素和社会要素之间存在着复杂的物质变换关系，构成了一个活的生命躯体。习近平总书记提出，山水林田湖草是一个生命共同体，必须统筹山水林田湖草系统治理。因此，我们要深刻把握山水林田湖草是生命共同体的系统思想，提高生态环境保护工作的科学性、有效性。针对生态环境治理中各自为政、散兵游勇的弊端，在推进生态文明领域国家治理体系和治理能力现代化的过程中，习近平总书记运用系统思维创造性地提出，人的命脉在田，田的命脉在水，水

---

① 习近平：《论坚持人与自然和谐共生》，中央文献出版社 2022 年版，第 26 页。

的命脉在山，山的命脉在土，土的命脉在树，山水林田湖是一个生命共同体，必须对山水林田湖进行统一保护、统一修复。在这里，他用“命脉”科学描述了“人—田—水—山—土—树”之间的生态依赖和物质循环关系，用“生命共同体”科学揭示了自然要素之间、自然要素和社会要素之间通过物质变换构成的生态系统的性质和面貌。他在党的十九大报告中进一步提出，要统筹山水林田湖草系统治理，突出“草”在全球生态系统中的基础地位；他还提出“人与自然是生命共同体”的科学理念，明确人与自然之间的关系是通过物质变换而构成的有机系统、生态系统，丰富和发展了马克思主义的人化自然观、系统自然观和生态自然观。这样，生命共同体的科学理念就为社会主义生态文明建设奠定了科学的世界观和方法论的基础。在新时代的中国，我们要遵循生命共同体的科学理念，将系统思维、生态思维提升和纳入到辩证思维当中，要统筹兼顾、整体施策、多措并举，动员和组织人民群众，按照自然、社会和人类有机统一的系统工程的方式方法推进生态文明建设。这样，就将系统方法确立为社会主义生态文明的方法论要求。

第五，坚持用最严格制度最严密法治保护生态环境。在国家治理中，制度创新最为要害。我国生态环境问题之所以出现严重的趋势，大多数与制度因素有关。习近平总书记提出，必须用最严格制度最严密法治保护生态环境。“要加快制度创新，增加制度供给，完善制度配套，强化制度执行，让制度成为刚性的约束和不可触碰的高压线。要严格用制度管权治吏、护蓝增绿，有权必有责、有责必担当、失责必追究，保证党中央关于生态文明建设决策部署落地生根见效。”①这样，就指明了社会主义生态文明的治理之道。

第六，坚持共谋全球生态文明建设。人类只有一个地球。生活在地球上的人们是彼此命运关联的共同体，理应构筑尊崇自然、绿色发展的生态体系。按照人类命运共同体理念，习近平主席积极促进全球生态治理和世界生态文

① 习近平：《论坚持人与自然和谐共生》，中央文献出版社 2022 年版，第 13 页。

明建设，为建设清洁美丽的世界贡献了中国方案和智慧。这样，不仅表明了中国环境外交和国际合作的原则，而且彰显了社会主义生态文明的国际正义追求。

总之，这六条原则集中体现着习近平生态文明思想的理论创新成果，是习近平生态文明思想的政策形态。

此外，我们还要认真学习领会习近平总书记关于生态文明建设的其他新思想新理念新战略。同时，要注意把认真学习领会习近平生态文明思想同学习和实践马克思主义关于人与自然关系的理论结合起来，在全社会牢固树立社会主义生态文明观，大力实施污染防治行动计划，推动生态文明建设迈上新台阶。

（四）社会主义生态文明建设的体系建构

按照问题导向的原则，习近平总书记创造性地提出了"加快构建生态文明体系"的战略任务。生态文明体系是实现生态文明建设愿景的中介和手段。

第一，建设生态文化体系。生态文化体系是生态文明体系的灵魂。习近平总书记提出，"必须加快建立健全以生态价值观念为准则的生态文化体系"①。目前，我们要将社会主义生态文明上升为社会主流价值观，纳入社会主义核心价值体系和核心价值观中，努力提高人民群众的生态文明意识。

第二，建设生态经济体系。生态经济体系是生态文明体系的基础。习近平总书记提出，要加快建立健全"以产业生态化和生态产业化为主体的生态经济体系"②。目前，我们要大力发展生态农业、生态工业和生态旅游，将之作为联结绿水青山和金山银山的桥梁。

第三，建设生态文明目标责任体系。目标责任体系是生态文明体系的治

① 习近平：《论坚持人与自然和谐共生》，中央文献出版社 2022 年版，第 14 页。

② 习近平：《论坚持人与自然和谐共生》，中央文献出版社 2022 年版，第 14 页。

理保障。当下,部分干部责任意识不强是影响生态文明建设实际成效的重要原因。习近平总书记提出,要加快建立健全以改善生态环境质量为核心的目标责任体系。目前,我们要按照党政同责、一岗双责的原则,推进目标责任体系建设。

第四,建设生态文明制度体系。制度体系是生态文明体系的制度支撑。在实现生态文明领域国家治理体系和治理能力现代化的同时,必须大力促进国家治理体系和治理能力的绿色化。习近平总书记提出,要加快建立健全以治理体系和治理能力现代化为保障的生态文明制度体系。目前,我们要按照事前严控、过程严管、后果严惩的原则,完善生态文明制度体系的“四梁八柱”。

第五,建设生态安全体系。生态安全体系是生态文明体系的基石。生态安全是国家总体安全体系的重要组成部分。习近平总书记提出,要加快建立健全以生态系统良性循环和环境风险有效防控为重点的生态安全体系。目前,我们要增强生态风险意识,切实维护生态系统的多样性、稳定性、整体性和持续性,将维护生态安全和维护社会稳定统一起来。这样,才能确保美丽中国目标的实现。

通过加快构建生态文明体系,我们要确保到2035年节约资源和保护环境的空间格局、产业结构、生产方式、生活方式总体形成,美丽中国目标基本实现。到21世纪中叶,建成富强民主文明和谐美丽的社会主义现代化强国,物质文明、政治文明、精神文明、社会文明、生态文明全面提升,建成美丽中国。

(五)社会主义生态文明建设的现实路径

绿色发展是建设生态文明的现实路径,既要求协调推进新型工业化、城市化、信息化、农业现代化和绿色化,又要求实现生活方式、生活方式、思维方式、价值观念的绿色化。无论如何,其核心是加快形成绿色发展方式。习近平总书记提出,调结构、优布局、强产业、全链条又是重中之重。

第一，调结构。我们既要优化空间结构，也要促进产业结构、能源结构、运输结构的绿色化，最终要形成绿色化的结构。我们要调整经济结构和能源结构，推动高质量发展和能源革命，既提升经济发展水平，又降低污染排放负荷和生态风险。

第二，优布局。在优化国土空间开发布局的基础上，我们要按照自然禀赋和生态阈值优化经济布局，调整区域流域产业布局，最终要形成绿色化的布局。我们要对重大经济政策和产业布局开展规划环评，优化国土空间开发布局，实施主体功能区战略，调整区域流域产业布局，统筹生产、生活、生态三大布局。

第三，强产业。我们要统筹产业和生态的关系，既要促进产业结构的绿色化，也要建立健全绿色化的产业结构，最终要形成绿色化的产业。我们要培育壮大节能环保产业、清洁生产产业、清洁能源产业，发展高效农业、先进制造业、现代服务业，实现产业和环境、产业和生态的相融。

第四，全链条。我们要统筹生产、生活和生态的关系，通过资源全面节约和循环利用，实现生产系统、生活系统、生态系统循环链接，保证人与自然之间物质变换的持续进行。我们要在维护生态环境健康和安全的基础上，建立生产、生活、生态的有机循环。

这样，就可以使生态文明从理想变为现实。

（六）社会主义生态文明建设的领导力量

社会主义生态文明建设是共产党领导人民进行的伟大创新事业，必须坚持党的领导。中国共产党人将马克思主义生态思想和中国社会主义生态文明建设实际创造性地结合起来，在人类文明史上破天荒地提出了生态文明尤其是社会主义生态文明的原则、理念和目标，并将之写入了党章中，要求我们牢固树立社会主义生态文明观，走向社会主义生态文明新时代。显然，中国共产党是一个自主实现生态创新和生态变革的马克思主义政党。因此，中国的生态文明建设必须坚持中国共产党的领导。唯此，才能保证中国生态文明建设的社会主义性质，内在地超越作为左翼改良主义的西方绿党和作为社会主义思潮流派的生态学社会主义。在此前提下，党必须努力提高自己领导生态文明建设和治理的能力和水平。目前，在生态文明领域中，增强"四个意识"、做好"两个维护"的前提和要害是坚持以习近平生态文明思想为指导。我们要认真学习和深刻领会习近平生态文明思想，在这一思想的指导下去科学探索人与自然和谐共生规律，发动和组织人民群众共同参与生态文明建设，不断提高生态文明理论创新、实践创新、制度创新的能力和水平，圆满地完成生态文明建设的政治责任。

总之，作为习近平新时代中国特色社会主义思想的重要内容，习近平生态文明思想指明了生态文明建设的方向、目标、途径和原则，揭示了社会主义生态文明发展的本质规律，开辟了当代中国马克思主义生态文明理论的新境界，对建设富强美丽的中国和清洁美丽的世界具有非常重要的指导作用。当前，我们首先要认真学习领会习近平生态文明思想的丰富内涵和精髓要义。习近平总书记的《推动我国生态文明建设迈上新台阶》这一文献，是习近平生态文明思想的标志性成果，集中体现着马克思主义生态思想的光辉，必将引领我们走向社会主义生态文明新时代。

四、习近平生态文明思想的话语体系

党的十八大以来，在带领中国人民建设社会主义生态文明的伟大实践中，以习近平同志为核心的党中央提出了一系列关于生态文明的新理念新思想新战略，形成了习近平生态文明思想。今天，科学把握习近平生态文明思想的话语体系，对于坚持对社会主义生态文明的"四个自信"、加强中国特色生态文明哲学社会科学建设、走向社会主义生态文明新时代具有重要意义和价值。

（一）习近平生态文明思想的核心范畴

任何一种话语体系都是通过核心范畴的辩证运动而建构和发展起来的。习近平生态文明思想是围绕“社会主义生态文明”这一核心范畴建构起来的理论体系。

1. 社会主义生态文明范畴的历史生成

在贯彻和落实可持续发展战略的基础上，党的十七大创造性地提出了建设生态文明的理念，党的十八大进一步将之纳入中国特色社会主义总体布局中，要求建设“美丽中国”，发出“努力走向社会生态文明新时代”的号召，并将“中国共产党领导人民建设社会主义生态文明”的内容写入了《中国共产党章程》中。党的十八大之后，在推动生态文明理论创新、实践创新、制度创新的过程中，以习近平同志为核心的党中央又提出了一系列生态文明新概念和新理念。

2015 年 4 月 25 日，《中共中央　国务院关于加快推进生态文明建设的意见》提出，必须协同推进新型工业化、信息化、城镇化、农业现代化和绿色化，加快推动生产方式绿色化和生活方式绿色化，明确将“绿色化”作为生态文明建设的重要抓手。

2015 年 10 月 29 日，党的十八届五中全会通过的《中共中央关于制定国民经济和社会发展第十三个五年规划的建议》提出了创新、协调、绿色、开放、共享等新发展理念，明确将“绿色发展”确定为生态文明建设的现实途径。

2017 年 10 月 18 日，党的十九大将“坚持人与自然和谐共生”作为新时代坚持和发展中国特色社会主义的十四条基本方略之一，要求我们“要牢固树立社会主义生态文明观”。同时，十九大修改和完善了《中国共产党章程》中“中国共产党领导人民建设社会主义生态文明”的内容。

这样，我们党提出的“绿色化”“绿色发展”“坚持人与自然和谐共生”等新理念进一步丰富和完善了社会主义生态文明思想的话语系统。同时,我们党进一步明确了我们建设的生态文明是“社会主义生态文明”。

可见,“绿色化”“绿色发展”“坚持人与自然和谐共生”“生态文明”是习近平生态文明思想的基本范畴。“社会主义生态文明”是其核心范畴。

2. 社会主义生态文明范畴的科学选择

在生态文明话语中,“绿色化”“绿色发展”“坚持人与自然和谐共生”“生态文明”“社会主义生态文明”都是中国化马克思主义生态文明思想的原创性概念,但是,只有社会主义生态文明范畴居于核心的位置。

在语源学上,只有“社会主义生态文明”具有彻底的原创性。尽管国外没有直接提出过绿色化和绿色发展的概念,但是,绿化、绿色经济、绿色增长、绿色新政是世人惯用的术语。在谈到可持续发展含义时,一些国外学者也提出过人与自然和谐发展的思想。显然,这些概念更多地反应了人类的生态共识。相对于生态文明,其创新价值不够明显。在党的十七大之前,尽管国外学者偶尔使用过“生态文明”术语①,但是,他们没有将之形成系统化的思想观念,更不可能将之上升到治国理政的政治高度,更没有达到社会主义生态文明的政治境界。只有中国共产党才将生态文明自主地上升到了治国理政的高度,明确地提出了“社会主义生态文明”的理念、原则和目标,并使之成为了世界上最大的发展中国家(而且是社会主义国家)的国家意志和国家行动。

在语义学上,只有“社会主义生态文明”具有完全的规范性。作为一个整体的“新发展理念”也是我们党的重大理论创新成果。在此框架中,绿色化和绿色发展自然也是党的重要创新成果。但是,与生态文明相比,绿色化是按照生态文明理念实现绿色发展的过程,绿色发展是建设生态文明的途径。在实

---

① 尽管德国学者费彻尔于1978年运用了“ecological civilization”一语,但是,仅仅使用了一次。参见:Iring Fetscher,“Conditions for the survival of humanity:on the Dialectics of Progress”,*Universitas*,Vol.20,No.3,1978,pp.161-172.

质上，生态文明是实现绿色化和绿色发展的理想目标。此外，坚持人与自然和谐共生的概念，拓展和提升了可持续发展和绿色发展，同样是党的重大理论创新成果。但是，“十四个坚持”（新时代坚持和发展中国特色社会主义的基本方略）是“十个明确”（习近平新时代中国特色社会主义思想）的实践形态，坚持人与自然和谐共生是社会主义生态文明思想的实践要求。总之，生态文明是目标，社会主义生态文明是我们建设生态文明的制度选择和价值规定，绿色化是建设生态文明的抓手，绿色发展是建设生态文明的途径，坚持人与自然和谐共生是建设生态文明的实践要求和战略举措。

在语用学上，只有“社会主义生态文明”具有鲜明的政治性。绿色化、绿色发展、坚持人与自然和谐共生、生态文明基本上为中性概念，与意识形态、社会制度和价值取向无涉，是可持续发展一般规律的反应和体现。但是，社会主义生态文明具有直接而明显的意识形态规定、社会制度规定和价值取向诉求，是社会主义的内在规定和本质要求的表现和表征。换言之，社会主义生态文明是社会主义本质在生态文明领域的表现和表征。在建设中国特色社会主义的过程中，我们必须努力实现社会主义物质文明、社会主义政治文明、社会主义精神文明、社会主义社会文明、社会主义生态文明的全面进步。这样，才能保证社会主义社会成为全面发展、全面进步的社会，进而实现人的全面发展的共产主义理想。只有坚持社会主义生态文明，我们才能与绿色资本主义（生态资本主义、气候资本主义）划清界限。

显然，社会主义生态文明理念才是中国化马克思主义生态文明思想的原创成果。因此，只有“社会主义生态文明”才是习近平生态文明思想的核心范畴。

3. 社会主义生态文明范畴的内在规定

社会主义生态文明不是社会主义和生态文明的简单叠加，有其内在规定和本质特征。在马克思主义看来，人与自然的关系总是受人与社会的关系尤其是生产关系的制约和影响。或者说，正是在人与社会关系尤其是生产关系的“座架”中，人与自然的关系才能展开。

社会主义生态文明的所有制基础。在生产关系中，生产资料所有制是决定性要素。自然资源是大自然馈赠给全人类的礼物，具有公共物品的属性，理应归全民所有。因此，坚持自然资源的公有制，是社会主义的内在要求和鲜明特征，奠定了社会主义生态文明的所有制基础。当下，按照党中央和国务院的要求，我们必须“坚持自然资源资产的公有性质，创新产权制度，落实所有权，区分自然资源资产所有者权利和管理者权力，合理划分中央地方事权和监管职责，保障全体人民分享全民所有自然资源资产收益”①。尤其是，必须切实防止国有资源资产的贬值和流失。“公地悲剧”是在缺乏生态约束、社会规制的情况下，人们以私有者尤其是小私有者的心态对待公共物品造成的，并不能证伪公有制。相反，私有制是一种排他性、独有性的制度，与公正性和永续性水火不容。在私有制条件下，根本不存在生态正义。我们当下应该警惕的是“私地闹剧”。当然，在社会主义初级阶段，我们在经济上应该选择一种恰当的所有制结构。目前，我们必须坚持和完善公有制为主体、多种所有制并存的中国特色社会主义经济制度。

社会主义生态文明的价值取向。人们在生产中的地位，是生产关系的内在要素。作为经济基础的表现和表征的价值取向，是影响可持续性的关键因素。在私有制条件下，人们往往从其阶级立场出发看待自然，而不会将全人类作为价值轴心。因此，“人类中心主义”是“生态中心主义”炮制出来的伪命题，是对个人主义、利己主义、拜金主义等剥削阶级价值取向在造成生态危机上的罪魁祸首作用的刻意遮蔽和有意辩护。在生态环境问题上，根本不存在人类中心主义。在资本主义条件下，追求剩余价值成为一切的价值轴心，结果造成了生态危机。因此，在社会主义条件下，必须将以人民为中心的发展思想

① 《中共中央国务院印发〈生态文明体制改革总体方案〉》，《人民日报》2015年9月22日。

贯彻在生态文明建设中,“让良好生态环境成为人民生活的增长点、成为展现我国良好形象的发力点,让老百姓呼吸上新鲜的空气、喝上干净的水、吃上放心的食物、生活在宜居的环境中、切实感受到经济发展带来的实实在在的环境效益”①。在此基础上,我们要坚持以人民为中心的生态文明建设道路。这是我们与资本主义生产方式更高的不公不义进行斗争必须坚持的价值底线。当下,绿色资本主义只不过是为了更好地实现剩余价值作出的一种权宜之计,是“物”的逻辑的绿色化,而不是绿色逻辑的人民化。目前,我们必须从人民日益增长的美好生活需要和不平衡不充分的发展之间的矛盾出发,大力满足人民群众的生态环境需要尤其是对优美生态环境的需要。

社会主义生态文明的享有方式。产品的分配方式是生产关系中的重要一环。生态文明建设成果的分配方式同样是规定生态文明性质的重要方面。在资本主义条件下,作为生产成果享有者的资产阶级是环境污染的制造者,作为生产成果生产者的无产阶级和劳动人民不仅在劳动成果的分配上处于劣势地位而且是环境污染的受害者。在社会主义条件下,我们不仅要在经济上贯彻各尽所能、按劳分配的原则,而且要在生态环境问题上保证生态产品尤其优质生态产品为全体人民共享。在这方面,我们党创造性地提出了共享发展的科学理念。从共享的覆盖面来看,共享是全民共享。“共享发展是人人享有、各得其所,不是少数人共享、一部分人共享。”②即,必须覆盖所有人民群众。从共享的内容来看,共享是全面共享。“共享发展就要共享国家经济、政治、文化、社会、生态各方面建设成果,全面保障人民在各方面的合法权益。”③即,生态共享是共享发展的基本要求。显然,共享发展内在地要求全体人民共享生态文明建设的成果,切实保障人民群众的生态环境权益。因此,我们必须切实保证优质生态产品的持续生产和公平供给,切实尊重人民群众的生态环境权

① 习近平:《论坚持人与自然和谐共生》,中央文献出版社 2022 年版,第 136 页。
② 《习近平谈治国理政》第 2 卷,外文出版社 2017 年版,第 215 页。
③ 《习近平谈治国理政》第 2 卷,外文出版社 2017 年版,第 215 页。

益。这是社会主义生态文明的内在的本质性规定和要求。当然,在社会主义初级阶段,共享发展必须是共建共享、渐进共享,而不是复活平均主义。在生态环境问题上,共享要以全体人民群众共建生态文明为前提。同时,必须保证全体人民群众能够共同参与生态文明领域的国家治理体系和治理能力的现代化。

当然,社会主义生态文明还有其他方面的制度规定和要求。显然,只有社会主义生态文明才是可能的,“绿色资本主义”只是一个矛盾性的修饰词。

在这个问题上,生态社会主义提出过“生态社会主义文明”的概念。在他们看来,“这种生活和文明是远离金钱的控制,远离矫揉造作的广告造成的消费习惯,远离例如私人汽车那样的商品的无限生产——远离那些对环境有害的东西”①。显然,生态社会主义没有从社会主义本质规定和马克思主义政治立场的高度来看待这一新的文明。这恰好是习近平生态文明思想超越生态社会主义的科学优势所在。

总之,社会主义生态文明是习近平生态文明思想的核心范畴。因此,我们必须坚持将社会主义生态文明作为我国生态文明建设的基本方向。

(二)习近平生态文明思想的基本命题

核心范畴的辩证运动必然会在范畴之间建立起联系,产生命题(“群”)。习近平生态文明思想同样是由一系列基本命题构成的理论体系。

1. 习近平生态文明思想基本命题的形成过程

在走向社会主义生态文明新时代的征程中,我们党提出和形成了习近平生态文明思想的基本命题。

2015 年 9 月,中共中央、国务院印发的《生态文明体制改革总体方案》提

① Michael Löwy,“What Is Ecosocialism?”, *Capitalism Nature Socialism*, Vol.16, No.2, 2015, pp.15-24.

出，在生态文明体制改革中，必须坚持以下理念：树立尊重自然、顺应自然、保护自然的理念，树立发展和保护相统一的理念，树立绿水青山就是金山银山的理念，树立自然价值和自然资本的理念，树立空间均衡的理念，树立山水林田湖是一个生命共同体的理念。[①] 这六个理念其实就是六个基本命题。

2018 年 5 月 18 日，习近平总书记在全国生态环境保护大会上提出，新时代推进生态文明建设，必须坚持人与自然和谐共生、绿水青山就是金山银山、良好生态环境是最普惠的民生福祉、山水林田湖草是生命共同体、用最严格制度最严密法治保护生态环境、共谋全球生态文明建设等原则[②]。这六条原则，其实就是习近平生态文明思想的六大基本命题。

2018 年 6 月 16 日，《中共中央　国务院关于全面加强生态环境保护坚决打好污染防治攻坚战的意见》提出，深入贯彻习近平生态文明思想，关键是要坚持以下八条重要思想：坚持生态兴则文明兴，坚持人与自然和谐共生，坚持绿水青山就是金山银山，坚持良好生态环境是最普惠的民生福祉，坚持山水林田湖草是生命共同体，坚持用最严格制度最严密法治保护生态环境，坚持建设美丽中国全民行动，坚持共谋全球生态文明建设。[③] 从逻辑上来看，这其实就是习近平生态文明思想的八个基本命题。

2018 年 7 月 10 日，《全国人民代表大会常务委员会关于全面加强生态环境保护依法推动打好污染防治攻坚战的决议》提出："习近平生态文明思想聚焦人民群众感受最直接、要求最迫切的突出环境问题，深刻阐述了生态兴则文明兴、人与自然和谐共生、绿水青山就是金山银山、良好生态环境是最普惠的民生福祉、山水林田湖草是生命共同体、用最严格制度最严密法治保护生态环境、建设美丽中国全民行动、共谋全球生态文明建设等一系列新思想新理念新

① 《中共中央国务院印发〈生态文明体制改革总体方案〉》，《人民日报》2015 年 9 月 22 日。

② 参见习近平：《论坚持人与自然和谐共生》，中央文献出版社 2022 年版，第 9—14 页。

③ 《中共中央国务院关于全面加强生态环境保护坚决打好污染防治攻坚战的意见》，《人民日报》2018 年 6 月 25 日。

观点，对生态文明建设进行了顶层设计和全面部署，是我们保护生态环境、推动绿色发展、建设美丽中国的强大思想武器。”①这八个方面的主要思想就是上面提到的八个基本命题。

综合起来看，我们可以用后面两个文件提出的八个命题涵盖其他命题。第一，将树立尊重自然、顺应自然、保护自然的理念，看作是坚持人与自然和谐共生的内在规定和实践要求。第二，将树立发展和保护相统一的理念、树立自然价值和自然资本的理念，看作是坚持绿水青山就是金山银山的基本规定和实践要求。第三，将坚持树立空间均衡的理念，看作是坚持山水林田湖草是生命共同体的固有规定和实践要求。

在上述“八个坚持”的基础上，由中共中央宣传部和中华人民共和国生态环境部组织编写的《习近平生态文明思想学习纲要》又增加了“两个坚持”：坚持党对生态文明建设的全面领导，坚持绿色发展是发展观的深刻革命。这样，就形成了“十个坚持”。

2. 习近平生态文明思想基本命题的科学意蕴

习近平生态文明思想的基本命题是党的十八大以来生态文明创新成果的理论概括和科学提升，表明了我们在社会主义生态文明建设上的立场、观点和方法，是社会主义生态文明观的表现和表征。

坚持人与自然和谐共生。马克思主义哲学是生态文明的哲学基础。但是，究竟哪一个哲学思想才能承担起此重任呢？与生态中心主义的“内在价值”相比，我们一度确实对之语焉不详，从而失去了“话语霸权”。对此，党的十九大报告创造性地提出：“人与自然是生命共同体，人类必须尊重自然、顺应自然、保护自然。人类只有遵循自然规律才能有效防止在开发利用自然上

① 《全国人民代表大会常务委员会关于全面加强生态环境保护依法推动打好污染防治攻坚战的决议》，《人民日报》2018 年 7 月 11 日。

走弯路,人类对大自然的伤害最终会伤及人类自身,这是无法抗拒的规律。"①这一论断深刻揭示出人对自然依赖的内在性和有机性、人与自然关系的整体性和系统性,实现了唯物论和辩证法的有机统一,为社会主义生态文明建设提供了科学的本体论依据和基础。这样,就为我们树立尊重自然、顺应自然、保护自然的理念,提供了科学的世界观和方法论。显然,这是马克思主义自然观的创造性发展。"这里我们的目的是展现另一种不同的自然概念,大部分由遵循马克思主义传统的科学家所提出的,是唯物主义,但不是机械论;是关于相互作用和自然生成,但不是功能主义的。我们主要考察的是显现秩序的生成、变化的本质,以及他们如何与人类和环境之间的关系相关,特别是与当代的全球环境危机。"②进而,党的十九大将"坚持人与自然和谐共生"作为了新时代坚持和发展中国特色社会主义的十四大基本方略之一,要求我们形成人与自然和谐共生的现代化新格局。这样,就为坚持人与自然和谐共生的理念指明了实践方向和现实途径。

坚持生态兴则文明兴。生态文明到底是伴随人类文明始终的基本要求,还是只是取代工业文明的一种新的文明?这是生态文明建设中遇到的一个基本困惑。恩格斯曾经摘引德国农学家弗腊斯的话指出,"文明是一个对抗的过程,这个过程以其至今为止的形式使土地贫瘠,使森林荒芜,使土壤不能产生其最初的产品,并使气候恶化。土地荒芜和温度升高以及气候的干燥,似乎是耕种的后果"③。从大历史科学的视野出发,习近平总书记提出了"生态兴则文明兴,生态衰则文明衰"④的科学论断。人与自然和谐共生的规律,是人类文明演进的基本规律。人类什么时候遵循这一规律,什么时

① 习近平:《论坚持人与自然和谐共生》,中央文献出版社 2022 年版,第 187 页。

② John Bellamy Foster, Brett Clark and Richard York, *The Ecological Rift: Capitalism's War on the Earth*, New York: Monthly Review Press, 2010, p.249.

③ 恩格斯:《自然辩证法》,人民出版社 1984 年版,第 311 页。

④ 习近平:《论坚持人与自然和谐共生》,中央文献出版社 2022 年版,第 2 页。

候就会延续文明。例如,由于具有强调天人合一、尊重自然的传统,中华文明才会延续5000多年。反之,文明就会断绝。例如,玛雅文明、两河文明和楼兰文明的断绝,都与生态恶化有关。这样,坚持生态兴则文明兴这一论断,为正确把握社会主义生态文明建设提供了科学的生态历史观方面[①]的依据和基础。

坚持绿水青山就是金山银山。生态文明建设的核心问题是正确处理发展和保护、现代化和绿色化(生态化)的关系。以人民群众建设生态文明的实践经验为基础,习近平总书记提出了“绿水青山就是金山银山”的科学命题。这里,绿水青山是指自然生态价值和效益等要素和要求,金山银山是指社会经济价值和效益等要素和要求。按照这一基本命题,我们要树立发展和保护相统一的理念,坚持自然价值和自然资本的理念,树立自然生产力和生态生产力的理念,要将社会经济价值和自然生态价值、社会经济效益和生态环境效益统一起来,大力促进产业的生态化和生态的产业化,建立和完善生态经济体系,最终要实现物质文明和生态文明的共同发展和有机融合。显然,这一基本命题既表达了马克思主义生态辩证法的要求,也科学地阐明了马克思主义生态经济学的基本观点,从而为社会主义生态文明建设提供了生态辩证法和生态经济价值观等方面的依据和基础。

坚持良好生态环境是最普惠的民生福祉。在生态环境议题上,一直存在着人类中心主义和生态中心主义的争论。在这个问题上,习近平总书记旗帜鲜明地指出,良好生态环境是最普惠的民生福祉,坚持生态惠民、生态利民、生态为民,重点解决损害群众健康的突出环境问题,不断满足人民日益增长的优美生态环境需要。[②] 我们要根据我国社会主要矛盾的转化,切实满足人民群

① 司马迁将“究天人之际,通古今之变,成一家之言”作为其史学的宗旨。马克思恩格斯在《德意志意识形态》中将历史唯物主义称为唯一的历史科学,认为可以从自然史和人类史两个方面来认识历史。只要有人存在,人类史和自然史就不可分割。日本学者梅棹忠夫提出了“文明的生态史观”。这些体现的都是认知历史的生态史观的视野。

② 习近平:《论坚持人与自然和谐共生》,中央文献出版社2022年版,第11页。

众的生态环境需要，让人民群众安全、放心地生产和生活；必须切实保证人民群众的生态环境权益，把群众合理合法的生态利益诉求解决好；必须切实保证人民群众在享用生态产品上的富裕，走出一条绿色发展、生态富民的路子。最终，我们要将人与自然和谐发展作为实现人的全面发展的内在规定和基本追求，在实现人的全面发展中建设生态文明，在生态文明建设中实现人的全面发展。在纪念改革开放40周年大会上的讲话中，习近平总书记进一步提出，必须“让人民生活在天更蓝、山更绿、水更清的优美环境之中。”①在此基础上，我们必须协同推进社会主义社会建设和生态文明建设。这样，“坚持良好生态环境是最普惠的民生福祉”的命题集中体现着社会主义生态文明建设的价值取向。

坚持山水林田湖草是生命共同体。长期以来，我们在生态治理中一定程度上存在着头痛医头、脚痛医脚的问题。这是生态治理难以奏效的重要原因。党的十八大以来，习近平总书记反复强调，环境治理是个系统工程，山水林田湖是一个生命共同体。尤其是，他在党的十九大上提出，要“统筹山水林田湖草系统治理”②。山水林田湖草是一个生命共同体，人的命脉在田，田的命脉在水，水的命脉在山，山的命脉在土，土的命脉在树，树的命脉在草。这里，命脉反应的是有机体与环境之间的物质变换过程。显然，生命共同体是一个科学的生态系统概念。因此，我们必须遵循这一理念，按照社会系统工程的方法，统筹兼顾、整体施策、多措并举，全方位、全地域、全过程开展生态文明建设。在这个过程中，我们必须“树立空间均衡的理念，把握人口、经济、资源环境的平衡点推动发展，人口规模、产业结构、增长速度不能超出当地水土资源承载能力和环境容量”③。在将自然界看作是一个有机系统的同时，我们必须

① 《十九大以来重要文献选编》(上)，中央文献出版社2019年版，第734页。

② 习近平：《决胜全面建成小康社会　夺取新时代中国特色社会主义伟大胜利——在中国共产党第十九次全国代表大会上的报告》，《人民日报》2017年10月28日。

③ 《中共中央国务院印发〈生态文明体制改革总体方案〉》，《人民日报》2015年9月22日。

看到地球存在着生态阈值。这是生命共同体客观存在的规律。这样，坚持山水林田湖草是生命共同体的命题，就为社会主义生态文明建设提供了科学方法论上的依据和基础。

坚持用最严格制度最严密法治保护生态环境。生态环境问题是重大的社会政治问题，而制度问题和法治问题更带有根本性、全局性、稳定性和长期性，因此，生态文明建设尤其是生态环境治理需要制定最严格制度和最严密法治。习近平总书记指出："保护生态环境必须依靠制度、依靠法治。只有实行最严格的制度、最严密的法治，才能为生态文明建设提供可靠保障。"①坚持用最严格制度最严密法治保护生态环境，要求我们必须建立和完善最严格的生态文明制度体系、最严密的生态文明法律体系，用制度和法律来保护生态环境，为生态环境保护提供更有约束力和更具刚性的制度保障，确保生态环境的阈值底线不被突破，确保维护生态系统安全和降低环境污染水平，切实推进生态文明领域国家治理现代化。显然，坚持用最严格制度最严密法治保护生态环境这一基本命题，集中表达着社会主义生态文明建设的治理机制和治理保障。

坚持建设美丽中国全民行动。社会主义生态文明建设是人民群众共同所有、共同建设、共同治理、共同享有的伟大事业，是造福全体人民的最普惠的民生工程。参与社会主义生态文明建设是全体人民的共同权利和共同义务，人人有责。因此，我们必须"坚持建设美丽中国全民行动。美丽中国是人民群众共同参与共同建设共同享有的事业。必须加强生态文明宣传教育，牢固树立生态文明价值观念和行为准则，把建设美丽中国化为全民自觉行动"②。在这个过程中，我们必须在党的领导下，广泛动员社会各方力量，群策群力，群防群治，打一场生态文明建设的人民战争。同时，我们要根据社会主义市场经济

---

①　习近平：《论坚持人与自然和谐共生》，中央文献出版社 2022 年版，第 33—34 页。

②　《中共中央国务院关于全面加强生态环境保护坚决打好污染防治攻坚战的意见》，《人民日报》2018 年 6 月 25 日。

条件下社会系统领域的分化和分工的具体情况，大力构建党委领导、政府领导、企业主导、社会协同、公众参与、法治保障的社会主义生态文明治理的格局。这样，坚持建设美丽中国全民行动这一命题，集中表达着社会主义生态文明建设的社会动员机制。

坚持共谋全球生态文明建设。世界上只有一个地球，地球是人类共同的家园，因此，人类是你中有我、我中有你的命运共同体。为了维护地球的可持续发展，国际社会必须坚持共谋全球生态文明建设。这就是要按照人类命运共同体理念，构筑一个尊崇自然、绿色发展的生态体系，共同维护全球生态安全，建设一个“清洁美丽的世界”。党的十九大报告提出：“我们呼吁，各国人民同心协力，构建人类命运共同体，建设持久和平、普遍安全、共同繁荣、开放包容、清洁美丽的世界。”①因此，我们必须深度参与全球环境治理，为世界环境保护和可持续发展提供中国方案，积极引导应对气候变化国际合作。现在，中国已经成为全球生态文明建设的重要参与者、贡献者、引领者。显然，坚持共谋全球生态文明建设这一命题，集中表达着社会主义生态文明建设的全球视野和国际胸怀。

总之，习近平生态文明思想的基本命题构成了其理论观点的思维要素，集中体现着习近平生态文明思想在理论上的创新，构成了习近平生态文明思想的“群”。

（三）习近平生态文明思想的思想系列

在核心范畴和基本命题的基础上，思想的运动必然形成思想系列，从而会构成理论体系。从思想系列来看，习近平生态文明思想主要形成了下述范畴和命题。

① 习近平：《决胜全面建成小康社会　夺取新时代中国特色社会主义伟大胜利——在中国共产党第十九次全国代表大会上的报告》，《人民日报》2017年10月28日。

1. 生态文明建设是“五位一体”总体布局和“四个全面”战略布局的重要内容

继党的十八大将生态文明纳入总体布局之后，习近平总书记提出：“生态文明建设是‘五位一体’总体布局和‘四个全面’战略布局的重要内容。”[①]第一，生态文明是“五位一体”总体布局的重要内容。总布局表明，社会主义建设是由经济建设、政治建设、文化建设、社会建设、生态文明建设构成的整体，社会主义文明是由物质文明、政治文明、精神文明、社会文明、生态文明构成的系统，因此，必须实现“五大文明”的协调发展，要在“五大文明”的协调发展中推进生态文明建设。这一点，已经明确写入了宪法中。这样，“五大文明”应该成为习近平生态文明思想的重要范畴。我们不能脱离其他四个方面来谈生态文明。第二，生态文明是“四个全面”战略布局的重要内容。小康全面不全面，生态环境是关键。因此，我们不仅要实现生态文明领域的国家治理体系和治理能力的现代化，而且要实现整个国家治理体系和治理能力的绿色化；不仅要形成严密的生态文明领域的法律体系，而且要依法推动生态治理；不仅要加强党对生态文明建设的领导，而且要切实提高党领导生态文明建设的能力。这样，生态小康、生态治理、生态法治、生态党治，同样应该成为习近平生态文明思想的主要范畴。

2. 加快构建生态文明体系

生态文明是一个由多种要素构成的整体。为了确保我国生态文明建设目标的实现，我们必须加快构建生态文明体系。同时，党的十八大将生态文明建设纳入了“五位一体”的中国特色社会主义总体布局中，要求将生态文明建设融入经济建设、政治建设、文化建设、社会建设各方面和全过程。将上述两个

① 《习近平关于社会主义生态文明建设论述摘编》，中央文献出版社 2017 年版，第 14 页。

方面的论述结合起来看，生态文明体系是由以下几个子系统构成的系统：第一，生态环境体系。这是指人工建设和维护的生态环境体系。除了以生态系统良性循环和环境风险有效防控为重点的生态安全体系之外，这一体系至少还应该包括资源节约体系、环境友好体系等。第二，生态经济体系。这主要是指以产业生态化和生态产业化为主体的生态经济体系。此外，这一体系至少包括绿色化的产业结构和发展方式。第三，生态政治体系。根据我国国情，我们发展生态政治主要是要促进生态文明领域国家治理体系和治理能力的现代化，加强对各级领导干部生态文明建设和治理责任的考核。因此，这一体系包括以改善生态环境质量为核心的目标责任体系，以治理体系和治理能力现代化为保障的生态文明制度体系。第四，生态文化体系。除了将生态文明上升为社会的主流价值观之外，生态文化体系还包括绿色化的思维方式、面向生态文明的哲学社会科学体系，以及生态文明宣传和教育等。第五，生态社会体系。在满足人民群众的生态环境需要、保障人民群众的生态环境权益的基础上，这一体系主要包括绿色化的生活方式和绿色化的消费方式等。这样，生态环境体系、生态经济体系、生态政治体系、生态文化体系、生态社会体系同样是习近平生态文明思想的重要范畴。

3. 绿色发展注重的是解决人与自然和谐问题

绿色发展是生态文明建设的现实途径。从总体上来看，创新发展、协调发展、绿色发展、开放发展、共享发展，相互贯通、相互促进，是具有内在联系的集合体。因此，我们要统一贯彻，既不能顾此失彼，也不能相互替代。在实现绿色发展中，必须将创新发展作为动力，将协调发展作为机制，将开放发展作为环境，将共享发展作为目标。同时，绿色发展是实现其他发展的条件。这样，就要求我们从“新发展理念”的整体上把握绿色发展的含义和要求以及对于生态文明的意义和价值。从历史过程来看，我们要协同推动新型工业化、城镇化、信息化和农业现代化。这样，就要求我们立足于渔猎采集文化、农业文明、工业文明、智能文明的历史变迁来把握绿色发展的历史作用，以此来把握生态文明的历史方位。从社会结构领域来看，建设生态文明是一场涉及生产方式、生活方式、思维方式和价值观念的革命性变革，因此，我们不仅要推动实现生产方式和生活方式的绿色化，而且要推动思维方式和价值观念的绿色化。这样，绿色化生产方式、绿色化生活方式、绿色化思维方式、绿色化价值观念，同样是习近平生态文明思想的重要范畴。从相关范畴来看，我们既可以将绿色发展与创新发展、协调发展、开放发展、共享发展并列，也可以将绿色发展与循环发展、低碳发展并列。前者构成广义绿色发展，后者构成狭义上绿色发展。这样，循环发展、低碳发展也是习近平生态文明思想的重要范畴。

4. 建立系统而完备的生态文明制度体系

为了切实提高生态文明领域国家治理体系和治理能力的现代化，为生态文明建设提供切实可行的制度保障，必须建立系统而完备的生态文明制度体系。为此，必须推动生态文明体制改革。我国生态文明体制改革的目标是："到2020年，构建起由自然资源资产产权制度、国土空间开发保护制度、空间规划体系、资源总量管理和全面节约制度、资源有偿使用和生态补偿制度、环境治理体系、环境治理和生态保护市场体系、生态文明绩效评价考核和责任追究制度等八项制度构成的产权清晰、多元参与、激励约束并重、系统完整的生态文明制度体系，推进生态文明领域国家治理体系和治理能力现代化，努力走向社会主义生态文明新时代。"①由此来看，自然资源资产产权制度、国土空间开发保护制度、空间规划体系、资源总量管理和全面节约制度、资源有偿使用和生态补偿制度、环境治理体系、环境治理和生态保护市场体系、生态文明绩效评价考核和责任追究制度同样可以看作是习近平生态文明思想的八个重要范畴。

---

① 《中共中央国务院印发〈生态文明体制改革总体方案〉》，《人民日报》2015年9月22日。

总之，从思想系列来看，习近平生态文明思想主要包括生态文明战略地位、生态文明体系、绿色发展、生态文明制度四个系列。这四个系列中的每一个系列都由一系列的范畴和命题构成，最终形成了习近平生态文明思想体系。

（四）习近平生态文明思想的目标指向

只有定位于明确的价值目标和社会理想，不同的“群”才能整合成为“系列”和“体系”。党的十八大以来，习近平生态文明思想进一步明确了社会主义生态文明的社会理想。

1. 生态文明是建设“富强美丽的中国”的重要内容

党的十八大提出了建设“美丽中国”的目标。习近平总书记进一步提出：“走向生态文明新时代，建设美丽中国，是实现中华民族伟大复兴的中国梦的重要内容。”①从其地位来看，实现中华民族伟大复兴的中国梦，核心是要通过实现社会主义现代化，把我国建设成为一个经济富强、政治民主、文化繁荣、社会和谐、生态美丽的社会主义现代化强国。不包括生态美丽的现代化不是完整的现代化，不包括生态美丽的国家不是完整的国家。因此，能否把我国建设成为“富强美丽的中国”直接关乎民族复兴伟业的成败。从其要求来看，建设“富强美丽的中国”，必须实现物质文明、政治文明、精神文明、社会文明和生态文明的全面发展、共同发展、协调发展。在党的十九大上，我们党进一步完善了党的基本路线的表述，将“美丽”作为了建设社会主义现代化强国的“五大目标”之一。“中国共产党在社会主义初级阶段的基本路线是：领导和团结全国各族人民，以经济建设为中心，坚持四项基本原则，坚持改革开放，自力更生，艰苦创业，为把我国建设成为富强民主文明和谐美丽的社会主义现代化强国而奋斗。”②我国现代化建设的“五大目标”对应的就是“五大文明”。在此

---

① 习近平：《论坚持人与自然和谐共生》，中央文献出版社2022年版，第36页。

② 《中国共产党章程》，《人民日报》2017年10月29日。

基础上，我国宪法明确规定，必须“推动物质文明、政治文明、精神文明、社会文明、生态文明协调发展，把我国建设成为富强民主文明和谐美丽的社会主义现代化强国，实现中华民族伟大复兴”①。在纪念改革开放40周年大会上的讲话中，习近平总书记进一步提出，要把我们伟大祖国建设得更加美丽。显然，建设“富强美丽的中国”要求把绿色化理念贯穿和渗透在现代化的全过程和各领域，就是要在生态上重塑国家形象。目前，必须重点展示我国政治清明、经济发展、文化繁荣、社会稳定、人民团结、山河秀美的东方大国形象。显然，建设社会主义生态文明是关乎民族未来的长远大计，必须将生态元素、要求和目标纳入国家形象中。

2. 生态文明是建设“清洁美丽的世界”的重要内容

在国际上，生态文明建设就是要履行中国作为一个负责任的社会主义大国的庄重的国际承诺，维护全球生态安全，“建设一个清洁美丽的世界”。基于“地球村”的客观存在的现实，我们必须“坚持共谋全球生态文明建设。生态文明建设是构建人类命运共同体的重要内容。必须同舟共济、共同努力，构筑尊崇自然、绿色发展的生态体系，推动全球生态环境治理，建设清洁美丽世界”②。从其价值理念来看，建设清洁美丽的世界是践行人类命运共同体价值理念的内在要求。打造人类命运共同体，就是要建立平等相待、互商互谅的伙伴关系，营造公道正义、共建共享的安全格局，谋求开放创新、包容互惠的发展前景，促进和而不同、兼收并蓄的文明交流，构筑尊崇自然、绿色发展的生态体系。显然，构建人类命运共同体有其鲜明的生态诉求。第一，大力推动全球绿色发展。实现绿色发展，就是要在国际范围内推动建立绿色、低碳、循环、可持续的生产方式和生活方式，平衡推进2030年可持续发展议程，不断开拓生产

① 《中华人民共和国宪法》，《人民日报》2018年3月22日。

② 《中共中央国务院关于全面加强生态环境保护坚决打好污染防治攻坚战的意见》，《人民日报》2018年6月25日。

发展、生活富裕、生态良好的文明发展道路。第二，大力推动全球生态治理。围绕气候问题、核安全问题、流行性疾病、粮食安全、能源安全等全球性问题，都必须加强全球合作。在这个过程中，要以信息共享增进彼此了解，以经验交流分享最佳实践，以沟通协调促进集体行动，以互帮互助深化全球生态治理合作。从其未来愿景来看，建设清洁美丽的世界，就是要加强全球生态治理，切实有效地维护全球生态安全，让发展、安全、包容和美丽同行，携手共建生态良好的地球美好家园。在纪念改革开放40周年大会上的讲话中，习近平总书记进一步重申，我们要共同为建设清洁美丽的世界而奋斗。显然，建设生态文明关乎地球命运和人类未来。

3. 实现人与自然和解的共产主义是生态文明建设远大理想

在走向社会主义生态文明新时代的基础上，我们还要走向人与自然和解、人与社会和解的共产主义理想。“坚持不忘初心、继续前进，就要牢记我们党从成立起就把为共产主义、社会主义而奋斗确定为自己的纲领，坚定共产主义远大理想和中国特色社会主义共同理想，不断把为崇高理想奋斗的伟大实践推向前进。”①在资本主义条件下，由于资本逻辑成为支配一切的力量，因此，人与自然的关系也以对抗和分裂为特征。绿色资本主义不可能彻底解决这一问题。所以，我们要建设的生态文明必须是社会主义生态文明。今天，我们“学习马克思，就要学习和实践马克思主义关于人与自然关系的思想”②。学习和实践马克思主义关于人与自然关系的思想，最终就是要实现“两个和解”的共产主义理想。“一个可持续的、共同进化的生态学需要联合的生产者理性地调节自然和社会的社会物质变换，以服务于提供人类的潜能。正是这构

① 《习近平谈治国理政》第2卷，外文出版社2017年版，第34页。

② 习近平：《论坚持人与自然和谐共生》，中央文献出版社2022年版，第225页。

成了马克思最完善的、最革命性的社会主义定义。"[1]在这个意义上,"共产主义生态文明"才是真正意义上的生态文明。习近平总书记在纪念改革开放40周年大会上指出,信仰、信念、信心,任何时候都至关重要。因此,"共产主义生态文明"应该成为习近平生态文明思想的最高范畴。

这样,"富强美丽的中国"和"清洁美丽的世界"交相辉映,共同编织出习近平生态文明思想的深刻而美好的愿景。在此基础上,我们要通过走向社会主义生态文明新时代,实现人与自然、人与社会双重和解的共产主义理想。

这里,我们按照马克思在《哲学的贫困》中提出的"范畴—群—系列—体系"的构建科学理论体系的辩证思维模式,初步探讨了习近平生态文明思想的话语体系。由上可见,这一话语体系在逻辑上已经完善和成熟。只有完整科学地把握这一话语体系,我们才能坚持生态文明建设问题上的"四个自信",构建中国特色的生态文明哲学社会科学,推动走向社会主义生态文明新时代。

五、习近平生态文明思想的创新贡献

党的十九届六中全会在总结党的十八大以来我国生态文明建设的成就和经验的时候指出,党坚持从思想、法律、体制、组织、作风上全面发力,我国生态环境保护发生了历史性、转折性、全局性的变化。[2] 从思想上发力,就是我们党坚持用生态文明理论创新推动生态文明实践创新和制度创新,系统形成了习近平生态文明思想这一具有原创性的马克思主义理论创新成果。正是由于始终坚持用习近平生态文明思想引领和指导生态文明建设,我国生态文明建

---

① John Bellamy Foster and Brett Clark,"Marxism and the Dialectics of Ecology",*Monthly Review*,Vo.68,No.5,2016,pp.1-17.

② 参见《中共中央关于党的百年奋斗重大成就和历史经验的决议》,《人民日报》2021年11月17日。

设才发生了历史性变革和取得了历史性成就。只有科学把握这一点,我们才能深刻了解和全面把握我国生态文明建设的成就和经验,确保全面建设社会主义现代化国家的可持续性。

(一)习近平生态文明思想对重大时代课题的创新回答

马克思主义关于人与自然关系的思想是马克思主义理论的重要内容,生态文明是中国共产党人提出的马克思主义理论创新概念。党的十八大以来,围绕着一系列重大时代课题,站在人类社会发展和人类文明进步的高度,习近平总书记创立了习近平生态文明思想。

生态文明建设是新时代中国特色社会主义的重要特征。在科学回答新时代坚持和发展什么样的中国特色社会主义、怎样坚持和发展中国特色社会主义这一重大时代课题的过程中,习近平总书记提出:“生态文明建设是新时代中国特色社会主义的一个重要特征。”①中国特色社会主义是“重点论”和“全面论”的有机统一,既坚持以经济建设为中心,又坚持推动物质文明、政治文明、精神文明、社会文明、生态文明协调发展。这样,通过将生态文明建设纳入中国特色社会主义事业中,丰富和完善了中国特色社会主义全面规定和系统构成,创造了人类文明新形态,集中展现出中国特色社会主义的世界历史意义。

人与自然和谐共生的现代化是建设社会主义现代化强国的重要特征。小康全面不全面,生态环境质量是关键。现代化是否具有永续性,实现生态化和现代化的统一是关键。建设人与自然和谐共生的现代化就是我们作出的科学选择。在科学回答建设什么样的社会主义现代化强国、怎样建设社会主义现代化强国这一重大时代课题的过程中,习近平总书记指出:“我国建设社会主义现代化具有许多重要特征,其中之一就是我国现代化是人与自然和谐共生

---

① 习近平:《论坚持人与自然和谐共生》,中央文献出版社 2022 年版,第 272 页。

的现代化。”[①]建设人与自然和谐共生的现代化，也是建设生态文明的现实路径。生态文明是中国式现代化的内在规定和重要特征，中国式现代化具有生态前瞻性和发展永续性。

领导人民建设社会主义生态文明是中国共产党的重要责任。在科学回答建设什么样的长期执政的马克思主义政党、怎样建设长期执政的马克思主义政党这一重大时代课题的过程中，习近平总书记指出："生态环境是关系党的使命宗旨的重大政治问题，也是关系民生的重大社会问题。”因此，我们要“坚决担负起生态文明建设的政治责任”。[②] 在完善党章关于生态文明内容规定的基础上，我们既坚持党对生态文明建设的全面领导，又坚持提高党领导生态文明建设的能力和水平，不断以党的创新理论引领生态文明建设。这是我们党将自身建设成为马克思主义执政党之使命和担当的重要体现。

同时，生态文明建设还是关乎人类社会发展和人类文明进步的“大者”。这样，就明确和突出了生态文明建设的战略地位和历史方位。在西方学界，尽管曾经使用过“生态文明”的概念，但主要是在与“技术文明”相对的意义上使用的。[③] 这种叙述只具有“小格局”的意义，既未成为执政党的治国理政方略，也未成为国家的发展战略，更不可能成为具有世界历史意义的选择。习近平生态文明思想的叙述具有“大格局”的意义。生态文明是人类文明新形态的重要内容和发展方向。

在此基础上，习近平总书记科学而系统地阐述了党对生态文明建设的全面领导、生态兴则文明兴、人与自然和谐共生、绿水青山就是金山银山、良好生态环境是最普惠的民生福祉、绿色发展是发展观的深刻革命、统筹山水林田湖草沙系统治理、用最严格制度最严密法治保护生态环境、把建设美丽中国转化

---

① 习近平：《论坚持人与自然和谐共生》，中央文献出版社 2022 年版，第 281 页。

② 习近平：《论坚持人与自然和谐共生》，中央文献出版社 2022 年版，第 8、21 页。

③ Iring Fetscher，“Conditions for the survival of humanity：on the Dialectics of Progress”，*Universitas*，Vol.20，No.3，1978，pp.161-172.

为全体人民自觉行动、共谋全球生态文明建设之路等思想，创立了习近平生态文明思想。过去，由于时代课题等原因，马克思主义生态文明思想尚未以直接的明确的理论形态的方式呈现出来。尽管一些论者大力发掘“马克思的生态学”，但一些论者仍然认为，“马克思的自然观与生态视野相去甚远”①。这样，就要求我们将马克思主义生态文明思想以“专门的”形态呈现出来，以夺回马克思主义在生态文明领域的思想领导权。现在，在创造性回答重大时代课题的过程中，习近平生态文明思想推动形成了当代中国马克思主义生态文明思想和二十一世纪马克思主义生态文明思想。

（二）习近平生态文明思想对马克思主义哲学的创新贡献

从理论思维来看，人与自然的关系问题是生态文明建设的基本问题。马克思主义哲学是关于自然、社会、思维发展一般规律的科学，为认识和处理人与自然的关系提供了科学指南。习近平总书记十分重视马克思主义哲学的学习和研究，在尊重实践和尊重群众的基础上按照综合创新的方式丰富和发展了这一理论宝库。从这一理论思维的高度出发，习近平生态文明思想创造性地回答了生态文明建设中涉及到的一系列重大哲学问题。

1. 坚持人与自然是生命共同体的自然观

辩证唯物主义自然观是科学自然观。中国古代“天人合一”的思想是有机自然观的代表，生发出了“桑基鱼塘”等有机农业模式。当然，这些都带有农业文明时代的色彩和局限。近代以来，以“主客二分”为主要特征的机械自然观居于主导地位，成为导致生态危机的思想成因。在辩证唯物主义基础上，根据近代自然科学成果，通过总结生态危机教训，马克思提出了“自然是人的无机的身体”的思想，恩格斯提出了人与自然具有“一体性”思想。这样，就形

① Michael E. Zimmerman, etc. (Edited), *Environmental Philosophy: From Animal Rights to Radical Ecology*, New Jersey: Prentice Hall, 1993, p.402.

成了辩证唯物主义自然观。1935年，生态学中形成了“生态系统”的概念。现在，生态学和系统论将生态系统作为重要的科学理念和方法。受此影响，系统自然观（将自然看作是一个系统的自然观）和生态自然观（将人与自然的关系看作是一个系统的自然观）成为辩证唯物主义自然观发展的重要趋向。在此基础上，习近平总书记提出了“人与自然是生命共同体”的思想。

人与自然是生命共同体，就是指人与自然是不可分割的有机的生态系统。从历史发生来看，自然是人类之母，人是在自然演化中通过劳动生成的。从现实情况来看，自然界是人类生产资料和生活资料的基本来源。只有持续实现人与自然之间的物质变换，人类才能生产和生活。物质变换就是生物（人）和环境（自然）之间的地球物理化学循环过程。这是一种典型的生态关系。从未来走向来看，实现人与自然和谐共生是实现人的自由而全面发展的内在要求，人将会把自然真正当做自己的现实躯体。可见，人与自然是生命共同体是指人与自然之间具有血肉联系即有机关系。因此，我们“要深化对人与自然生命共同体的规律性认识”①。这样，人与自然是生命共同体的思想摧毁了生态中心主义的话语霸权，丰富和发展了辩证唯物主义自然观，成为新时代的系统自然观和生态自然观的典范，为生态文明建设奠定了科学自然观基础。

2. 坚持生态兴则文明兴的历史观

唯物史观是唯一科学的历史观。从表象上看，人类历史和人类文明是不断“去自然”的过程。其实，历史和文明不外是自然不断地向人生成的过程。因此，司马迁在《报任安书》中将“究天人之际”作为史学的重要追求。马克思恩格斯将唯物史观看作是唯一一门的“历史科学”，将之看作是研究“人类史”和“自然史”关系的科学，要求坚持“自然的历史”和“历史的自然”的统一，实

① 习近平：《论坚持人与自然和谐共生》，中央文献出版社2022年版，第249页。

现了科学自然观和科学历史观的统一。因此,“历史唯物主义可以无可非议地被描述为‘人类生态学’”①。或者说,生态史观(从人类史和自然史相互统一的角度审视和把握历史规律的历史观)是唯物史观的重要维度。现在,国外学界出现了“文明的生态史观”的概念,环境史学(生态史学)成为史学发展的重要前沿。在此基础上,习近平总书记提出了生态兴则文明兴的思想。

生态环境是人类历史和人类文明的重要根基。从世界文明和中华文明的发展来看,人类文明古国都发端于自然生态条件优越的地方。玛雅文明和楼兰文明等古代文明的衰落都与生态环境退化具有一定关系。可见,生态兴则文明兴,生态衰则文明衰。习近平总书记提出,建设生态文明是关乎中华民族可持续发展和中华文明伟大复兴的千年大计,建设美丽中国是建设富强民主文明和谐美丽社会主义现代化强国的重要目标之一。同时,生态文明是人类文明发展的历史趋势和人类社会进步的重大成果。“我们坚持和发展中国特色社会主义,推动物质文明、政治文明、精神文明、社会文明、生态文明协调发展,创造了中国式现代化新道路,创造了人类文明新形态。”②生态文明是人类文明新形态的组成部分和发展方向。因此,我们既要将生态文明渗透到文明结构当中,又要将生态文明贯穿在文明演化当中。这样,就夯实了生态文明的唯物史观基础。

3. 坚持山水林田湖草沙冰系统治理的方法论

唯物辩证法是科学的方法论。近代以来,形而上学成为占主导地位的方法论。它把各种自然要素、自然过程、自然系统孤立起来,把人与自然割裂开来。这是导致生态危机的方法论成因。在坚持尊重事实和规律的基础上,唯物辩证法要求我们要坚持发展地、全面地、系统地、普遍联系地观察自然,妥善

① [英]戴维·佩珀:《生态社会主义:从深生态学到社会正义》,刘颖译,山东大学出版社2005年版,第147页。

② 习近平:《在庆祝中国共产党成立100周年大会上的讲话》,《人民日报》2021年7月2日。

处理人与自然的关系。系统思维和方法是辩证思维和方法的重要维度和要求,同样适用于生物和环境、人类和自然等领域,由此就形成了生态思维和方法。可将之称为“生态辩证法”。“生态学中的辩证思维日益必要。”“随着思维的生态辩证法形式的发展必然给予被科学上占统治地位的机械论所限制和挫败的自然辩证法以新的发展动力。”①生态辩证法不再是对生命的剥夺,而是突出了人与自然的有机联系。在此基础上,习近平总书记提出了坚持山水林田湖草沙冰系统治理的思想。

针对我国生态环境治理中存在的“九龙治水”的沉疴旧疾,习近平总书记提出了“山水林田湖是生命共同体”的思想。进而,他又提出,“要坚持山水林田湖草沙系统治理”,“把保持山水生态的原真性和完整性作为一项重要工作”。② 在地球上,人、田、水、山、土、树、草之间存在着“命脉”相依的关系,各种自然要素构成一个生命共同体,即有机的生态系统或生命躯体。沙(沙漠和荒漠)、冰(冰川和冻土)同样是其重要组成部分。因此,必须用系统思维和方法来认识和处理人与自然的关系。可见,“坚持山水林田湖草沙系统治理”要求对生态环境进行统一保护、统一修复、统一治理,要求按照系统工程方式开展生态文明建设。这是习近平生态文明思想在生态文明建设方法论上的重大贡献。

过去,西方生态哲学很少涉及生态环境保护的国家战略和国家行动,而作为其流派之一的生态中心主义只是要求“返璞归真”。他们提出:“保护非工业社会(文化)免受工业社会的入侵。前者的目标不应被视为提倡与富裕国家类似的生活方式。”③受此影响,生态中心主义将生态文明看作是取代和超越工业文明的新的文明形态。尽管这具有反对殖民主义的色彩,但有可能成

---

① John Bellamy Foster, Brett Clarkand Richard York, *The Ecological Rift: Capitalism' s War on the Earth*, New York: Monthly Review Press, 2010, p.245.

② 习近平:《论坚持人与自然和谐共生》,中央文献出版社 2022 年版,第 198 页。

③ Michael E. Zimmerman, etc. (Edited), *Environmental Philosophy: From Animal Rights to Radical Ecology*, New Jersey: Prentice Hall, 1993, p.202.

为后发国家实现现代化的阻力。最近，国外一些学者试图廓清生态文明的哲学地平线，但只是在批评分析哲学局限性的基础上，将以分析、统揽、综合三者统一为特征的思辨自然主义作为生态文明的哲学基础，将思辨自然主义最终归结为谢林的先验哲学。① 由于谢林哲学的局限性，这种没有从人与自然的内在关系入手的哲学尝试，难以成为生态文明的哲学基础。

在总体上，习近平总书记将“生命共同体”（有机的生态系统）确立为科学的理论思维原则，将之与“中华民族共同体”结合起来，提出了建设“美丽中国”的目标；将之与“人类命运共同体”结合起来，提出了建设“清洁美丽世界”的愿景。这样，立足于生态兴则文明兴的唯物史观的生态视野，从“人与自然是生命共同体”（自然观）和“山水林田湖草是生命共同体”（方法论），到“中华民族共同体”（美丽中国）和“人类命运共同体”（清洁美丽的世界），构成了习近平生态文明思想的哲学追求，使马克思主义生态哲学成为马克思主义哲学的固有之意，使生态文明建设成为科学生态哲学的科学实践。

（三）习近平生态文明思想对马克思主义政治经济学的创新贡献

人与自然的矛盾在现实中集中体现为发展（现代化）和保护（生态化）的矛盾。习近平总书记指出：“从政治经济学的角度看，供给侧结构性改革的根本，是使我国供给能力更好满足广大人民日益增长、不断升级和个性化的物质文化和生态环境需要，从而实现社会主义生产目的。”②通过将满足人民群众生态环境需要纳入社会主义生产目的，主张大力发展生态经济，习近平生态文明思想明确了生态文明建设的经济指向。

---

① Arran Gare, *The Philosophical Foundations of Ecological Civilization: A Manifesto for the Future*, London: Routledge, 2017.

② 习近平：《论把握新发展阶段、贯彻新发展理念、构建新发展格局》，中央文献出版社2021年版，第99页。

1. 坚持绿水青山就是金山银山的价值论

劳动价值论科学阐明了价值的来源。价值是凝结在商品中的无差别的一般人类劳动。由于其不是劳动的产物，因此，自然是“不费资本分文”的东西。一些论者认为，我们往往“倾向于把我们自己没有创造的一切东西都看成是无价值的。甚至伟大的马克思博士在系统提出所谓‘劳动的价值法则’时，也犯了这个极其有害的错误”①。马克思之所以认为自然是“不费资本分文”的东西，主要是为了避免将自然变成私有财产。其实，自然不仅构成了使用价值的基质，而且参与了一般价值的形成和增值。劳动和自然界共同构成了财富的源泉。自然主要是通过影响劳动生产率参与了价值的形成和增值。“撇开社会生产的形态的发展程度不说，劳动生产率是同自然条件相联系的。”②可见，劳动价值论具有其生态维度，或者说，马克思主义经济学具有其生态价值论。在此基础上，习近平总书记提出了绿水青山就是金山银山的思想。

坚持绿水青山就是金山银山，就是要树立自然价值和自然资本的理念。“绿水青山既是自然财富、生态财富，又是社会财富、经济财富。保护生态环境就是保护自然价值和增值自然资本。”③自然价值是指自然的经济价值，自然资本是指自然在价值增值中的作用。在市场经济条件下，生态环境问题属于典型的外部不经济性问题。承认自然价值和自然资本，主要是要运用市场手段进行生态环境治理，使生态环境治理成本成为企业成本的一部分，实现外部问题的内部化，以确保问题的解决。现在，为了满足人民群众的优美生态环境需要，我们正在建立生态产品价值实现机制，建立生态环境保护者受益、使用者付费、破坏者赔偿的利益导向机制。自然价值和自然资本可以为之提供理论依据和支撑。可见，“引入自然资本的概念是一种使自然价值嵌入经济

① ［英］E.F.舒马赫：《小的是美好的》，虞鸿钧、郑关林译，商务印书馆1984年版，第2页。
② 《马克思恩格斯文集》第5卷，人民出版社2009年版，第586页。
③ 习近平：《论坚持人与自然和谐共生》，中央文献出版社2022年版，第10页。

体系的方法”①。这样,绿水青山就是金山银山的思想,扩展了劳动价值论的生态维度,将马克思主义生态价值论直接呈现了出来。

2. 坚持绿色发展的发展观

发展观(发展理念)是发展的先导。机械发展观不仅存在着见物不见人的弊端,而且存在着杀鸡取卵、竭泽而渔的弊端,是导致生态危机的发展观成因。唯物史观同样是科学的生态发展观,要求人们用理性的长远的视野看待自然。1987 年,国际社会提出了可持续发展的理念。尽管有助于摆脱生态危机,但其重点在代际公平上,相对忽视了代内公平。因此,一些论者试图用“协同进化”来诠释可持续发展。“在马克思恩格斯共产主义视域下,人类发展的协同进化特征体现在将土地视为共同资源,致力于为子孙后代的利益对土地使用进行环境管理,在物质能源消耗更少的集约型经济和更符合自然科学和美学方向的基础上来实现人类需求和能力的多样化。”②我们必须坚持科学发展。在此基础上,习近平总书记提出了创新、协调、绿色、开放、共享等新发展理念。

在新发展理念当中,“绿色发展注重的是解决人与自然和谐问题”③。它包括节约、清洁、低碳、循环、安全等要求。节约发展是通过节约资源能源谋求高质量发展的发展理念,清洁发展是通过环境保护和环境治理谋求高质量发展的发展理念,低碳发展是通过实现减污降碳协同增效谋求高质量发展的发展理念,循环发展是通过实现废弃物循环利用、发展循环经济实现高质量发展的发展理念,安全发展是通过统筹安全(包括生态安全和生物安全)和发展谋

---

① [英]迪特尔·赫尔姆:《自然资本:为地球估值》,蔡晓璐、黄建华译,中国发展出版社 2017 年版,第 5 页。

② Paul Burkett, *Marxism and Ecological Economics: Toward a Red and Green Political Economy*, Boston: Brill, 2006, p.302.

③ 习近平:《论坚持人与自然和谐共生》,中央文献出版社 2022 年版,第 105 页。

求高质量发展的发展理念。实现绿色发展就是要将这些要求贯彻和落实到整个经济社会发展过程中，实现经济社会发展的全面绿色转型。这样，绿色发展进一步提升了人与自然协同进化的思想，明确了生态文明建设的现实路径，丰富和发展了马克思主义生态发展观。

3. 坚持人与自然和谐共生现代化的现代化观

现代化是从农业社会向工业社会的转变过程，是社会发展不可跨越的阶段。生态危机是资本主义现代化和传统工业化的生态破坏性导致的恶果。对此，马克思提出了促进现代化的生态化的设想。“化学的每一个进步不仅增加有用物质的数量和已知物质的用途，从而随着资本的增长扩大投资领域。同时，它还教人们把生产过程和消费过程中的废料投回到再生产过程的循环中去，从而无须预先支出资本，就能创造新的资本材料。”①20 世纪 80 年代，西方学者提出了生态现代化模式。这是一种沿着更加有利于环境的路线重构资本主义政治经济的模式。因此，我们应该在坚持社会主义现代化道路的基础上，坚持走新型工业化道路。当然，由于发展方式不当，在社会主义条件下仍然可能会产生生态环境问题。因此，习近平总书记提出，我们要建设的现代化是人与自然和谐共生的现代化。

建设人与自然和谐共生现代化，就是要实现生态化和现代化统一。“我国现代化是人与自然和谐共生的现代化。我国现代化注重同步推进物质文明建设和生态文明建设，走生产发展、生活富裕、生态良好的文明发展道路，否则资源环境的压力不可承受。”②在实现农业产业化的条件下，西方社会已经在实现工业化的基础上转向信息化。现在，我国正在协同推进新型工业化、信息化、城镇化、农业现代化（“新四化”）。借鉴西方现代化教训，为了保证现代化

---

① 《马克思恩格斯文集》第 5 卷，人民出版社 2009 年版，第 698—699 页。

② 习近平：《论把握新发展阶段、贯彻新发展理念、构建新发展格局》，中央文献出版社 2021 年版，第 9—10 页。

的永续性,我们必须统筹推进“新四化”和绿色化,大力发展生态农业、生态工业、生态旅游。这是将绿水青山转化为金山银山的基本途径,是中国式现代化的基本特征。这样,就将马克思提出的现代化的生态化设想转化为了现实的社会主义现代化原则和方向。这是习近平生态文明思想对马克思主义现代化观的重大贡献。

在《资本论》等马克思主义经典著作中,蕴含着丰富的生态经济学思想。现在,由于作为主流经济学的生态经济学和环境经济学都具有西方意识形态色彩,因此,亟需发展一种红绿交融的政治经济学即马克思主义生态经济学。[①] 但这一设想,与现实的社会主义建设尤其是社会主义生态文明建设存在着脱节的问题。在领导中国人民进入中国特色社会主义新时代的伟大实践中,立足于现实的社会主义建设尤其是社会主义生态文明建设,习近平总书记系统表达了对生态经济的科学看法,使马克思主义生态经济学成为马克思主义政治经济学的固有之意,使生态文明建设成为科学生态经济学的科学实践。

(四)习近平生态文明思想对科学社会主义的创新贡献

人与自然的关系总是受人与社会的关系尤其是生产方式和社会制度的影响和制约。生态危机实质上是资本主义总体危机的表现和表征。只有消灭资本主义,才能为实现人与自然的和谐共生创造适宜的社会条件。习近平总书记提出,“我们要牢固树立社会主义生态文明观”,“努力走向社会主义生态文明新时代”。[②] 生态文明是社会主义和共产主义的内在规定、基本特征、重大追求。

---

① Paul Burkett, *Marxism and Ecological Economics: Toward a Red and Green Political Economy*, Boston: Brill, 2006.

② 习近平:《论坚持人与自然和谐共生》,中央文献出版社 2022 年版,第 189、35 页。

1. 坚持良好生态环境是最普惠民生福祉的政治立场

在生态文明建设上，也存在着政治立场的抉择问题。由于资本主义生态危机严重威胁到工人和穷人的身心健康，因此，马克思恩格斯从登上斗争舞台开始就表达了对环境污染的政治关切，要求从维护人民群众权益的高度去调节人与自然的关系，将自然解放纳入阶级解放事业中。我们党一直坚持将“造福人民”作为环境保护的目的，将“依靠群众”作为环境保护的主体。但是，生态中心主义无差别地对待一切人，根本无视弱者的需要和权益。按照以人民为中心的发展思想，习近平总书记提出了“良好生态环境是最普惠的民生福祉”的思想，要求将“建设美丽中国转化为全体人民自觉行动”。[①] 据此，党中央和国务院将“坚持良好生态环境是最普惠的民生福祉”和“坚持建设美丽中国全民行动”确立为习近平生态文明思想的两个核心要义[②]。前者强调的是价值取向，后者强调的是行动主体。坚持和践行人民立场是习近平生态文明思想对科学社会主义的重大贡献。

从价值取向来看，资本主义社会坚持以物为本，存在着资本的需要和人类的需要之间的矛盾。这是导致生态危机的价值根源。社会主义社会坚持以人为本，始终坚持以满足人民群众的需要为根本目的。我们“发展经济是为了民生，保护生态环境同样也是为了民生。既要创造更多的物质财富和精神财富以满足人民日益增长的美好生活需要，也要提供更多优质生态产品以满足人民日益增长的优美生态环境需要”[③]。满足人民群众优美生态环境需要，是我国生态文明建设的出发点和落脚点，是生态资本主义和社会主义生态文明的本质区别。在脱贫攻坚战中，我们创造了生态扶贫和生态脱贫的宝贵经验。

---

① 习近平：《论坚持人与自然和谐共生》，中央文献出版社 2022 年版，第 11—12 页。

② 《中共中央国务院关于全面加强生态环境保护坚决打好污染防治攻坚战的意见》，《人民日报》2018 年 6 月 25 日。

③ 习近平：《论坚持人与自然和谐共生》，中央文献出版社 2022 年版，第 11 页。

尤其是,“绿水青山不仅是金山银山,也是人民群众健康的重要保障”①。显然,生态文明建设不是要走出人类中心主义,而是必须始终坚持以人民为中心。

从行动主体来看,作为历史主体的人民群众同样是生态文明建设的主体。由于生态危机严重威胁到民众的日常生活,因此,从20世纪60年代开始,西方民众发起了声势浩大的环境运动。迫于强大的社会压力,西方国家被迫开始加强生态环境管制。在社会主义条件下,人民群众的历史主体意识空前高涨,创造了一系列可歌可泣的生态文明建设事迹。例如,在“黄沙遮天日,飞鸟无栖树”的荒漠沙地上,响应党的号召,河北塞罕坝林场的建设者们60年如一日,坚持植树造林,“用实际行动诠释了绿水青山就是金山银山的理念,铸就了牢记使命、艰苦创业、绿色发展的塞罕坝精神”②。塞罕坝的森林覆盖率已经从1962年的11.4%提高到了2021年的82%。由于我国坚持全民义务植树运动40年,不仅促进了中国绿化,而且促进了全球绿化。总之,社会主义生态文明建设是人民群众共有共建共治共享的伟大事业。

2. 坚持用最严格制度最严密法治保护生态环境的国家治理观

社会主义制度建立之后,仍然需要不断调整和完善生产关系,以促进社会主义自我完善。生态环境管理是社会主义国家管理的重要职能,同样需要不断改革。新中国成立以后,我们不断完善和发展社会主义制度。党的十一届三中全会以来,我们将改革开放确立为基本国策,创造了中国奇迹。为了进一步全面深化改革,党的十八届三中全会提出了实现国家治理体系和治理能力现代化的任务,要求加快推进生态环境领域国家治理体系和治理现代化。为此,习近平总书记提出了“坚持用最严格制度最严密法治保护生态环境”的思

① 习近平:《论坚持人与自然和谐共生》,中央文献出版社2022年版,第148页。

② 习近平:《论坚持人与自然和谐共生》,中央文献出版社2022年版,第184页。

想。显然,实现国家治理现代化不是西方治理逻辑的中国翻版,而是社会主义改革逻辑的中国创新版,目标是完善和发展中国特色社会主义制度。通过生态环境治理现代化所建立和完善的生态文明制度,是中国特色社会主义制度体系的组成部分,又完善了中国特色社会主义制度体系。

完善生态文明制度体系是一项系统工程。首先,必须加强和改进党对生态文明建设的领导。建设生态文明标志着中国共产党对中国特色社会主义规律认识的进一步深化。只有以全心全意为人民服务为宗旨的中国共产党才能更好地满足人民群众的优美生态环境需要。因此,我们始终以坚持党的集中统一领导为统领。这是中国特色生态治理与西方多元生态治理的本质区别。其次,必须坚持自然资源资产的公有性质。良好生态环境是最公平的公共产品。只有坚持社会主义公有制,才能确保这一点。同时,“实行集体所有和互相帮助的‘公社’能够将人类置于生态系统的框架体系当中。共产关系构成了完整的人类生态系统”①。私有制具有排他性。因此,只有坚持自然资源资产的公有性质,才能切实保障全体人民共享生态文明建设成果。当然,在社会主义初级阶段,我们必须坚持公有制为主体、多种所有制形式并存的所有制结构。最后,必须将制度和法治作为生态环境治理的主要方式和手段。现在,我们已经从宪法的高度确立了生态文明建设的战略地位,基本形成了生态文明制度体系的“四梁八柱”,完善了生态文明法律体系。可见,将生态文明制度建设上升到国家治理的高度,将国家治理上升到社会主义改革的高度,是习近平生态文明思想对科学社会主义的重大贡献。

3. 坚持共谋全球生态文明建设的国际治理观

生态文明建设关乎人类未来和世界文明。在考察资本主义对外扩张时,马克思提出,人类历史将从民族的地域的历史转向“世界历史”。尽管会促进

---

① Joel Kovel.Ecosocialism,“Global Justice,and Climate Change”,*Capitalism Nature Socialism*,Vol.19,No.2,2008,pp.4-14.

交往的普遍化,但这一过程也会造成全球性灾难。在生态上,“今天灾难资本主义造成的更大的行星裂痕,表现在气候变化和各种行星边界的跨越中,而目前的流行病危机只是另一个荒诞剧的表现”①。这是全球性问题的实质。党的十八大以来,习近平总书记提出了“人类命运共同体”的理念,将“坚持共谋全球生态文明建设”确立为生态文明建设的基本原则,要求共同构建地球生命共同体。这就是要构建人与自然和谐共生的地球家园、经济与环境协同共进的地球家园、世界各国共同发展的地球家园。② 这样,习近平生态文明思想确定生态文明建设是构建人类命运共同体的重要内容和重要追求。

中国已成为全球生态文明建设的重要参与者、贡献者、引领者。在推动构建人类命运共同体的过程中,中国主动承担同国情、发展阶段和能力相适应的生态环境治理义务,力求为全球提供更多公共产品。例如,习近平主席向国际社会郑重承诺中国力争在2030年前实现碳达峰、在2060年前实现碳中和。中国已经将碳达峰和碳中和纳入社会经济发展和生态文明建设整体布局当中。这与美国政府对待《巴黎协定》的出尔反尔的态度和行为形成了鲜明对比。“资本主义未能实施必要的二氧化碳减排,其原因可以解释为这对其作为资本积累体系存在的威胁。因此,文明面临着一种自我毁灭的威胁。”③中国政府的上述一切行动是自动和自主的选择,是中国大国风范的具体体现,是社会主义国际主义精神的具体体现。可见,习近平生态文明思想关于共谋全球生态文明建设的论述,深化和发展了马克思“世界历史”思想,是对科学社会主义理论的重大贡献。

早在登上理论斗争舞台的时候,马克思就将共产主义看作是人道主义和共产主义相统一的社会,恩格斯将共产主义看作是人与自然、人与社会双重和

① John Bellamy Foster and Intan Suwandi, “COVID19 and Catastrophe Capitalism”, *Monthly Review*, Vol.72, No.2, 2020, pp.1-20.

② 参见习近平:《论坚持人与自然和谐共生》,中央文献出版社2022年版,第291—292页。

③ John Bellamy Foster, “The Great Capitalist Climacteric Marxism and ‘System Change Not Climate Change’”, *Monthly Review*, Vol.67, No.6, 2015, pp.1-18.

解的社会。在提出构建社会主义和谐社会战略构想的时候,科学发展观将人与自然和谐看作是社会主义和谐社会的重要特征和要求。现在,习近平生态文明思想明确了中国共产党是生态文明建设的领导力量,人民群众是生态文明建设的造福对象和建设主体,社会主义生态文明是我国生态文明建设的性质和方向。这样,就使马克思主义生态政治学成为科学社会主义的固有之意,使生态文明建设成为科学生态政治学的科学实践。因此,问题不是去发展什么"生态社会主义",而是必须坚持和加强社会主义生态文明建设。

总之,习近平生态文明思想从哲学、政治经济学、科学社会主义等方面夯实了生态文明建设的马克思主义理论基础,形成了当代中国马克思主义生态文明思想、二十一世纪马克思主义生态文明。这是习近平生态文明思想原创性贡献的集中体现。

第三章 生态文明建设的技术支撑(上)

绿色发展是生态文明建设的必然要求,代表了当今科技和产业变革方向,是最有前途的发展领域。人类发展活动必须尊重自然、顺应自然、保护自然,否则就会受到大自然的报复。这个规律谁也无法抗拒。要加深对自然规律的认识,自觉以对规律的认识指导行动。不仅要研究生态恢复治理防护的措施,而且要加深对生物多样性等科学规律的认识;不仅要从政策上加强管理和保护,而且要从全球变化、碳循环机理等方面加深认识,依靠科技创新破解绿色发展难题,形成人与自然和谐发展新格局。——习近平①

生态文明建设不是要"绝圣弃智",不是要倒退回到"采菊东篱下,悠然见南山"的田园风光时代,而是要通过先进科技将人与自然和谐共生提升到新的水平,要按照生态化的要求将现代化提升到新的水平。生态化和科技化的统一应该是生态文明的重要要求和特征。

如同信息化一样,生态化是新科技革命发展的重要趋势和显著特征。"进入二十一世纪以来,新一轮科技革命和产业变革正在孕育兴起,全球科技

① 习近平:《论坚持人与自然和谐共生》,中央文献出版社 2022 年版,第 145 页。

创新呈现出新的发展态势和特征。学科交叉融合加速，新兴学科不断涌现，前沿领域不断延伸，物质结构、宇宙演化、生命起源、意识本质等基础科学领域正在或有望取得重大突破性进展。信息技术、生物技术、新材料技术、新能源技术广泛渗透，带动几乎所有领域发生了以绿色、智能、泛在为特征的群体性技术革命。”①这里的绿色就是以生态学为普遍的科学范式形成的科技进步的趋势、特征和成果。我们可以将科学的这种发展趋势称为“科学生态化”，将由之形成的科学成果称为“生态化科学”（可持续科学）；可以将技术的这种发展趋势称为“技术生态化”，将由之形成的技术成果称为“生态化技术”（可持续技术）；合而言之，我们可以将科学技术的这种趋势称为“科学技术生态化”，将由之形成的科技进步成果称为“生态化科学技术”（可持续科学技术）。

科学技术生态化和生态化科学技术是一个双向互动的过程。这一过程不仅对自然科学和工程技术产生了重大影响，而且对人文学科和社会学科产生了重大影响；不仅在知识领域产生了重大影响，而且对政策领域产生了重大影响；不仅对认知产生了重大影响，而且对实践产生了重大影响。当下，我们正目睹着整个世界在这一过程支撑下的全面的深刻的生态化转型和生态化发展。其实，这就是运用作为第一生产力的科学技术建设生态文明的过程。

生态化技术（可持续技术）是人类为了解决全球性问题提出的一种技术对策，是新技术革命的生态化潮流的表现，是人类建构和实施可持续发展战略作出的一种技术抉择，是生态文明的技术表征和技术支撑。

生态化技术（可持续技术）不是一种技术，不是一类技术，而是以科学生态化为科学基础的整个技术体系、技术模式、技术结构和技术功能的彻底生态转换，是指技术发展的生态化方向，是技术生态化所产生的产业成果。生态化技术代表着技术进步的重要方向，可能会成为普遍的技术范式。甚至可以说，这是技术领域当中的一场“哥白尼革命”。

---

① 《习近平关于科技创新论述摘编》，中央文献出版社 2016 年版，第 81 页。

从哲学上来看,生态化技术(可持续技术)就是现代技术向辩证思维的复归。因此,以技术生态化和生态化技术为研究对象的技术生态学,不是一门自然科学,不是一门技术科学,不是一门工程技术,而是一种哲学理念和研究领域,是生态哲学和技术哲学的交叉点。

生态文明建设不能脱离先进的科学技术,技术生态化和生态化技术为生态文明建设提供了科学的技术手段和技术路径。

一、技术进步的生态哲学追问

生态文明建设需要先进科技的支撑,科技进步必须顺应科技发展生态化的趋势和潮流。这样,才能为生态文明建设提供持续不竭的第一动力。

(一)生态化技术的概念界定

"生态化技术"是生态哲学对技术发展的生态化作出的一种概括和抽象,是生态哲学技术观的核心概念。从一般地探讨人和自然的关系,到专门探讨作为人和自然实践关系形式之一的技术及其生态化走向,这是生态哲学研究领域的拓展和深化。

对"生态化技术",即"可持续技术"可以有两种释读。一可释读为可持续的技术(Sustainable Technology),另一可释读为可持续发展的技术(Technology for Sustainable Development)。但在思想内容上,二者却是一致的。具体来讲,"生态化技术"不是一种具体的技术,也不是指技术体系中的一种技术门类;而是人类为了解决全球性问题提出的一种技术对策(解决全球性问题是一项庞大而复杂的社会系统工程,技术对策只是其中的一个系统);是人类建构和实施可持续发展战略作出的一种技术抉择(可持续发展的核心和实质是自然生态、生产和经济、人类需要及其满足、社会和科技的协调发展,生态化技术是从技术上对可持续发展作出的支撑和支持);是新技术革命的生态化潮流的表现,生态化技术也就是指技术发展的生态化方向,是技术生态化所产生的产业成果,技术生态化已引起了人类产业结构的一次调整和重组;是整个技术体系、技术模式、技术结构和技术功能的彻底转换,是现代技术向辩证思维的复归。可以将可持续技术的实质概括为技术的生态化。

建构和实施"生态化技术"是一项庞大而复杂的系统工程,因此,我们研究"生态化技术"必须要在科学方法论的指导下进行。

(二)生态化技术的哲学建构

我们要在马克思主义哲学的指导下,以为解决我国的生态环境问题、在我国贯彻和落实可持续发展战略、坚持绿色发展、建设生态文明提供智力支持和价值导向为目标,通过总结全球性问题的技术抉择方案、概括解决全球性问题的技术发展战略和措施、把握新科技革命的生态化趋势、吸收国内外的生态哲学和技术哲学成果,力求理论和实践的统一,对"生态化技术"的建构作一较为系统、全面的探讨,从而为建构和实施"生态化技术"提供一种可供抉择的综合方法论方案。

如何在技术水平上来克服全球性问题,这是西方发展理论、未来学、技术论、生态哲学探讨的一个重大问题。技术在生态环境问题上能否保持价值中立,成为了争论的热点。有些论者指出,技术本身是一个建构过程(如罗马俱乐部认为技术是一个学习过程),线性技术(受机械论思维方式支配的技术)是造成全球性问题的罪魁祸首,因此,要从技术水平上来解决全球性问题,必须转换技术体制和模式,使技术本身生态化,这样才能真正解决全球性问题。而"中间技术"(舒马赫)、"替换技术"(杰克逊、克拉克)、"软技术"(西方环保运动)等就是这样的技术对策。但如何看待这些技术对策的关系,如何将它们协调成为一个整体,似乎还没有人对之给予专门的关注,而"生态化技术"则试图对之作出一种概括。作为解决全球性问题的技术对策,环保技术、绿色技术和技术生态化是生态化技术发展的三部曲或三种表现形态,它们的共同范式存在于技术生态化之中。

随着全球性问题日益严重，作为人类面向未来的一种整体发展战略，可持续发展日益得到了大家的认同。在可持续发展思想的规范下，人类已找到了一些重大而有效的解决全球性问题、协调技术和自然关系的技术措施和途径。尽管生态化技术是在可持续发展提供的框架内建构起来的，但可持续发展离不开技术的支持和支撑，生态化技术也就是支持和支撑可持续发展的技术。在这个意义上，我们可以将持续发展定义为：可持续发展就是建立极少产生废料和污染物的工艺或技术系统。它在现实中有多种表现形态，而“可持续农业科学技术”（《中国21世纪议程》，1993）就是其中的重要表现之一，这种技术形态在其他产业领域中当然也有表现，而“生态化技术”就是对各产业领域中可持续发展的技术形态的共同范式的一种抽象和概括。

我们正面临着一场新的科技革命。不管人们如何概括这场新技术革命的实质和方向，生态化无疑是它的一个重要趋势。国内外不少论者都指出了新科技革命的这一趋势，提出了“自然科学的生态化”（罗西，1973）、“科学生态化”（格拉西莫夫，1978）、“科学技术的生态学化”（如国内的一些论者）等概念。但是，科学生态化和技术生态化是两个尽管紧密关联但又存在差异的过程。更为重要的是，科学技术生态化与全球性问题是一种什么关系，科学技术生态化与科学技术信息化是一种什么关系，科学技术生态化与世界系统生态化是一种什么关系，这都是我们还没有涉及的问题，而“生态化技术”试图对之作出自己的回答。如何在技术生态化的基础上来优化和调整产业结构，进而促进整个国民经济持续、健康和稳定的发展，这是当今产业发展中的重大问题。“生态农业”“清洁生产”“环保产业”就是人类在这方面做出的努力和尝试。但是，技术生态化的这些产业成果之间是否存在着一种共同的范式，好像还没有引起人们的特殊注意，而“生态化技术”则试图对之提供一种统一的说明。

如何看待技术和生态的关系，这是现代哲学关注的一个焦点。早在马克思那里就提出了"工艺生态化"的设想。马克思注意到了在资本主义条件下运用技术所造成的生态恶果,提出了通过化学进步来实现废物循环利用的生态化工艺设想。而现代西方哲学一改从技术角度审视生态问题的陈规陋习,将技术放在生态问题中来加以批判,雅斯贝尔斯、海德格尔、高兹、马尔库塞、弗洛姆、莱斯等所谓人本主义哲学家都探讨了如何使技术生态化的问题,提出了"温和技术"(高兹)、"工艺社会的人道化"(弗洛姆)等问题。由于这些论者的世界观倾向,他们不可能将技术生态化放在社会制度的背景下来审视,因而,他们不可能指出技术生态化的正确方向。而马克思的思想则是我们探讨技术生态化、建构生态化技术的综合方法论基础。

总之,"生态化技术"是对上述诸种情况作出的一种概括和总结,因此,生态化技术是有其存在的必要性、可能性、现实性和合理性的。

(三)生态化技术的功能范围

我们要在理论和实践相统一、个别和一般相统一的原则的指导下,从我国是一个农业大国、粮食问题是关系人民生活的重大问题的实际出发,来说明技术生态化在从生态农业到可持续农业的转换中的作用,通过揭示生态化技术的各种功能和价值,来为我国农业和农村的可持续发展提供智力支持和价值导向,从而为推进我国的整个现代化事业服务。

可持续农业不仅和可持续发展之间具有一种"递归"的关系,而且与生态化技术之间也具有这种关系。由于生态化技术是一个处于不断建构过程中的复杂整体,我们不可能在有限的篇幅内对它进行全面的分析和把握,但是,我们可以通过分析生态化技术在支持可持续农业过程中的作用,来说明作为技术全面生态化的生态化技术的有关问题。

在宏观上,可持续农业是在生态农业基础上成长和发展起来的一种农业发展模式,其核心和实质是,农业和农业生产的发展既要维持和维护自然生态系统的可持续性,又要维持和维护农业和农业生产的可持续性,具有环境上不退化、技术上适当、经济上可行、社会上接受等特点。可持续农业的技术模式是在可持续性的维度内,根据农业生态系统的内在要求(生产力、稳定性、维持性、公正性)进行的一种创新性的技术重组,各种技术形态的最佳匹配保证了整体功能上的最优;这是一个立体、多维的结构,涉及生态学原理的运用、对生态因子的把握等多个方面;这就要求在发展战略、技术推广、体制改革等方面作出相应的生态化调整。这一切正反映出了生态化技术的技术模式的特点。

在中观上,农业自然灾害是威胁农业生产的一类重大的生态问题,农业减灾工作是整个农业技术体系中的一个横断面,而生态化技术可以为具体的减灾工作服务。它要求人们要根据地球的圈层结构来制定减灾对策,具体问题具体分析;它要求人们在减灾工作中要正确处理传统技术和现代技术、常规技术和高新技术、工程措施和生物措施、生产措施和技术措施的关系,通过将各种技术手段协调为一个整体来有效地减灾;它还可以为减灾决策的科学化和民主化、减灾管理的规范化和现代化服务。这一切从一个侧面可以说明生态化技术的生态功能。

在微观上,生态农业县建设是实现我国农业持续发展的一个基本环节和步骤,县域农业的持续发展也就是一个以县域为单位、因地制宜地进行技术组装和匹配的过程,由此来推进县级农业的可持续发展向生态化方向迈进;县域农业的可持续发展也就是一个通过生态规划和生态管理来保证县级农业不断发展的过程。县域农业的可持续发展需要生态化技术的支持,这就说明了生态化技术的经济价值。

在综合水平上,可持续农业优于生态农业的地方就在于它将自身与农村发展联系了起来,可持续农业和农村发展构成了一个整体,而生态化技术可以支持和支撑农村发展。生态化技术不仅可以解决农村发展中的具体问题(农用自然资源和生态环境问题、农业生产和农村经济问题、农民需要和全面发展问题、农村社会的发展问题),而且可以将这些因子有机地结合起来,发挥整体的规模效应。这不仅说明了生态化技术的社会价值,而且说明了生态化技术能够将“三个效益”有机地统一起来。

可持续农业不仅表达和表征着生态化技术,而且在不断推动和促进着生态化技术。通过可持续农业,我们可以对生态化技术作出一种具体的把握。

(四)生态化技术的研究价值

上述这些变化、尝试和思想不能不对哲学这一学科产生重大的影响,探讨生态化技术有可能成为哲学发展的一个前沿领域。一些人将技术摆在了生态哲学的中心位置,将它看成是通向自然和社会之路(如德国学者萨克塞的《生态哲学》,1984);也有人提出了一种以生态问题为中心的、专门探讨“替换技术”的技术哲学理论(如日本学者星野芳郎的《未来文明的原点》,1980);还有人提出了一种名之为“技术生态学”的专门学科,将它看成是联结哲学和技术科学的中介(如前苏联学者舍梅涅夫的《哲学和技术科学》,1979)。如何合理概括这些成就,推进哲学学科的建设,使哲学的这一发展真正成为人们实践的武器,却是一块有待开拓的处女地。

“生态化技术”本身所具有的重大实践和理论价值,决定了我们开展这方面研究具有重大的意义。具体来讲:

在实践上,研究技术生态化或生态化技术可以帮助我们进一步认清全球性问题的严重性和紧迫性,为我们从技术水平上来解决全球性问题提供可供抉择的方案;研究这一问题可以帮助我们为贯彻和落实可持续发展战略提供智力支持和价值导向,从而为探求“可持续发展”和“科教兴国”的契合点提供一种思路;研究这一问题可以帮助我们进一步追踪世界范围内的新科技革命,为我们赶超世界科技先进水平、加强我国的综合国力提供“软科学”上的支持和导向;研究这一问题可以帮助我们进一步认清我们所面临的粮食问题的形势和我国农业生产、农业技术的局限,为在我国建立可持续农业体系鸣锣开道。

在理论上,研究这一问题可以帮助我们进一步把握“科学技术是第一生产力”这一科学论断,有助于培养、造就和提高全民族的科技意识;研究这一问题可以帮助我们进一步搞好社会主义精神文明建设和社会主义生态文明建设,有助于促使“环境美”的要求真正转化为全民族的环境意识;研究这一问题可以帮助我们进一步澄清科学技术哲学和科学技术社会学领域中的一些重大理论问题,有助于我们科学回答“科学技术的负效应”等问题,回击这一学科领域中的非理性主义思潮;研究这一问题可以帮助我们深化生态哲学研究,开拓生态哲学研究的新领域,有助于实现生态哲学和技术哲学的有机结合,为“两大学科”的融合提供生态水平上的合理形式,充分发挥生态哲学的各项功能。

二、全球性问题的技术对策

全球性问题是指影响和制约全球发展的一系列重大的综合性社会问题,如人口爆炸、土地荒芜、粮食短缺、资源枯竭、能源匮乏、污染加剧、气候变暖等问题。可以说,人口问题、土地问题、粮食问题、资源问题、环境问题、能源问题、污染问题、气候问题,在任何一个历史时代都是存在的,但这些问题只有在20世纪才扩展成为全球性问题,并且造成了对人类生存的严重威胁。这种局面的形成,固然是多种因素影响的结果,但毋庸置疑的是,正是由于现代技术的发展才使上述问题放大为全球性问题。因此,人类要想有效地摆脱制约社会发展的全球性问题,还必须从技术上作出努力,而“生态化技术”就是我们提出的一种解决全球性问题的总体技术对策。

(一)全球性问题的技术成因

作为实现人和自然之间的物质变换的一种方式,技术的运用发挥或正发挥着其巨大的生态、经济和社会价值;但是,在号称“技术时代”的20世纪,技术又为什么会成为一种反生态的盲目力量呢？这就要求我们进一步“追问”技术,“追问”全球性问题的技术成因。全球性问题之所以会通过技术的方式展现出来,是因为现代技术具有如下特点：

1. 现代技术的社会化特征

现代技术具有社会化的特点,而全球性问题正是由于技术运作的社会条件造成的。在技术社会化的时代,技术是在一定社会制度背景下运作的,社会矛盾、社会体制等技术的“外在”因素正渗入技术体制中,影响和制约着技术的运作,这样,技术的运作就可能出现故障。

具体来讲,第一,科学和技术在生产中的应用,只有在资本主义条件下才成为可能;而在资本主义条件下,通过技术而展现出来的人和自然的关系是通过污染和破坏自然来表现其特征的。“只有资本主义生产方式才第一次使自然科学……为直接的生产过程服务,同时,生产的发展反过来又为从理论上征服自然提供了手段。”①为了拯救自身,资本主义将更多的精力放在了发展经济和技术上来,而其本质又决定这必然是以牺牲劳动人民利益、污染和破坏自然为代价的;震惊世界的“八大公害事件”便是这一状况的集中体现。全球性问题正是以“八大公害事件”为契机才形成的。社会主义是在经济、文化、技术水平落后的国家中建立起来的。它既要解决众多人口的衣食住行问题,又要战胜帝国主义的武装颠覆与和平演变,因而,社会主义国家发展经济和技术是难以避免引发全球性问题的;当然,这不是不可避免的。

第二,发达国家的技术经济政策不仅无助于问题的解决,而且使局部性的生态环境问题放大为全球性问题,已引起发达国家内部人民大众的强烈不满,这些问题也严重影响到资本主义经济和科学技术的发展,而资本家又不愿为之付出任何经济代价,因此,他们开始向发展中国家和地区提供原材料和能源

---

① 《马克思恩格斯文集》第8卷,人民出版社2009年版,第356—357页。

消耗高、环境污染严重的项目和设备，而自己从中渔利；将废渣倾倒于公海，将废气排放到大气层中，使之肆意扩散；将最新的、尖端的高科技运用到军事装备上，大打化学战、生物战、环境战和生态战，这些战争手段具有极为严重的反人道、反生态的后果。

因此，与其说全球性问题是一个技术问题，倒不说全球性问题是一种社会问题，更进一步说，是一种技术化的社会问题或社会化的技术问题。

2. 现代技术的定式化特征

现代技术具有定式化的特征，而全球性问题正是技术的形而上学思维方式的体现。随着牛顿机械力学的发展及其所取得的辉煌成就，人们不适当地夸大或拓展了它的有效性，这样，这种无机的、机械的形而上学思维方式逐渐成为了科学技术中占主导地位的思维方式。在这种思维方式的支配下，自然在技术的视野内只成为人们改造、征服和支配的对象，技术成为了一种不能“瞻前顾后”“东张西望”的主体性，这就必然会导致人对自然的污染和破坏。

具体来讲，现代技术具有破坏性的特点，而这是由它所具有的物质性、齐一性、功能性、对象性、谋算性、强制性和经济性等形而上学思维特点决定的。整个过程的逻辑关系是这样的：自然成为从技术中得到自己的唯一的规定性的事物，它所具有的多样性的价值被消解了，被降格为单纯的物质和材料（物质性）；而这只有通过消灭自然的天然的和自主的本质才能达到，万千世界成为了千篇一律的东西（齐一性）；这就有可能使自然成为为了人的一定目的而被利用的东西，它被限定了（功能性）；而这又是由于人的绝对性的要求才是可实行的，不仅作为主体和客体关系的人和自然被分离了（事实上主客体处于系统关联之中），而且科学和价值也被分开了，自然只成为了一种对象（对象性）；这样，自然成为了人们谋算的对象，“人之人性和物之物性，都在自身贯彻的置造范围内分化为一个在市场上可计算出来的市场价值。这个市场不仅作为世界市场遍布全球，而且作为求意志的意志在存在的本质中进行买卖，并因此把一切存在者带入一种计算行为之中,这种计算行为在并不需要数字的地方,统治得最为顽强"①(谋算性);纯谋算的交往确保了人对自然的有意识的统治,人将自己的意志强加于自然之上,现代技术强迫地球超出其力所能及的范围,而进入不再可能的因而不可能的东西中去(强制性);这样,人便对自然进行蓄意的生产,人成为制造者,自然成为任人随意摆布的工具(经济性);结果,技术及其在生产中的应用,造成了对自然的污染和破坏,自然资源出现了耗尽,自然资源被替代,生态异化摆在了技术和人的面前(破坏性)。

由此看来,形而上学的思维方式及其与之相适应的价值观念已渗透、内化到了技术之中,成为现代技术建制的一个构成部分或者说是现代技术的基质,全球性问题正是这种情况的必然产物。

3. 现代技术的主体化特征

现代技术具有主体化的特征,现代全球性问题正是没有恰当运用这种主体性造成的。技术的社会化使得技术真正成为了一种面向每一个人的事业,但同时它也内在地将人的异化和生态异化结合了起来。在资本主义条件下,技术的社会化和生产化的交织,使得人成了机器的奴隶,机器这种死劳动不仅支配人这种活劳动,而且也支配自然,主体性以扭曲的方式被拔高。对于大多数发展中国家来说,关键的问题是公民的科技文化素质太低,他们缺乏的正是适当的技术、生存的方式,再先进的技术对于文盲来说仅是一堆废铁,难以企及,因此,发展中国家生态环境问题是由于技术和人没有有机地结合起来造成的。在这个意义上,与其说全球性问题是一种技术问题,倒不如说是一种人的问题,是人力资本投入严重不足的问题。

由此可见,全球性问题的本质是,"人类生活的两个世界——他所继承的生物圈和他所创造的技术圈——业已失去了平衡,正处于潜在的深刻矛盾中。

① [德]马丁·海德格尔:《海德格尔文集　林中路》,孙周兴译,商务印书馆 2015 年版,第 330 页。

而人类正好生活在这种矛盾中间，这就是我们所面临的历史的转折点。这未来的危机，较之人类任何时期所曾遇到的都更具有全球性、突然性、不可避免性和困惑不可知性”①。全球性问题的技术成因要求人们必须从技术上找到解决全球性问题的对策。

（二）技术功能的生态批评

通过技术方式展现出来的全球性问题的紧迫性、严重性和危害性，对人类社会生活的各个方面造成了深刻的冲击，这些情况必然要在哲学中得到反映，而现代哲学对技术所作的批评就是这种反映的最初表现形式。老子、卢梭主要从道德角度对技术进行批评，而现代技术的哲学批评主要是从生态学角度进行的。技术所以成为哲学批评的对象，是因为它造成了全球性问题，这就是“技术功能的生态批评”。马克思主义哲学、存在主义和法兰克福学派是从生态学角度对技术进行批评的三种典型的哲学形式。

1. 马克思主义哲学对技术的生态批评

马克思和恩格斯是现代文明史上对技术的“生态异化”——人和自然的对抗和分离，最早进行揭露和批评的哲学家，如何协调技术和自然的关系构成了他们思想发展中的一个重要主题。

早在《1844 年经济学哲学手稿》中，马克思在规定“异化劳动”的概念时，就揭露和批判了资本主义条件下技术的应用所造成的生态异化；提出了“自然是人的无机的身体”和“人化自然”等具有重大生态哲学意义的概念和命题。在《英国工人阶级的状况》中，恩格斯揭露和批判了在资本主义机器大生产体制中，资本家对工人正常的生活和工作的生态条件的剥夺。在《德意志意识形态》中，马克思和恩格斯进一步指出了技术在生产中应用的社会条件、

① ［美］芭芭拉・沃德、勒内・杜博斯：《只有一个地球》，《国外公害丛书》编委会译校，吉林人民出版社 1997 年版，第 16 页。

技术的生态破坏力和对工人的剥削的内在关联,“生产力在其发展的过程中达到这样的阶段,在这个阶段上产生出来的生产力和交往手段在现存关系下只能造成灾难,这种生产力已经不是生产的力量,而是破坏的力量(机器和货币)”①。以后,在《资本论》中,马克思对资本主义条件下的技术的生态破坏力的社会根源进行了揭露和批评,提出只有在共产主义条件下才能合理地调节人和自然之间的物质变换。同时,他提出了化学在生产上的应用可实现废物再利用的工艺生态化的设想。在《自然辩证法》中,恩格斯对造成生态破坏的思想认识根源进行了揭示,提出了有名的“报复”说和“惩罚”说,阐述了辩证思维在协调人和自然关系中的重要性。

可见,与其说是马克思和恩格斯在对技术进行生态批评,不如说他们是对技术所处的那个社会环境进行批评;而且这种批评不是要彻底否定技术,而是要在生态学和辩证思维的科学基础上、在共产主义的社会制度下,对技术进行调整、控制和更新。

2. 存在主义对技术的生态批评

关注资本主义条件下的技术和自然的对立以及由此造成的生态危机,这是存在主义哲学发展中的一个重要趋向。

雅斯贝尔斯提醒人们“不能低估现代技术的侵入及其对全部生活问题造成的后果的重要性”②。在他看来,技术本来是一种手段,但现在手段变成了目的,因此,必然会导致问题;而技术是人的一种活动,因此,关键是人将技术置于一种什么条件之下。在海德格尔后期思想的转折过程中,他对技术和自然的关系作了一种“诗”的解释和“神”的解释。在他看来,自然本身具有多重的价值,而现代技术却使自然的多重价值丧失掉了,技术只将自然看作是一种

---

① 《马克思恩格斯文集》第1卷,人民出版社2009年版,第542页。

② [德]卡尔·雅斯贝斯:《历史的起源和目标》,魏楚雄等译,华夏出版社1989年版,第115页。

具有某种功能的物质，运用人的意愿来使自然千篇一律，运用计算来对自然进行生产和加工，结果造成了对自然的损耗和替代；因此，要克服现代技术，技术必须进行“转折”（Kehre），要转向“诗”，人应该诗意地存在于地球上。海氏认为，天、地、生命和神本来是一个四维连续统一体，但现代技术打破了这个整体，造成了他们的分离和对立，因此，要克服现代技术，技术必须进行转折，要转向“思”，人应该沉思地生活在地球上。20 世纪 60 年代“新左派”运动爆发以后，存在主义对技术所作的这种晦涩的生态批评开始消退，出现了将存在主义和生态学结合起来的做法，具有代表性的就是高兹的《作为政治学的生态学》（1975）等著作。高兹对资本主义条件下以不可更新资源为基础的强硬技术进行了批评，将之看成是一种新的法西斯——“电力法西斯”（Electric Fascism），要求将技术转向以可更新能源为基础的“温和技术”（Light technology）。[①] 高兹是生态学马克思主义的重要代表人物。

可见，在存在主义的后期发展中，技术的转向和生态的转向是交织在一起的，这不仅开拓了技术哲学和生态哲学这两个新领域，而且为技术的发展指明了一个方向——生态化。

3. 法兰克福学派对技术的生态批评

由于科学技术是现代社会的重要基础，因此，对技术进行批判也成为号称“社会批判理论”的法兰克福学派思想的一个内在构成部分，并由此发展出了一种生态问题上较为重要的社会思潮——生态学马克思主义。

马尔库塞已看到了资本主义条件下的生态异化现象，而弗洛姆则将之称为一个“幽灵”，一个完全机械化的社会服从于计算机的命令，致力于大规模的生产和消费，造成了掠夺地球上的原料、污染大地等问题。之所以会出现这种态势，就在于，“在追求科学的真理的过程中，人获得了知识，他能够利用这

① Andre Gorz, *Ecology as Politics*, Boston: South End Press, 1980, pp.99-113.

些知识来驾驭自然。他获得了巨大成功。然而,由于片面地强调工艺与物质消费,人丧失了与他自己、与生命的接触。……他制造的机器变得如此的强大有力,以致于它竟产生了目前正在支配人的思想的计划"①。在这种情况下,以技术为基础的工业化社会正处于一个十字路口,面临着一种选择,一条路是技术的滥用造成的环境污染和资源破坏,一条路是工艺社会的人道化,而只有后一条路才是希望所在。因此,人应该清醒地意识到是"占有"(to have)还是"生存"(to be)这一重大问题,放弃以占有(将一切据为己有)为特征的生存方式,而转向以生存(爱)为特征的生存方式。费洛姆的这些思想受到了西方环保运动和"绿党"的青睐,他的著作《希望的革命》(1968)、《占有还是生存》(1976)成为了他们的"圣经"。在此之后,马尔库塞的弟子莱斯(William Leiss)走了一条与高兹相类似的道路,提出了一种试图把马克思主义和生态学结合起来的"新理论"——生态学马克思主义。这主要体现在他所著的《自然的控制》(1972)和《满足的极限》(1978)等著作中。莱斯的一个重要主张就是:用小规模的技术取代高度集中、大规模的技术,使生产过程分散化、民主化,这样,人们才能克服生态异化。

可见,法兰克福的技术批评理论不仅成为了环境运动和绿党的精神支柱,而且为克服技术的生态异化提供了一种对策:工艺社会的人道化和小规模技术。

当然,哲学对现代技术的生态批评存在着不同的世界观的视野和阶级倾向,但是,"生态学派对工业化的批评揭示了资源储备下降、环境遭受破坏和文化上的异化等问题。他们呼吁开发利用新的资源,保护非再生的资源,减少污染和将技术置于人的控制之下。于是,人们要求采用'适当'的技术手段,这些技术应是更廉价的,并且对环境和社会都无害"②。因此,不仅不能将这

---

① [美]弗洛姆:《弗洛姆著作精选:人性·社会·拯救》,黄颂杰编译,上海人民出版社1989年版,第478页。

② [英]安德鲁·韦伯斯特:《发展社会学》,陈一筠译,华夏出版社1987年版,第134页。

种批评看成是反科学主义思潮,而且应将之作为我们建构生态化技术的综合方法论基础。

(三)生态化技术的技术构想

面对通过技术展现出来的全球性问题,遵循哲学对技术所作的生态批评,我们对技术的态度必须要有一个“转折”。目前,“中间技术”“替换技术”和“温和技术”是人们提出来的几种解决全球性问题的技术方案。

1.“中间技术”的方案

针对现代技术及其由它所塑造的世界所陷入的危机,英国生态学家和生态经济学家舒马赫要求人们要在传统技术和现代技术之间作出选择,运用“中间技术”来解决现存的问题。

中间技术是介于传统技术和现代技术之间的一种技术,在贫穷的条件下,最适用于发展的技术,形象地说,可能是介于镰刀和拖拉机之间,或者介于非洲切刀与联合收割机之间的技术。“如果我们根据‘每个工作场所的设备费用’来定技术水平,就可以象征性地把一个典型发展中国家的本地技术称为一英镑技术,把发达国家的技术称为一千英镑技术。这两种技术之间的差距如此之大,以致从一种技术转变到另外一种技术简直是不可能的。……如果要给最需帮助的人以有效的帮助,那就需要有一种介乎一英镑技术和一千英镑之间的中间技术。我们也可以象征性地称它为一百英镑技术。”①这就要求将智慧运用到技术发展中来,使技术向着组织、温和、优美、人道的方向发展。

中间技术具有三个基本特征:一是价格低廉,基本上人人可用;二是适合于小规模使用;三是适应人类的创造需要。从这三个特点又派生出两个特点:一是非暴力,二是保证持续性的人和自然的关系。

---

① [英]E.F.舒马赫:《小的是美好的》,虞鸿钧等译,商务印书馆1984年版,第121页。

人们可以通过以下几条途径来走向中间技术:一是改造的途径。也就是从传统工业的现有技术开始,利用先进技术知识对它们进行改造。二是调整的途径。也就是从最先进的一端开始,加以改革、调整,以满足一百英镑技术的要求,其中也包括适应当地环境的调整。三是创新的途径。也就是利用各种可能的条件,进行实验和研究,直接创立中间技术。中间技术具有极大的实用价值,它的应用将会带动 7 种"朝阳产业"(Sunrise Sevenn)的发展:微电子及信息技术,新的生物技术,污染防治技术,再循环和资源替代技术,能源利用技术,生态式的能源供应技术,环境服务部门。如果我们想改善工业生产的环境行为并保护它的未来,这七个行业的发展将是至关重要的。

2."替换技术"的方案

"替换技术"或"另一种技术"(alternative technology)简称为 AT。这是英国人罗宾·克拉克倡导的一种技术运动,另一个英国人丹皮特·杰克逊将之上升到了理论的高度,写成了《替换技术论》一书,日本技术哲学家星野芳郎对之进行了专门的研究和评估。

所谓"替换"(alternative)就是以一种代用品(substitutive)取代置换现有东西的意思,也就是说,AT 是要在维持现行技术发展体制所用的化石燃料和核能之外,进一步开发自然,作为能源的补充物。但是,AT 并不具有在石油危机之后用来代替能源的某种探索性的意思,而是一种与现代巨型技术完全不同的另一种技术;它不导致权力集中于少数人之手,也不导致人们隶属中央管理方式,倒是更为适应人的需要,实行分权性的技术。总之,"所谓替换技术,它是以确保衣食住作为大前提,不象在塔式等级制和中央集权制下那样的技术,是不能产生公害和浪费的技术"①。

AT 具有以下几个方面的理想特征:一是根据自然规定技术界限,包括投

① [日]星野芳郎:《未来文明的原点》,毕晓辉等译,哈尔滨工业大学出版社 1985 年版,第 225 页。

入少量的能源、低或完全没有污染、利用可再生资源和能源，生态学上健全，与自然融为一体。二是根据对所有人永远有效的方式来确定技术目标，任何人都能够明白的运转方式、由需要决定技术的革新、粮食生产由所有人进行等内容都是其题中之义。三是使经济和技术相协调，替换技术要求的是稳定型经济、劳动集约型经济，这种经济之整体效率随规模的缩小而增大，技术事故几乎没有，即使有也很少，生产重视质的标准，农业把重点放在多样化经营上，工作与闲暇的区别相当模糊或完全没有界线，失业概念完全无效。四是使社会和技术相协调，替换技术要求的是民主政治。它采取分权的形式，对社会性问题采取多样化的解决方式，形成了与文化相统一的科学和技术。

这样，AT 运动所探索的人类科学和技术的应有模式，恰恰可以成为科学家和技术人员对于自己工作进行再思考的契机。

3.“温和技术”的方案

针对现代技术所具有的强制性和破坏性，西方环境运动和存在主义哲学家高兹提出了“温和技术”的概念。温和技术可以被称为“软技术”，是一种不同于现代技术的技术，是对环境有利的技术。

“温和技术”具有如下特征：一是在生态上，依赖于地热和太阳能等可更新的能源，因此，在一项新技术引入之前，要对节约能源的情况进行评估。二是在经济上，要求一种完全不同的经济本性，新技术引进之前，要检验它对人类劳动的贡献情况，列出所有成本因素，进行全社会的成本——效用分析。三是在社会上，可能会给予地方团体和仍然非工业化的国家较高程度的独立，能够促成一种完全不同类型的发展的可能性，“拒绝核能计划就是拒绝资本主义的逻辑和它的国家权力”①。四是在技术本身的结构和功能上，它要求人们从根本上重建和重新考虑实践科学和创造技术的广泛性，技术能够被小社区

① Andre Gorz, *Ecology as Politics*, Boston: South End Press, 1980, p.113.

或个人来学习和使用。

这样,温和技术可以帮助人们尤其是处在十字路口的人们去认识和解决当代社会中的技术难题,从中受到某些启发。

尽管这些观点形态各异,但他们在技术上也具有一些共同的特征:一是反对大型技术对自然和生态造成的破坏。这就提出了从技术上解决全球性问题的可能。二是主张建立一种与自然协调的技术体系。这就是要求人们应建构解决全球性问题的技术对策,这可能帮助人们有效地克服全球性问题。三是希望建立以农业、手工业和中小工业为重点的社会组织。而这就又将发展和环境对立了起来,因此,这些技术方案就不可能成为解决全球性问题的总体的技术方案。而生态化技术就是在此基础上作出的努力,力图协调人和自然、发展和环境的关系,从而从技术上来有效地克服全球性问题。

(四) 全球性问题的技术克服

全球性问题已成为制约人类社会发展的重大障碍,直接威胁着人类的生存,社会迫切要求从技术上来克服这些问题,但现有的技术又难以胜任这项任务,这种态势促使人们从技术上作出进一步努力,通过技术进步的途径来解决这些问题。

1. 环境工程的方案

最初,人们提出“环境工程”这样一种技术来解决问题。环境工程是一种运用工程技术和有关学科的原理和方法防治环境污染的方法,主要是对各种有害物进行防治,包括废气防治技术、废水防治技术、固体废物防治技术、噪声控制技术、放射性物质防治技术、废热防治技术等。显然,这只是一种环保技术,资源问题不在其视野之内,它不能作为克服全球性问题的总技术对策;它只是一种被动式的治理技术,只对已经产生的问题进行处理(事后控制,末端治理),而没有注意到事先控制和全程控制;它在经济上可能是难以承受的,在现有的经济和技术条件下,事后对污染进行控制在经济上是不合算的(这也是许多人拒绝环境保护的缘由);它还可能引发其他问题,如污水处理厂会引起二次污染,填埋垃圾会对周围环境产生污染。可见,环保技术在解决全球性问题的过程中只能起到头痛医头的作用,这暴露出了单纯工程技术方法的局限性。

2. 生态工程的方案

在这种情况下,人们提出了"生态工程"(Ecological Engineering)这样一种技术。所谓生态工程是指:为了保护人类社会和自然环境双方的利益而作出的一种设计。它涉及运用数量方法和以基础学科为基础的方法而进行的自然环境的设计。在这个意义上,它属于工程范围。它以存在着的自我设计的生态系统作为原初的工具,在这个意义上,它是一种技术;这种组合是世界上所有生物物种的属性,在这个意义上,生态工程也就是生态技术(Ecotechnology)①,即绿色技术。与环保技术比起来,生态技术自有其优越之处。但是,它也存在着一些内在的缺陷:一是它解决问题的范围有限,有机体是它的主要的控制对象;二是它过多地依赖生态系统自身的设计能力,对系统外的其他组织还注意得不够;三是它以太阳能为基本的能源,对其他可更新的能源不够重视。这样,生态技术在解决全球性问题的过程中只能起到扬汤止沸的作用,这就暴露了局部技术方法的局限性。

3. 技术生态化的方案

技术生态化(可持续技术)就是在环保技术和生态技术基础上作出的一种努力。它是技术结构、体制、模式和功能的全面转换,是作为一种技术形态出现的。我们可以用表 3-1 将三者的特征表示如下:

---

① *Ecological Engineering*:*An Introduction to Ecotechnology*, Edited by Willian J · Mitsch etc., New York:A Wiley-Interscience Publication, John Wiley & Sons, 1984, p.4.

表 3-1　三类生态化技术形态特征比较表

特征	环保技术	生态技术	技术生态化(可持续技术)
基本原理	工程学和其他自然科学	生态学和系统科学	以生态学为基础的多学科
控制对象	生产和生活污染源	有机体及其生态系统	复合系统
控制方式	被动控制(事后控制)	积极控制(事先控制)	综合控制(全程控制)
设计原理	人工设计	伴有人为因素的自我设计	综合设计(人工——自我设计)
能源基础	不可更新能源	太阳能	多来源的可更新能源
经济特征	经济费用可能昂贵	经济上可行	具有直接经济效益
技术结构	以工程技术为主	以生物技术为主	整个技术结构和体制

作为解决全球性问题的技术对策的生态化技术就是对上述三类技术措施的概括和总结,其中,环保技术和生态技术是技术生态化(可持续技术)的基础,技术生态化是在环保技术和生态技术的基础上发展起来的;而技术生态化又代表着环保技术和生态技术的实质和方向,环保技术、生态技术和可持续技术的共同范式存在于技术生态化之中。

三、可持续发展的技术抉择

可持续发展(sustainable development,永续发展)是在全球性问题背景下提出的一种发展战略。其核心就是要协调环境与发展的关系,正确处理好眼前利益和长远利益的关系。显然,为了保证发展的可持续性,使可持续发展能够尽快启动和有序进行,必须要有科学和技术上的支持和支撑,但这种支持和支撑也需要人们权衡利弊得失,统筹规划,否则的话,人们还会重蹈覆辙。生态化技术(可持续技术)就是人们在建构和实施持续发展过程中作出的一种技术抉择。

（一）发展视野的生态转向

可持续发展是由世界环境与发展委员会于1987年在《我们共同的未来》中首先明确提出来的，其基本含义是：既满足当代人的需要，又不对后代人满足其需要的能力构成危害的发展。这一新发展观提出来后，尤其是经过1992年在巴西里约热内卢召开的世界环境与发展大会的努力，成为了一种全球认同的发展战略或发展模式。发展视野的这一转向，经历了一个曲折而复杂的过程；要使持续发展真正落在实处，还有很多工作要做；实施持续发展战略是一项庞大而复杂的系统工程。

1. 继承有机发展观

首先，我们要在传统有机发展观的基础上来建构和实施持续发展战略。在传统发展观（前现代发展观）中，就有一些协调人和自然关系的思想，将自然资源的永久存在和持续利用作为人类生产和生活不断延续下去的基础。我们将这种发展观称为“有机发展观”。

例如，《荀子·王制》提出：“圣王之制也：草木荣华滋硕之时，则斧斤不入山林，不夭其生，不绝其长也；鼋鼍、鱼鳖、鳅鳝孕别之时，罔罟毒药不入泽，不夭其生，不绝其长也；春耕、夏耘、秋收、冬藏，四者不失时，故五谷不绝，而百姓有余食也；洿池、渊沼、川泽，谨其时禁，故鱼鳖优多而百姓有余用也；斩伐养长不失其时，故山林不童而百姓有余材也。”儒家要求人们将以下内容包括在“圣王之制”中：不能在开花结果的时候砍伐树木，这样才能保证树木“不夭其生”“不绝其长”；不能在鱼鳖孕育的时期撒网捕鱼，这样才能保证鱼鳖“不夭其生”“不绝其长”；应该使老百姓“春耕、夏耘、秋收、冬藏，四者不失时”，这样才能保证“五谷不绝”“百姓有余粮”；应按照一定的时令保护渔业资源，“谨其时禁”，这样才能保证“鱼鳖优多”“百姓有余用”；应按照一定的时令保护山林资源，“斩伐养长不失其时”，这样才能保证“山林不童”“百姓有余材”。这里,“不夭其生”“不绝其长”指的是自然资源的可持续性,百姓有“余食”“余用”和“余材”指的是人类经济和生活的可持续性;前一类可持续性是后一类可持续性的基础,后一类可持续性及其结果(圣王之制)是前一类可持续性的保障,这其实讲的就是环境和发展的协调;要将这两类可持续性联系起来,“时”是一种很重要的中介。中国古代所讲的“时”也就是生态学季节节律。这其实就指出了技术和作为技术基础的科学在可持续发展中的作用。

在全球性问题背景的观照下,有机发展观被人们重新发掘了出来。当然,靠这种发展观不可能彻底走上持续性发展之路,但建构和实施持续发展战略不应该也不可能脱离有机发展观。

2. 克服机械发展观

我们必须区分“增长”和“发展”,力求克服“机械发展观”。工业革命以来,人们惯于用单纯的经济增长来衡量发展,发展被简化为增长,尤其是广大的第三世界国家更以工业化作为自己摆脱贫困而走向现代化的手段。我们将这种发展观称为“机械发展观”。这种发展观势必会造成对自然的污染和破坏。事实上,“增长”(Growth)和“发展”(Development)存在着质的差异。只以单纯的经济指标为目标的增长,很难使一个国家尤其是第三世界国家走向现代化,伊朗的巴列维改革的失败就很能说明问题。这在于,像 GNP 和 GDP 这样的经济指标很难全面反映出一个国家的综合国力和发展水平。同时,增长既不关心自然,也不关心人自身,由此造成了生态异化和人的异化,生态危机成为了经济危机的表现和结果。因此,人们应该放弃增长而转向发展。发展是一个广泛、整体的过程。这个过程的一个基本的协调状态领域就存在于人自身之内。人的生活除了有数量要求外,还必须要有质量上的保证,清洁的空气、舒适的环境、美妙的景观都是人类生活的内在要求,因而,保护环境和资源及其技术的要求都是这种均衡、协调状态的题中应有之义。只有这样,我们才可以超越和克服机械发展观,为建构和实施一种新的发展观铺平道路。

3. 坚持辩证发展观

针对机械发展观暴露出的弊端，马克思对人类社会的发展和自然环境的关系作出了一种全面、整体的把握。

一方面，他看到，社会的发展和技术的进步要依赖于自然环境和条件，只不过这是一个“变数”而已。“撇开社会生产的形态的发展程度不说，劳动生产率是同自然条件相联系的。这些自然条件都可以归结为人本身的自然（如人种等等）和人的周围的自然。外界自然条件在经济上可以分为两大类：生活资料的自然富源，例如土壤的肥力，渔产丰富的水域等等；劳动资料的自然富源，如奔腾的瀑布、可以航行的河流、森林、金属、煤炭等等。在文化初期，第一类自然富源具有决定性的意义；在较高的发展阶段，第二类自然富源具有决定性的意义。”①

另一方面，他看到，社会发展和自然环境的协调状况也是一个“变数”，而工艺在这个过程中具有重要的作用。“工业中向来就有那个很著名的‘人和自然的统一’，而且这种统一在每一个时代都随着工业或慢或快的发展而不断改变。”②同时，马克思将社会发展和人的个性的全面发展统一了起来。这样，马克思的社会发展观就超越了“机械发展观”，而成为了一种“辩证发展观”。

在这种发展观及其技术批评理论的指导下，我们就会发现，发展是一个整体的历史进程，涉及了世界系统的每一个因子，在建构发展的过程中必须要处理好这些因子的关系，必须对它们作一种系统观，求得诸因子的“协调发展”（例如，我国环保工作早期提出的环保战略）；自然是整个世界系统及其诸因子的基础，污染和破坏自然生态系统，就会危及发展的基础，因此，我们应采用“没有破坏的发展”的战略；技术作为世界系统的构成因子，是发展的支持和

---

① 《马克思恩格斯文集》第 5 卷，人民出版社 2009 年版，第 586 页。

② 《马克思恩格斯文集》第 1 卷，人民出版社 2009 年版，第 529 页。

支撑系统,因此,技术不能破坏自然,应向生态化的方向发展;技术也不能损害人的利益,应向人道化的方向发展。所有这一切构成的整体归结到一点,就要求将发展的视野作一次彻底的转换,而可持续发展就是这样的一种转换,这种转向的实质是生态上的转向,我们将这种发展观称为"生态发展观"。

只有在发展视野进行了这样的生态转向之后,只有在可持续发展作为一种生态化了的崭新的发展战略、模式提出来之后,技术的持续性的价值才被真正提了出来,生态化技术才有可能成为解决全球性问题的对策。

(二)可持续发展的有机构成

将可持续发展作为一项系统工程来建设,首先必须要弄清楚它的约束机制和构成成分,这样,才能保证持续发展模式的有效性。一个发展系统事实上是自然生态系统、生产和经济系统,人类需要及其满足系统、社会系统和科学技术系统等因子构成的一个整体。这几个因素的最佳匹配和有效结合才构成了作为一个大系统的可持续发展。

1. 自然生态系统的可持续性是可持续发展的基础

离开了可持续的自然生态系统所提供的生态条件、环境和资源,发展就成为了空中楼阁。对自然生态系统的可持续性应该作两种理解。这在于,自然生态系统中的一部分资源和能源是可持续的,如太阳能(尽管它可能有一天会走向热寂,但对于人类的存在来说,这是一个天文数字,太阳是人们取之不尽、用之不竭的能源库),借助太阳能可以自我合成的资源(主要指像植物这样的一般初级生产者),借助人为的调控可以将遗传因子保留下来的资源(如农作物和家养动物)。同时,自然生态系统中还有一部分资源是不可持续的,如各种稀缺和濒临灭种的物种,像石油和煤炭等不可更新的能源、生态上的脆弱带等。因此,自然生态系统的可持续性是指自然生态系统的可更新性和可承载性这两种情况。这样,发展就必须保持在自然生态系统的可更新性和可承载性的范围内,发展必须保留余地,发展的速率不能超出自然生态系统的可更新速率;发展应尽可能地减少对不可更新自然生态系统的依赖,应在其可承载的范围内作出最佳选择。我们将作为可持续发展基础的自然生态系统的可持续性简称为自然的可持续性或生态的可持续,将可持续性的自然生态系统简称为可持续的自然或可持续的生态。

2. 生产和经济系统的可持续性是可持续发展的手段

离开了可持续的生产和经济系统,发展就会停顿下来。但是,生产和经济活动决没有独立存在的价值,人们不可能为了生产而生产,生产和经济是在自然的可持续性和生态的可承载能力范围内不断满足人类需要的过程,生产和经济"是为了人类的需要而对自然物的占有,是人和自然之间的物质变换的一般条件,是人类生活的永恒的自然条件"①。要不断满足人类的需要就决定了生产和经济必须是高速增长的,而自然的可持续性和生态的可承载能力又使这种高速增长受到限制,这样,生产和经济系统的可持续性就意味着,经济和生产的发展如何才能在自然生态系统的可持续性范围内来不断满足人类的需要。生产和经济系统的可持续性的核心和实质就是实现生态效益、经济效益和社会效益的协调和统一。

3. 人类需要及其满足系统的可持续性是可持续发展的目的

一切发展都是围绕着人进行的,人作为一个感性存在物,具有吃喝住穿用行等一系列维持生命活动的需要,但在人自身之内并不能满足这些需要,为此,人必须将自己的需要外在化,只有诉诸感性的自然界才能满足人的需要。因此,人类需要及其满足系统的可持续性不可能离开自然生态系统的可持续性。但是,自然并不会自动地满足人的需要,这就促成了人和自然之间的物质

① 《马克思恩格斯文集》第5卷,人民出版社2009年版,第215页。

变换——生产和经济的发生,因而,人类需要及其满足系统的可持续性又要求生产和经济系统的可持续性。这样,人类需要及其满足系统的可持续性不仅意味着人类需要层次的发展所构成的整体,而且也意味着过去人、现代人和未来人的平等(正义),这种平等的实质是自然资源在代际之间的公平分配。同时,人类需要及其满足系统的可持续性不仅意味着满足人类物质需要活动的可持续性(代际正义),而且意味着满足人类各种需要的活动的可持续性和满足人类各层次需要活动的可持续性。“当人们还不能使自己的吃喝住穿在质和量方面得到充分保证的时候,人们就根本不能获得解放。‘解放’是一种历史活动,不是思想活动,‘解放’是由历史的关系,是由工业状况、商业状况、农业状况、交往状况促成的。”①因此,人类需要及其满足系统的可持续性的核心和实质就是眼前利益和长远利益的协调。

4. 社会系统的可持续性是可持续发展的保障

发展只有在一定的社会系统提供的服务和保障的情况下才能进行,离开社会系统调控的发展只会造成冲突。发展在地域上是不可均衡的,这有国内和国际两种表现。发展的地域差异在国内的表现,就是不同地区之间发展状况的不同,如我国目前的东西差异。发展的地域差异在国际上的表现,就是不同国家之间发展水平的不同,如目前的发展中国家和发达国家的区分。人是社会和发展的主体,但发展的主体也存在着差异,这种差异具有质和量两种表现形式,收入和分配中的剥削和被剥削的差异是质的差异,收入和分配中的阶层、工种、地域的差异是量的差异。从国家水平来看,收入和分配还存在着地方和中央关系处理上的差异。这些差异的存在是难以避免的,但若不能运用社会控制的途径来缩小差异,达到整体上的共同富裕,那么,社会系统的可持续性就是不可能的。因此,社会系统可持续性的核心和实质是如何使下列利

---

① 《马克思恩格斯文集》第1卷,人民出版社2009年版,第527页。

益关系处于协调状态:如地区与地区的关系、国家与国家的关系、个人与社会的关系、不同利益集团之间的关系、地方与中央的关系等。

5. 科技系统的可持续性是可持续发展的支柱

科学技术是社会系统尤其是现代社会系统的重要构成部分,甚至成为推动社会发展的第一推动力。这样,科学技术的可持续性就直接影响和决定着社会存在和社会发展的可持续性。由于科学技术的生态功能和社会功能具有明显的二重性,因此,通过调整和控制科学技术的功能,能够促进整个社会的可持续发展,能够促进人的全面发展。

总之,在实质上,可持续发展是一个由自然生态系统的可持续性、生产和经济系统的可持续性、人类需要及其满足系统的可持续性、社会系统的可持续性和科技系统的可持续性构成的一个整体,或者说,可持续发展是一个由基础系统、手段系统、目的系统、保障系统和支柱系统构成的复合系统。在这种情况下,我们必须扩展可持续发展的内涵,可持续发展的核心和实质是自然生态系统、生产和经济系统、人类需要及其满足系统、社会系统、科技系统的协调发展。

(三) 可持续发展的技术支持

技术支持是建构和实施可持续发展的一个重要的约束机制和必要条件,科技系统的可持续性是可持续发展的支柱系统,因为技术系统对于可持续发展具有渗入性、黏合性和调控性等特点。

1. 技术对于可持续发展具有渗入性的特点

建立在科学基础上的技术渗入了可持续发展的各组分之中,成为了这些组分中的一种内化物。

第一,尽管技术要依赖自然生态系统,但是,今天的自然已不是单纯的原初自然了,而是原初自然、人化自然、人工自然的统一体;人化自然是纳入技术系统中的自然,如水流被整合到水电厂中,成为了水位的提供者;人工自然是技术“创造”出来的自然,例如,至今已确认的103种化学元素中有10种是人造元素;由此,技术本身在地球上形成了一个与自然圈相并列的新圈层——技术圈。

第二,尽管技术要在一定的生产和经济条件下进行,但事实上,生产和经济活动总是一个技术应用的过程,产品成为了技术的物化和结果。“一般社会知识,已经在多么大的程度上变成了直接的生产力,从而社会生活过程的条件本身在多么大的程度上受到一般智力的控制并按照这种智力得到改造。”①例如,20世纪初,科技因素在工业化国家国民经济增长和劳动率提高中所占的比例仅为5%—10%,而今天的发达国家已达到60%—80%。

第三,技术是作为克服人类生命障碍的一种活动而出现的,技术的发展不仅满足了人类的需要,而且在创造着新的需要(尽管这种新的需要会造成人和自然的双重异化);技术不仅成为了人的主体性的物化,而且成为了人的主体性的确证,成为了“人的手创造出来的人脑的器官”②。

第四,尽管技术必须在一定的社会体制和社会建制下才能存在和运行,但是,社会也日益成为了一个技术化的过程和存在物,技术的演进构成了社会阶段划分的标准。手推磨产生的是封建主为首的社会,而蒸汽机产生的是资本家为首的社会。技术不仅渗透到了社会的生产方式、生活方式、思维方式等结构中,而且成为在历史上起推动作用的革命力量,“没有蒸汽机和珍妮走锭精纺机就不能消灭奴隶制;没有改良的农业就不能消灭农奴制”③。脱离智能化的人类解放,是难以想象的。

① 《马克思恩格斯文集》第8卷,人民出版社2009年版,第198页。
② 《马克思恩格斯文集》第8卷,人民出版社2009年版,第198页。
③ 《马克思恩格斯文集》第1卷,人民出版社2009年版,第527页。

2. 技术对于可持续发展具有黏合性的特点

可持续发展的诸因子之间具有一种复杂的关系，除了具有凝聚的一面外，也存在着离散的关系。如何解决这些矛盾，使诸因子协调、匹配起来，这不仅是可持续发展的根本目的，而且也成为技术发展中的原生型问题，可以说，技术的发生和发展就是围绕这些问题而展开的。

这大体上有以下几种情况，一是硬问题要求有硬技术。硬问题主要是结构上的问题。例如，面对自然生态系统的可承受性，要想求得生产和经济的不断发展，人们就必须改变资源和能源的利用方式，转向可更新的资源和能源，资源和能源的替代技术就成为了解决这一问题的途径，太阳能技术、地热技术和风能技术这样的硬技术就成为了联结不断增长的生产和经济系统与可承受的自然生态的桥梁，将他们黏合了起来。

二是软问题要求有软技术。软技术主要是功能上的问题，面对自然生态系统的可承受性，要想求得经济和生产的不断发展，人们在转变资源和能源的利用方式时，还可以向低耗、少污的方向发展，通过更新工艺流程这样的软技术来解决低耗、少污等软问题，从而将增长的系统和有限制的系统联系起来。

三是复合问题要求软硬兼施。面对全球性问题这样的复合问题，下述一些技术对于整个发展趋向于稳态和均衡（协调）都是至关重要的：收集废物的新方法，以减少污染，并使被抛弃的废物能够用于再循环；更有效的再循环技术，以降低资源的消耗率；更适用的产品设计，以便延长产品的有效寿命，便于修理，使资本的折旧率降低；利用最无污染的太阳能和其他可更新的资源和能源；在更完整地理解生态系统的基础上使用天然控制害虫的方法；有效的保健技术，从而减少人对药品的过分依赖；有效控制人口的方法，以减少人口对自然环境和资源的压力；等等。所有这些技术可以统称为“生态化技术”。

总之，“在均衡状态中，技术进步既是必要的也是受欢迎的”[①]。脱离技术进步的可持续发展，只能是一种乌托邦。

3. 技术对于可持续发展具有调控性的特点

对于发展过程中出现的一些负面效应，技术还能够通过自身的方式来对他们进行调控，从而会消除发展障碍，保证发展的可持续性。

这大体上包括以下几个方面：一是技术具有监测的作用。面对全球性问题，技术能够通过自己的方式来监测全球性问题的表现和动向，从而为人们认识其成因、找到解决方法提供服务。二是技术具有控制的作用。技术能够通过自己的方式来阻止污染和破坏在时间上延续和空间上扩展。例如，最近几年，世界上最大的撒哈拉沙漠的面积在缩小，人工灌溉试验正在取得成效。三是技术具有保护的作用。面对全球性问题，技术能够通过自己的方式来阻止物种的灭绝和资源的枯竭，使自然界免于人的污染和破坏。例如，为了预防绝种，科学家们正在建立受威胁的动物的精子和冷冻胚胎库。四是技术具有恢复的功能。面对全球性问题，技术能够以自己方式来使破坏了的生态带恢复其功能。例如，人们可以通过绿化的方式来使退化的土地恢复其生产能力。五是技术具有预警的功能。由于对全球性问题的成因和危害性有了比较清楚的认识，将技术运用于一些可能出现问题的部门和环节，就可以避免问题的出现。

技术的这些作用就为发展的预测、决策、规划、行动提供了智力支持，从而保证了发展的可持续性。

由于技术的上述特点，整个发展系统的诸因子就通过技术的形式构成了一个有机的整体。在这个意义上，我们赞同世界资源研究所在 1992 年提出的持续发展的定义：可持续发展就是建立极少产生废料和污染物的工艺

① ［美］丹尼斯·米都斯：《增长的极限》，李宝恒译，吉林人民出版社 1997 年版，第 136 页。

或技术系统。这里,可以将生态化技术看成是与可持续发展具有同等意义的概念。

(四)可持续发展的技术选择

可持续发展需要技术上的支持和支撑,但并不是什么样的技术都能起到这种作用,前现代技术(传统技术)只反映了人们的一种理想,用它来支持和支撑可持续发展是根本不可能的,这当中存在着一个巨大的时间差;现代技术(机械化的技术)是造成全球性问题的原因之一,它与可持续发展是相冲突的,其结构、功能、体制和模式必须彻底转换;而只有后现代技术(生态化的技术)才可能起到支持和支撑持续发展的作用,这就是可持续技术。生态化技术不是现成的技术形式和种类,也不是理想的技术体制和模式,而是一个受可持续发展诸因子约束的不断的建构过程,这种建构过程是一个与评估紧密相关的抉择过程。

1. 生态化技术的建构应与自然生态系统的可持续性相协调

可持续发展的基础系统是建构生态化技术的基础坐标参数。技术的发展和进步不仅不能污染和破坏自然,而且必须维持和保护自然资源和生态环境,使二者协调一致。具体来讲,一是技术的发展应控制在自然资源和能源的可更新范围之内,应在低耗、少投入上下功夫;二是技术的发展不能超出自然生态系统的可承载能力,应在少污(甚至是零排放)、可更新的方向上下功夫。也就是说,生态化技术必须建立在自然生态系统的可持续性上,尽量采用可更新的资源和能源,具有资源投入少、能源消耗低、污染程度轻等特征。

2. 生态化技术的建构应与生产和经济系统的可持续性相协调

可持续发展的手段系统是建构生态化技术的手段坐标参数。技术的发展和进步必须要产业化,技术的发展和进步应增加生产和经济的可持续性,而生产和经济的可持续性要求：一是建立以劳动价值论为基础和核心的、包括生态价值论和信息价值论在内的广义经济价值论，按照生态价值规律来规范一切经济活动，应将“三个效益”的统一作为整个经济活动的目标，这样，建构和实施生态化技术也必须按照这个原则和要求进行，生态化技术应该是尊重生态价值规律的技术，生态化技术应该是追求“三个效益”统一的技术。二是传统产业应在生态化的基础上逐步更新，应大力发展生态化的新产业，这样，生态化技术就应该成为促成产业生态化的技术，生态化技术就应该是发展生态化新产业的技术。

3. 生态化技术的建构应与人类需要及其满足系统的可持续性相协调

可持续发展的目的系统是建构生态化技术的目的坐标参数。人是技术的承担者和承受者，技术的后果是直接面向人及其需要的，而技术又是人类需要满足系统中的一个因子，因此，问题的关键在于技术应该如何促使人的进化沿着生态化的方向发展。人类的自然发生史是一种客观的自然历史过程，人以凝聚的方式展示了物质进化的内容。而人一旦形成，就既成为自身新进化的经常前提，又成为自身新进化的经常的产物和结果。

人自身的新进化包括两方面的内容，一是人自身在体外方面的新进化，其标志就是劳动工具的创造、完善及向智能化和科学化的方向发展；人不仅延伸了自己的肢体，而且延伸了思维的物质——大脑，微电子技术和人工智能的统一——信息革命就成为这方面的最新成就。这样，技术不仅应该支持人的体外新进化，而且应将劳动工具的生态化和信息革命的生态化作为支持人的体外新进化的主要内容。二是人自身在精神方面的新进化。这主要表现为人的实践观念（先导性的指导意见和目标），包括逻辑思维、数学工具、哲学观念等。同时，人的教育水平也成为衡量人的进化的重要标志。“为改变一般人的本性，使它获得一定劳动部门的技能和技巧，成为发达的和专门的劳动力，就要有一定的教育或训练。"①这样,技术不仅应该支持人的精神新进化,而且应将人的思维方式的生态化和行为方式的生态化作为自己支持人的精神新进化的内容。

技术还应该支持对人的全面的生态教育,我们恰巧是由于自己的教育体制放慢了解决环境问题的步伐,因为现代教育实行的是一种专门化的分科式教育,而解决全球性问题、建构和实施可持续发展需要是一种全面性的交叉式教育,而生态化技术在这种教育中的巨大作用将会促进人的新进化②。下列措施都可供我们在进行这种教育时选择:一是充分利用大众传播媒介和娱乐手段、采用为大众所喜闻乐见的方式来讲解全球性问题的严重性,宣传解决全球性问题的必要性和重要性,使每一个人都能够自觉树立起生态意识。二是要充分利用"粮食日""环境日""爱鸟日""植树节"和"节能周"等活动,动员各性别、各民族、各层次的大众自觉参加解决全球性问题、建构和实施持续发展的活动,光靠技术专家是不可能彻底而有效地解决这些问题的。三是应在整个国民教育、继续教育和其他教育体系中加重生态科学、环境科学、可持续发展、生态文明的教育比重,将生态农业、清洁生产、环保产业等内容渗透到其他学科中,不仅要培养生态化的工程师或工程化的生态学家,而且要培养红、专、"全"的人才,而这里的"全"既指全面,也指全球性问题。

4. 生态化技术的建构应与社会系统的可持续性相协调

可持续发展的保障系统是建构生态化技术的保障坐标参数。技术的发展和进步应推动社会的发展和进步,而社会的发展和进步内在地要求社会和自然的协调,因此,技术应该支持这种协调。

这种协调要求:一是应将控制人口、保护生态环境、节约资源和能源作为

① 《马克思恩格斯文集》第5卷,人民出版社2009年版,第200页。

② *Ecological Engineering: An Introduction to Ecotechnology*, Edited by Willian J · Mitsch etc., New York: A Wiley-Interscience Publication, John Wiley & Sons, 1984, pp.10-11.

基本国策,因此,应该发展优化人口的适宜技术、无破坏的技术、低耗的技术来支持基本国策,生态化技术也就是支持基本国策的技术。二是应加强环保制度建设,强化政府在宏观上解决全球性问题、建构和实施可持续发展的能力,这样,技术应该支持宏观的环境管理,加强技术进步和强化环境管理是未来生态文明管理的两大基础,生态化技术也就是支持环境管理的技术。三是建立完整、配套的解决全球性问题、建构和实施可持续发展的法律体系,这样,技术应该支持自然资源和环境保护法的建设,生态化技术应该是支持这类法制建设的技术。四是加强环境宣传和教育,普及生态意识。五是加强环境外交,反对生态帝国主义和环境霸权主义,而这是与从资本主义过渡到共产主义的整个历史进程相一致的。

只有在共产主义条件下,“联合起来的生产者,将合理地调节他们和自然之间的物质变换,把它置于他们的共同控制之下,而不让它作为一种盲目的力量来统治自己;靠消耗最小的力量,在最无愧于和最适合于他们的人类本性的条件下来进行这种物质变换”①。技术应该与这个历史进程相一致,技术的生态化只有在合理的技术社会化所提供的背景和条件下才是可能和有效的,生态化技术应该是技术的生态化和技术的合理化相协调的技术。

5. 生态化技术的建构就是技术自身的可持续性

可持续发展的支柱系统是生态化技术的支柱坐标参数。在技术体制内部,技术的生态化或生态化技术的建构涉及技术体制的一系列因素,应将之作为一项系统工程来建设。

大体说来,一是技术结构本身要生态化。技术自身结构的残缺是造成全球性问题的一个很重要的原因,近代科学的发展在事实上存在着一个生态学的空白。“至于对各种生命形态的相互比较,对它们的地理分布以及对它们

① 《马克思恩格斯文集》第7卷,人民出版社2009年版,第928—929页。

在气候学等方面的生活条件的研究，则还几乎谈不上。"①相当长的一段时期内，生态学也只是被看成是与农业技术有关的问题，工业技术和军事技术几乎是排斥生态学的。只有技术结构进行全面的生态转换，生态化技术才是可能的，生态化技术也就是一种全面生态化了的技术结构。

二是技术思维方式要生态化。消除技术的生态破坏力、解决全球性问题、建构和实施持续发展、建设生态文明，依赖于技术思维方式向辩证思维的复归，新科技革命和人类理论思维的发展为之提供了可能。生态思维和生态意识就是一种现代形态的辩证思维。只有技术的思维方式发生生态转向，生态化技术才是可能的，生态化技术也就是一种生态化了的技术思维方式。

三是技术的价值规范和评价体系要生态化。要突破技术价值中立的神话，力求用生态价值或生态道德来规范和评价技术行为，使生态准则渗透、内化到技术行为中。只有将生态道德作为技术的规范和评价尺度，生态化技术才是可能的，生态化技术也就是一种生态化了的技术价值体系。

四是技术功能要生态化。作为实现人和自然之间物质变换方式的技术，只有在与自然相协调的情况下才可能体现出它的经济功能，技术的生态功能成为其经济功能的前提和基础，而生态化了的技术经济功能又会加强和深化技术的生态功能。技术既可以排放废物，又可以变废为宝；既可以污染空气，又可以净化空气；既可以破坏自然，又可以维持和保护自然；关键是要将技术定向于工艺的生态化上来。"化学的每一个进步不仅增加有用物质的数量和已知物质的用途，从而随着资本的增长扩大投资领域。同时，它还教人们把生产过程和消费过程中的废料投回到再生产过程的循环中去，从而无须预先支出资本，就能创造新的资本材料。"②只有将技术的功能定位于工艺的生态化上，生态化技术才是可能的，生态化技术也就是生态化了的技术功能。

---

① 《马克思恩格斯文集》第9卷，人民出版社2009年版，第411页。

② 《马克思恩格斯文集》第5卷，人民出版社2009年版，第698—699页。

只有将上述4个方面协调为一个整体,技术的模式和体制就会发生全面、彻底的生态转向,这样,生态化技术才是可能的,生态化技术也是技术体制和模式的生态化转向。

可见,生态化技术虽然是可持续发展的"序参量",但它本身又是一个由作为参数的可持续发展的诸因子决定的一个系统,因而,生态化技术是建构和实施可持续发展中的一个抉择过程。

四、技术革命的生态化方向

今天,我们正面临着一场新的技术革命,技术的生态化则是这场新技术革命的一个重要的发展方向和特征。技术的生态化是指,生态学的概念、原理和方法日益渗透到了技术体系中,使技术的结构和功能出现了一场全面绿色化的过程,技术活动和自然生态环境处于协调的共同进化之中。技术的生态化使生态化技术(可持续技术)从可能成为了现实,而生态化技术的建构过程也就是一个技术生态化的过程,在这个意义上,生态化技术和技术生态化具有等同的意义。

(一)技术革命的生态基础

技术生态化是以科学生态化为先导的。"生态学"一词最早是由德国动物学家海克尔于1869年提出来的。它的基本含义是关于有机体与周围环境关系的整体科学。现代生态学已成为学科门类齐全、层次分工明确的一系列学科的总称,打破了原有的学科结构和门类,成为了与自然科学、社会科学、思维科学、数学科学、系统科学、行为科学、军事科学等相平行的科学——生态科学。这就是科学生态化的基本含义。这种趋势也渗透、扩展到了技术体系中,在技术体系中也引发出了一个生态化的发展方向,生态学成为了技术生态化的科学基础。这就是"技术革命的生态学基础"的含义。

1.科学生态化出现的条件

尽管生态学的思想在古代就有所萌芽和发展，但科学的生态化却是20世纪的潮流和产物。

这在于：第一，全球性问题是促使科学生态化的现实根源。全球性问题具有典型的生态学特征，反映出人和自然之间的物质变换的波动和断裂超过了自然生态系统可持续性的阈值。这就要求人们扩展生态学范围，使生态学成为解决全球性问题、管理大自然的一种手段。

第二，“生态系统”概念为科学生态化奠定了基础。1935年，英国生态学家坦斯莱在《植被概念和术语的使用问题》一文中提出了“生态系统”概念。他指出，我们对生物体的基本看法是，必须从根本上认识到，有机体不能与它们的环境分开，而是与它们的环境形成一个自然系统。在自然意义上，整个系统不仅包括生物复合体，而且包括所谓环境的全部复杂的自然因素。生物和环境之所以能够构成一个整体，就在于他们之间存在着广泛的生物地化循环，他们之间进行着物料、能量和信息交流（可统称之为物质变换），有机体凭借这种循环才能维持自己的生命。从完成物质变换的角度来看，任何生态系统都是由非生物成分（物质、能源和信息）、生产者（自养生物）、消费者（异养生物）和分解者四者构成的。物质变换在这四者中的传递便构成了食物链，呈金字塔形。可见，一个生态系统具有整体性、结构性、多样性和有序性等特征。这样，我们凭借生态系统概念，不仅可以说明一切与有机体和环境关系有关的问题，而且甚至可以说明一切具有主体和客体关系的事物。生态学由此才走上了从经验性的描述说明到科学性的数量分析的道路。

第三，现代科学技术发展中的一些最主要的趋势和潮流日益渗透到了生态学中，并在生态学中得到了充分的表现，这为科学生态化准备了条件。例如，科学的数学化是新科技革命的一个重要趋势。现代生态学几乎运用了现代数学的全部成果。它通过运用矩阵代数、差分和微分方程、集论和变换等现代数学手段来描述和说明生态系统,建立起了很多适用而有效的数学模型。这样,现代生态学不仅可以从单因素分析过渡到多因素分析,所获得的知识具有概率——统计性质,而且通过集中运用数学尤其是现代数学成果将自己提高到了一个成熟化的水平,因为一般来讲,"一种科学只有在成功地运用数学时,才算达到了真正完善的地步"①。在这样的条件下,生态学才可能成为现代科学体系中的当代学科。

2. 科学生态化的表现形式

生态学将有机运动和无机运动联系了起来,用"生态系统"来反映这种关系,这样,生态学就成为了科学领域中的又一场"哥白尼革命"。这种"范式"的转换是通过以下形式表现出来的:

第一,全球性问题和可持续发展成为了跨学科研究的对象。全球性问题和可持续发展在实质上具有典型的生态特征,生态学在解决全球性问题、建构和实施可持续发展中具有主力军的作用。同时,全球性问题和可持续发展又具有整体性的特征,全球性问题是岩石圈、土圈、生物圈、大气圈、技术圈和社会圈等圈层的相互影响和相互作用的产物,可持续发展是由自然生态系统、生产和经济系统、人类需要及其满足系统、社会系统、科技系统构成的一个整体,这样,全球性问题和可持续发展就成为了跨学科研究的对象。由于生态学的主力军和基础作用、解决问题方式的跨学科性,生态学就成为了其他学科发展中的一个"序参量"。

第二,生态学的概念、原理和方法被移植到了不同的学科之中。由于生态学的研究对象涉及了物质运动的各种形式,因而,生态学的概念、原理和方法就成为了科学体系中的一种共同"范式"。今天,几乎每门学科都在运用生态学的概念,"生态系统"成为科学文献中出现频率较高的一个概念;每门学科

① 中共中央编译局编:《回忆马克思》,人民出版社2005年版,第191页。

都在运用生态学原理进行思维，如用有机体和环境关系的整体原则来考察事物；每门科学都在运用生态学方法来研究和解决问题，如生态设计、生态论证等。

第三，生态学发展成为了科学体系中的一组学科群。在科学体系中，已出现了一系列生态学化的新学科。这是通过以下几个阶段而形成的。一是作为生物学分支的生态学的客体在不断扩展，在生物结构层次性的基础上形成了个体生态学、种群生态学、群落生态学、系统生态学；在生态系统多样性的基础上，形成了旱地生态学、草地生态学、森林生态学、湖沼生态学、海洋生态学等学科。二是生态学从生物学中的一门分支学科发展成为了生物学中的一种基本观念和方法，从而在生物学领域中产生了微生物生态学、植物生态学、动物生态学、人类生态学、遗传生态学、进化生态学等学科。三是生态学从生物学扩展到了其他自然科学，开始与其他自然科学结合起来，出现了物理生态学、化学生态学、地质生态学、气象生态学等学科。四是生态学从自然科学扩展到了社会科学，生态学与社会科学的结合产生了生态经济学、环境政治学、环境法学、人口生态学、生态伦理学、生态美学等学科；生态学还与这些学科中的分支学科结合了起来，例如，生态经济学已成为一类或一组学科的总称，包括农业生态经济学、草原生态经济学、森林生态经济学、城市生态经济学、工业生态经济学等学科。五是生态学和横断科学发生了交叉和渗透，产生了数学生态学、系统生态学、信息生态学等学科。六是在生态学的支撑和牵引下，出现了像环境科学这样的综合性学科。可见，生态学的发展是按细胞分裂的方式进行的，“科学的发展从此便大踏步地前进，而且很有力量，可以说同从其出发点起的（时间）距离的平方成正比”①。即，在生态学的驱动下，科学技术呈现出指数发展的态势。

总之，生态学改变了科学的“范式”，成为了今天科学发展中的一种革命

① 《马克思恩格斯文集》第9卷，人民出版社2009年版，第410页。

现象,成为了当今科学发展中最富有生机的生长点。由此可见,科学生态化是当代科学发展中的一个重要方向,科学生态化必须会波及技术领域。在某种意义上可以说,技术生态化是对科学生态化作出的一种技术回答。

(二)技术革命的生态功能

尽管技术具有一定的生态破坏力,但是,任何一种或一类技术又都具有一定的生态功能。技术的生态功能是指,在正确认识和把握客观物质运动规律的基础上,清醒地意识到技术活动对自然生态系统可能造成的污染和破坏,从而有计划有目的地调节和控制技术活动,防止和消除技术的生态破坏力,合理而有效地利用自然资源,维持生态平衡,创造一种可持续的生存状态。作为新技术革命主要内容和物质成果的信息技术、生物工程、能源技术、材料技术、宇航技术和海洋技术等新兴技术、尖端技术,在对社会的生产方式、生活方式、行为方式、管理方式和思维方式产生重大影响的同时,也显示和增强了技术的生态功能。新技术革命在推进生态学学科建设、解决和控制全球性问题、建构和实施持续发展、建设生态文明中发挥着重要的作用,从而有效地表达、推进着技术生态化的历史进程。

1. 新技术革命在生态学学科建设中的作用

新技术革命尤其是信息技术在生态学的学科建设中发挥着重大的作用。这主要表现在:

第一,信息技术可以为生态学提供大量而有效的数据和资料,从而帮助生态学建立起各级各类数据信息库。由于生态学的客体往往是复杂的大系统,涉及的变量难以数计,长期以来,生态学家难以对客体的数量特征(数据和资料)进行全面、详尽的把握,从而使生态学一直处于经验的描述水平。信息技术在生态学领域中的应用,就很好地解决了这一难题。假如不借助信息技术,要掌握大尺度生态系统的数据和资料就是不可能的。

第二,信息技术可以为生态学提供切实而有效的研究手段,从而可以武装和提高生态学的研究水平。长期以来,生态学的研究手段一直处于落后水平,而信息技术在生态学中的应用,不仅使生态学研究从定性分析走向了定量分析,而且使生态学进一步走向了图形分析和图像分析。例如,虽然生态学从学科产生的初期就萌发了生态制图的想法(反映一个地区植被及各个因子之间相互关系及内在联系的图,被称为生态图),但由于手段落后,一直未果。现在,地理信息系统(GIS)和生态信息系统(EIS)的应用,已使生态制图成为现代生态学中非常活跃的领域。根据中科院植物所的研究,借助信息技术进行生态制图时,可以分以下四个步骤,一是编绘或收集植被及生态因子图;二是建立包括图形库和属性库在内的生态制图数据库;三是分析植被与生态因子的关系,建立模型;四是输出图形。利用信息技术编制的生态图分为生态信息图和生态类型图两种类型,他们在进行区划时具有重要的实践价值。这样,信息技术就将生态学研究提高到了一个新的理论水平和应用水平。

第三,新技术在生态学中的应用还引起了生态学学科结构的变化,从而在生态学领域产生了一些新的分支学科。这些分支学科本身又具有很强的交叉性和跨学科性。信息生态学就是这方面的产物。它是新技术革命和社会变革与生态学相结合的产物,是信息技术与生态学相结合的成果。信息生态学已成为生态学中的一门新学科,使生态学达到了一个新水平。

信息技术对生态学学科建设所起的推动作用又加速了科学生态化进程,科学生态化反过来又会进一步推动技术生态化,这样,在生态问题上,科学和技术之间就形成了一种良性循环的局面。

2. 新技术革命在解决全球性问题中的重大作用

大体说来,新技术革命在解决全球性问题中的重大作用主要表现在:

第一,监测和预警的作用。监测环境污染的动向和资源的变化,进而事先向人们发出预警,可以避免重大的生态灾难。环境监测有严格的技术要求:一是监测资料应由多种元素组成,要涉及地球上各个圈层、人类生产和生活的各个方面;二是不同点上的监测应同时进行;三是监测时间要有长期的延续性。只有这样,监测结果才是可信的,由此发出的预警也才是可靠的。在常规技术条件下,人们很难做到这一点。现在,人们可以用生物传感器、空间技术和信息技术等新技术革命成果来进行这方面的工作,而且取得了不少具有实用价值的成果。

第二,清污和替代的作用。环境污染和能源匮乏是两个互为因果的重大的全球性问题。燃煤或石油排放的废气是污染大气环境、造成酸雨、气候变暖的重要根源,对此,人们可以采用消极治理和积极防御两种措施。消极治理也就是要发明有效的清污技术,积极防御也就是要寻求可更新的无污染的能源。新技术革命尤其是生物技术在这两个方面都大有可为。一是人们可以利用微生物技术来净化大气,清除污染。例如,美国一家公司采用酶法脱硫技术,可使煤中的硫的消除率达到 80%,既减轻了燃煤时排放的二氧化硫,又可以回收硫磺。二是人们可以利用新技术革命的成果来积极寻求和开发可更新、无污染的能源。例如,生物能是一种重要的可更新、无污染的能源,但传统利用方法的效率太低,现在,人们可以用生物工程来选育高光效能的能源植物,并加以多种开发利用,形成了一些新的能源利用和开发技术。这样,这些新能源开发和利用技术又可能进一步缓和能源危机。这些“软能源道路”正将恩格斯当年提出的科学设想变成现实,“既然劳动可以固定太阳热(这在工业和其他部门中绝不是时时都能做到的),所以,人通过自己的劳动能够把动物消耗能和植物贮藏能的天然机能结合起来。”①在全球气候变暖的情况下,这一点尤其重要。

第三,控制和保护的作用。全球性问题有从点到面的扩展趋势,要阻止这种趋势的蔓延,保护生态多样性,只能通过技术进步的方式才能做到。例如,

---

① 《马克思恩格斯全集》第 35 卷,人民出版社 1971 年版,第 129 页。

面对沙漠化的侵袭,人们可以通过采用植树造林的办法来控制沙化进程,这样,选育耐旱、抗风、速生的树种就成为了技术关键,而生物工程在这方面可大有作为。生物多样性的丧失是一个重要的全球性问题,而生物工程可以通过保存遗传基因的方式来保存物种,挽救濒危灭绝的物种,从而保护生物的多样性。

第四,恢复和更新的作用。面对已退化的生态系统,可以通过技术进步的方式来恢复其原貌,或通过人工的方式来重建一个具有等值功能的生态系统。例如,天津开发区一家农业生物技术产业化研究所运用生物工程方法,通过工厂化生产,快速繁殖耐盐碱的绿化苗木,并将它移植到含盐碱的土壤中获得成功,这就为绿化盐碱荒滩提供了可能,并起到了改善盐碱荒滩的生态功能、建设一个良性循环的生态系统的作用。

当然,新技术革命还从其他方面为解决全球性问题提供着技术支持。

3. 新技术革命在建构和实施可持续发展过程中的作用

新技术革命对于建构和实施可持续发展也具有重大的支持和支撑作用:一是新技术革命所推广的无害环境的工艺,可以实现低耗、少污、无害的目的,降低和控制技术的生态破坏力,从而能够起到维护自然生态系统可持续性的作用。二是新技术革命通过产业化的途径所形成的一系列高技术产业(如信息产业、生物产业、能源产业、宇航产业等),可以改善经济运行机制,提高经济效益;优化产业结构,推进朝阳产业的发展;这就会促进生产和经济系统的可持续性。三是新技术革命不断完善和完备着人类需要满足系统,为保证满足人类日益增长的需要提供着各种新的可能;它还将人的体外新进化的两个方面(肢体延伸和大脑延伸)逐步统一了起来(微电子技术和人工智能),将人的新进化提高到了一个新水平;这就起到了维护人类需要及其满足系统可持续性的作用。四是新技术革命与社会系统处于互动的关联之中,技术社会化和社会技术化成为了一个双向互动的统一过程,作为第一生产力的技术对社会生活的各个方面产生着重大的影响,从而在不断地推进着社会系统的可持续性。五是新技术革命改进了科技系统的结构和功能,使科学技术的整体功能在生态、经济和社会等多个维度上都表现了出来,从而起到了推动科技系统可持续性的作用。

可见,新技术革命确实具有重要的生态功能。生态化技术不是一种既定的技术成果,而是一个不断生态化的技术建构过程,因此,新技术革命还应进一步向生态化方向发展,不断完善和充实自己,只有这样,才可能真正创造一个可持续生存的状态。

(三)技术革命的生态成果

正像每一次技术革命必然会引起产业革命一样,新技术革命正对人类的生产方式产生着重大的影响,技术产业化是这场新技术革命的一个特别明显的特征。作为新技术革命发展方向的技术生态化对人类产业结构发生着直接的重构作用,生态农业、清洁生产和环保产业就是技术生态化所产生的重要的产业成果,这些新技术革命的生态成果反过来又表征和推动着技术生态化的历史进程。

1. 生态农业的发展情况

生态农业是在生态学原理的指导下,遵循生态价值规律,运用农业系统工程和其他新技术革命成果,在一定的自然生态和社会经济条件约束下,设计和建造的一种稳态、有序、协调、高效、持续的进展式演替的农业生态经济系统。生态农业具有以下特点:

第一,生态农业是生态合理型的农业。也就是说,生态学原理成为了生态农业的重要的理论基础,生态农业是生态学原理的直接运用和产业化的结果。最主要的有以下几条:一是系统各种成分相互协调与补充的整体原则。农业生产系统是一个整体,生态农业中的农业生产系统是立体共生的生态系统。

生态农业运用这条原理的主要目的是，建立一个空间上多层次、时间上多序列的时间结构，以便更加充分地利用自然生态系统和环境中的物料、能量和信息（如太阳能、水分、养料等）。二是物质循环不息的再生原则。这是按照生态学的生物地化循环规律而设计的一种良性循环的生态系统。主要是通过开发物质的多种用途、变废为宝、化害为利等方式，使农业投入物能够得到再次、多次和循环利用，以便达到物质输出和输入的动态平衡。三是生物之间相生相克的趋利避害原则。这就是利用生态学中生物的多层次复杂关系的原理，设计出稳定高产的农业生态经济系统。这就是利用生物之间的相生关系来促进农业（如大豆和谷物套种，利用大豆根部的固氮作用来提高谷物产量），利用生物之间的相克关系来防治病虫害（生物防治）。马克思在技术上将之称为"农业的改良方法"。"农业的改良方法。例如，把休闲土地改为播种牧草；大规模地种植甜菜，（在英格兰）于乔治二世时代开始种植甜菜。从那时起，沙地和无用的荒地变成了种植小麦和大麦的良田，在贫瘠的土地上生产的谷物增加两倍，同时也获得了饲养牛羊的极好的青饲料。采用不同品种杂交的方法增加牲畜头数和改良畜牧业，应用改良的排灌法，实行更合理的轮作，用骨粉做肥料等等。"①当然，现在的技术水平有了极大的提高。

第二，生态农业是知识密集型农业。生态农业运用的技术手段包括以下三个层次的技术。一是一般的先进的农业技术以及农业经营、农业管理和农业服务技术等，包括品种改良和优良品种选育技术、合理施用化肥和植保农药技术、适用的农业机械技术和水利技术。二是生态技术，如可更新资源和能源利用技术、复合和立体农业的生产体系的设计和建设技术、废弃物的再生和利用技术。三是新技术革命的最新成果，例如，利用遗传工程和酶工程等生物技术来改良作物品种、防治病虫害，利用计算机来指导人们合理安排种植结构和规模，运用系统工程的方法来合理安排农业生产、进行农业管理，等等。生态

① 《马克思恩格斯全集》第37卷，人民出版社2019年版，第233页。

农业真正使作为第一生产力的技术的功能在农业生产中发挥了出来。

第三,生态农业是效益齐全型的农业。由于生态农业遵循了生态学规律、经济学规律、农业生产规律和技术进步规律等客观规律,因此,世界上大多数的生态农业试点都取得了良好的生态效益、经济效益和社会效益。我国获得全球环境建设500佳称号的北京市大兴县留民营村(1987)就是这方面的典型。从生态效益上来看,据Kira报道,一般作物的光能利用率都在1.5%以下,而留民营生态农业系统的光能利用率却达到了1.54%;从经济效益上来看,留民营1985年的总产值为280.55万元,比生态农业建设前的1982年(69万元)增长了3倍多;从社会效益上来看,获得500佳称号本身就是一种社会效益。

可见,生态农业是农业技术领域中的技术生态化的成果,是技术生态化在第一产业领域中的体现。

2. 清洁生产的发展情况

清洁生产是工业生产领域的重要发展趋势。"所谓清洁生产,是指既可满足人们的需要又可合理使用自然资源和能源并保护环境的实用生产方法和措施,其实质是一种物料和能耗最少的人类生产活动的规划和管理,将废物减量化、资源化和无害化,或消灭于生产过程之中。同时对人体和环境无害的绿色产品的生产亦将随着可持续发展进程的深入而日益成为今后生产的主导方向。"①因而,清洁生产具有以下特点:

第一,清洁生产是生态合理型的生产。清洁生产是为了克服"末端治理"所造成的经济上的不可行性和生态上的再污染性而提出的一种治理工业污染的办法。它从生产的始端开始,对生产整个过程进行控制,因而,又可称为"全程控制"。它在生态上具有低消耗、少污染和无公害的特征。这就要求:

① 《中国21世纪议程——中国21世纪人口、环境与发展白皮书》,中国环境科学出版社1994年版,第92页。

一是在生产原料的选用上,要改革原料路线,选择使用清洁的纯原料或低污染原料,如有害杂质少的铁精矿、洗精煤等,并且要降低物耗,从生产的第一道工序(始端)上就堵住污染之源。二是在生产动力的选用上,要尽可能采用可更新能源(如太阳能)和低污染能源(如电能),并且要降低能耗。三是在生产方式的选用上,要综合利用二次物料和能源,变废为宝,化害为利,建立闭合生产圈。可见,清洁生产既要在工业整体上模仿自然生态系统的结构和功能,又要将生态学的原理和方法运用到工业生产中,例如,利用植物的光合作用来生产精细化学品、原料和燃料等。

第二,清洁生产是知识密集型的生产。以实现节能、降耗、减污、无害为目标的清洁生产,必然会带动和促进企业的技术改造,更新落后的能耗高、资源浪费大、污染严重的工艺和设备,采用新工艺和新设备,并且要将之贯穿于整个生产过程中。在设计阶段,使用预先考虑产品由废弃物到再生过程的环境负荷减少设计技术。在生产阶段,使用减少生产废弃物的减少废弃物加工技术。在产品解体阶段,采用使解体作业简单化的自动解体系统技术。在再生阶段,采用使再生物的品位尽可能接近原产品的高品位、高效率材料再生技术。同时,清洁生产还要求将新技术革命的成果进一步产业化。例如,将计算机用于生产控制中,制定合理的资源和能源投入量,监视生产过程以免出现污染。生物工程在很大程度上就是一种清洁生产,人们可以在分子生物学等生物技术的帮助下开发植物的光合作用,用植物生产出大量的燃料,这样的燃料是一种清洁的燃料。

第三,清洁生产是效益齐全型的生产。从生态效益上来看,清洁生产可以起到节能、降耗、减污、无害的作用,避免或减少末端治理可能产生的风险,如污水处理产生的二次污染、焚烧垃圾产生的有害气体、填埋核废料造成的泄漏等。从经济效益上来看,实行清洁生产可以避免或减轻末端处理给企业造成的沉重的经济负担,大大降低企业用于环保建设的投资和运行费用,这样就可以增加企业生产和销售产品的机会,在市场竞争中立于不败之地。从社会效益上来看,实行清洁生产可以改善职工生产环境和操作条件,减轻污染对职工健康造成的影响,这样就可以提高职工的生态意识,改善企业的整体形象。例如,北京化工三厂实施了改造控制系统和制冷系统、更换离心机、安装真空源等九个清洁生产方案,投资不到1万元,却大大提高了生产效益,减少了原材料和生产用水的用量,每年可节约24万元。

可见,清洁生产是工业技术领域中的技术生态化的成果,是技术生态化在第二产业领域中的体现。现在,生态工业构成了第二产业生态化发展的重要趋势。

3. 环保产业的发展情况

环保产业是第三产业发展的重要方向。“环境保护产业是国民经济结构中以防治环境污染、改善生态环境、保护自然资源为目的所进行的技术开发、产品生产、商业流通、资源利用、信息服务、技术咨询、工程承包等活动的总称。”①它有以下特点:

第一,环保产业是生态主导型的产业。与一般的产业部门不同,环保产业是围绕保护环境和资源而发展起来的产业,它涉及人类产业各个领域,各个产业部门围绕着保护环境和资源而构成了一个新的产业群。我们可以将环保产业的结构用表3-2表示如下:

表3-2　环保产业分类表

类别	领域(举要)	对应产业
自然保护业	资源业(野生资源开发和利用,包括沙产业、草产业等)	第一产业
	绿化业(用林业手段维持和保护生境)	
	保护业(野生生境的开发和保护,如自然保护区、自然公园)	
	生态工程(如水利工程、小流域治理等)	

① 《中国环境保护21世纪议程》,中国环境科学出版社1995年版,第236页。

续表

类别	领域(举要)	对应产业
污染防治业	绿色产品业(生产低耗、少污、无害、易解的产品)	第二产业
	防治设备制造业(各类防治污染的设备和机器的制造)	
	生态型设备制造业(节能、新能源设备和制造业)	
	回收处理业(各类废弃物的回收和处理,如污水处理厂)	
环保信息业务	环保科技业	第三产业
	环保教育业	
	环保管理业	
	环保咨询和评估业	

第二,环保产业是技术密集型产业。环保产业具有十分复杂的技术结构,几乎集中了一切技术,它具有以下特点,一是技术门类多、范围广,从环境监测技术到污染防治技术,从综合利用技术到生态工程技术,都属于环保产业的范围。二是技术层次多、差别大,既包括一般的"三废"治理常规技术,又包括CFC替代技术、信息技术、生物工程等新技术。

第三,环保产业是效益齐全型的产业。环保产业将三个效益有机地统一起来,一是环保产业具有明显的生态效益。环保产业的形成和发展,为防治污染、保护环境提供了技术装备和服务。例如,据1990年统计,全国已完成各类治理项目24810项,其中大型项目11837个;年新增污水处理量21.47亿吨,新增废料处理量4349.5亿立方米,新增废渣处理量0.3亿吨,噪声控制项目3161个。二是环保产业取得了直接的经济效益。环保产业不仅增加了绿色GDP的比重(指在国民生产总值中扣除用于治污、恢复所需费用后剩余的国民生产总值),而且直接创造着经济产值。例如,我国环保产业1991年的总产值为60.88亿元,年总利润为9.1亿元。三是环保产业也具有重要的社会效益。突出的表现就是有利于提高人们的生态素质,更新人们的生态观念。

可见,环保产业是整个产业体系中的技术生态化成果,是技术生态化在产业结构中的体现,尤其是对第三产业的影响不可低估。

总之,生态农业、清洁生产和环保产业是新技术革命生态化趋势所产生的三种重要的物质成果。这些生态化的产业技术同时又表征和推进着新技术革命的生态方向,使技术生态化和产业生态化有机地统一了起来。在这个意义上,我们可以将生态化技术(可持续技术)看成是生态农业、清洁生产和环保产业等类技术生态化成果的总称。

(四)技术革命的生态任务

科学生态化不仅在理论科学中产生了重大影响,而且在应用科学尤其是技术科学中也产生了重要影响,其标志就是出现了"技术生态学"这样一门新学科。近来,在国外的技术哲学和生态哲学中,出现了"技术生态学"这样一个专门术语(但对以下问题却语焉不详,如何规定技术生态学的内涵和外延,什么是技术生态学的对象、内容、方法和性质)①。技术生态学的出现,就使技术生态化成为了技术发展的自身逻辑。综合有关资料,我们认为:

1.技术生态学的研究对象

技术生态学的研究对象为技术活动与生态环境之间如何协调、统一的问题。技术生态学要确定技术活动的生态范围,探讨从技术上解决全球性问题的统一方针和行动规划,以保证生产力和自然生态环境都能以最佳速度发展,在现有的生产力水平上,使人工生态系统(技术进步及其物化成果)对自然生态系统的损害和破坏能降低到最低限度。

---

① 参见[美]卡尔·米奇安:《技术的类型》,转引自邹珊刚主编:《技术与技术哲学》,知识出版社1987年版,第284页;[苏]舍梅涅夫:《哲学和技术科学》,张斌译,中国人民大学出版社1989年版,第30—31、38—39页;[苏]C.瓦连捷:《关于人口生态学》,陈荃礼译,《国外社会科学》1983年第11期。

2. 技术生态学的研究任务

技术生态学的任务在于避免技术活动可能会造成的生态失误。技术生态学的使命就在于为技术活动与生态环境之间建立协调和谐的关系创造条件，最终使二者合并成为一个有计划、有步骤的可控过程。

3. 技术生态学的学科地位

技术生态学属于一门联系技术科学和技术活动的中介学科。技术生态学不是技术科学的一个门类，不探讨技术发生和运用的内在机制；技术生态学不是技术体系（技术活动）的一个组成成分，不对客观事物发生直接关系，不直接创造人工客体；它与技术史、技术社会学、技术伦理学、技术美学具有同等的性质和意义。由此，我们既可以将技术生态学看成是提供技术内在结构和逻辑的技术哲学，也可以将它看成是提供技术良性运行环境和条件的技术环境学——生态哲学。

这样，技术生态学向技术提出的任务就是：第一，建立能消除目前发挥作用的技术系统的消极后果的技术客体，制定新的工艺原则，这种原则应使生态系统受到技术系统的副作用的影响降低到最低限度。第二，发现有效、合理利用可再生资源和能源的新方法和新工艺，应将这些新方法和新工艺可能带来的负效应降低到最低程度。第三，创造旨在使正在枯竭的自然资源得以再生的新技术，保护生态系统和自然资源的多样性。第四，发明废物资源化的新方法和新工艺，同时要避免二次污染和产生二次废物。而这一切正是生态化技术所具有的一般特征。

这一切就使技术生态化成为了技术发展的内在要求，生态化成为了新技术革命的一项重要任务，因此，技术生态学是从科学生态化过渡到技术生态化的重要中介。这为建构生态化技术提供了技术系统内的可能和现实。

五、生态化技术的建构原则

技术不可能拒斥形而上学。作为技术生态化趋势和结果的生态化技术(可持续技术)是一个不断建构和完善的过程。除了要受上述各种因素的制约外,这个过程还要受一定的世界观因素的制约,科学的生态哲学是建构生态化技术的根本原则。

(一) 生态化技术建构的哲学要求

技术的建构及其功能的发挥是在一定的世界观图景的规范和约束下进行的。所谓技术的世界观图景是指,尽管技术是“造物”的过程,但是,客观世界的一般规律决定和制约着技术的存在方式、发展途径和功能特点,技术的有效发展只能建立在对客观世界一般规律的正确认识的基础上。因此,建构生态化技术的根本途径就在于要对客观世界的一般规律作全面、具体的把握,生态化技术的世界观图景只能是“社会生态运动规律”。

社会生态运动规律是指“自然—社会”这一复合生态系统所具有的整体协调规律。如同“人与自然是生命共同体”①一样,今天,由于人类活动正面效应的作用和负面效应的激发,社会系统和自然系统正在日益嵌套成一个巨型的复合的有机的生态系统,即“社会—自然”生命共同体。在这个生命共同体当中,社会和自然的相互影响、相互作用和相互推进的不可分割性正在形成一种综合自然规律和社会规律的“新”的运动规律——社会生态运动规律。社会生态运动不是在自然运动和社会运动之上的或之外的一种运动,而是反映出自然运动和社会运动在物质运动过程中通过物质系统的“涌现性”而形成的一种自然和社会共生共荣、协同进化的状况和过程,是由于人类劳动在物质

① 习近平:《论坚持人与自然和谐共生》,中央文献出版社2022年版,第187页。

运动中的地位和作用增强,而使物质运动趋向有序和统一的一种表现。“涌现性(emergent property)就是由其组分的功能性相互作用所产生的,因而是不可能通过研究从整体单位分离或分解出来的组分而得以预测的性质。此原理是古训‘整体大于部分之和’或通常所说的‘森林大于树木的简单集合’的一个更为正式的表达”①。即,社会生态运动规律是“自然—社会”生命共同体存在和演化的规律。

由于技术是隶属于“自然—社会”生命共同体,因此,它必须以社会生态运动规律作为自己的世界观图景。现代技术由于受形而上学世界观图景的支配,恰恰忽略或抹杀了社会和自然的整体协调性,并肆意地破坏着这种整体协调性,由此造成了全球性问题,这是形成全球性问题的根本原因。正如马克思注意到的一位科学家所说的那样,“不以伟大的自然规律为依据的人类计划,只会带来灾难”②。不以社会生态运动规律为依据的人类行动,只能加剧灾难。社会生态运动规律,是建构生态化技术(可持续技术)的科学的世界观图景。

社会生态运动规律是一种客观的物质运动规律,要将这一运动规律内化到技术体系中来,成为生态化技术的世界观图景,必须要对之有一定的具体的和全面的把握。由于社会生态运动规律是“自然—社会”生命共同体所表现出来的和谐共生、整体协调发展规律,因此,认识和把握社会生态运动既非技术自身的任务,也非科学的使命,而只有哲学才能做到这一点。因此,在建构生态化技术的过程中,要使社会生态运动规律成为技术的世界观图景,必须要在哲学尤其是在科学的生态哲学的指导下进行。

生态哲学是在全球性问题背景下,反映科学技术发展的生态学化趋势,以探讨社会和自然的关系为基本问题而形成的一门哲学新学科。不能将生态哲

---

① [美]尤金·奥德姆:《生态学——科学与社会之间的桥梁》,何文珊译,高等教育出版社 2017 年版,第 27 页。

② 《马克思恩格斯全集》第 31 卷,人民出版社 1972 年版,第 251 页。

学简单地定位为一种应用哲学。这在于,社会和自然的关系问题不仅隶属于哲学基本问题,是哲学基本问题的一个方面;而且也制约着哲学基本问题。正如怎样解决哲学基本问题就会怎样解决社会(人)和自然的关系问题一样,怎样解决后一问题也就会怎样解决前一问题。这在于,"归根到底,自然和历史——这是我们在其中生存、活动并表现自己的那个环境的两个组成部分"①。马克思主义哲学将实践引入了对哲学基本问题的解决之中,在解决一般的思维和存在关系问题的同时,"特别注意的不是唯物主义认识论,而是唯物主义历史观"②。实践性和阶级性(革命性)是其始终如一的本质特征。站在这个高度来看待社会(人)和自然的关系,就必然逻辑地再现"人类史"和"自然史"的"彼此相互制约"。"历史的自然"与"自然的历史"是一个统一的过程。正是由于马克思主义将社会(人)和自然的关系看成是建立在劳动基础上的,通过劳动实现的物质变换的历史关系,因此,人和自然的关系即社会和自然的关系就成为基本关系,"我们不必来叙述一个劳动者与其他劳动者的关系。一边是人及其劳动,另一边是自然及其物质,这就够了"③。这是其必然的逻辑结论之一。另一必然的逻辑结论是,"关于外部环境对人的影响,关于工业的重大意义,关于享乐的合理性等等学说,同共产主义和社会主义有着必然的联系"④。因此,我们可以将共产主义看作是人与自然、人与自身双重和谐的社会。

总之,实践第一的观点、阶级斗争推动历史(阶级社会)的观点、社会(人)和自然通过劳动相统一的观点这三者是相统一的。这三者及其统一的思想构成了马克思主义关于社会(人)和自然关系的基本观点和考察这种关系的科学的哲学视角。这也是生态哲学关于社会和自然关系的基本观点、考察社会

① 《马克思恩格斯全集》第39卷,人民出版社1974年版,第64页。
② 《列宁选集》第2卷,人民出版社2012年版,第225页。
③ 《马克思恩格斯文集》第5卷,人民出版社2009年版,第215页。
④ 《马克思恩格斯文集》第1卷,人民出版社2009年版,第334页。

与自然关系的哲学视角。所有这一切就构成了建构生态化技术的世界观图景的基本前提。

（二）生态化技术建构的客观性原则

将社会生态运动规律作为生态化技术（可持续技术）的世界观图景，也就是要求技术在社会和自然之间保持一种必要的张力，在建构生态化技术的过程中首先要看到社会和自然的关系具有客观统一性和辩证决定性相统一的特征。这是社会生态运动规律的自组织发生机制。我们将之简称为“生态化技术建构的客观性原则”。

社会生态运动规律不是从来就有的，是在客观存在的自然运动的基础上通过社会运动创造出来的。从历史建构的角度来看，它具有客观统一性的特征。世界上形形色色的事物不过是自然的具体化和展开而已，世界的统一就在于自然的客观实在性——物质；作为社会主体的人是从自然中产生和发展起来的，自然对人具有决定作用。物质具有客观实在性。“既然我们面前的物质是某种既有的东西，是某种既不能创造也不能消灭的东西，那么由此得出的结论就是：运动也是既不能创造也不能消灭的。只要认识到宇宙是一个体系，是各种物体相联系的总体，就不能不得出这个结论”①。这里的“体系”即“系统”（system）。进而，在劳动的基础上，社会是在整个自然界的演化和进化过程中通过人这一中介形成的。所谓世界历史，就是自然界不断向人生成的过程。人的进化以凝聚的方式展示了世界演化和进化的历程，世界演化和进化的自然运动和社会运动的成果在此得以积淀，各种运动形式之间存在着一种“递归”的关系。从机械运动、物理运动、化学运动、生物运动到天体运动和地质运动，从自然运动到社会运动和思维运动，这些物质运动形式依次发生、依次发展、依次进化，同时，也发生着各种非线性的运动。通过这种非线性运

① 《马克思恩格斯文集》第9卷，人民出版社2009年版，第514页。

动的叠加,各种运动形式的主体就嵌套成一个巨系统——世界系统。“整个世界是相互联系的整体,也是相互作用的系统”①。社会生态运动规律是在这一背景下形成的自然界各层次的统一,是自然界各层次彼此相关而形成的整体。这一整体一旦形成,社会和自然就作为系统中的子系统开始了系统内的相互作用,它们的关系就过渡到了现实发生。

在社会和自然的现实关系中,作为社会主体的人在自然面前并不是消极被动的,而是具有能动的反作用。“世界不会满足人,人决心以自己的行动来改变世界”②。当然,这种能动作用是有条件的,只能在“自然—社会”生命共同体所允许的范围内进行(生态环境阈值)。这便是社会生态运动规律的辩证决定性。社会和自然的相互制约表现为:首先,自然对社会的制约。离开自然的社会只是一种纯主观上的抽象。自然是社会存在的重要组成部分,构成了社会的物质生活、政治生活、文化生活、社会生活的基础和条件。社会正是在与自然的交互作用中产生、演进。自然是作为社会主体的人的无机的身体。其次,社会对自然也具有制约性。与社会分离的自然对人来说也是不可理解的,与社会相对的自然只是进入人的活动范围的自然。“被抽象地理解的、自为的、被确定为与人分隔开来的自然界,对人来说也是无”③。尤其是,随着社会实践的发展,人类的行为促进了自然的新进化。最后,社会和自然是彼此相互制约。人的活动是按照两个尺度进行的。“动物只是按照它所属的那个种的尺度和需要来构造,而人却懂得按照任何一个种的尺度来进行生产,并且懂得处处都把固有的尺度运用于对象;因此,人也按照美的规律来构造。”④按照这种规律构造,进一步强化和巩固了社会和自然之间的有机联系。这样,在社会和自然之间就形成了一种循环和反馈的机制。社会生态运动规律中的控制

---

① 习近平:《论把握新发展阶段、贯彻新发展理念、构建新发展格局》,中央文献出版社2021年版,第84页。

② 《列宁全集》第55卷,人民出版社2017年版,第183页。

③ 《马克思恩格斯文集》第1卷,人民出版社2009年版,第220页。

④ 《马克思恩格斯文集》第1卷,人民出版社2009年版,第163页。

和反馈机制是在人的活动中实现的。

可见,在社会生态运动规律的历史建构的每一阶段上都存在其现实发生的问题,在其客观统一性中就萌发着其辩证决定性,无数个它们的现实发生就构成其历史建构的过程,在其辩证决定性中囊括着其客观统一性。通过劳动就将这两个方面统一了起来,社会生态运动规律的客观统一性与辩证决定性具有统一性。

因而,对待科学技术,我们既不能采用“人为自然立法”的战略,也不能采用“任其自然”的战略。在牛顿机械力学所揭示的机械世界观图景的支配下,现代技术将社会和自然的关系简化成为一种简单的机械关系,只是用一种机械物对付另一种机械物,由此采用了“人为自然立法”的战略,无视或破坏了社会生态运动规律的客观统一性,由此造成了全球性问题。面对全球性问题,一些人又不适当地夸大了自然的原初性,突出自然的“内在价值”,要求终止科技进步,主张采用“回归自然”的战略。这就没有看到社会和自然的辩证决定性。这两种世界观图景都不利于技术的发展。恰当的作法是将二者统一起来,在技术的运作和进步的过程中,既要看到社会和自然关系的客观统一性,又要看到社会和自然关系的辩证决定性。这正是生态化技术的建构过程。

（三）生态化技术建构的全面性原则

将社会生态运动规律作为生态化技术的世界观图景,还要求在技术的运作过程中要看到社会和自然的关系具有协调一致性和多维全面性相统一的特征。这是社会生态运动规律的辩证作用方式。我们将之简称为“生态化技术建构的全面性原则”。

社会和自然的关系从自然内部的彼此相关发展为社会内部的相互制约就表明,社会和自然总处于和谐与不和谐的矛盾解决过程中,既不存在永远的和谐,也不存在永远的冲突。“自然界中无生命的物体的相互作用既有和谐也有冲突;有生命的物体的相互作用则既有有意识的和无意识的合作,也有有意识的和无意识的斗争。因此,在自然界中决不允许单单把片面的‘斗争’写在旗帜上。”①在社会与自然的交往当中,人类顺应自然,自然就报恩人类;人类征服自然,自然就报复人类。这样,在社会和自然之间就形成了一种控制和反馈的机制。这便是社会生态运动规律的协调一致性。正是由于这样,社会和自然的关系才能发展为社会内部的有机关系。人类社会是一个永恒的不断进步的过程,推动这一过程的根本力量就是社会基本矛盾。社会基本矛盾基本上可以分析为人和自然的关系(主要是生产力)、人和社会的关系(主要是生产关系)这两种结构。假如二者不相适应甚至发生冲突,那么,便会导致社会的失序、失调和失控。不仅如此,这个问题处理不好,有时可能会引发社会动乱。生态危机不仅是一个自然问题,更为重要的是一个社会问题。正是上述两类关系不相适应,才造成了今天的生态危机。环境群体性事件同样是由于没有处理好这两类关系引起的。假如上述两类关系是相适应的,社会的发展就会加速进化,并呈现出一种有序的结构。这就是生态文明建设的过程。社会生态运动规律的协调一致性又以其多种关系类型表现出来。

从其类型来看,社会和自然之间的关系可区分为价值关系、实践关系和理论关系三种类型。马克思恩格斯在《神圣家族》中指出:“难道批判的批判以为,只要它把人对自然界的理论关系和实践关系,把自然科学和工业排除在历史运动之外,它就能达到,哪怕只是初步达到对历史现实的认识吗?”②马克思在《评阿·瓦格纳的“政治经济学教科书”》中指出,“‘价值’这个普遍的概念是从人们对待满足他们需要的外界物的关系中产生的”③。因此,人与自然之间的价值关系是指二者之间存在的需要和需要的满足、目的和目的的实现的关系,由之形成了“生态价值”。这构成了“自然—社会”生命共同体的发生秘密。人与自然之间的实践关系是指二者之间具有作用和被作用、改造和被改

① 《马克思恩格斯文集》第9卷,人民出版社2009年版,第547—548页。

② 《马克思恩格斯文集》第1卷,人民出版社2009年版,第411页。

③ 《马克思恩格斯全集》第19卷,人民出版社1963年版,第406页。

造的关系,除了一般物质生产之外,由之形成了“生态实践”。这构成了“自然—社会”生命共同体的物质变换的机理和过程。人与自然之间的理论关系是指二者之间具有反应和被反应、认识和被认识的关系,由之形成“生态文化”(生态意识)。这构成了“自然—社会”生命共同体的符号系统,构成了未来发展的遗传信息。这三类关系不仅反映着社会生态运动规律的协调一致性,而且它们三者之间相互影响、相互包含、相互渗透、相互作用。社会和自然通过这三类关系特别是其实践关系构成了一个有机的整体。这就是社会生态运动规律的多维全面性。

可见,社会生态运动规律的协调一致性主要指的是其多维全面性的历史建构,而其多维全面性主要指的是其协调一致性的现实发生;二者相互包含、相互渗透,这样,社会和自然双方共同构成了一个立体的有机的生态系统,即生命共同体。社会生态运动规律协调一致性和多维全面性是相统一的。

因而,在对待技术的问题上,我们既不能采用“自然自动调节”的战略,也不能采用“科学技术调节”的战略。面对全球性问题,一些人认为,自然本身具有自动调节的机制,可以自我恢复,技术可以不考虑其生态后果。这就没有看到社会生态运动规律的协调一致性,只能使全球性问题更趋严重和激烈。另一些人认为,科学技术本身就可以调节好社会和自然的关系、解决好全球性问题,这就没有看到社会生态运动规律的多维全面性,忽略了其他手段在这个过程中的作用,使全球性问题不可能得到彻底解决。只有在社会规约和伦理规范下,科学技术才能发挥其正常的作用。这两种世界观图景都不利于技术的发展,恰当的作法是将二者统一起来。在技术的运作过程中,既要看到社会和自然关系的协调一致性,又要看到社会和自然关系的多维全面性,而这正是一个建构生态化技术的过程。

(四)生态化技术建构的发展性原则

将社会生态运动规律作为生态化技术的世界观图景,要求在技术的运作过程中应看到社会和自然的关系具有动态开放性和建构无限性相统一的特征。这是社会生态运动规律的未来发展趋向的问题，我们将之简称为“生态化技术建构的发展性原则”。

社会生态运动规律的上述特征表明，社会和自然之间具有层次整体性。在人类实践活动的促逼下，自然的结构、面貌、性质、方向都发生了巨大的变化。但是，像费尔巴哈的这样的旧唯物主义者，“没有看到，他周围的感性世界决不是某种开天辟地以来就直接存在的、始终如一的东西，而是工业和社会状况的产物，是历史的产物，是世世代代活动的结果，其中每一代都立足于前一代所奠定的基础上，继续发展前一代的工业和交往，并随着需要的改变而改变他们的社会制度。甚至连最简单的‘感性确定性’的对象也只是由于社会发展、由于工业和商业交往才提供给他的”①。尽管自然界的优先性始终存在，但是，康德的那个“物自体”根本不存在。今天，在人力所及的范围内，自然系统已经成为由原初自然、人化自然和人工自然三者构成的复合系统。这三者的边界和范围不是固定不变的，而是处于不断的变化过程当中。从总体上来看，由于人类实践的强大作用，这是一个原初自然的范围不断缩小、人化自然和人工自然的范围不断扩大的过程，这是一个不断发现新的必然王国的过程，这是一个不断走向自由王国的过程。因此，“社会—自然”生命共同体的范围是随着人类实践活动的发展而不断扩展的，处于动态的过程当中。同时，“社会—自然”生命共同体又处于开放之中。只有不断与外界进行物料、能量、信息等方面的物质变换，这一生命共同体才能脱离熵增的态势，维持自身的多样性、稳定性、整体性和持续性。这便是社会生态运动规律的动态开放性。

社会生态运动规律的动态开放性是不断趋向有序的。只要人存在一天，劳动就处于不断进步之中；只有劳动处于不断进步之中，人才能真正存在和发

① 《马克思恩格斯文集》第1卷，人民出版社2009年版，第528页。

展。这样看来,“人的依赖关系(起初完全是自然发生的),是最初的社会形式,在这种形式下,人的生产能力只是在狭小的范围内和孤立的地点上发展着。以物的依赖性为基础的人的独立性,是第二大形式,在这种形式下,才形成普遍的社会物质变换、全面的关系、多方面的需要以及全面的能力的体系。建立在个人全面发展和他们共同的、社会的生产能力成为从属于他们的社会财富这一基础上的自由个性,是第三个阶段”①。在人对人的依赖阶段,由于物质生产力不发达,人们对自然怀有一种敬畏、恐惧的感情和认识,社会和自然之间的物质变换是简单、缓慢的。其实,这是生态蒙昧的阶段。在人对物的依赖阶段,随着以青铜、铁器、蒸汽机和微电子技术等一系列成果为标志的人的劳动力的加强,社会和自然的物质变换全面展开。但是,由于商品、货币、资本成为支配一切的力量,因此,造成了人的异化和自然异化,导致了生态危机。其实,这是生态野蛮的阶段。当扬弃了异化劳动真正代之以人的劳动的时候,劳动作为人的肉体和精神享受的价值便成为人们劳动追求的目标,社会和自然的关系在人类有意识地控制下开始了真正的和谐发展和协同进化,人们日益意识到遵循社会生态运动规律的重要性。社会主义便向我们展示了这样一幅图景。但是,只有在自由人联合体当中,才可能真正实现人与自然、人与自身的真正和解。“社会化的人,联合起来的生产者,将合理地调节他们和自然之间的物质变换,把它置于他们的共同控制之下,而不让它作为一种盲目的力量来统治自己;靠消耗最小的力量,在最无愧于和最适合于他们的人类本性的条件下来进行这种物质变换”。② 这便是共产主义。共产主义是社会同自然完成了的本质统一,是自然界的真正复活,是完成的自然主义和完成了的人道主义的统一。其实,这一过程便是真正的生态文明的发展阶段。这一过程构成了社会生态运动规律的建构无限性。

可见,社会生态运动规律从其现实存在来看具有动态开放性,从其未来趋

---

① 《马克思恩格斯文集》第 8 卷,人民出版社 2009 年版,第 52 页。

② 《马克思恩格斯文集》第 7 卷,人民出版社 2009 年版,第 928—929 页。

向来看具有建构无限性。前者指的是其可动性,后者指的是其动的方向性。在其建构无限性的任一关节点上都具有动态开放性,而其无数个动态开放性正构成了其建构无限性。社会生态运动规律的动态开放性和建构无限性是相统一的。

因而,在技术的运行过程中,我们既不能采用压制技术的对策,也不能采用技术自由增长的对策。面对全球性问题,一些人认为,技术是罪恶之源,只有压制甚至取消技术才能挽救人类,这就忽视了社会生态运动规律的动态开放性和建构无限性相统一的特征。另一些人认为,技术可以自由地发展,这就在某种程度上夸大了社会生态运动规律的这一特征。以这两种看法作为技术的世界观图景,都不会有利于技术的发展,正确的做法是将动态开放性和建构无限性统一起来。在技术的运作过程中,既要看到社会和自然关系的动态开放性,又要看到社会和自然关系的建构无限性,而这正是一个建构生态化技术的过程。

社会生态运动规律的本质特点要求人们在一切活动中都要自觉而有效地将社会运动规律和自然运动规律协调起来,用它来规范人们的一切行为,这同时应成为技术在全球性问题背景下有效发展的出发点和归宿。正如恩格斯在《自然辩证法》中指出的那样:“事实上,我们一天天地学会更正确地理解自然规律,学会认识我们对自然界习常过程的干预所造成的较近或较远的后果。特别自本世纪自然科学大踏步前进以来,我们越来越有可能学会认识并从而控制那些至少是由我们的最常见的生产行为所造成的较远的自然后果。而这种事情发生得越多,人们就越是不仅再次地感觉到,而且也认识到自身和自然界的一体性。”①这就是要实现人与自然、人与社会的双重和解。这就构成了生态化技术的一般世界观图景。

---

① 《马克思恩格斯文集》第9卷,人民出版社2009年版,第560页。

第四章　生态文明建设的技术支撑（下）

未来几十年，新一轮科技革命和产业变革将同人类社会发展形成历史性交汇，工程科技进步和创新将成为推动人类社会发展的重要引擎。信息技术成为率先渗透到经济社会生活各领域的先导技术，将促进以物质生产、物质服务为主的经济发展模式向以信息生产、信息服务为主的经济发展模式转变，世界正在进入以信息产业为主导的新经济发展时期。生物学相关技术将创造新的经济增长点，基因技术、蛋白质工程、空间利用、海洋开发以及新能源、新材料发展将产生一系列重大创新成果，拓展生产和发展空间，提高人类生活水平和质量。绿色科技成为科技为社会服务的基本方向，是人类建设美丽地球的重要手段。能源技术发展将为解决能源问题提供主要途径。——习近平①

在人类文明史上，科学革命、技术革命、产业革命、社会革命具有复杂的关系。从资本主义生产方式的兴起和发展来看，资本主义之所以能够在短短的几百年时间内的发展超过以往一切时代的总和，就在于资本主义生产第一次变成了一个自觉运用科学技术的过程。科学革命（牛顿力学）推动了技术革

① 《习近平关于科技创新论述摘编》，中央文献出版社2016年版，第97—98页。

命(蒸汽机),技术革命推动了产业革命(机器大工业),产业革命引发了社会革命(无产阶级革命)。因此,马克思恩格斯在总结这一历史发展的时候指出,生产力当中也包括科学技术,科学技术也是生产力。今天,生态化技术(可持续技术)要发挥自己的功能和作用,同样必须实现产业化。

生态产业是联系绿水青山和金山银山的桥梁,是生态化技术的产业形态。绿水青山指生态环境优势,金山银山指社会经济优势。“如果能够把这些生态环境优势转化为生态农业、生态工业、生态旅游等生态经济的优势,那么绿水青山也就变成了金山银山。”①但是,如果没有相应的科学技术的支撑,这些生态产业也难以发挥自己的作用。现在,技术生态化已引起了人类产业结构的一次调整和重组。生态农业、生态工业、生态旅游就是生态化技术的产业表现和产业表征。生态化技术是生态产业的技术基础和技术支撑,生态产业是生态化技术的产业运用和具体实践。

现在,生态化技术运用在产业发展当中,不仅可以促进产业结构的绿色化,而且会促进生态文明建设。这个过程其实就是产业生态化和生态产业化相统一的过程,是发展绿色经济的过程。由于农业是国民经济的基础,灾害是影响农业可持续发展的重要问题,水利是影响农业的命脉,因此,我们应该将发展可持续农业、加强农业生态减灾、加强生态水利建设作为生态化技术运用的重点。当然,新型工业化道路是生态化技术的重要实践场域。党的十九大提出:“构建市场导向的绿色技术创新体系,发展绿色金融,壮大节能环保产业、清洁生产产业、清洁能源产业。”②这样,就指明了技术生态化和产业生态化的内在统一的趋势和特征。在总体上,我们应该将发展生态化技术和建设人与自然和谐共生现代化统一起来。

突如其来的新冠肺炎疫情,突出了防范生物安全风险的重要性,因此,我们要坚持统筹生物安全、生态安全、环境安全,要坚持运用生态化技术来支持

---

① 习近平:《之江新语》,浙江人民出版社 2007 年版,第 153 页。

② 习近平:《论坚持人与自然和谐共生》,中央文献出版社 2022 年版,第 188 页。

生物安全治理。

技术生态化（可持续技术）可以成为国家、省域、市域、县域实现生态优先发展为导向的高质量发展路子的战略选择，可以成为各个领域、各个部门实现自身可持续发展的战略选择。只有在生态化技术的支撑下，我们才能实现生态优先、绿色发展为导向的高质量发展。这也是建设人与自然和谐共生现代化的重要课题。

一、可持续农业的技术模式

农业是国民经济的基础，因此，大力发展可持续农业是生态化技术的首要选择。目前，建构可持续农业发展模式已成为国际上农业科学技术探讨的一个热点问题，实施可持续农业发展战略已成为全球性的农业生产和农业管理追求的一个目标。可持续农业优于一般生态农业的一个重要地方在于，可持续农业的技术模式更为全面、合理和有效。“经过长期发展，我国耕地开发利用强度过大，一些地方地力严重透支，水土流失、地下水严重超采、土壤退化、面源污染加重已成为制约农业可持续发展的突出矛盾。”①因此，在全面振兴乡村的过程中，我们应该大力发展生态化技术，以支持可持续农业的发展。

（一）从生态农业到可持续农业

既然作为新技术革命生态成果的生态农业实现了“三个效益”的统一，可以为解决全球性问题、支持可持续发展作出自己的贡献，那么，为什么还要提出一种不同于生态农业的农业发展模式——可持续农业呢？这在于，事实上存在两种类型的生态农业模式，一种是西方式的生态农业（Ecological Agriculture），一种是中国式的生态农业，而这两种生态农业模式都存在一定的局限性。

① 习近平：《论坚持人与自然和谐共生》，中央文献出版社 2022 年版，第 102 页。

1.西方式的生态农业及其局限性

西方式的生态农业是在石油农业充分发达而其弊病又层出不穷的情况下提出来的,他们将生态农业定义为生态上能够自我维持、低输入、经济上有生命力、在环境和精神(伦理和美学)方面可接受的小型农业。

由于西方工业化国家经济基础雄厚、资源占有量大,他们关心的问题主要是生活环境质量问题、生产成本以及减少农业补贴等问题,因而,西方式的生态农业具有以下特点:其一,在生态农业的对象和内容上,主要局限于种植业,而对养殖业和加工业重视不够,缺乏大农业的观念。其二,在生态农业的规模上,主要局限于家庭农场,没有在大面积上普及和推广。其三,在农业的投入上,重视减少农业的能耗,注重提高能量转化和利用效率,反对投入农药和化肥,有的甚至反对使用农业机械。其四,在农业生产的目标方面,主要以生活环境质量和生态环境保护为主,用牺牲经济效益来换取生态效益的事情常有发生。

可见,西方式的生态农业模式具有很大的浪漫主义色彩,与其说是一种生态型的农业发展模式,倒不如说是一种回归型的农业发展模式。它与有机农业(不同于中国古代的农业模式)、生物动力农业、再生农业、自然农业、生物农业一样,只是一种代替石油农业的“替代农业”(Alternative Agriculture)模式。对于广大的第三世界国家的贫穷的人民来说,生存则是第一位的问题。

2.中国式生态农业及其不足之处

中国式生态农业是一种不同于西方式生态农业的农业发展模式。它是依据我国国情、在传统有机农业的基础上、在生态学原理和方法的指导下自觉发展起来的。

中国式生态农业具有自身的重要特点。主要是:第一,在生态农业的对象和内容上,不只局限于种植业,而是将种、养、加作为一个整体来看待和处理,要求将一定区域范围内所经营的农、林、牧、副、渔各业和产、供、销各个环节作为一个整体。第二,在生态农业的规模上,我国生态农业形成了生态户、生态村、生态乡(镇)、生态县等多层次结构,国家从总体上重视生态农业的建设。第三,在农业生产的投入上,在强调提高能量转化效率、投入产出比的同时,要求将农业的生态化、机械化、化学化统一起来,还要求将再生的原则贯彻到农业生产中去,化害为利,变废为宝。第四,在农业生产的目标方面,中国式生态农业要求将"三个效益"统一起来。

不过,中国式生态农业也有某些不足之处。主要表现在:其一,中国式生态农业具有一定的地域性,这样就影响了它在更大范围上的推广。就拿建立小型沼气池来说,广东的实践表明,在柴草充足的深山区和商业能源充足的平原区就不宜发展沼气池,而只有在柴草短缺而且煤电供应困难的丘陵区才能发展沼气池。其二,中国式生态农业受一定的社会经济条件的制约,在最穷和最富的地区推广价值受限。再拿建沼气池来说,对于收入太低的农民来说,他们不会拿出一定的资金用在建池上来;而收入太高的农民则有能力购买商业能源。第三,中国式生态农业缺乏严格而系统的评价指标体系,许多生态农业示范工程只停留在浅层次上,有的甚至只是将之看作是争取投资的一种机会。

因此,中国式生态农业还有待进一步深化和优化。

3. 可持续农业的一般情况

可持续农业(Sustainable Agriculture)之所以能够作为一种新的农业模式被人们广泛接受,就在于它将生态农业和农村(乡村)发展(Rural Development)联系了起来,未来农业的发展模式是"可持续农业和农村发展"(简称为SARD)。

第一,可持续农业的定义。什么是可持续农业,目前国际上至少有七八种定义,但得到大家认同的是联合国粮农组织的看法。1991 年,该组织在荷兰 Den Basch 召开了农业与环境会议,通过了具有历史意义的"Den Basch 宣言”和行动纲领。该宣言对SARD作出了这样的规定:采取某种使用和维护自然资源基础的方式,同时实行技术变革和体制改革,用来确保当代人类及其子孙后代对农产品的需要不断得到满足;这种持续性的发展(包括农、林、渔业)能维护土地、水和动植物遗传资源,是一种环境上不退化、技术上应用适当、经济上能维持得下去和社会上能够接受的农业。可见,可持续农业不是可持续发展在农业和农业生产领域中的简单应用,他们之间也具有一种“递归”的关系。正因为这样,联合国环境与发展大会承认了可持续农业的概念,并将SARD写进了《二十一世纪议程》之中。

第二,可持续农业的目标。可持续农业进一步突出了农业的多维目标。主要有以下三个目标:一是吃饱和穿暖的目标。可持续农业强调要增加粮食产量,确保粮食的供应与消费,使粮食安全系数(粮食储备占粮食消费的比例)达到17%—18%;要协调和安排好其他农产品的生产。这就使农业和农业生产的经济效益进一步具体化了。二是保护资源和环境的目标。可持续农业要求人们要合理利用、保护与改善农业资源和环境条件,促使这些条件能够与人类社会的发展处于持续的良性循环之中。这就突出了农业和农业生产的生态效益。三是促进农村综合发展的目标。可持续农业以增加农村就业机会和消灭贫困为根本目标,将发展纳入了自己的体系中。这就使农业和农业生产的社会效益进一步明确化了。由此,我们可以说,“可持续农业和农村发展的主要目标是以可持续的方式提高粮食产量和加强粮食保障。这将涉及教育倡议、利用经济鼓励、发展适用的新技术,从而确保营养充足的粮食的稳定供应、易受损害的群体有机会获得这种供应和市场生产、创造就业机会和收入以减轻贫困以及自然资源管理和环境保护”①。可见,可持续农业具有十分复杂的结构。

第三,可持续农业的特征。可持续农业具有以下特征:一是在自然生态系

① 国家环境保护局译:《21世纪议程》,中国环境科学出版社1993年版,第116页。

统的可持续性上,具有保护自然资源和保持环境不退化的特征。这主要包括以下内容:养护和恢复土地,保护促进可持续粮食生产和农村可持续发展的水资源和其他生物遗传资源,等等。二是在农业生产和经济的可持续性上,具有维持得下去的特征。这主要涉及以下问题:促进经营和种植方式向多样化方向发展,利用可持续的植物营养来提高粮食产量,提高农村能源转化率以提高农业生产力,等等。三是在人类需要及其满足系统的可持续性上,具有保证人类及其后代对农产品的需要不断得到满足、消除贫困的特征。在这个问题上,必须将消除贫困和提高人的素质统一起来。四是在社会尤其是农村社会的可持续性上,具有能接受的特征。必须通过以下措施来保证这一点:参照农业的多种功能,特别是粮食保障和持续发展,进行政策审查、规划和拟订综合方案;通过多样化的农业和非农业就业措施、发展基础设施来改善农业生产和农作物系统;抓好制度和法律建设。五是在科技尤其是在农业科技的可持续性上,具有应用上适当的特征。在这个问题上,关键是要处理好科技进步与保护环境的关系,以此来促进农业和农村社会的可持续发展,这就要求努力发展技术密集型和效益密集型相统一的农业生产体系。

正因为这样,我们认为有必要从生态农业特别是西方式生态农业转换到可持续农业上来,用可持续农业来弥补中国式生态农业的不足,将可持续农业作为未来农业的发展模式。当然,这里的可持续农业就是现代高效生态农业。

(二)可持续农业的技术选择

可持续农业的技术模式不可能是一种空中楼阁式的东西,而是在现有的农业技术形态基础上发展起来的,需要对现有的农业技术进行优化组合。但这种组合决不是简单的拼凑,而是一个创新性的过程。这就是根据农业生产的自身要求、可持续发展的五个维度(五个子系统)和生态化技术的建构原则,运用系统工程方法进行的一种重构。

1. 可持续农业的技术组合元件

可持续农业不是存在于有机农业、石油农业和生态农业之外的一种农业，而是集有机农业、石油农业和生态农业之所长于一身的一种农业。也就是说，可持续农业的技术元件就存在于上述三类农业形态之中。有机农业是农业文明发展的第一个成熟的阶段(形态)，主要是指东方尤其是中国传统的农业技术，与西方作为替代农业方案的有机农业不是一回事。石油农业是农业文明发展的第二个成熟的阶段(形态)。它建立在化学化和机械化的基础上，起初具有高生产力的特征，而后来则造成了越来越严重的生态环境问题。生态农业是作为克服石油农业弊端而出现的农业文明的第三个阶段(形态)。

有机农业尤其是中国传统的有机农业是在一定的形上学的背景下建构起来的。在中国几千年的农业生产和农业文化的发展过程中，形成了以“三才”(三材)思想为实质和核心的农业哲学思想。在中国哲学中，“三才”是宇宙论、人生论和认识论的统一。“天有其时，地有其财，人有其治，夫是之谓能参。”(《荀子·天论》)这实际上是一种辩证思维式的理论思维，肯定了天、地、人三者(三才)的系统关联和动态作用。这种辩证思维充满了生命和生活的气息，是一种不同于牛顿式机械论的有机论思维。在此基础上，中国农学和农业生产进一步将“三才”确定为了农业生产、农业技术和农业管理的基本模式或基本法则，认为要想获得农业丰收，必须使天、地、人三者各司其职，进而要将他们的功能协调成一个整体，达到整体上的最优。《吕氏春秋·审时》的作者指出:“夫稼为之者人也，生之者地也，养之者天也。”而元代农学家王祯进一步将之概括为，“顺天之时，因地之宜，存乎其人”(《王祯农书·垦耕篇》)。这样，“三才”就从哲学上的一个概念转变成了农业生产、农业技术和农业管理的一种基本模式。

在这种“三才”思想观念的指导下，中国农业技术便具有了可持续性。这种技术主要有:

其一，精耕细作的农艺耕作技术。这就是根据因时制宜和因地制宜的原则，有效地利用太阳的光照和雨水，充分发掘土地的增产潜力，通过轮作、混作、间作、套作、复种等技术措施来提高农产量。

其二，施用有机肥料的养地技术。中国有机农业重视用地和养地的结合，将物质循环的生态学法则运用到施肥技术上来，将一切有机体残体、废物、垃圾、都看成是肥料的来源（大体上有大粪、牲畜粪、绿肥、渣粪、骨粪、皮毛粪、生物废弃物、火粪、泥粪、矿物肥料十大类）。这是中国有机农业长期维持大量人口生活而地力不衰的关键。

其三，物种资源的培育、保护和利用技术。中国是世界上生物品种资源最丰富的国家之一，形成了一整套培育、保护和利用物种资源的技术，后期农家尤其是《农政全书》借用医家本草学的方法，对物种资源进行了详细的记录和分类。

其四，灌溉和排水技术。中国有机农业重视改善农业生产的基础条件，形成了一系列重要的灌溉和排水技术，而都江堰就是这些技术的物化成果。“始建于战国时期的都江堰，距今已有两千多年历史，就是根据岷江的洪涝规律和成都平原悬江的地势特点，因势利导建设的大型生态水利工程，不仅造福当时，而且泽被后世。”①都江堰既是古代系统工程的典范，又是古代生态工程的典范。

其五，合理安排农业生产结构的模式化技术。这主要是利用食物链和生物多样性的生态学原理，合理安排农业生产结构，通过结构上的最佳匹配达到功能上的优化。除了著名的桑基鱼塘模式外，还有“瓜—豆”模式、“草—芝麻—谷”模式、“桑—麻”模式、“草—鱼—稻”模式、“桑—羊—稻”模式、“水—桑—牛—稻”模式等。通过延长食物链和增加生物多样性就优化了农业生产结构，使物质得到了充分的循环利用，从而提高了农业生产力。

---

① 习近平：《论坚持人与自然和谐共生》，中央文献出版社 2022 年版，第 9—10 页。

其六，合理开发和利用土地资源的技术。中国有机农业突出强调因地制宜的原则，形成了区田、梯田、架田、圩田等一系列合理开发和利用土地资源的技术，使中国农田结构呈现出了地域性和多样性的特征。

其七，病虫害的综合防治技术。除了运用捉拿、捕打等物理技术和下药等化学技术外，中国有机农业主要是利用事物之间相生相克的生态学法则来防治病虫害，如种植农田防护林、种植害虫厌食的作物等。

其八，庭院经济的生态设计技术。在小农经济条件下，农业经济是一种自给自足的经济。这固然有其落后的一面，但也进一步促进了农业的集约化经营。中国有机农业强调在自家之内的种、养、加的匹配和结合，形成了一些重要的庭院经济的生态设计技术。例如，孟子讲："五亩之宅，树之以桑，五十者可以衣帛矣。鸡豚狗彘之畜，无失其时，七十者可以食肉矣。百亩之田，勿夺其时，八口之家可以无饥矣。"（《孟子·梁惠王上》）另外，我们还可以举出许多这方面的例子。

正如我们将这种农业称为有机农业一样，我们将这种技术称为有机农业技术。这种技术不仅不会造成对自然资源的破坏，而且保证了自然生态系统的可持续性。关键的问题是农民投入的劳动量过大，而生产力水平较低。

在这个问题上的正确态度应该是，"传统的耕作方法并不是不科学的，实际上它们根据的是最重要的科学方法，就是实验，在农业生产上则被简单地称之为经验。但是传统耕作方法的生产力是受限制的"。"科学革命可能使农业在产量上发生另一次飞跃"，因此，"农民必须更多地懂得掌握新技术的效果"。[①] 因此，如何发挥中国传统农业技术精华并通过与现代农业技术的有机结合，就成为农业可生态化技术的一个重要构成部分。

---

① ［美］芭芭拉·沃德、勒内·杜博斯：《只有一个地球》，《国外公害丛书》编委会译校，吉林人民出版社 1997 年版，第 82 页。

2. 可持续农业技术组合的技术标准

在不同的农业技术形态的基础上来建构可持续农业,要受到一定条件的约束。从技术内在的机制来看,要受到农业生态系统自身特征的约束。从系统的观点来看,生产力、稳定性、维持性和公正性(正义)是农业生态系统的四个重要特征或功能①。从这四个方面来看,各种农业技术形态各有千秋,我们分别用 A、B、C 表示高、中、低三个级别,显然,可持续农业是由 A 级生产力、A 级稳定性、A 级维持性和 A 级公正性构成的,但这种构成本身是吸收其他各种农业技术形态的结果。具体来讲:

其一,生产力。这里的生产力也就是农业输出或农业产品,是指每个单位时间内有价值产品的增量(通常按年计),但最好用土地的每单位的有价值的收获或收入来计算(中国传统上惯于用亩为单位)。显然,这是属于整个生态系统的属性。以此为标准来衡量各种农业技术形态,那么,石油农业为 A 级(这是由其高投入决定的),生态农业为 B 级(这是由它在生态效益和经济效益之间所作的平衡决定的),有机农业为 C 级(这是由它的低水平的技术和装备以及农民素质的低下等情况造成的)。在这个意义上,可持续农业要达到 A 级生产力,必须吸收石油农业高生产力的长处,扬弃石油农业高投入的弊端;在一定的时期内,走生态农业之路可能是一种可行的方案。

其二,稳定性。生产力是用来衡量农业产出的数量标准,稳定性则是质量标准。它是指农业生态系统产出的可靠性和恒定性。稳定性是指生产力受气候、水分等生态因子的变动而引起的抗变性程度,可用产量或净收入变量系数的倒数来表示。这也是整个农业生态系统的属性。以此为标准来衡量各种农业技术形态,那么,生态农业为 A(这是由于它注重“三个效益”的统一而决定

---

① 参见 Terry Rambo A:《亚洲国家农业系统的应用人类生态学研究》,转引自国家环境保护局自然保护处、城乡建设环境保护部南京环境科学研究所编:《农村生态系统研究国际学术讨论会论文集》,中国环境科学出版社 1987 年版,第 106—107 页。

的），石油农业为B（机械化和化学化的发展达到一定程度后，就使农业生产丧失了后劲），有机农业为C（很难抗御重大的自然灾害）。在这个意义上，可持续农业要达到A级稳定性，必须要吸收生态农业稳定性的长处，增强农业生态系统抗御干扰的能力。

其三，维持性。维持性是指农业生态系统抗逆境和强烈干扰的能力，尤其是指受到反复的外力作用或重大干扰时的存留能力。这是一个纯生态上的指标，是用来衡量一个系统能否抵抗得住土壤退化、不断加剧的污染和突发性病虫害破坏力的标志。以此为标准来衡量各种农业形态，那么，生态农业为A（注重保护自然和生态的结果），有机农业为B（生态恢复力较差），石油农业为C（具有生态破坏力）。在这个意义上，可持续农业要达到A级维持性，必须要吸收生态农业维持性的长处，不仅要保证农业生态系统具有生态维持力，而且要保证它具有生态恢复力，从而保证农业生态系统具有可持续力。

其四，公正性。公正性是用来说明一个农业生态系统的产出如何在其受益者之间均匀地进行分配。它包括两类三种情况，一类是人与人之间的公正性（Ⅰ，社会公正），另一类是物种之间的公正性（Ⅱ，种际公正）。在Ⅰ类公正性中，又分为两种情况，一是横向之间的公正性［Ⅰ（1），代内公正］，即当代人之间的公正分配；二是纵向之间的公正性［Ⅰ（2），代际公正］，即当代人与下代人之间的公正分配，这其实也是一个生态指标。以此为标准来衡量各种农业技术形态，在Ⅰ（1）类公正性上，生态农业为B，石油农业为B，有机农业为C。这当中存在一个社会制度制约的问题。在这个意义上，可持续农业要达到Ⅰ（1）类公正性，必须转换到一个更为广泛的参照系中来进行。这就要求我们从技术的内在标准转换到技术的社会标准上来。在Ⅰ（2）类公正性上，生态农业为A（注重保护自然资源和生态环境，为后代人的生存保留了生态条件），有机农业为B（对待自然的道德和感恩态度，使自然资源和生态环境能为人类世世代代享用），石油农业为C（破坏了自然的可持续性，断绝了后代的衣食来源）；因此，可持续农业在Ⅰ（2）类公正性上要达到A级水平，必须吸收生态农业的长处，继承有机农业的优点；要认识到，我们不是从祖辈那里继承下来了自然财富，而是从子孙那里借用来了地球，应该为了子孙后代的利益来保持自然生态系统的可持续性（这是可持续的基本的、核心的含义）。

在Ⅱ类公正性上，生态农业为A（注重生物多样性），有机农业为B（维持生物多样性），石油农业为C（破坏生物多样性）；因此，可持续农业要在Ⅱ类公正性上达到A级水平，必须吸收生态农业的长处、继承有机农业的优点；应该明确地认识到，农业生态系统不仅要支撑人类自身的可持续性，也要支撑其他物种和生态系统的可持续性；人只是地球生态系统的托管人，应该与大自然和睦共处；人不能掠夺和破坏自然界，而只能合理利用和开发自然界。由此看来，将生态道德作为生态化技术的内在约束机制，其实也是从技术系统自身的可持续性上提出来的。但是，这绝不意味着生态中心主义，而是要突出生物的多样性，甚至是自然的多样性。多样性有助于维护稳定性、整体性、持续性。

总之，即使在技术内部进行可持续农业的技术组装，也需要进行创新，而这种创新正体现出了生态化技术的功能。今天，我们可以将之称为集成创新。

3. 可持续农业技术组合的可持续性标准

单从技术内部或单纯用经济的标准来衡量各种农业技术形态，我们不仅不能简单地否定石油农业，而且要依赖石油农业；我们不仅不能简单地肯定有机农业和生态农业，而且对有机农业和生态农业不能有过分的依赖。这同时要求我们转换可持续农业的技术组合坐标，要用可持续发展的眼光来看待和审视可持续农业的技术组装，为之树立生态可持续性、经济可持续性、需要可持续性、社会可持续性和科技可持续性五个维度，在可持续发展的框架内建构可持续农业技术模式。

可见，“可持续农业科学技术主要是指高产、优质、高效、资源节约（节水、节能、节饲料）型科学技术、品种发掘和改良技术、生物防治和综合防治病虫害技术、环境保护和治理技术等。"①尽管可持续农业科学技术与生态化技术之间具有一种递归关系,但是,我们可以将可持续农业科学技术看成是生态化技术的一种特例,是生态化技术在农业领域中的应用。

(三)可持续农业的技术构成

可持续农业吸收和利用了人类一切可能和可行的技术手段,将各种农业技术形态的长处集于一身,从而使农业生产的可持续发展获得了强大而可持续的技术支持,由此也构成了可持续农业的技术体系。这个体系具有复杂而有序的结构。

1. 可持续农业技术的生态构成

正像生态农业是生态学原理在农业生产中的应用一样,可持续农业也必须以生态学为科学基础;离开了生态学的指导和支持,可持续农业也就会丧失掉其可持续性。从可持续农业中所运用的生态学原理的角度来看,可持续农业的技术构成分为以下几类:

其一,可持续农业的整体技术。可持续农业的整体技术是运用生态学中关于系统各种成分相互协调与补充的整体原理而形成的技术体系。它将生态学的整体原则作为方法论来指导农业生产,运用整体的观点来分析和处理农业生产问题,由此形成了可持续农业的整体技术。这种整体视野可以运用于农业生产的各种层次和各种单元上,由此形成了以下几种技术:一是立体种养技术。这是利用农作物对生态因子需求的差异,而将不同农作物集中于一个层次或单元之中,从而充分利用空间和土地资源的技术。它包括像西瓜棉花套作这样的多层次农业群落,像"稻—鱼—萍"这样的复合农业群落,像山区农、林、草、畜、水产综合开发的农业群落带状组合等。二是小流域综合治理技

① 《中国21世纪议程——中国21世纪人口、环境与发展白皮书》,中国环境科学出版社1994年版,第84页。

术。这是将一定的小流域内的各项生态因子作为一个整体,通过协调各因子的关系从而改善流域内的各项生态环境关系,为农业生产提供良好生态环境的技术。主要是通过乔、灌、草结合的生物措施来保持水土、涵养水源,通过修筑坝、库、渠等工程措施来贮存和利用水资源。三是庭院经济技术。这是将农户的庭院作为一个整体,合理开发和利用有限的空间来达到高产出的一种技术。主要是要求农民立体利用庭院,或进行立体种植和养殖,或形成种养加一条龙的庭院格局,或建立家庭沼气池,或进行其他方面的多种经营。四是多种经营技术。主要是将种、养、加或农、林、牧、副、渔诸业作为一个整体,大力发展乡镇企业①,提高农产品的附加值。五是农业生态工程。这是将生态学的整体原理和系统工程方法统一起来,进行农业生产的规划、评价和设计的技术。假如说前四类技术属于“硬”技术的话,农业生态工程则属于“软”技术。它包括的主要领域有:农业区划的调查与分析,资源环境生态潜力评价,可持续农业模式的设计,等等。

其二,可持续农业的再生技术。可持续农业的再生技术是运用生态学中关于物质循环不息的再生原则而形成的可持续农业技术体系。它将再生原则作为方法论来指导农业生产,运用循环不息的观点来分析和处理农业生产问题,由此形成了可持续农业的再生技术。这种再生视野可以投视到整个农业生态系统,由此形成了以下几种技术:一是能源技术。这是指充分利用和开发再生、清洁、非碳能源的技术,包括太阳能开发利用技术(如太阳能采暖房、太阳能热水器等,光伏),风能开发利用技术,水能开发技术,生物质能开发利用技术(如沼气、酒精),等等。二是节水种植技术。这是根据水资源匮乏的生态形势,重复利用有限的水资源进行农业生产的技术,包括整修土地的技术(如梯田的开发和利用),地膜覆盖技术,滴灌技术,运用生物工程方法选育耐旱作物种子的技术,等等。三是污水资源化的技术。它是通过生物学的措施

① 当然,很遗憾的是,乡镇企业并没有得到很好的发展。

进一步使污水资源化的技术,通过净化污水来使污水得到重复利用,目前具有推广价值的是氧化塘技术。四是有机废料利用技术。这是利用物质循环的原理来使有机废料进一步得到开发利用的技术,通过多级利用来充分发掘物质的多级用途。主要包括以下领域:利用有机废料制作有机肥的技术,像利用沼气渣、沼气水养鱼这样的循环利用技术,等等。

其三,可持续农业的利害技术。可持续农业的利害技术是运用生物之间相生相克的趋利避害原则形成的技术体系。它将利害原则作为方法论指导农业生产,运用相生相克的观点来分析和处理农业生产问题,由此形成了可持续农业的利害技术。这种利害关系是客观世界中普遍存在的一种关系,将之运用到农业生产中来,就形成了以下技术:利用生物之间共生关系而形成的共生技术,如维持土壤肥力的植物养分综合管理技术以及间作套作、复种等种植技术;利用生物之间相克关系形成的相克技术,主要是病虫害和杂草的综合防治。其中,病虫害综合防治的技术措施有:利用天敌进行防治,利用作物对病虫害的抗性进行防治,耕作防治,利用遗传工程干扰昆虫基因从而使昆虫丧失生育能力的遗传防治,微生物杀虫剂,等等。

这些技术是有机农业、石油农业和生态农业都运用过的技术,但可持续农业在可持续的评价指标的规范下将他们组合了起来,结构的变化引起了整体功能的变化,由此就形成了一种具有新质的技术形态。由于这是从运用生态学规律的角度作出的分类,因此,可以将之称为生态分类法。

2. 可持续农业技术的方式构成

可持续农业是各种技术手段的一种集成,从这些技术的作用对象、运作方式、功能范围来看,可持续农业技术又是由以下几种技术体系构成的:

其一,可持续农业的生态因子技术。光照、土地、水分、生物是构成农业生态系统的生态因子,这些因子为农作物的成长提供物料、能量和信息,为农业生产提供各种生态条件。农业生产要得以进行,必须对这些因子加以开发、利用和保护,通过人为的调控使这些因子有序地进入农业生态系统,从而保证农业生产的可持续进行。围绕对这些因子的调控便形成了可持续农业的生态因子技术,主要有:光因子开发利用技术(太阳能利用、生物质能利用),土地开发和利用以及保护技术,水资源开发、利用和保护技术,生物资源开发、利用和保护技术,等等。

其二,可持续农业的控制技术。农业环境和农业生物的关系是农业生态系统的主要矛盾,要保证农业产出,必须要保证农业环境和农业生物处于一种协调的关系之中,通过人为的管理来控制农作物的生长过程,做好播种、耕锄、收割、收藏等工作,由此便形成了播种技术、田间管理技术、收割技术、保管技术等技术。而可持续农业则使他们进一步自然化、有机化、生态化和高效化,这就形成了可持续农业的控制技术。

其三,可持续农业的模拟技术。生物多样性(基因多样性、物种多样性、群落多样性、生态系统多样性等)是自然生态系统的重要特征。农业生态系统在一定程度上是简化了的系统,这种简化一方面可以保证农业产出,但另一方面又影响了农业产出(长时间的简化必然导致农业生态系统功能下降)。为了解决这一矛盾,人们可以利用人工的方式来模拟原生生态系统,这样就可以起到既保护生物多样性又维持高产出的作用。由此便形成了可持续农业的模拟技术。它包括生物多样性模拟技术(如水陆系统交换技术)、生态系统庭院模拟技术和生态系统循环模拟技术等。

其四,可持续农业的操作技术。在农业生产过程中,除了要利用、控制和模拟自然生态系统外,还必须用纯粹人为的方式来调节农业生态系统诸因子的关系,这样便形成了操作技术。在农业技术体系中,一部分具有实物的形态,是技术的物化,如农机技术、动力技术、信息技术等,这是农业生产中的硬技术。另一部分不具有实物的形态,以调查、分析、规划、评价、设计等理论的形式出现,这些都是发展农业生产不可缺少的手段,是农业生产中的软技术。

可见,上述技术都是常规农业运用过的技术,不同的是,常规农业是以离散的方式运用这些技术的,自然会造成技术功能之间的冲突和抵消,从而破坏了农业生产的可持续性。而可持续农业是在可持续性原则的指导下,按照系统工程的方法将它们协调成为了一个整体,这样就发挥了上述技术的整体效应,从而保证了农业生产的可持续性。由于这是从技术方式本身的角度作出的分类,因此,可以将之称为可持续农业技术构成的方式分类。

3. 可持续农业技术构成的系统性

我们只是出于说明问题方便的考虑,才将可持续农业技术的构成作出了上述两种分类。事实上,这两种分类具有一种互补性,它们共同构成了可持续农业的技术体系。

其一,生态分类的落脚点在于方式。一定的科学原理一旦被人们掌握和运用,便转化为一定的方法,从而对人们的实践发挥一种指导作用。因此,生态分类事实上是一种方式分类。在现代科学技术体系中,生态学不仅仅是一种科学原理,而且是一种科学方法和技术手段,“生态技术的实验和其可能性在今天受到了限制。尽管我们所取得的成果看上去充满了希望,但在未来的污染控制和环境规划中,我们需要将更多的生态技术的应用协调起来。这将要求生态学、应用生态学、生态模型和生态工程有一个持续的发展。生态技术提供给我们一种较好的规划未来的方法。恰当地运用这种工具是对人类提出的一个真正挑战。”①由此便形成了生态学方法这样一种作为科学认识和技术实践领域中的科学途径。

第二,方式分类应以生态分类作为基础。方式只是一种结构,结构的形成必须有一定的元件和原理,而生态学正为方式分类提供着一种原则。事实上,方式分类是将农业作为一个生态系统——农业生态系统来进行分析的,通过对其组分的分析来把握可持续农业的技术构成。例如,划在多产、可持续农业

---

① *Ecological Engineering*:*An Introduction to Ecotechnology*, Edited by Willian J · Mitsch etc., New York:A Wiley-Interscience Publication, John Wiley & Sons, 1984, p.11.

系统之下的生态技术,就包含了下述生态学原理,一是设计和采用了与特定地区环境相适应的农业系列,二是合理运用农业生态系统的生物资源,三是采用保护环境的、对自然生态系统影响最少的变化的发展战略①。

只要我们将上述两个标准统一起来来审视可持续农业的技术构成,就会发现,可持续农业的技术构成事实上是生态化技术在农业中的应用,这就是可持续性的五个维度内运用系统工程的方法将技术结合成一个整体。

(四)可持续农业的技术体制

在农业生产中实施生态化技术,必须要有一定的技术体制上的保障。如果生态化技术仍在常规技术体制中运行,那么,生态化技术就不可能为可持续农业服务。这就要求我们要建构与生态化技术相配套的农业技术体制。

1. 制定可持续农业发展战略

在农业技术发展战略方面,应将建立可持续农业作为农业技术的主攻方向。

1949 年以来,尤其是改革开放以来,我国的农业科技工作取得了举世瞩目的成就,但就总体发展水平来看,与世界先进水平仍然存在着很大的差距。主要存在的问题有:一是理论与相对实践脱节,农业技术研发也热衷于发论文,与中国实际尤其是中国农业生产实际结合得不够。二是只重视农业生产的具体技术,对生态因子的控制技术、生态环境的改造技术重视得不够,致使中国农业生产在生态上仍很脆弱。三是技术开发只是在常规水平上循环、重复,对高新技术的开发远远跟不上世界先进水平。这主要反映出了我国农业技术发展战略有待于进一步完善,与可持续农业的要求存在着严重的矛盾。这样,就必须要转换农业技术发展战略,应该抓好以下几方面的工作:

① *Ecological Engineering:An Introduction to Ecotechnology*, Edited by Willian J.Mitsch etc., New York:A Wiley-Interscience Publication, John Wiley & Sons, 1984, pp.118-119.

其一,农业技术的发展必须坚持理论与实践相统一的原则。农业技术的发展必须要立足于中国国情,尤其是要坚持因地制宜的原则,要以此为指导来寻找农业技术发展的突破口。主要有:一是要充分利用我国丰富的生物遗传潜力,选育和推广优良品种,切实解决好人民的吃饭、穿衣问题。在农作物的育种方面,要由以高产为目标的产量育种逐步向质量育种方向发展,力求克服绿色革命在育种方面所带来的由高投入造成的高耗、高污染的问题;要针对我国降水分布不均、干旱地区较多的特点,开发耐旱、速生的作物品种。在动物育种方面,要育成能代替进口的各种新品种和新组合,如肉牛、瘦肉猪、细毛羊、长毛兔等。二是在作物栽培和耕作制度方面,主要是要为我国农业生产登上新台阶提供技术保障,要攻克一熟地区亩产 800 公斤、二熟地区亩产 1500 公斤、三熟地区亩产 2000 公斤的技术难关;①要保证在多熟种植上的国际优势,使单位耕地综合生产力居于世界先进水平。

其二,农业技术的发展必须要将开发自然资源和保护自然资源的技术统一起来。必须要进一步发掘我国农业生产的生态潜力,控制农业自然灾害,还要进一步保护好农业自然资源和生态环境,使农业生产的持续发展获得生态上的保障。主要有:一是进一步改善农业生产的生态条件,改造中低产田进行农业区域综合开发。各地要选择一些不同类型的农业区域进行开发与治理试验,组装区域性的农业技术体系,形成发展可持续农业的示范区,以点带面,推动全国可持续农业建设。同时,针对威胁农业生产的旱、涝、盐、碱、薄五大生态障碍,开发适合各地生产条件的系列化、模式化、规范化的克服生态障碍的技术体系。二是要大力发展保护环境和资源的农业技术,研究和开发工业原料作物、能源作物、环保作物、特种作物、固氮菌等生态技术,为整个农业生产和国民经济的持续发展提供技术上的保障。

---

① 据报道,我国 2015 年攻关方平均亩产为 987.8 公斤,最高田块亩产达 1017.7 公斤,创稻麦两熟地区水稻最高产纪录。《我国稻麦两熟地区水稻亩产再创新高》,2015 年 12 月 7 日,见 http://scitech.people.com.cn/n/2015/1207/c1007-27894737.html。

其三,农业技术的发展必须将常规技术和高新技术统一起来。主要应注意以下问题:一是要清醒地看到我国农业生产力水平低下的实际情况,还要在农业生产的工业化方面继续作出努力。我国农业生产的工业化水平仍很低,因此,我们不能简单地排斥、否定工业化的农业技术,当然,在赶超农业机械化和化学化的世界先进水平的同时,要注意机械化和化学化的生态效应。二是要瞄准世界新技术革命的最新动向和成果,力争农业技术达到一个新水平。要保持分子生物学或遗传学、生态学、环境科学成果在农业生产中进一步产业化,使物理学、化学、信息科学和技术等新技术革命成果在农业生产上的应用取得重大突破。

农业技术发展战略的转换也就是要求我们要进行可持续的技术评估。这就是要从对资源利用率、产品产量和品质以及环境影响等方面,对现有农业技术进行持续评估,推广其中有利于可持续性的技术,淘汰不利于可持续性的技术。而这事实上是一个重构的过程。

2. 完善可持续农业的技术推广模式

在农业技术推广模式方面,应保证农业技术能够尽快、有效地在农业生产中转化为物质成果。

多年来,我国的农业技术推广工作取得了显著的成效,但与世界先进水平比起来,却存在着严重的问题。主要表现为:农业科技成果转化率低,优良品种普及率低,常规农业技术普及率低。之所以会形成这种局面,就在于我国的农业技术推广工作受到了僵化模式的束缚和支配。主要问题是:一是农业科技人员对农民的需要和各地的具体情况了解不够,致使技术研究和开发与农民需要、生产实践存在着一定程度的脱节。二是将新技术未被接受的原因归于农民和农业生产水平,不从技术本身及技术更替的程序上找原因。三是技术开发和发明只局限于试验室、图书馆和温室,不注重从大面积上来进行试验和开发。四是在技术成果的评价上,主要由出版物和同行来评价,由此形成了技术成果在专家鉴定会上完成的多而在田间鉴定会上完成的少的局面。

针对这种情况,我们必须转换农业技术推广模式。但这种转换不能学习西方生态农业的作法。西方生态农业提出的技术推广模式是:一是只强调从农民的需要、困难、感觉和环境出发,而不考虑技术开发的一般规律,甚至根本不考虑技术开发人员的个体素质。二是将新技术未被采用的原因简单地、直接地归之于技术研究和开发人员,而不考虑农民和农业生产方面的因素。三是将农民的田间和简陋的设备作为技术研究和开发的主要场所,有的甚至否定试验室、图书馆和温室在技术开发和推广中的应用。四是强调由农民来进行技术评价,强调技术的物化程度,很少考虑技术自身的评价尺度。可见,这种技术推广模式只是从一种极端走到了另一种极端,只强调技术推广的生态尺度,而忽视了技术推广的技术尺度,所以,它不适合中国国情。

在这个问题上,正确的作法是,将以上两种技术推广模式的长处在可持续性的标准下有机地结合起来。具体来讲,一是从技术自身的发展规律、农民的需要和农业生产的发展规律、生态规律三者统一的角度来寻求技术发展的突破口,应强调技术研究和开发人员与农民的双向学习,取长补短。二是从技术研究和开发自身的局限、农民经验水平的局限、农业生产发展水平的局限、技术人员自身素质的局限、生态上的限制等多个方面来寻找新技术未被采纳的原因,切不可一叶障目。三是技术研究和开发的场所的选定要将内敛和扩散统一起来,将实验操作和生产操作有机地统一起来,将理论预演和实践致动有机地统一起来,走一条从田间到试验室、再从试验室到田间的符合辩证唯物主义认识路线的技术推广模式之路。四是在技术成果的评价上,要将学术评价和实践评价统一起来,既要看技术成果的创新性或唯一性(学术水平),也要看它的实践性或可重复性(物化水平);既要考虑技术同行对成果的评价意见,又要考虑农民对成果的评价意见。

可见,只有这类技术推广模式才是真正与可持续农业相匹配的技术推广模式。只有在这类技术推广模式的保障下，生态化技术在农业生产中的应用才是可能的。

3. 改革可持续农业的技术体制

在农业技术体制改革的问题上，要保证农业技术体制为实施可持续农业科学技术提供体制上的保障。

尽管我国农业技术体制的改革取得了重大成果，但仍然存在着许多不尽如人意的地方。主要表现在：农业科研投入不足和利用效率低下并存在，科技队伍的可持续发展问题，科研和推广机构设置不合理的问题。这种体制不仅成为我国农业科技持续、稳定发展的严重障碍，而且也成为我国农业生产和农业经济持续、稳定发展的重大障碍。在这种情况下，我们必须进一步加大以下几个方面的工作：

其一，多方筹集资金，增加农业科技投入。2008—2020 年，我国科技总投入和农业科技投入经费持续增长，但“十三五”以来投入增速明显低于“十一五”时期。我国农业科技投入占农业 GDP 的比重只有 0.71%左右，远低于发达国家 2%—3%的财政投入水平，也远低于全国所有行业平均 2.14%的投入强度。因此，我们要建立农业科技投入稳定增长机制，使农业科技研发投入占农业总产值比重逐步提高到 2%以上。① 另外，还要运用市场经济的办法来管理农业投入，使有偿使用、无偿使用、部分有偿使用等多种形式统一起来，要促使农业科技投入的滚动式发展，增强农业科技自身的造血能力。对于一些重大的农业技术开发项目或区域开发项目，各级主管部门应打破行业、地区的限制，实行公开招标、择优委托的办法。

其二，进一步落实党的知识分子政策，稳定和壮大农业科技队伍。在这个问题上，票子、房子、位子等物质因素和条件固然重要，但关键的问题是要创造

① 周怀宗：《全国政协委员王静：完善农业科研投入机制突破农业科研瓶颈》，2021 年 3 月 5 日，见 https://www.bjnews.com.cn/detail/161492017915424.html。

一种有利于农业科技人员生活、学习和工作的宽松、自由的学术环境和社会环境;吸引更多的海外留学人员固然重要,但关键的问题是要稳定国内的队伍。这就要求我们要进一步建立和健全人才激励机制:一是进一步加强农业院校的改革和建设,国家要对农业院校的学生实行更为宽大的政治政策和更为优惠的经济政策,培养和造就一支强大的农业科技人员后备队伍。在国家全面放开高校收费的情况下,应通过经济手段吸引更多的有志青年投身于农业科技工作中来。同时,要考虑筹建农业科技师范院校,为农业技术更贴近实际创造条件。二是进一步稳定现有科技队伍,应继续做好以下几方面的工作:评聘农业科技推广研究员,解决推广系统中高级农艺师评正高职称并享受相应待遇的问题;进一步健全"国家农业技术资格评定制度",切实解决农业技术推广人员的评价标准问题,扭转社会上轻视农技推广人员的偏见;进一步提高县、乡两级农技推广人员的工资待遇,保证乡级农技推广人员的生活问题;发展和壮大农民农技推广队伍,完善"绿色证书"制度;大力发展农村职业中学,为农民农技推广队伍进行人力资源储备。

其三,进一步搞好农业科研和开发机构的改革,增强这些机构的活力。主要是应加强以下几方面的工作:一是要理顺农业科研和推广机构的关系,使农业科研和开发的各种资源能够得到最佳配置,避免重复设置机构,建立和完善具有行业和地区特色的农业技术推广机构,使畜牧业、水产业、草地业的比例逐步增大。二是建立与农业生产相配套的农业科研和开发机构,加强产前和产后服务,使产前、产中、产后的科技人员的比例趋于合理。要完成农业技术推广机构改革的下述任务,还有许多艰巨而复杂的工作要做。三是要加强农业立法检查,检查各地、各部门贯彻落实《农业法》《科技进步法》《农业推广法》等法律的情况,以免发生有些人借农业技术推广之名行坑农、骗农之实的现象。

农业科技体制的改革既是科技体制改革事业的一个重要组成部分,又是制约科技体制改革的整体事业的一个重要因素。只有建立起良性运行的农业科技体制，生态化技术才可能在农业生产中得到真正、彻底和有效的实施，可持续农业才可能获得强大的技术支持。在全面振兴乡村的过程中，我们必须高度重视这一点，将有效市场和有为政府统一起来，充分发挥新型举国体制在可持续农业科技研发、推广、应用中的作用。

二、农业减灾的技术支持

尽管农业和农村发展要依赖一定的自然生态条件，但自然生态环境并不是在任何情况下都是有利于农业和农村发展的，各类自然灾害就是影响和制约 SARD 的一种重大、直接、明显的生态障碍，因此，如何适当、有效地减轻自然灾害对农业和农村发展的危害，就成为 SARD 要着力解决的一个问题。技术进步是减轻农业自然灾害的根本途径，而生态化技术在这个过程中更具有突出的作用。

（一）农业灾害的生态危害

自然灾害是指自然界的突变运动产生的对人而言的不利影响，而农业自然灾害是指自然灾害对农业生产造成的危害。这里，我们提出一种评价灾损的综合指标体系——灾害危及持续发展的指标体系。这一指标体系将灾害放在发展体系中考察，通过考察和评估自然灾害对可持续发展各个子系统造成的损害情况，用生态、经济、人类需要及其满足手段、社会和科技的灾损量值来全面评估自然灾害的危害性。由此，我们应将减灾工作作为一项系统工程来建设，希望通过从生态、经济、人类需要及其满足、社会和科技诸方面的协调努力，来达到减灾的目的。

我国是一个农业大国，自然灾害对可持续发展的危害主要体现在对农业的危害上，使本来不够强大的农业和农村的可持续发展能力降低，从而影响到了整个国家的可持续发展能力。具体来讲：

1. 灾害对农业自然生态系统的破坏

自然灾害破坏了 SARD 的基础——农业自然生态系统的可持续性。生态因子是农业生产得以进行的重要条件,光、热、水、气、土、生等生态因子的分布超出了正常域限,就会破坏农业自然生态系统的可持续性,自然灾害对农田的破坏情况最能说明这种破坏的危害程度。近几年来,我国各种自然灾害频繁发生,水旱灾害严重,其中一个重要特点是灾害面积广、损失大。

2. 灾害对农业生产和农业经济系统的破坏

自然灾害破坏了 SARD 的手段系统——农业生产和农村经济的可持续性。可以用两类经济指标来评估灾害的经济损失,一是计算经济损失的总量,二是计算灾损占 GNP 或财政收入的比例。从第一个方面来看,我国一度由于自然灾害造成的经济损失呈逐年上升的态势。从第二个方面来看,我国自然灾害总损失占 GNP 的比例和占财政收入的比例超过了西方发达国家。这就增加了国家的财政负担。

3. 灾害对农民需要及其满足系统的破坏

自然灾害破坏了 SARD 的目的系统——农民需要及其满足系统的可持续性。这主要表现在:一是灾害造成了粮食歉收或绝收的情况,从而影响或威胁着农民的吃饭问题。这不仅加剧了本来严重的粮食问题,而且对整个国家都是一种威胁。二是灾害破坏农民的住房,造成农民流离失所的现象。三是自然灾害还对农民的其他物质和文化利益构成了威胁,使农民好不容易积累起来的一些家产流失,从而影响到了农民整体生活水平的提高。

4. 灾害对农业社会系统的破坏

自然灾害破坏了 SARD 的保障系统——农村社会系统的可持续性。这主要表现在：一是灾害造成了大量灾民，在国家财力有限的情况下，灾民生活和生产难以得到妥善安置，这就会影响农村社会直至整个社会的稳定。二是灾害破坏了农村医疗卫生设施。灾情过后，由于卫生防疫措施跟不上，很有可能发生大疫。三是灾害破坏了农村文化教育设施，使灾区的儿童丧失了教育机会。我们对后两方面的数字的统计还远远不适应减灾工作的要求。

5. 灾害对农业科技系统的破坏

自然灾害破坏了 SARD 的支持系统——农业科技系统的可持续性。这主要表现在：一是灾害能够破坏本来不够强大的农村科技设施，尤其是对科技示范工程的破坏性更大。二是灾害能够动摇灾民本来不够坚定的科技意识，从而影响科教兴国和科教兴农的事业。三是灾害能够减少科技投入，使本来少得可怜的科技投入用来救灾。这就使农村的持续发展丧失了必要的技术支持。

据有关方面估计，2021 年前三季度，我国各种自然灾害共造成 1.07 亿人次受灾，农作物受灾面积 11617 千公顷，直接经济损失 2095.9 亿元。8 月份旱情峰值时，农作物受灾面积 4284 千公顷。① 正因为农业自然灾害对整个 SARD 构成了威胁，因此，我们必须将农业减灾放在 SARD 中来统筹考虑。由于这种威胁本质上是一种生态威胁（涉及了发展系统中的每一个子系统或因子），因此，我们的减灾工作必须要依赖生态化技术提供的技术支持。

（二）农业减灾的生态对策

要达到安全、有效减轻农业自然灾害的目的，我们必须要对自然灾害的性质有所把握，只有这样，才可能形成可行的减灾对策。灾害就其本性来说是一种生态问题，因此，应该将农业减灾工作作为一项生态系统工程来建设。

---

① 中华人民共和国应急管理部：《应急管理部发布 2021 年前三季度全国自然灾害情况》，2021 年 10 月 10 日，见 https://www.mem.gov.cn/xw/yjglbgzdt/202110/t20211010_399762.shtml。

1. 农业自然灾害的生态成因

任何一种运动都是外部的作用使内部本来激化的矛盾显露了出来,使事物潜在的变化成为了可能运动。不仅渐变运动是这样,突变运动也是这样;不仅有利于人的运动是这样,不利于人的运动也是这样。农业自然灾害的形成也遵循着这样一种运动规律。自然灾害的形成有内因和外因的区分,自然圈自身的特异状态是灾害形成的内因,人类活动所形成的社会圈是灾害形成的外因;人类破坏自然的活动加剧了自然界固有的特异运动状态,外因通过内因产生了作用。在地球的自然圈结构中,由于地球本身的物质、能量和信息的异常积累、释放与转化、分布的不均匀、特性和状态的差异,使地球处于日新月异的变化之中。正是无数这样的灾变,才使地球成为了人类的家园。人类出现以后,克服自然界对人的生态障碍的活动成为地球进化的一种新的运动形式,由此形成了社会圈。社会圈形成之后,一方面促进了自然圈的有序进化,另一方面又扰乱了自然圈的演化过程。人以自己的活动方式使自然界本身所具有的突变因素逐渐显露了出来,使天灾和人祸交织了起来,今天的自然灾害事实上是一种以人祸形式表现出来的天灾,而这种天灾又造成了新的人祸。这正如恩格斯指出的,“我们不要过分陶醉于我们人类对自然界的胜利。对于每一次这样的胜利,自然界都对我们进行报复。每一次胜利,起初确实取得了我们预期的结果,但是往后和再往后却发生完全不同的、出乎预料的影响,常常把最初的结果又消除了”①。因此,必须警钟长鸣。

从理论上讲是这样,从现实来看也是这样。近些年来,我国农业自然灾害频繁发生,之所以形成了这样的局面,就在于我们没有协调好社会圈和自然圈的关系,人和自然的对立状态还没有得到根本缓解。具体来讲:一是各流域的水土流失情况仍然很严重,治理速度赶不上流失速度,各流域的水土保持工作

---

① 《马克思恩格斯文集》第 9 卷,人民出版社 2009 年版,第 559—560 页。

远远不适应防洪抗旱的需要。二是水利建设缺乏系统观点，堤库不配套，调洪能力弱，这是暴雨容易造成灾害的一个重要原因。三是一味扩展社会圈，不注意这种扩展行为可能造成的负效应，大量的湖泊被挤占，大量的河道淤积，这是近几年汛情加重的一条普遍教训。四是重建设轻维护，水利设施严重老化失修，人为破坏严重，一些小水电工程已被破坏殆尽，从而丧失了抵御较大的自然灾害的能力。五是分工不配套，不能将防汛和抗旱统筹起来考虑，一手硬，一手软，南北不协调，南方的防洪抓得相对硬一些，北方的抗旱抓得相对软一些，防洪抗旱手段远远不适应实际需要。总之，"现代社会中自然灾害不断加重的趋势与人类活动的影响密切相关。森林减少与土地资源的过度开垦是加重水土流失及滑坡、泥石流等山地灾害，加速河道、湖泊的淤积和导致调蓄洪水的能力降低以及洪旱灾害频繁发生的主要原因。地下水资源过量开采，导致地面沉降、海水入侵、城市防洪工程标准降低、内涝加重等一系列问题"①。因此，只有人类觉醒，才能开始有效地解决这一问题。

从其形成原因来看，自然灾害事实上是人和自然之间矛盾激化的一种产物。

2. 自然灾害的表现类型

尽管自然灾害存在着内在的整体关联，但在表现形态上却殊异万千。为了找到有效的减灾对策，必须对灾害的表现类型有清楚的认识。

自然灾害的特殊性主要是表现了地球各个圈层的特异状态，而人类活动对自然造成的破坏主要是作用于地球的各个圈层后，才发生作用。由此，可以将自然灾害的表现类型作出如下划分：一是天文灾害。这是发生在天文圈中的自然灾害。二是大气灾害。这是发生在大气圈中的自然灾害，包括旱灾、风灾、沙暴等。三是水文灾害。这是发生在水文圈中的自然灾害，包括洪灾和内涝等。四是地质灾害。这是发生在岩石圈中的自然灾害，包括地震、火山、滑

---

① 《中国21世纪议程——中国21世纪人口、环境与发展白皮书》，中国环境科学出版社1994年版，第158页。

坡、泥石流等。五是地貌灾害。这是发生在土壤圈中的自然灾害,包括土壤侵蚀、盐碱化等。六是生物灾害。这是发生在生物圈中的自然灾害,包括病、虫、草灾害等。在这些自然灾害中,旱灾、水灾和病虫害是威胁农业生产的三大自然灾害。

不同的灾种要求用不同的方法来加以解决,同时要适当地辅之以一定的其他手段。大体来说,解决天文灾害需要用天文科学的方法,解决大气灾害需要用大气科学的方法,解决水文灾害需要用水文科学的方法,解决地质灾害需要用地质科学的方法,解决地貌灾害要用地理科学的方法,解决生物灾害要用生物科学的方法。假如不遵循减灾的这一科学规律,不借助一定的辅助手段就跨越地球的圈层结构来解决问题,那么,不仅达不到减灾的目的,而且会引发出其他灾难。例如,农作物的病虫害只是一种生物灾害,减轻这一自然灾害的根本途径是运用生物防治的生物学办法;而现代科学技术却忽视了生物灾害的生物学性质和生物防治途径,单纯用化学方法来防治病虫害,虽然也取得了一定的效果,但同时又引发了其他一系列的灾害——全球环境污染和破坏生物多样性,问题就在于它没有考虑灾害发生的圈层结构。尽管地球的各圈层之间存在着一种整体关联和相互作用,但各圈层之间的特定结构和功能还是相对稳定的。在这个问题上,“农业科学要求深入研究空气、气候、水、土壤和植物的具体情况以及它们之间的相互作用。答案不应是范围太广的概括。而需要特别详细地说明其特点:在特定地点,于特定时间内,规定对特定作物能做什么或不能做什么。只有这些特定的管理技术被研究出来和应用以后,人们才能够有把握而稳步地放弃长效的氯化烃类如滴滴涕、狄氏剂或异狄氏剂等的普遍使用。”①这是自然灾害所具有的重要的生态性质。

这就是区分灾害类型的科学价值,也是有效减灾的科学对策的重要理论基础。

---

①　[美]芭芭拉·沃德、勒内·杜博斯:《只有一个地球》,《国外公害丛书》编委会译校,吉林人民出版社1997年版,第81页。

3. 农业减灾的生态对策

由于灾害具有典型的生态学特征，因此，农业减灾必须要以生态学为基础，以此制定出有效的减灾对策。目前，应注意以下几个问题：

一是要明确生态学规律在农业减灾中的指导地位。生态学规律是对地球上各个圈层相互作用关系的揭示，因此，可以用来指导农业减灾工作。生态学规律的指导地位绝不能动摇，这样才可以避免减灾工作的盲目性，增强减灾工作的有效性。例如，现代技术为害虫的控制大伤脑筋，因为单纯的化学控制办法不仅不能收到应有的效果，而且还引发出了环境污染、害虫抗药性增强等问题。其实，运用生态学所揭示出来的生物多样性规律很容易有效地解决这一问题。生态学对生物多样性规律与昆虫稳定性的关系进行了研究，发现了“多样性愈高、稳定性的机率愈大”的规律，大量的田间实例证明了这一规律的普遍性和有效性，在作物相、林相单一的地区往往容易暴发农林害虫，而不同作物混作或混交林可作为控制害虫的一种有效手段。据有关研究，在黄河流域棉区，麦棉套种的农田的物种丰富度指数高出纯棉田 2—3 倍。苗蚜普遍得到控制，伏蚜和 2 代棉铃虫危害有所减轻。由此不仅可以看出生态学规律的减灾价值，而且可以看出生态学规律在农业减灾中所具有的一本万利的经济价值。

二是要运用生态学方法对区域规划和开发建设项目的灾害影响进行评估。作为认识地球圈层结构相互关系的科学途径的生态方法，应作为进行区域规划和开发建设项目进行技术评估或工程论证的基本尺度，一方面要对工程项目可能引发的生态问题进行评估（生态评估），另一方面对工程项目可能引发的灾害问题进行评估（灾害评估）。灾害评估的基本内容包括：(1) 项目实施区域周围的环境是否对开发建设项目有潜在的灾害影响；(2) 开发建设项目是否会对其周围环境引发灾害性后果；(3) 重大工程设施设计标准、抗灾能力与保护措施是否经济合理。运用生态学方法进行灾害评估，对于农业减灾工作具有重大的意义,尤其是对像建设大型水利枢纽工程这样的减灾项目更为重要。我们在农业减灾中必须牢牢记取这方面的经验教训,"大多数大坝的建造是为了给工业输送大量电力。它们是由工程师设计的,虽然开始时也曾注意到诸如水库扩建后被淹土地上农民的迁移、对下游渔业的影响和当地新的小气候变化等问题,但关于新的水利工程对互相依存的自然环境的影响,却没有进行全面、系统的生态学研究。这也并不奇怪,因为工程师和设计人员没有享受过关于了解自然界的复杂性和相互作用方面的训练"①。这说明了生态学思维和方法对于工程技术的重大价值。

三是要进一步认清农业减灾的生态学问题。农业减灾的方向也要从事后转向事前,要对可能形成自然灾害的人类活动的方式和规模进行研究。主要有两个方面的问题:其一,人类活动及其造成的破坏与各种自然灾害的关系问题。主要包括:围湖造田与洪涝灾害的关系,开垦草原与山地灾害、水旱灾害、风沙灾害的相关关系。其二,人为因素引起的未来自然灾害的演变特征及防治对策的问题。主要包括:大量施用农药引起的农业病虫害的演变特征及防治对策,城市开发可能引起的各种自然灾害的演变特征及其对农业生产的影响和防治对策,矿山开发引起的自然灾害及其对农业生产的影响和防治对策。只有明确了这些问题,才可能防患于未然,缓解自然灾害对农业和农村发展造成的威胁。

正因为农业自然灾害具有典型的生态学性质,才使生态化技术在农业减灾中的运用成为可能,因为生态化技术本质上是一种生态化的技术。

(三)农业减灾的技术组合

对技术进行合理的组合,是农业减灾的技术对策中具有基础性的工程。关键是要处理好以下几种关系:

① [美]芭芭拉·沃德、勒内·杜博斯:《只有一个地球》,《国外公害丛书》编委会译校,吉林人民出版社1997年版,第192页。

1. 传统技术和现代技术的关系

我们要正确处理好传统技术和现代技术的关系,充分发掘传统技术的现时代价值。

这里的传统技术主要是指有机农业的技术,现代技术主要是指石油农业技术。正像现代技术并不完全等于科学的技术一样,也不能将传统技术简单地归之于经验技术。为了达到安全、有效减灾的目的,我们必须在生态学的基础上将他们统一起来,内化到生态化技术体系中来,作为农业减灾的一项重要的技术对策。这里,我们着重谈一下中国传统农业技术的减灾价值。

中国传统农业技术不仅将"御旱济时"[《务本新书》(元代农书,作者不详)]作为自己的职责和使命,而且对一些主要的农业自然灾害的发生机理、表现类型和危害情况进行了深入研究,在此基础上,提出了一系列切实、可行、安全、有效的减灾技术对策。

拿蝗虫这一种危害农业生产的虫害来说,在中国传统技术体系中就形成了一整套成体系的、科学的技术对策。在中国传统农业技术看来,蝗虫的发生是有一定的生态规律的。只有了解了蝗虫发生的生态学规律,从环境整治入手,才能有效地防治蝗虫。"故详其所自生与其所自灭,可得殄绝之法矣。"[(明)徐光启:《除蝗疏》]徐光启通过研究,发现了蝗虫生发的两条重要的生态规律:一是蝗虫的发生具有季节性的规律。从春秋至战国,史书中记载的蝗虫有111次,经过统计发现,蝗虫的生长节律与农作物的生长节律大体上是一致的,春秋冬三季发生的次数较少,而夏季发生的次数则较多。二是蝗虫的发生具有地域性的规律。一般来讲,水泽地区极易发生蝗灾,但通过考察史书上记载的蝗虫发生地点后发现,南方水泽地区往往很少发生蝗灾,而北方水泽地区却极易发生蝗灾。这在于,北方常年干旱少雨,一旦下雨又常常泽满为患,过不了几天,泽水开始退缩,将水中的芦苇等杂草露出,从而为蝗虫的发生提供了适宜的自然条件。南方的水泽的蓄水量则一年四季基本上持平,人们又常常将岸边的芦苇割下来利用,这就不会形成蝗虫生发的生态条件。

正是由于蝗虫的发生具有这样的规律,因此,中国传统的灭蝗技术也具有了生态性,主要有以下几条技术措施:一是根据蝗虫发生的季节性节律,在冬、春季进行灭虫,将虫卵掘出致死,或在幼虫时进行灭虫,这样,幼虫就不会随着农作物的成长为非作歹。二是根据蝗虫发生的地域性规律,要清除水潦边上的杂草,这样,既破坏了蝗虫的生存条件,收割好的干草还可以用作薪柴。另外,人们还可以根据蝗虫的生活习性来寻找恰当有效的灭蝗办法。徐光启发现蝗虫具有以下生活习性,并据此提出了一些灭蝗技术措施:一是蝗虫具有厌食性,不食芋桑和豆麻,因此,人们就应选种这些作物,这样就可以在事先就控制住蝗虫。二是蝗虫看见树木成行的生态境况时,一般是翔而不下,因此,人们应大力植树造林,这样就可以避免蝗虫为害农作物。徐光启提出的这些灭蝗技术对策,其实也就是现代科学所讲的病虫害综合防治法和生物防治法。

由此看来,传统技术在今天的农业减灾中仍然可以发挥其固有的作用,问题的关键是我们对传统技术防减灾害的价值发掘得不够。假如我们同时能用现代技术的长处来弥补传统技术的一些固有的不足的话,那么,传统和现代就会相得益彰,成为农业减灾的技术对策。作为农业减灾的一项战略基础,我们必须清醒地意识到:“脆弱的发展中国家应能更新、应用和分享缓和自然灾害影响的传统方法,并利用现代科技知识来补充和加强自己。因此它们现在应该学习现有的知识和实用技能,并努力加以改进、发展和更好地应用。”①这就是要做好推陈出新的工作。

2. 常规技术和高新技术的关系

我们要处理好常规技术和高新技术的关系,将新技术革命的成果最大限度地运用到农业减灾工作中来。

---

① 世界减灾大会(横滨):《横滨战略和行动计划——建设一个更为安全的世界》,《自然灾害学报》1994 年第 3 期。

农业减灾最终目标的实现取决于科学技术在减灾过程中的应用程度。但是,由于历史和现实诸多方面的原因,我国农业减灾的科技程度还偏低,在大多数情况下,灾害的防治还只是经验性的行为,不仅高新技术没有在农业减灾中得到应用,而且常规技术在农业减灾中的应用程度也很低。在不少老少边穷地区的农村,人们甚至还希望通过求神拜佛的形式来祈雨驱旱。因此,为了有效地防治农业灾害,我们必须加大农业减灾的科技应用力度,尤其是要将新技术革命的成果尽快、有效地运用到农业减灾中来,以此来弥补我国常规技术水平低下的不足,迎头赶上世界先进水平。目前,我们特别要注意信息技术和生物工程在农业减灾中的应用。

其一,信息技术在农业减灾中的应用。我们应尽快地建立起"农业灾害信息系统",为农业减灾提供智力支持和决策依据。

从国际减灾的总趋势来看,建立和健全灾害信息系统已成为减灾工作的关键环节。在不少发达国家,都争先将新技术革命的成果应用到减灾工作中来,舍得花本钱建设对灾害的监测、预测及信息处理系统,从而获得了一本万利的价值。我国灾害信息系统的建设相对落后于国际先进水平,满足不了我国减灾工作的需要,由此留下了深刻的经验教训。我国近些年来的几次重大的自然灾害之所以会造成严重的损失,一个关键的原因就在于信息不准、决策不灵。因此,建立和健全我国的"农业灾害信息系统"很有必要。

信息技术的发展则为建立和健全灾害信息系统提供了可能。信息技术的各项最新成就正在成为灾害信息系统的基础,加强了灾害信息的处理能力。主要有以下几个方面:一是航天遥感技术在灾情监测与灾损评估中得到了应用;二是通讯卫星、微波和光纤通信等现代技术的应用提高了灾害信息的传递能力;三是电子计算机硬件技术及数据库管理软件的发展,增强了灾害信息的处理、存贮和输出能力;四是各种专业信息系统纷纷建立,从而为建立灾害信息系统提供了各种辅助信息系统,只要统一编码存贮,就能得到经过整理的统一规格的灾害信息。

在这种情况下,我们应将“全国农业灾害信息系统”作为“全国灾害信息系统”的一个子系统来建设。据有关方面研究,一般灾害信息系统由数据采集子系统、数据存储子系统和应用支持子系统三部分构成,农业灾害信息系统也应由这三部分构成:一是数据采集子系统,包括信息源和预处理两部分。信息源包括观测数据、分析测定数据、图像和图形信息、统计调查数据、遥感信息和现存数据库等;预处理包括可靠性验证、要素提取、标准化编码、图像和图形数字化等。二是数据存储子系统,包括通用数据库和图形数据库两部分。三是应用支持子系统,包括图像处理系统、地图数据处理软件包、统计与量算程序、数据统计程序、决策规划程序、用户接口程序等。

农业灾害信息系统将会为农业减灾提供强大的智力支持和坚实的决策依据。它的基本功能有以下几方面:

一是动态监测功能。主要是为观测和监测各种自然灾害提供技术装备和支持,由此建立起灾害监测系统,包括多种形式的输入、检索、输出、更新等功能。其中包括影响和危害农业生产的灾害性天气、气候和洪水监测,山崩、滑坡、泥石流、地面沉降和地面塌陷等地质、地貌灾害的监测,海啸等海洋灾害的监测数据实时收集,大气监测及其数据的自动化处理技术,等等。

二是预测和预报功能。主要是建立各种预报和预警系统,通过对监测数据的处理和分析,以及模拟各种自然灾害的发生和演变过程,来探究灾害发生和演变的规律,从而在灾害有可能发生之前作出预报,为预防灾害、减轻灾损提供服务。其中包括影响和危害农业生产的灾害性天气和气候的数值预报,地震预测和预报,海洋灾害的预报和预警,农作物和森林病虫害生发规律的动态模拟和预报模型等。灾害信息系统的这一功能已经经受住了减灾实践的检验,成为人类战胜灾害、减轻灾损的一种有效手段。例如,1985 年长江三峡新滩发生滑坡,由于在事前作出了准确预报,滑坡体下方的全部居民在灾发之前都及时、安全地撤离,由此,滑坡时没有造成大的人员伤亡。

三是综合分析功能。主要是通过对区域的、多因素和多时相的综合分析,为减灾决策和减灾管理服务，从而促进和带动减灾决策的科学化和民主化，减灾管理的规范化和现代化，从整体上提高国家的减灾决策和减灾管理水平。例如，1993 年 5 月上旬，西北地区发生了大风和沙尘暴天气，中央气象台和甘肃、宁夏等地的气象部门提前 2—3 天发布了预报，并及时向当地省委、省政府和有关部门作了汇报，决策部门和管理部门依据气象部门提供的信息，及时、妥善地作出了防灾和减灾决策，并作好了安排，从而最大限度降低了灾损。多年来，我国气象部门把为国民经济建设服务尤其是为农业服务当作重点，充分利用卫星遥感等先进技术，抓好重要农事季节的天气预报，做好水旱灾害、土壤墒情、病虫害发生发展、森林火灾监测等工作，为决策和管理部门提供了大量及时、准确的决策依据，成为了我国防灾工作中的“千里眼”和“顺风耳”。

四是信息共享功能。主要是通过移植、转贮及与其他信息系统的联网，增强农业灾害信息系统的联网水平；不仅要支持国家灾害信息系统、国家资源信息系统、国家经济信息系统等超大型信息系统的运行，而且要根据社会上各种用户的需要提供及时、准确的信息服务，从而为建立国家级信息高速公路提供准备；不仅要支持国内的信息社会化方面的建设，而且要与国际上的灾害信息系统联网，从而实现全球灾害信息资源的共享，“各国应将可能对他国环境产生突发的有害影响的任何自然灾害或其他紧急情况立即通知这些国家。国际社会应尽力帮助受灾国家。”①这样才可能建立起全社会性的、全球性的防灾减灾体系。

总之，全国农业灾害信息系统的建设，不仅会为农业减灾工作服务，而且会为建设一个更为安全的世界服务。

其二，生物工程在农业减灾中的应用。这主要是为减轻和抵抗农作物病虫害提供了技术上的支持。主要取得了以下几个方面的成就：

一是运用生物工程培育抗逆性强的农作物品种，从而增强了农业的减灾

---

① 《里约环境与发展宣言》，转引自中国环境报社编译：《迈向 21 世纪——联合国环境与发展大会文献汇编》，中国环境科学出版社 1992 年版，第 31 页。

和抗灾能力。一些农作物品种天生具有抗性基因(包括抗盐、抗旱、抗寒、抗高温、抗除草剂、抗病虫害的基因),现在,人们可以利用遗传工程将这些基因在不含抗性基因的作物中得到表达,从而增强这些作物的抗性。这方面已取得了不少成就,而且开始在农业生产中应用。例如,我国农业生物学家采取染色体工程法,利用5B效应把黑麦抗条基因导入普通小麦,经五年选育出对条中22—29号生理小种均有免疫能力、农艺性能良好的M8003小麦新品系,从而增强了小麦的抗病能力。

二是运用生物工程控制昆虫的遗传基因,使之丧失繁殖能力,从而达到控制虫害的目的。主要是对昆虫的激素和信息素进行人为干扰,使昆虫绝育,然后将这些绝育昆虫大量投放到自然群体内,加剧到自然群体内的交配竞争,从而降低害虫的数量,使之不能达到危害农作物的水平。

三是运用生物工程制作微生物制剂,加快病虫害防治从化学防治到综合防治的步伐。这方面具有代表性的技术成就是BT剂技术。BT剂是利用芽孢杆菌之一的苏云金芽杆菌(简称BT)产生的具有杀虫力的蛋白结晶毒素制成的,经试验证实,该剂对蔬菜害虫液盗蛾有效,对人、畜、鱼、介类、鸟类无害。这不仅增强了农业生产抵抗虫害的能力,加快了病虫害防治从化学防治到综合防治的步伐,而且会促进可持续农业的建设。“由化学防治转为综合防治的典型操作程序大致如下:逐步淘汰有机氯,逐步采用代用杀虫剂;在某些耕作方面,几乎可以立即不用这些代用品;在其他耕作方面,时间表可以稍许长些,这要看我们对于有关的农业生态过程和有多少训练过的人员而定。”①生物防治代表着农业防灾减灾救灾的方向。

将生物工程运用到农业减灾过程中来,不仅可以增强农业的减灾能力,而且可以支持生态农业和可持续农业的建设。这在于,生物工程具有一系列的优点,能够比较准确地定时和定位,防止病虫害随时间的推移而产生抗性,减

① [英]E.戈德史密斯:《生存的蓝图》,程福祜译,中国环境科学出版社1987年版,第20页。

灾能力具有可持续性。同时,还能起到保护环境、不造成污染的作用。

总之,正确处理常规技术和高新技术的关系,将新技术革命的成果有效地运用到农业减灾工作中来,可以帮助我们实现防灾减灾工作的如下目标:“加强灾害科学的研究,提高对各种自然灾害孕育、发生、发展、演变及时空分布规律的认识,促进现代化技术在防灾体系建设中的应用,因地制宜实施减灾对策和协调灾害对发展的约束。”①这样,可以发挥防患于未然的作用。

3. 工程措施和生物措施的关系

我们要处理好工程措施和生物措施的关系,将生物措施的工程化和工程措施的生态化有机地结合起来。

要切实保障农业和农村的持续发展,安全、有效地减轻自然灾害对农业生产的威胁,必须加强防灾体系的建设。工程措施(如修筑水库)和生物措施(如植树造林)是建设防灾减灾体系的两种基本措施或两种基本类型,这二者在农业减灾过程中各有其固有的价值,但也有其局限性,因此,有必要将二者结合起来,使生物措施工程化,工程措施生态化,发挥二者的综合效益。

生物措施在减灾工作中具有一本万利的效果,但若形不成规模效益,其应有的功能就难以发挥出来,因此,现在强调要用工程方法来造林。例如,生态工程就是一种工程化的生物措施。它是指根据生物学和生态学原理,运用系统工程的最优设计方法,恢复植被、重建生态系统的建设活动。运用工程方法植树造林,形成防护林体系这样一种类型的防灾减灾体系,就可以充分发挥森林、树丛和林带所具有的涵养水源、保持土壤肥力、防止水土流失、减少由风力传播的杂草的危害、抵挡风沙、美化环境、保护农田等多项生态功能。这既保护了农业自然环境,又减轻了自然灾害对农业生产的危害,从而为农业和农村的持续发展提供保证。如果我国的“三北”防护林体系、长江中上游防护林体

① 《中国21世纪议程——中国21世纪人口、环境与发展白皮书》,中国环境科学出版社1994年版,第153页。

系、沿海防护林体系、平原防护林体系等重大的工程化的生物防灾减灾体系能够尽快、有效地发挥作用,不仅可以大大治理我国的自然生态面貌,而且会大大增强我国农业生产体系的防灾减灾能力,从而就会使我国的农业和农村发展走上一条可持续发展之路。但目前存在的问题是,人们只注意种,而不注重管;只注意数量,不注意质量。因此,我们还必须加强这方面的管理和领导。

工程措施尤其是水利工程在减灾过程中具有多维的价值,可形成规模效益。但如果忽视生态规律,一味追求大、齐、全,那么,不仅不会发挥出工程措施本来的效益,而且还很可能造成新的灾种,引发其他自然灾害。古今中外在这方面都留下了沉重的历史经验教训。如古代的郑国渠、今天的三门峡、埃及的阿斯旺水坝等。这些工程尤其是战后建立起来的工程有其固有的价值,但是,“在这些大型工程中,有两个问题最突出。初期的工程计划,其目的只是灌溉农田以增产粮食,不过是在没有充分了解土壤、水、植物和气候之间相互作用的复杂性的情况下进行的”。“第二个性质不同的错误,是在二次世界大战后发展中国家兴建大坝浪潮时期发生的许多问题。建坝的主要目的不是为了农业用水,而是为了几十年来十分强调加速工业化所必要增加的电力。”①同时,在水利工程的建设和运行的过程中,也存在着重建设而轻管理、重规模而轻配套等问题,致使已建工程严重老化失修,关键时刻无力发挥作用,而且造成新的灾难。因此,包括水利工程在内的防灾减灾工程体系的建设,必须要有生态意识和系统意识,要用生态学约束、规范和指导包括水利工程在内的防灾减灾工程的建设,使工程措施生态化。在这方面,都江堰可以为我们树立一个样板。

根据上述情况,我们必须在大型水利工程的建设中将生物措施的工程化和工程措施的生态化有机地结合起来,将大型水利工程作为一项生态工程来建设,将大型水利工程作为一项系统工程来运作,这样,我们才可能真正发挥

---

①　[美]芭芭拉·沃德、勒内·杜博斯:《只有一个地球》,《国外公害丛书》编委会译校,吉林人民出版社 1997 年版,第 190、191 页。

出大型工程设计提出来的各项功能。

首先,整个工程建设在构成上必须坚持系统性的原则。系统性应作为现代工程尤其是特大型工程建设的基本原则,将工程作为一项系统工程来建设。要综合考虑工程项目与自然环境、工程子项目与整体工程、工程的各项功能的关系等一系列的复杂的关系网络,通过工程构成的各种类型的元件的最佳匹配,实现工程建设和运作的最优化。

就拿长江的防洪体系的建设来看,自古以来,有河患而无江患,但近些年长江的水患一度连年不断,为什么会形成这种局面呢? 这在于:一是长江上游的植被破坏严重,水土流失加剧,从而使四川境内的长江对四川构成了威胁。长江上游水土流失面积一度达到 35.2 万平方公里,按照平均每年治理水土流失面积 0.5 万平方公里的速度,长江上游的水土流失治理需要近 70 多年的时间才能完成。二是长江主河道被大量挤占,致使长江河流受到了遏制,从而增加了引发水患的可能。近几十年来,长江沿岸修建了很多码头、港口,侵占了深水航道;而这些建筑又大多是实体建筑物,从而影响了水流的正常运行。三是长江中下游各水系纷纷围湖造田,大量的水面被挤占、挪用,致使长江水系的天然调洪能力降低,长江成为了中下游的心腹之患。1949 年以前,长江尚有通江湖泊洼地 25828 平方公里,1977 年的统计结果为减少了 46%。可见,长江水患是由多种因素的共同作用促成的。"治好'长江病',要科学运用中医整体观。"①这就要求我们将长江的防洪工作作为一项系统工程建设,从上、中、下三段一齐入手,统筹兼顾。

具体来讲,一是要在长江上游地区加强水土保持工作,植树造林,恢复植被,从而增加上游地区的涵养水源的能力,要将长江上游的水土保持工作和长江防护林体系的建设结合起来。同时,我们还可以在长江上游的一些支流兴建一些小水电。现代系统科学的一条重要的原则就是要求人们的思维和行为

---

① 习近平:《论坚持人与自然和谐共生》,中央文献出版社 2022 年版,第 213 页。

要有层次性的原则，通过分层控制达到整体上的控制，层次控制具有投入少、产出多的效果。二是在长江中游地区要疏通长江的主河道，岸边的建筑该撤的一定要撤，不能撤的要代之透明、中空的建筑。三是下游地区必须退耕还湖，充分运用长江水系的天然调洪能力控制洪水。退耕还湖之后，农民要进一步以水为生，克服过去那种片面强调“以粮为纲”的弊病，发展水面立体生态农业。这里的关键是要转变人们的产业观念，进一步调整长江中下游地区的产业结构，行洪区要将种植业（狭义农业）作为副业，大力发展其他产业。

这种系统性的原则在技术上也就是要求我们应发展和运用“互为补充的技术”，“一些人类环境计划中建造的水坝，已因别处没有采取稳妥的流域政策而使它们的有效寿命减少一半；或相反，由于处在上风或上游的国家没有采取对应的行动而使污染控制受到挫折。显然，这意味着需要有互为补充的技术。合理而持续地使用共享的自然资源，就要求不受限制地利用这些技术”①。这就是要将生态化技术有效地运用到防灾减灾体系的建设中来。

其次，整个工程建设在规模上必须坚持适度性的原则。长期以来，人们受机械思维方式和虚荣心的驱使，致使工程规模向大型化和超大型化方向发展，越大越好成为人们普遍认同的价值观念，使好心做成了坏事。针对这种情况，舒马赫提出了“小的是美好的”口号，反对工程规模的大型化，认为大型工程会带来灾难，倡导小型技术。但是，他没有看到，小型工程和技术难以发挥出规模效应。在这个问题上，我们应抱一种实事求是的态度，“谁要是建造得比所必要的规模大，根据标准规定他的规划就犯了错误。这种情况是有的，也应该批评，但这不应归罪于技术本身，而应批评建造者的自我夸耀和虚荣心”，因此，“普遍的原则是：尽可能小，大要大得有必要”②。这就是工程建设的规模适度性原则，在防灾减灾体系的建设中也必须坚持这一原则。

---

① ［埃及］莫斯塔法·卡·托尔巴：《论持续发展——约束和机会》，朱跃强等译，中国环境科学出版社1990年版，第57页。

② ［德］汉斯·萨克塞：《生态哲学》，文韬等译，东方出版社1991年版，第83页。

最后，整个工程建设在风险上必须坚持预警性的原则。任何一项工程建设尤其是大型工程建设都要冒一定的风险，风险来自移民、资金、生态等方面，一项成功的工程必须要对这些风险能够作出预警，并尽可能地将风险降到最低限度。我们尤其是要注意生态风险。生态风险不同于经济风险，一旦遇有经济风险可以通过保险手段来解决，而生态风险一旦发生则很难挽回，因为大自然中既没有“银行”也没有“保险公司”，没有多余的或储蓄好的“资金”来支付生态风险造成的损失。在这个问题上，我们必须牢记恩格斯提出的“报复”说，将生态规律作为我们进行工程建设的指导思想。因此，我们在建设防灾减灾工程时，一定要注意工程本身可能带来的生态风险，力求不发生生态风险或将生态风险降到最低限度。

总之，生物措施和工程措施的有机结合对于防灾减灾体系的建设具有重大意义，生物措施的工程化和工程措施的生态化应该成为未来防灾减灾工程建设的发展方向。

4. 生产措施和技术措施的关系

我们要处理好生产措施和技术措施的关系，将生产措施和技术措施有机地统一起来。

生产措施和技术措施是农业减灾的两种基本方法，前者主要是通过合理安排农业生产、优化农业生产结构的途径来达到农业减灾的目的；后者主要是通过运用一些成熟的技术理论来作为减灾的技术对策。在农业减灾工作中，这两种方法都是必要的，而且各有千秋。生产措施是劳动人民几千年来实践经验的集聚，具有可操作性强、见效快的特点，但无力抵御大的自然灾害。技术措施反映了人类科学探索的物化成果，具有高效、规模化的特点，但经济代价要大一些、负效应要明显一些。因此，在实际的减灾工作中，应将二者具体地结合起来。尤其是根据我国处于社会主义初级阶段的基本国情，更应注意生产措施的减灾作用，扬长避短，使生产措施逐步技术化，从而推进它的规模效益。

就拿害虫的防治措施来说,我国劳动人民在长期的生产实践中摸索出了一系列的生产措施。下面几种生产措施可以起到防治的作用:一是深耕。耕地要掌握好深度,一般应将阴土掘起,这样可以将藏在土里的虫子暴露于外。虫子丧失掉生存条件,虫灾就不会发生。二是灌田。田间温度温热郁闷,极利于害虫的滋生。如果先用水过一遍田,热气即去,同时要辅之以其他手段,使田中的灌水均匀,这样,就不易滋生害虫。三是细耙。一般人只知深犁为功,而不知细耙为全功。如果耙功不到,土粗不实,那么,根土必然不沾边,就易发生虫灾。而细耙之后,土细而又易于作物扎根,根土相着,这样就不会滋生害虫。四是轮作。一块农田上久种某类作物,这类作物的免疫能力就会降低,易发生虫害。若实行轮作之后,即可避免虫害。例如,可种棉又可种稻的高地,宜种棉两年,种稻一年,这样,草根容易腐烂,生气肥厚,就不易发生虫害;如果连种三年,就易发生虫灾。五是间作。选择适当的作物进行间作,这样就可以避免害虫。例如,害虫不食麻子,麻能避虫,因此,豆地应间作麻子,这样,害虫就不会为害豆类。

在接受石油农业的沉痛教训之后,不少西方有识之士也意识到了这一问题的重要性和减灾价值,以最早报道全球性问题而闻名的卡逊指出:“在农业的原始时期,农夫很少遇到昆虫问题。这些问题的发生是随着农业的发展而产生的——在大面积土地上仅种一种谷物。这样的种植方法为某些昆虫的数量的猛增提供了有利条件。单一的农作物的耕种并不符合自然发展规律,这种农业是工程师想象中的农业。大自然赋予大地景色以多种多样性,然而人们却热心于简化它。这样人们毁掉了自然界的格局和平衡,原来自然界有了这种格局和平衡才能保有自己的生物品种。一个重要的自然格局是对每一种类生物的栖息地的适宜面积的限制。”①现在关键的问题是,应对这些生产措施的内在机理作出揭示,使之从经验水平上升到理论水平,从而成为一种技术

① [美]蕾切尔·卡逊:《寂静的春天》,吕瑞兰等译,吉林人民出版社1997年版,第8页。

措施——农业生产技术。

由此可见，在生态化技术支持下建立起来的有机农业、生态农业和可持续农业本身就具有防灾和减灾的价值。

在这个问题上，我们应该善于将生产和技术统筹起来，让生产技术化，使技术生产化，将他们内化到农业减灾当中。

（四）农业减灾的智力支持

正像任何一种人类有意识的活动需要规划、评估、预测、决策和管理一样，作为一种高度智力活动的农业减灾工作也需要规划、评估、预测、决策和管理。这可以保证农业减灾决策的无误和农业减灾管理的有效，从而可以使农业减灾工作更快、更好地发挥作用，进而将农业灾损降到最低限度。所有这一切就为软科学的应用提供了用武之地。软科学在农业减灾过程中的作用，主要体现在以下几个方面：

1. 灾前规划

灾害的发生是不可完全避免的，但人们事先有意识、有目的的规划可以避免灾害的发生，或灾发时可以降低灾损。灾前规划的主要内容包括：进行农业重大基础设施的灾害风险评估，降低农业基础设施建设的灾害风险，将不当的开发移到不易发生灾害的地区；合理规划农村住宅区，确保农民住宅的安全，将农民住宅与农村发展和可持续农业的建设统筹起来考虑；建立和健全减灾的法律、经济手段体系；促进灾害信息资源的共享，为灾区管理人员、非政府组织和农村社区团体制定减灾培训方案；建立和健全减灾的行政管理机构，为减灾决策的科学化、民主化和法治化提供智力支持，为减灾管理的规范化和现代化提供智力服务。

2. 灾后重建和恢复规划

灾损是难以避免的,但人们可以通过合理的重建和恢复行动将灾损降到最低限度。灾后重建和恢复的主要内容包括:对历史上的和国内的灾后重建和恢复的社会、经济方面的经验进行研究,以此制定出有效的灾后重建战略和指导方针;在受灾影响的有关社区的参与下,支持各级政府开展的灾后重建和恢复方面应急规划的工作;根据灾害发生和灾害损失的情况,制定、完善减灾和重建、恢复的各种对策和方案,为生产和生活的可持续性提供安全保障;根据灾害损失和受灾地区的具体情况,制定出公平、合理分配重建和恢复资源的方案和对策;指导和帮助灾区群众进行灾后重建和恢复。

3. 灾害科学发展战略研究

灾害科学是探讨灾害发生和演变规律的科学,它为人们防灾减灾工作提供科学的依据,已发展成为一类初具规模的学科的总称。只有灾害科学有了长足的发展,才可能为安全减灾提供更大支持,因此,探讨灾害科学的发展战略具有十分重大的意义。灾害科学发展战略的研究,主要包括以下内容:根据国情(包括灾情)和灾害科学发展的内在逻辑,明确灾害科学的发展重点,以确保国家有关部门的人、财、物的投入;合理安置灾害科学的学科结构,开展防灾减灾对策最佳技术组装方案的研究;探讨灾害科学发展的前沿领域,研究新技术革命成果在灾害科学中应用的条件和约束机制,确保灾害科学与新技术革命同步发展;探讨灾害科学发展的社会制约机制,反对封建迷信和伪科学,注重培养全民族的科学的安全意识(灾害意识),确保灾害科学社会运行机制的良性运作。

因此,软科学也是防灾减灾体系中的一个构成部分,关键的问题是要软硬兼施,注意“外脑”在农业减灾工作中的重要作用。

通过上面的讨论,我们可以看出,生态化技术(可持续技术)在农业减灾过程中具有重大的作用,无灾时可以防灾,遇灾时可以救灾,大灾面前可以减灾。生态化技术之所以能够起到这种作用,就在于,它可以控制致灾因子数量,使其达不到成灾水平,能够防止以少失多现象的发生;它可以控制灾害面积,使受灾面积不致于扩大,能够防止以点失面的现象发生;它可以控制灾害损失,使灾损降低到可能的限度,防止以小失大的现象发生。只有这样,才可以为 SARD 提供一种安全的环境。

在总体上,我们"要坚持以防为主、防抗救相结合的方针,坚持常态减灾和非常态救灾相统一,努力实现从注重灾后救助向注重灾前预防转变,从应对单一灾种向综合减灾转变,从减少灾害损失向减轻灾害风险转变,全面提高全社会抵御自然灾害的综合防范能力"①。生态化技术(可持续技术)可以为之提供科学的有效的技术支撑。

三、生物安全治理的技术支撑

为了有效防范生物风险和维护生物安全,党的十八大以来,习近平总书记反复强调,必须加强国家生物安全风险治理体系建设,全面提高国家生物安全治理能力。近年来,我国在这方面已取得了一些重要进展,但在生物安全治理绩效上仍然存在极大的提升空间。在全面建设社会主义现代化国家的今天,我们必须按照创新方式提高国家生物安全治理能力,大力提高生物安全治理的科技水平。

(一)提高生物安全治理的科技能力和水平

科学技术不仅是第一生产力,而且是第一治理能力。实现生物安全国家治理现代化首先要实现科技化,即大力发展生物安全科技,将之作为生物安全

---

① 《习近平关于总体国家安全观论述摘编》,中央文献出版社 2018 年版,第 140 页。

治理的重要工具。生物安全科技就是用来维护生物安全的所有科技原则和科技手段的总和。在广义上,可以将之看作是生态化科学技术的一种类型。在风险时代,我们应该将维护生物安全作为全部科学技术体系的发展方向,促进整个科技范式转向维护生物安全上。美国于2018年发布的《国家生物防御战略》提出:“在全球生命科学的空前进步和创新不断改变我们的生活方式之际,为了确保美国准备好迎接挑战,我们致力于在整个国家生物防御事业中推动创新。”①因此,对于我国来说,不仅要将发展生命科学和生物技术作为国家科技创新的重点前沿领域,而且要将发展生物安全科技作为推动生物安全治理的首要选择。

随着脱氧核糖核酸(DNA)的发现等一系列重大科技成果的取得,生命科学和生物技术成为新科技革命的前沿领域。但是,它们具有明显的“二重性”或“双重用途”(Dual—use)。例如,基因治疗既可以杀死癌细胞也可能伤及正常细胞。如果将其正效应运用到治理当中,那么,就可以成为生物安全治理的科学而有效的手段。反之,如果将其负效应扩散出去,那么,就可能造成生物安全风险。因此,习近平总书记提醒我们,古往今来,很多技术都是“双刃剑”。美国《国家生物防御战略》将“承认生命科学和生物技术的‘双重用途’性质”作为其重要目标之一,认为改善健康、促进创新和保护环境的科学技术可能被滥用,用来促进生物攻击。因此,美国寻求防止滥用科学技术,同时促进和加强合法使用和创新。今天,我们必须科学认识到生命安全和生物技术的二重性,将发挥和运用其正效应、抑制和避免其负效应作为生物安全治理的重要课题和任务,这样,才能提高生物安全治理的科学化水平。

面向生物安全的主要领域,我们要大力推动生物安全科技的创新发展,将其成果有效转化为生物安全治理的手段和工具。在狭义“生物安全”(biosafety)领域,我们要大力推动保护基因多样性、物种多样性、生物多样性

① *National Biodefense Strategy*, (18 September 2018), c.f. https://trumpwhitehouse.archives.gov/wp-content/uploads/2018/09/National-Biodefense-Strategy.pdf.

的科技创新,大力推动保护生物圈的科技创新,大力推动实现人与生物圈和谐共生的科技创新,为维护国家生物资源主权、维护人民群众的生态环境健康提供科技支撑。在“生物安保”(biosecurity)领域,我们要科学认识外来物种入侵、动植物疫情、突发传染病等自然风险事故的发生规律及其社会危害,科学预警有毒生物故意释放、生物实验室泄漏以及转基因食品食用等生态风险可能造成的生物安全事故,有效防范和减少生物事故的影响,为维护国家生物安全和人民生命安全提供科技保障。在“生物防御”(biodefense)领域,我们要形成有效抵御生物武器、生物恐怖主义、生物战争的科技优势,为维护国家主权和国家安全、推动构建人类命运共同体提供有效的科技支撑。在总体上,按照我国《生物安全法》第六十七条,我们必须加强生物安全风险防御与管控技术的研究,推动生物安全核心关键技术和重大防御产品的成果产出与转化应用,切实有效地提高我国生物安全的科技保障能力。

在以综合创新的方式推动生物安全科技创新的同时,我们要将相关成果有效转化为生物安全治理的科技手段。其中,一个重要的方面是要统筹传统科技和现代科技的发展,推动生物安全治理。在防御生物灾害、治疗传染疾病等方面,传统科技具有自己的独特优势。例如,中国传统农学发现除虫菊具有杀虫的功效。今天,将之运用于农业生产中,可以取得有效抑制病虫害、避免出现病虫害的耐药性、避免化学农药污染土壤等多重效益。再如,在没有特效药和疫苗的情况下,清肺排毒汤、化湿败毒方、宣肺败毒方、金花清感颗粒、连花清瘟胶囊、血必净注射液等“三药三方”在治疗新冠肺炎中发挥了重要作用。其所以如此,就在于中国传统农学和中国传统医学是按照生态学范式发展起来的经世致用的知识,能够在促进人与生物和谐的基础上实现生态、生产、生活的朴素的统一。相比之下,建立在牛顿机械力学基础上的现代科技是一种典型的机械论范式的科技,具有明显的“双重用途”。因此,打通传统科技和现代科技就是要将生态学范式和机械论范式有机地结合起来,将前现代、现代、后现代的科学技术的各自优势发挥出来、结合起来,形成优势合力。这样，在推动实现科技自身的创新发展和绿色发展的同时，可以为生物安全治理提供有效的科技工具。例如，中西医结合、中西药并用，是我国夺取疫情防控战略成果的重要科技保障，是我国治理公共卫生危机的重要科技手段。在此基础上，我们要统筹生物科技和信息科技的发展，推动生物安全治理。在疫情防控中，大数据、人工智能、云计算等数字技术，在疫情监测分析、病毒溯源、防控救治、资源调配等方面发挥了重要的支撑作用，丰富了生物安全治理的工具箱。我们应该进一步将之转化为生物安全治理的效能。最后，我们应该按照跨学科的方式促进生物安全科技的创新发展并将之转化为生物安全治理的手段。美国《国家生物防御战略》认识到，“为了有效应对生物威胁，必须对国家生物防御事业采取协作、多部门和跨学科的方法”①。在大科学时代，我们同样必须按照跨学科的方式发展生物安全科技，充分发挥人文科学和社会科学在生物安全科技发展和生物安全治理中的作用。文学、史学、哲学、经济学、政治学、法学、社会学等都影响着人们对微生物、传染病的看法和处理方式。例如，“微生物政治学”就是这样的重要选项。

由于生物安全科技和生物安全治理具有公共性、风险性等特征，生命安全和生物安全领域的重大科技成果也是国之重器，因此，我们不能通过单纯市场化的方式发展生物安全科技和推动生物安全治理，而必须完善与之相关的新型举国体制。新型举国体制就是要在社会主义市场经济的条件下充分发挥社会主义集中力量办大事、办难事、办急事的优势。我国取得的新冠肺炎疫情战略性成果再次充分证明，社会主义能够集中力量办成大事、办好大事，能够有效化解难事、有效办妥急事。习近平总书记指出，“要完善关键核心技术攻关的新型举国体制，加快推进人口健康、生物安全等领域科研力量布局”②。因此，我们必须进一步建立和完善生物安全科技领域的新型举国体制，在生物安

① *National Biodefense Strategy*, (18 September 2018), c. f. https://trumpwhitehouse.archives.gov/wp-content/uploads/2018/09/National-Biodefense-Strategy.pdf.

② 习近平：《为打赢疫情防控阻击战提供强大科技支撑》，《求是》2020 年第 6 期。

全治理方面形成我们的制度优势。目前,重点要做好以下工作。

加大生物安全科技研发的投入。美国《国家生物防御战略》提出,要将生物防御方面的研究和开发(R&D)纳入联邦规划当中。强生、辉瑞、默沙东三家美国最大药企的研发投入总额相当于我国全年研发总支出的 10%。随着我国社会经济的发展,在逐年按比例加大我国研究和开发投入的基础上,国家必须加大开发生物安全领域科技和治理的投入。在不影响国家安全的前提下,我们也可以探索社会融资的方式。

加强生物安全科技人才的培养。现在,我国生物安全领域的专业人才在数量、素质、结构、能力等方面都存在着这样或那样的问题。我国《生物安全法》提出,要加强生物科技人才队伍建设。美国《国家生物防御战略》提出,要建立向各级政府公共和兽医卫生部门提供大量人员的能力。目前,我们必须按照人才强国战略,坚持尊重知识和尊重人才的方针,完善生物安全人才的发现、培养、激励机制,放心大胆地使用生物安全领域人才,避免人才闹剧和人才悲剧。同时,我们要坚持按照"革命化、年轻化、知识化、专业化"的方针,选好和用好生物安全科技人才和管理人才,尤其是在要在坚持严格的政治标准的前提下让专业人才管理专业事务,有效避免重蹈外行领导内行的覆辙。

加强生物安全基础设施的建设。生物安全实验室等科研设施是开展生物安全科技研发的重要科研基地,是维护国家生物安全的重要技术保障。美国《国家生物防御战略》提出,要确保强大的公共卫生基础设施,确保美国政府能够使用实验室基础设施。现在,美国拥有 12 个 P4 实验室,1500 个 P3 实验室。我国目前正式运行的 P4 实验室有 2 个,通过科技部建设审查的 P3 实验室有 81 个。这种差距固然与国家综合实力有关,但也与重视程度有关。因此,我国《生物安全法》提出,要加强生物安全基础设施建设。我们要在统筹推进基础设施建设、新型基础设施建设、生态文明基础设施建设的过程中,加强生物安全基础设施建设。

最后,我们要将大力发展生物安全科技和完善生物安全新型举国体制统一起来,用这一体制促进生物安全科技的创新发展,用生物安全科技成果巩固和完善这一体制,这样,我们就可以在生物安全科技创新发展和生物安全新型举国体制的互动中提高我国生物安全治理的科技化水平。

(二)提高生物安全治理的法治能力和水平

从人治转向法治是从管理到治理转变的要害之一。法治是人类政治文明的重要成果,是现代社会治理的基本方式。只有法治才能为我们事业的健康发展提供根本性、全局性、长期性的制度保障。依法推动生物安全治理是生物安全治理的重要方向和重要方式。在国际层面上,《关于禁用毒气或类似毒品及细菌方法作战议定书》(1925 年)、《国际植物保护公约》(1952 年)、《关于特别是作为水禽栖息地的国际重要湿地公约》(1971 年)、《濒危野生动植物种国际贸易公约》(1973 年)、《禁止细菌(生物)及毒素武器的发展、生产及储存以及销毁这类武器的公约》(《禁止生物武器公约》,1975 年)、《国际承认用于专利程序的微生物保存布达佩斯条约》(1977 年)、《保护迁徙野生动物物种公约》(1979 年)、《生物多样性公约》(1992 年)等法律文件,为生物安全国际治理提供了法律依据和法律准则。在领导中国人民抗击疫情的伟大斗争中,习近平总书记提出:"尽快推动出台生物安全法,加快构建国家生物安全法律法规体系、制度保障体系。"①这就表明,法治化是实现国家生物安全治理现代化的重要方向和重要途径。

在加强社会主义法制建设的过程中,我国已经初步形成了一个相对完善的生物安全法律体系。在新冠肺炎疫情防控之前,我国已经出台了一些与生物安全相关的法律,但尚无专门的生物安全法。针对这种情况,习近平总书记提出:"要加强法治建设,认真评估传染病防治法、野生动物保护法等法律法

① 《习近平关于统筹疫情防控和经济社会发展重要论述选编》,中央文献出版社 2020 年版,第 52 页。

规的修改完善，还要抓紧出台生物安全法等法律。”①在以往多次审读的基础上，《中华人民共和国生物安全法》终于在 2020 年 10 月 17 日通过并公布，于 2021 年 4 月 15 日开始施行。这样，就为生物安全治理提供了法律依据和法律遵循，完善了我国社会主义生物安全法律体系。但是，由于法律对象、立法理念、立法时间等方面的差异，与生物安全相关的各种法律之间的协调性、整体性、有效性仍然有待于进一步提高。

面向未来，根据生物安全治理的复杂形势和艰巨任务，我们应该像编纂“民法典”一样编纂一部“生物安全法典”，形成维护生物安全的完整的法律体系。第一，在立法理念方面，我们应该以总体国家安全观为指导思想，以中国特色国家安全道路为道路选择，以生物安全理念为基本理念，按照生物安全的层次性、关联性和整体性，形成对生物安全治理的全领域、全过程、全方位的法律规定。第二，在完善立法方面，我们要回应人民群众的关切，围绕基因技术等生物技术的研发（如实验室生物风险）、产业应用（如转基因农业生物风险）、医学应用（如生殖医学生物风险和传染病）、军事应用（如生物武器生物风险）等风险热点形成专门的法律、法规、标准，形成严格系统具体的法律规范。第三，在法律配套方面，我们要研究梳理与生物安全相关的《国境卫生检疫法》《进出境动植物检疫法》《动物防疫法》《传染病防治法》《野生动物保护法》《种子法》《粮食安全保障法》《食品安全法》《突发事件应对法》等法律，统筹推进立法修法工作，形成维护生物安全的法律合力。第四，在国家安全总体立法方面，我们应该统筹发展和安全，统筹传统安全和非传统安全，充分考虑生物安全与资源安全、环境安全、生态安全、核安全等相关安全的内在关联，形成统筹这些安全的法律规定，在维护国家总体安全的过程中维护生物安全。

在完善生物安全立法的基础上，我们必须全面加强生物安全执法司法守

---

① 《习近平关于统筹疫情防控和经济社会发展重要论述选编》，中央文献出版社 2020 年版，第 47 页。

法。第一,在执法方面,我们要进一步明确各级各类社会主体尤其是直接涉及生物安全的党政部门、工厂企业、教科文卫单位的维护生物安全的法律责任和义务,完善权责明确、程序规范、执行有力的执法机制,加大执法监督的力度。在加强涉及生物安全各个具体领域执法的基础上,我们要加强联合执法和统一执法。按照我国《生物安全法》的规定,“涉及专业技术要求较高、执法业务难度较大的监督检查工作,应当有生物安全专业技术人员参加”①。在此基础上,考虑到未来生物风险的不确定性、不可预测性、高度危险性,人民公安应该考虑像设立森林警察那样设置专门的生物安全执法队伍,以增强执法的专业性、专门性、权威性。

第二,在司法方面,为了有效应对生物风险的挑战和压力,人民检察机关应该像提起环境公益诉讼那样提起生物安全公益诉讼,加强对维护生物安全方面失职渎职行为的诉讼。人民法院应该像设立生态环境法庭那样设立生物安全法庭,加大对造成生物风险、破坏生物安全行为的审判力度。目前,应该围绕生物风险热点问题展开生物安全司法工作。围绕着“快速响应以限制生物事故的影响”,美国《国家生物防御战略》提出,要加强“取证和归因”。具体来说,一是利用法医工具和调查能力进行法医检查,以支持生物威胁或生物事故的归因。二是使用适用的协议和协议备忘录,以便将潜在的生物污染证据和机密材料运输到适当的预先指定的设施进行分析。因此,我们应该加强和提升法医的生物安全知识水平,让具有生物安全知识背景和专门技能的法医深度、全面参与生物安全司法工作。

第三,在守法方面,按照我国《生物安全法》第七条,我们应该通过各种途径和方式加强生物安全知识和生物安全法律法规等方面的宣传教育普及工作,提升全体人民的生物风险意识和生物安全意识,推动全社会依法防范生物风险、依法维护生物安全。

---

① 《中华人民共和国生物安全法》,《人民日报》2020年11月27日。

在现代国家治理中,法律和道德是两种相辅相成的方式和手段。习近平总书记指出:“要坚持依法治国和以德治国相结合,实现法治和德治相辅相成、相得益彰。”①因此,在坚持依法推动生物安全治理的同时,我们还必须坚持以德推动生物安全治理,让德治成为生物安全治理的准则和手段。这就是要按照生物安全伦理进行生物安全治理。生物安全伦理是关于防范生物风险、维护生物安全的道德准则和评价体系的总和。美国《国家生物防御战略》就有这方面的明确规定。例如,在支持和促进生命科学和生物技术企业的负责任行为方面,它提出:“支持和促进生命科学领域的全球生物安全、生物安保、道德和负责任行为文化。”在生物事故期间支持提供医疗保健和进行临床研究方面,它提出:“建立并预先确定进行伦理、有效和可解释的临床试验的方案,以在国内或国际生物事故期间测试有希望的研究医疗对策。”②现在,我国《生物安全法》亦有相应的明确伦理道德方面的规定。在生物技术方面,第三十四条提出:“从事生物技术研究、开发与应用活动,应当符合伦理原则。”在生物医学方面,第四十条提出:“从事生物医学新技术临床研究,应当通过伦理审查,并在具备相应条件的医疗机构内进行”。在人类遗传资源方面,第五十五条提出:“采集、保藏、利用、对外提供我国人类遗传资源,应当符合伦理原则,不得危害公众健康、国家安全和社会公共利益。”③这样,我国《生物安全法》事实上也搭建起了一个生物安全伦理的框架,初步实现了生物安全法律和生物安全伦理的有机结合。

面向未来,我们应该建立一个独立而完整的生物安全伦理体系。在全国抗击新冠肺炎疫情表彰大会上,习近平总书记引用《庄子》的话指出:“爱人利物之谓仁。”北宋唯物主义哲学家张载提出的“民胞物与”思想与这一思想具

① 《习近平谈治国理政》第 3 卷,外文出版社 2020 年版,第 286 页。

② *National Biodefense Strategy*, (18 September 2018), c.f. https://trumpwhitehouse.archives.gov/wp-content/uploads/2018/09/National-Biodefense-Strategy.pdf.

③ 《中华人民共和国生物安全法》,《人民日报》2020 年 11 月 27 日。

有内在的一致性。将天下人民看作是自己的兄弟、将天地万物看作是自己的伙伴，是中华民族固有的生态美德和生命美德。“爱人利物”和“民胞物与”的实质就是“敬佑生命”（敬畏生命）。

今天，按照以人民为中心的价值取向，按照人与自然是生命共同体的科学理念，按照社会主义核心价值体系和社会主义核心价值观的精神实质，我们应该将“敬佑生命”作为处理生物安全问题的“绝对命令”。第一，针对不同的领域，我们应该提倡不同的生物安全伦理规范。在狭义“生物安全”领域，我们应该倡导这样的伦理规范：凡是有助于保护生物多样性和保护生物圈的行为就是善的，反之就是恶的。在“生物安保”领域，我们应该倡导这样的伦理规范：凡是有助于防范生物风险的行为就是善的，反之就是恶的。在“生物防御”领域，凡是有助于防范御生物武器、生物恐怖主义、生物战争的行为就是善的，反之就是恶的。第二，针对不同的社会行为主体，提出不同行业或不同人员的生物安全伦理。例如，广大的党政干部和解放军指战员应该从维护国家政治安全和军事安全的高度将维护国家生物安全为自己的责任和使命，不能出卖国家的生物安全利益，坚决捍卫国家的生物资源主权；从事与生物安全相关的专业人员和企业人员要以防范行业和职业的生物风险为自己的首要生物安全行为准则，不能由于工作失误造成生物风险，应该通过自己的工作维护和促进国家的生物安全；普通群众应该在日常生活和本职工作中遵守国家的生物安全法律，积极投身维护国家生物安全的活动，与破坏和威胁国家生物安全的行为进行斗争；等等。我国《生物安全法》第七条明确规定：“任何单位和个人不得危害生物安全。”①这是我们遵守生物安全伦理的道德底线。

为了促进生物安全伦理内化于心外化于行，我们应该通过各种方式加强生物安全伦理宣传教育，将之贯彻于国民教育全过程、精神文明各环节当中。在此基础上，我国应该将生物安全法律转化为全社会的内心信仰和自觉行动，

---

① 《中华人民共和国生物安全法》，《人民日报》2020 年 11 月 27 日。

将生物安全伦理转化为生物安全法律理念和法律规范,实现德法互济。这样,才能有效实现生物安全治理的法治化,提升我国的生物安全治理能力。显然,没有生物安全技术的支撑,生物安全法治简直寸步难行。

(三)提高生物安全治理的领导能力和水平

由于生物安全具有专业性、整体性、公共性、风险性等特点,因此,提高生物安全治理能力必须要提高生物安全治理的领导力。现在,强化集中和领导是国际社会防范生物风险、维护生物安全的共同选择。由于意识到“管理生物事件的风险是美国的切身利益”,因此,美国《国家生物防御战略》明确将“生物防御”看作是联邦政府的责任。

根据我国的经验和实际,我们只能选择中国共产党的领导。因此,我国《生物安全法》第四条明确规定:“坚持中国共产党对国家生物安全工作的领导,建立健全国家生物安全领导体制,加强国家生物安全风险防控和治理体系建设,提高国家生物安全治理能力。”①其所以如此,就在于:一是从党的性质和宗旨来看,中国共产党是中国工人阶级和中华民族的先锋队,坚持以全心全意为人民服务为宗旨。二是从中国特色社会主义的本质和优势来看,中国共产党的领导是中国特色社会主义最本质的特征和中国特色社会主义制度的最大优势。三是从我国安全治理的成效来看,正是有中国共产党的领导,我们才能成功应对一系列重大风险挑战,才能有力应变局、平风波、战洪水、防非典、抗疫情、胜地震,才能化险为机、转危为安。

加强党对国家生物安全治理的领导,必须坚持党对国家生物安全治理的全面领导。第一,从思想领导上来看,我们必须坚持以习近平新时代中国特色社会主义思想中关于生物安全的重要论述为指导思想。党的十八大以来,从国家安全总体观、国家治理体系和治理能力现代化等高度,习近平总书记就生

① 《中华人民共和国生物安全法》,《人民日报》2020 年 11 月 27 日。

物安全问题发表了一系列重要论述。从价值取向上来看,必须按照以人民为中心的思想,从维护人民群众生命安全和身体健康的高度,努力满足人民群众的美好生活需要,做好生物风险防控和生物安全维护工作。从战略地位来看,重大传染病和生物安全风险是事关国家安全和发展、事关社会大局稳定的重大风险挑战,要把生物安全作为国家总体安全的重要组成部分。从战略任务来看,要加强野生动物保护,维护生物多样性,做好重大病虫害和动物疫病的防控,保证食品完全和药品安全,做好疫情防控工作,保证疫苗安全。从战略举措来看,要推动生物科技创新和生物安全科技创新,运用最新科技手段推进疫情防控;制定和完善生物安全法,加快构建国家生物安全风险防控和治理体系,加快构建国家生物安全法律法规体系和制度保障体系。

第二,从组织领导上来看,我们要在中央国家安全委员会的指导下开展工作。中央国家安全委员会是中国共产党中央委员会下属机构,其职责是按照集中统一、科学谋划、统分结合、协调行动、精干高效的原则,紧紧围绕国家安全工作的统一部署狠抓国家总体安全的落实。我国《生物安全法》第十条已经明确了中央国家安全委员会的法律地位和法律责任:"中央国家安全领导机构负责国家生物安全工作的决策和议事协调,研究制定、指导实施国家生物安全战略和有关重大方针政策,统筹协调国家生物安全的重大事项和重要工作,建立国家生物安全工作协调机制。"①美国《国家生物防御战略》提出,除了美国总统领导、国家安全委员会协调、总统国家安全事务助理行事之外,应该设立"生物防御指导委员会"来"负责监督和协调战略及其实施计划的执行,并确保联邦与国内和国际政府及非政府合作伙伴的协调"。② 借鉴这一经验,我们应该在中央国家安全委员会建立的协调工作机制的基础上,专门成立

① 《中华人民共和国生物安全法》,《人民日报》2020 年 11 月 27 日。

② *National Biodefense Strategy*, (18 September 2018), c.f. https://trumpwhitehouse.archives.gov/wp-content/uploads/2018/09/National-Biodefense-Strategy.pdf.

生物安全治理机构和机制，以统筹和指导生物风险防范、生物安全维护等工作。

在党的领导下，在中央国家安全委员会的指导下，中央生物安全治理机构和机制应该成为专门的中央生物安全治理的机构和机制。其主要职责应该包括：一是要全面研究全球生物安全环境、形势和面临的挑战、风险，深入分析我国生物安全的基本状况和基础条件，系统提出我国生物安全风险防控和生物安全国家治理体系建设规划。目前，我们应该抓紧时间制定和出台国家《生物安全战略规划》(2021—2049)，为全面建设社会主义现代化国家提供生物安全保障。二是围绕着生物安全风险的防范和应对，从提高国家生物安全治理能力的角度，大力提升国家生物安全风险的识别能力、预警能力、监测能力、响应能力、恢复能力。同时，要形成生物安全风险的问责和追究机制，促进广大党政干部形成高度的生物风险意识和生物安全意识，提升其生物安全治理能力。三是从维护国家生物安全的高度，居安思危，与政法系统一道做好应对生物恐怖主义的工作，与外事系统一道做好参与生物安全国际治理的工作，与军事系统一道做好应对生物战争的工作。

在坚持党的领导的前提下，我们必须不断改善党的领导，让党的领导更加适应实践、时代、人民的要求。在生物安全治理方面，我们要努力促进生物安全治理的科学化和民主化。第一，在科学化方面，我们要建立和完善生物安全治理的专家参与生物安全决策和管理的机制。我国《生物安全法》第十二条提出："国家生物安全工作协调机制设立专家委员会，为国家生物安全战略研究、政策制定及实施提供决策咨询。"①同时，行政管理部门组织建立相关领域、行业的生物安全技术咨询专家委员会，为生物安全工作提供咨询、评估、论证等技术支撑。因此，按照马克思主义认识论关于"实践—认识—再实践—再认识"的人类认知图式理论，我们应该将社会系统工程方法和德菲尔法结

① 《中华人民共和国生物安全法》,《人民日报》2020 年 11 月 27 日。

合起来,建立和完善生物安全治理专家决策系统。

第二,在民主化方面,我们要建立和完善人民群众参与生物安全决策和管理的机制。群众是真正的英雄,而我们往往是幼稚可笑的。习近平总书记指出:“要坚持群众观点和群众路线,拓展人民群众参与公共安全治理的有效途径。”①爱国卫生运动就是人民群众参与国家生物安全治理的有效形式和宝贵经验,在取得疫情防控战略成果方面发挥了重要的作用。我们要科学总结新冠肺炎疫情防控斗争的经验,丰富爱国卫生运动的内涵,创新爱国卫生运动的方式方法,推动从环境卫生治理向全面社会健康管理转变,推动从全面社会健康管理向防范生物风险和维护生物安全转变,推动从群众参与生物安全治理向群众参与国家总体安全维护转变。各级党委和政府要把爱国卫生工作列入重要议事日程,探索更加有效的生物安全治理的社会动员方式。

总之,在党的领导下,在专门的中央生物安全治理机构和机制的框架中,只有把干部、专家、群众三个方面的积极性都调动起来,我们才能有效提高国家的生物安全治理能力。显然,生态化技术是支持生物安全治理的有力有效的技术支撑。

四、绿色水利的科学抉择

水是生命的源泉,“水利是农业的命脉”②。水生态文明建设是生态文明建设的重要内容。长期以来,尤其是党的十八大以来,按照生态文明的原则、理念和目标,结合江苏省既是经济大省又是水利大省的省情,江苏省积极探索具有地方特色的水生态文明建设模式,走出了一条人水和谐共生的生态文明建设路子,成为全国水生态文明建设的样板。同时,建设水生态文明的过程,既是生态化技术的运用过程,又进一步发展了生态化技术。

---

① 《习近平关于总体国家安全观论述摘编》,中央文献出版社 2018 年版,第 144 页。

② 《毛泽东选集》第 1 卷,人民出版社 1991 年版,第 132 页。

（一）坚持水生态文明建设的科学性

在推动水生态文明建设的过程中，江苏省始终坚持以党的创新理论为指导，始终坚持唯物主义，科学制定水生态文明建设的规划方案，走出了一条科学的水生态文明建设的路子。

1. 水生态文明建设的指导思想

在新中国成立初期，按照毛泽东同志“一定要把淮河修好”的伟大号召，江苏省就坚持以党的创新理论以及党中央和国务院关于水利工作和环保工作的路线、方针、政策为指导，大力推动水利工作和环保工作。党的十八大以来，江苏省坚持以习近平生态文明思想为指导，大力贯彻习近平同志“节水优先、空间均衡、系统治理、两手发力”①的新时期治水方针，大力推动碧水保卫战和河湖保卫战。党的十九大后，习近平总书记视察地方的第一站就选择了徐州市。该市贾汪区成功地实现了从“一城煤灰半城土”到“一城青山半城湖”的绿色转型，通过生态修复，在采煤塌陷区修建了潘安湖湿地公园。习近平总书记高度评价这一成绩，并创造性地提出：“只有恢复绿水青山，才能使绿水青山变成金山银山。”这样，就进一步丰富和发展了“绿水青山就是金山银山”的科学论断。在贯彻和落实习近平新时代中国特色社会主义思想尤其是习近平生态文明思想的过程中，江苏省将加强水安全、统筹山水林田湖草系统治理、新时期治水方针、部署河湖长制作为新时代水生态文明建设思想的重要内容，并将之自觉地贯彻和落实在水生态文明建设工作中。这样，就明确了水生态文明建设的科学的指导思想，从而保证了水生态文明建设的科学方向。

---

① 《习近平关于社会主义生态文明建设论述摘编》，中央文献出版社 2017 年版，第 53—54 页。

2. 水生态文明建设的科学战略

在推进水生态文明建设的过程中,江苏省始终坚持马克思主义唯物主义的科学精神,坚持尊重自然、顺应自然、保护自然的生态文明理念,坚持从客观存在的地理环境情况出发,坚持从省情出发,坚持按照自然规律办事。例如,江都抽水站站址最初选择在万福闸下游。在调查研究的基础上,为了兼顾里下河地区、沿海垦区和高宝湖地区的灌溉、排涝,后来将江都确定为站址。这样,充分利用了京杭大运河、芒稻河和新通扬运河的既有河道和设施,大大减少了工作量,可以一举多得。在新时期和新时代,江苏省坚持从省情出发,认为水情是江苏省的重要省情,治水是江苏省的重要工作,根据生态是统一的自然系统的客观规律,必须将生态确立为江苏省治水的发展方向,坚持走生态水利的路子。例如,扬州市提出:"清澈是水的天生丽质,流动是水的天赋权利。水生态文明城市应有的第一要义就是要把清澈的容颜和流动的权利归还给水。"这就是要尊重自然界存在的美的规律和运动规律,保证人民群众能够诗意地栖居。进而,江苏省明确提出,水生态文明建设必须遵循科学规律,综合考虑山水林田湖草综合治理。在坚持唯物主义科学精神的前提下,江苏省注重发挥人的主观能动性,在尊重自然规律的前提下,勇于改造自然,取得了水利建设尤其是生态水利建设的重要进展。在此基础上,江苏省提出必须将生态优先作为推动水生态文明建设的基本原则。

在科学理论的指导下,坚持从实际出发,顺应生态文明建设的潮流,江苏省出台了《江苏省节约用水条例》《江苏省水利现代化规划(2011—2020)》等文件。在此基础上,又出台了《江苏省生态河湖行动计划(2017—2020)》。这样,就将在科学理论指导下形成的对客观规律的科学认识有效地转化为了科学的政策设计,保证了江苏省水生态文明建设的科学性、系统性、有效性。

（二）坚持水生态文明建设的系统性

自然是一个统一的生态系统，水同样是一个统一的生态系统，在推进水生态文明建设的过程中，江苏省按照习近平同志提出的统筹山水林田湖草沙系统治理的科学方法论，在建构水生态文明系统方面进行了可贵探索。

1. 水生态文明建设的系统性设计

水是生态环境的控制性要素，具有多重的生态功能。在推进生态水利建设的过程中，江苏省十分注重从系统性上来推动水生态文明建设。例如，淮安市将建立“水生态、水节约、水环境、水安全、水文化、水管理”六大体系，确立为城市水生态文明建设的重要任务。在实践探索的基础上，江苏省提出，加强水安全保障、加强水资源管理、加强水污染防治、加强水环境治理、加强水生态修复、加强水文化建设、加强水工程管护、加强水制度建设，是水生态文明建设的八项主要任务。加强水安全保障，就是要突出水利在防洪减涝中的作用，提高防灾减灾救灾的可持续能力；同时，要保证水供应的安全性、可及性和持续性。加强水资源管理，就是要建设节水型社会，确保水资源的可持续性。加强水污染防治和水环境治理，就是要做好水污染治理，建设水环境友好型社会。加强水生态修复，就是要做好河湖的生态修复工作，维护河湖的可持续性。加强水文化建设，就是要在全社会形成“爱水、惜水、护水”的良好社会风气，让人民群众尽情地享受人水和谐之美。加强水工程管护，就是要维护河湖生态空间的整体性，确保河湖的可持续性。加强水制度建设，就是要建立起水生态文明制度的“四梁八柱”，用制度保护河湖。在此基础上，江苏省提出，要全力打造安全水利、节水水利、环境水利、生态水利、智慧水利、法治水利等六大水利。这样，才能实现水安全有效保障、水资源永续利用、水环境整洁优美、水生态系统健康、水文化传承弘扬的目标。

2. 水电工程建设项目的系统性设计

其实,水电是将水害转化为水利的重要举措。按照习近平同志关于推动能源生产和消费革命的重要论述,也应该将加强水电建设纳入水生态文明建设中。其实,在江都水利枢纽工程建设的过程中就注意到了这一问题。江都第三抽水站 10 台可逆式机组,反转时即可进行水力发电,发电能力为 3000 千瓦。江都水利枢纽是一个具有调水、排涝、泄洪、通航、发电、过鱼、改善生态环境等综合功能的大型水利枢纽。当然,根据水电的发展趋势,应该将绿色水电(生态水电)作为水电的发展方向。

2018 年 5 月 18 日,习近平总书记在全国生态环境保护大会上提出,必须加快建立由生态文化体系、生态经济体系、生态文明建设的目标责任体系、生态安全体系构成的生态文明体系。按照这一指示,我们建议将水生态经济体系也纳入水生态文明建设体系中,充分发挥水生态文明建设的经济功能。在这个过程中,要促进“苏南模式”的绿色转型。

在一般科学方法论的基础上,江苏省明确地提出:“生态河湖行动就是充分考虑水问题的复杂性,通过系统治理,提升河湖综合功能;就是坚持自然生态的整体性,水域与陆域、城镇与乡村统筹,上下游、左右岸、干支流兼顾,用系统思维统筹水的全过程治理。”这是对习近平总书记提出的统筹山水林田湖草沙系统治理思想的科学阐发和生动诠释。在这个意义上,生态河湖建设就是系统河湖建设,水生态文明建设就是水生态系统建设。

(三) 坚持水生态文明建设的创新性

创新既是经济发展的第一动力,也是绿色发展的第一动力。在推动水生态文明建设的过程中,江苏省坚持创新发展和绿色发展的统一,注重用创新发展推动水生态文明建设。

1. 水生态文明建设的创新技术选择

充分发挥科技创新的推动作用，将智能化作为水生态文明建设的重要方向。江苏省十分重视科技创新尤其是原始科技创新在水生态文明建设中的作用，要求将新技术、新材料、新工艺运用在水生态文明建设中。例如，江都水利枢纽工程在建设初期无现成经验可资借鉴。在党和政府的领导下，广大工程技术人员发扬勇于创新、艰苦奋斗的科学精神，攻克了一个又一个的技术难关，与广大建设者和管理者协同发力，通过16年的努力，最终建成了我国规模最大的电力排灌工程。现在，该工程管理处建立建成了办公自动化网、防汛调度网、水情遥控网等系统，实现了站闸微机自动化控制和保护，实现了所有工程在线优化调度及运行数据的资源共享。目前，紧紧抓住以绿色、智能、泛在为特征的新科技革命的趋势，江苏省与时俱进地将"智慧水利"作为水生态文明建设的重要抓手，利用无人机和卫星等现代科技手段监测水面率和太湖蓝藻，建立水资源管理信息系统。江苏省提出的"智慧河湖管理系统"包括三个平台：一是建立标准统一的信息采集、存储、管理平台，建设河湖信息共享平台。二是完善相关应用系统，建设河湖管理应用系统。三是充分利用大数据、云计算、物联网等先进科技，提高河湖智能化调度水平。我们深信，生态化和智能化将是水生态文明建设腾飞的两只翅膀，"互联网+生态水利"将成为水生态文明建设的重要发展方向。这是生态化技术在水生态文明建设中的创造性运用和发展。

2. 水生态文明建设的制度创新选择

只有不断推动制度创新，才能为水生态文明建设提供可靠的制度保障。为了推动生态文明建设尤其是水生态文明建设，江苏省在全国最早推行"河长制"。这一制度创新的尝试得到了党中央和国务院的高度肯定。在中央推出"河长制"和"湖长制"的政策背景下，江苏省提出，要推动河湖长制由全面建立到全面见效。在省级层面上实行双总河长,由省委书记和省长亲自担任省级总河长,12 位省委常委、省政府领导同志分别担任 20 条流域性重要河道、14 个重点湖泊的河长湖长。此外,全省有 5.7 万余负责同志担任省市县乡村五级河长湖长,实现了全省水体全覆盖。在此基础上,各级河长湖长加强了巡河巡湖工作,推动解决了一批影响河湖治理的老大难问题。进而,江苏省创造性地推动了河长制湖长制的建立和完善。有的地方将这一制度与决策科学化联系起来。例如,镇江市组建了河长制专家库,组织专家学者参与河长巡河工作。此外,江苏省将这一制度与依法治国方略统一起来,在全国率先实现了河长制省级入法。盐城市、扬州市、宿迁市建立了"河长+警长"管理模式,强化了法治在水生态文明制度建设中的作用。宿迁市还设立了"生态巡回法庭"。在此基础上,江苏省提出必须坚持河长主导,将之作为推动水生态文明建设的基本原则。这就是要充分依托河长制湖长制组织体系,将生态河湖行动纳入河长湖长工作重要内容,明确各个部门的职责,落实分级责任,细化目标考核,引导全民参与,形成工作合力。

正是在科技创新和制度创新协同发力的推动下,江苏省的水生态文明建设才取得了重要进展。当然,在这个过程中,他们也十分注重其他方面创新的作用。

(四)坚持水生态文明建设的政治性

习近平总书记指出,生态文明建设是关系到党的使命宗旨的问题,是关系到民生福祉的问题,这里面有很大的政治。江苏省始终坚持从政治的高度推动生态文明建设,尤其是在水生态文明建设方面取得了重要进展。

1.加强党对水生态文明建设的领导

党政军民学,东西南北中,党是领导一切的力量。在推动水生态文明建设中,江苏省始终坚决贯彻和落实党中央关于生态文明建设和水利建设的战略部署,根据实际情况,不断推进工作。江苏省委十分重视水生态文明建设工作,定期研究包括水生态文明建设在内的生态文明建设工作,省委书记和省委常委亲自担任河长和湖长,定期巡河和巡湖,有效地落实了“党政同责、一岗双责”的生态文明建设责任。水利厅党组及其成员积极落实党中央的战略部署和省委交付的工作,领导和协助水利行政机构开展水生态文明建设工作。在用党建工作引领生态文明建设工作方面,地方和基层更是创造性地开展了许多工作。例如,位于采煤塌陷区的徐州市贾汪区潘安湖街道马庄村党支部充分发挥战斗堡垒作用,通过组建马庄农民乐团、发展中药香包产业等方式,将农村的物质文明建设、精神文明建设、生态文明建设有机地结合起来,推动了采煤塌陷区的科学转型。习近平总书记在视察马庄村时指出,农村精神文明建设很重要,物质变精神、精神变物质是唯物辩证法的观点,实施乡村振兴战略必须坚持“两个文明”一起抓,特别要注重提升农民的精神风貌。再如,江都水利枢纽工程管理处各级党组织,注重用党建工作引领业务工作,通过开展“每月一课”“每月一试”“每年一赛”等“三个一”活动,鼓励和支持职工爱岗敬业,在岗位上发明创造,有效地推动了本职工作。此外,江苏省在用党建引领水生态文明建设发明还有许多典范。

2. 水生态文明建设的人民性价值取向

良好的生态环境是最公平的公共产品,是最普惠的民生福祉。在推动水生态文明建设的过程中,江苏省始终坚持党的全心全意为人民服务的宗旨,始终强调水利事业和水生态文明建设的公益性质,要求保护河湖公益性功能,强调要提供更多更好的生态产品来满足人民群众的生态环境需要尤其是优美生态环境需要。尤其是,江苏省将生态文明建设和精准扶贫(精准脱贫)有机地结合起来,实现了脱贫模式和扶贫模范的生态创新。例如,在水库移民区,省水利厅联合省级其他部门出台了《江苏省水库移民脱贫攻坚实施方案》,通过资金扶持和产业扶持的方式,在水库移民区新建了一批标准厂房、高效农业设施和购置商铺，将收益全部用于移民群众的脱贫致富。在南京市栖霞下坝村，以精准扶贫为切入点，通过河道整治创建了省级水利风景区，这样，每年的水利风景区生态补偿资金，成为该村的重要经济来源。在徐州市沛县，建立了“河长制+脱贫攻坚”的模式，优先选聘本地建档立卡贫困户担任河道保洁员及巡查员，这样，就兼顾了生态效益、经济效益和社会效益。在总体上，江苏省强调，必须将优美的水环境留给人民群众。

3. 推动公众参与水生态文明建设

江苏省强调，“爱水、惜水、护水”是每个人的事情，没有局外人，大家都是水生态文明建设的参与者和受益者。因此，他们十分重视通过大力发展水文化的方式，来形成广泛的社会动员和社会参与。江苏省推出了打造大运河文化带、建设水利设施风景区、建设水利遗址公园、建设水利博物馆、创建水美城乡等活动，推动在全社会有效地形成“爱水、惜水、护水”的良好风尚。例如，江都水利枢纽工程管理处修建了市民主题公园，大力推动水、水法、水道德等方面的知识普及，有助于市民群众在绿色休闲中形成科学的水价值观。无锡市出现了“小水滴中队”“河小青”志愿者，推动了学生的参与。此外，江苏省将推行河长湖长制和推动公众参与有机地结合起来，各地通过设立“民间河长”“巾帼河长”“企业河长”和义务监督员等方式，促进了公众参与，在全社会营造出了关爱江河湖海的良好氛围。例如，常州市出台了《民间河长实施意见》，设立了企业河长治水光彩基金，推动了企业的参与。这样，通过将党的群众路线创造性地运用在水生态文明建设中，就调动起了人民群众在水生态文明建设中的能动性、积极性和创造性。

正是将坚持党的领导和发挥人民群众的主体作用结合起来，江苏省才找到了一条水生态文明建设的正确路子。

总之，在江苏省水生态文明建设中，科学性是前提，系统性是内容，创新性是手段，政治性是保证，四者共同构成了人水和谐共生的水生态文明建设的江苏样板，成为科学践行习近平生态文明思想的模范生和优等生。在这个过程中，生态化技术（可持续技术）得到了有效运用和发展。

五、绿色产业的地方案例

生态化技术（可持续技术）是生态优先、绿色发展为导向的高质量发展的技术支撑。生态优先、绿色发展，不仅是实现高质量发展的基本要求，而且是实现高质量发展的重要前提。但是，在实际执行中，绿色产业的融合发展程度还不高，可复制和可推广的绿色全产业链模式还没有完全形成。这势必影响到绿色高质量发展。绿色全产业链，要求实现生态产业化和产业生态化的有机统一，实现生态农业、生态工业、生态旅游的有机融合，形成完整系统、协同配套的绿色产业链，切实提高物料、能量、信息的系统循环和高效利用，真正实现生态效益、经济效益、社会效益的高度统一。现在，四川省宜宾市在谋求绿色高质量发展方面已经取得了重要进展。展望未来，宜宾市应该也能够在构建和完善绿色全产业链方面有所作为，以此推动实现绿色高质量发展。为此，要高度重视生态化技术的作用。

（一）宜宾市构建和完善绿色全产业链的有利条件

宜宾市具有得天独厚的优势，形成了构建和完善绿色全产业链的潜质和可能。

1. 贯彻和落实党的创新理论的政治优势

习近平新时代中国特色社会主义思想尤其是习近平生态文明思想是实现绿色高质量发展的指导思想。习近平总书记关于“绿水青山就是金山银山”的科学理念，利用发展生态农业、生态工业、生态旅游等绿色产业将自然优势转化为经济优势的思想，大力构建以生态产业化和产业生态化为主导的生态经济体系的思想,为实现绿色高质量发展奠定了科学基础。党的十八大以来,以习近平同志为核心的党中央十分关心四川省的发展。习近平总书记关于“一定要把生态文明建设这篇大文章写好”“让四川天更蓝、地更绿、水更清”“要因地制宜发展竹产业,让竹林成为四川美丽乡村的一道风景线”“川菜、川酒闻名天下,农业大省这块金字招牌不能丢”等重要指示,为四川省实现绿色高质量发展指明了方向。宜宾市大力贯彻和认真落实习近平新时代中国特色社会主义思想,已经形成了生态建设与经济建设一同推进、环境竞争力与产业竞争力一同提升、环境效益与经济效益一同考核、生态文明与物质文明一同发展的共识,并将之有效地转化成为了地方经济社会发展和生态文明建设的战略和政策。这样,就形成了构建和完善绿色全产业链的政治优势。

2. 推动实现绿色高质量发展的生态优势

宜宾市具有独特的自然条件,形成了实现绿色高质量发展的生态优势。从地理区位来看,宜宾市位于四川省南部,地处金沙江、岷江、长江交汇处,处于川、滇、黔三省结合部,不仅是交通要道,而且肩负着筑牢长江上游生态屏障、维护国家生态安全的重要使命。这样,实现绿色高质量发展就成为宜宾市的不二选择。从自然资源来看,宜宾市具有丰富的水资源、矿产资源尤其是煤炭资源、生物资源等资源,全市森林覆盖率44.6%,为发展奠定了良好的自然物质条件,形成了实现绿色高质量发展的资源优势。从经济资源来看,宜宾市具有丰富的竹资源、茶资源、樟资源、蚕资源,不仅具有发展特色优势农业产业的优势,而且能够支撑形成绿色全产业链。从环境保护来看,宜宾市中心城区二级及以上优良天数261天,“三江”水质断面100%达标,全市县城及以上集中式饮用水源地水质达标率100%,为实现绿色高质量发展提供良好的环境。但是,2019年7月5日,宜宾市被国家生态环境部列入“黑臭水体消除比例低于80%的城市名单”,消除比例为0%。这样,就需要宜宾市下力气消除影响绿色高质量发展的负面因素,大力推进污染防治攻坚战。

3. 推动实现绿色高质量发展的产业优势

在谋求高质量发展的过程中，宜宾市深刻地意识到了深度依赖“一黑一白”（煤炭开采、白酒酿造）产业结构的局限，开始大力实施巩固提升传统产业和加快发展新兴产业的“产业发展双轮驱动”战略，提出了促进一二三产业融合发展的思路和政策，并形成了一些具有绿色全产业链模式价值的经验。例如，从天然富硒特色资源优势出发，兴文县以富硒品牌为引领，形成了“硒+X”的发展思路，着力打造以富硒水稻、富硒早茶、富硒猕猴桃为主导的富硒全产业链，同步带动康养休闲、文化旅游等相关产业的发展，促进一二三产业的深度融合，加快推进了“硒+X”模式向标准化、集群化、高端化的方向发展。五粮液集团公司也形成了多元化产业发展的局面。这些政策和经验是构建绿色全产业链的可贵探索，积累了相关经验。但是，从总体上来看，这些融合往往存在着形式融合大于内容融合、产业结构融合大于绿色产业融合的问题，没有高效利用物料、能量、信息。因此，必须将绿色化的理念有机地贯穿于一二三产业融合的始终，围绕着自然生态优势形成产业发展优势的特定产业，形成完整系统协同配套的一二三产业，形成绿色的产业链或绿色的产业群。

现在，宜宾市亟需将构建绿色全产业链的优势转化为实实在在的产业结构和产业优势。

（二）宜宾市构建和完善绿色全产业链的模式选择

从自身的生态环境优势和产业经济优势出发，按照“绿水青山就是金山银山”的科学理念，遵循人与自然和谐共生的客观规律以及生态经济发展的规律，宜宾市应该建构和完善自身的绿色全产业链。

1. 打造依托生态一产的绿色全产业链

在发展生态农业的过程中，宜宾市也很注重延伸和扩展生态农业的产业链。例如，利用蜀南竹海的自然生态优势，宜宾市将竹生态涵养、竹产品加工、竹文化旅游结合起来。但是，现行的竹产品具有明显的地域性特点，在北方地区难以推广。考虑到目前纸张供应的生态压力、用竹浆代替木浆的生态优势，蜀南竹海应该将用竹浆造纸作为延伸产业链的一项重要举措。同时，作为五粮液集团公司多元化产业发展延伸的宜宾纸业，在用竹浆代替木浆造纸方面取得了重要进展，有可能成为生态造纸的典范。但是，该公司并未有效利用蜀南竹海的自然资源优势，而是另行选择了生产原料供应基地。这样，事实上存在着地域内部物质变换"断裂"的问题。因此，在考虑到运输等方面的成本的基础上，应该在蜀南竹海和宜宾纸业之间建立起物质变换的链条和产业循环的链条。

这就是，围绕着竹资源的保护、开发和利用，要形成完整的绿色的产业链。一是要加强现有的竹资源的保护，充分发挥其生态涵养的作用；同时，要扩大竹林的造林培育工作，扩充竹资源的来源，保障竹资源的可持续性。二是围绕竹资源的生长周期和季节特征，继续开发和利用竹笋等竹产品中的系列农产品，做强、做大竹产业中的第一产业。三是在继续发展现行的竹产品加工工业的基础上，用绿色化的理念大力发展竹浆造纸产业，形成系列产品，构建绿色竹浆造纸产业，大力发展绿色食品加工业，延伸和做强、做大竹产业中的第二产业。四是在继续发挥竹资源的生态服务功能的基础上，继续发展竹文化产业和竹旅游产业，提升其综合效益，做强、做大竹产业中的第三产业。即，要围绕着竹资源，形成覆盖第一二三产业的完整的竹产业系列。最终，要将蜀南竹海打造成为一个多元产业共生一体的竹产业体系。

2. 打造依托生态二产的绿色全产业链

按照生态文明的理念，五粮液集团公司在清洁生产方面取得了重要进展。按照多元化产业发展的思路，五粮液集团公司积极推进一二三产业融合发展，形成了以酒业为中心的做优大机械、大金融、大健康的"1+3"产业格局。尽管这种发展格局符合市场经济条件下大企业集团发展的方向，但是，多元产业与主体产业之间的相关性、协调性仍然有待提高，尤其是需要按照绿色化的理念将其集聚起来。因此，在将酒业发展成为生态工业、主导产业的基础上，按照生态经济的理念，五粮液集团公司或宜宾市地方有必要形成以酒产业为基础和核心的绿色化的完整的产业链。

在第一产业方面，在发挥比较价格优势的基础上，围绕着保证原料粮食供应的安全性和持续性，应该按照生态农业的方式大力发展酿酒专用粮生产；同时，围绕着消化吸收酒糟等酿酒生产废弃物，在发展企业内部养猪场的基础上，应该在酿酒专用粮生产基地周围发展生态养殖业；在防止养殖场面源污染的基础上，将猪粪加工制作成为有机肥，为酿酒专用粮生产基地提供肥料。这样，就可形成粮食生产—粮食酿酒—酒糟养猪—猪粪肥田—酿酒专用粮优质高效生产的完整循环。

在第二产业方面，围绕着酿酒主业，要减少对资源能源的依赖，实现减量化；要增强节约、循环、清洁、低碳的要求，实现增益化；最终，要实现清洁发展和绿色发展。同时，要将绿色化的原则渗透和贯穿在生产、包装、流通、消费等各个环节中，形成绿色生产、绿色包装、绿色流通、绿色消费的统一。目前，要利用知识化、信息化、智能化、网络化的科技革命的成果，推动企业的清洁生产和绿色发展，建立生态工业园区，力争成为白酒产业中发展生态工业的样板。

在第三产业方面，在增强工业园区生态环境保护的基础上，在发展酒文化、推动酒消费的同时，要将园区特色生态观赏、基地文化体验、厂区工业旅游统一起来，形成完整的酒产业的第三产业。最终，围绕着酒产业，要将五粮液集团公司打造成为一个多元产业共生一体的酒产业体系。

3. 打造依托生态三产的绿色全产业链

按照《加快推进宜宾大学城和科技创新城建设的意见》（“双城”），在实现高等教育飞跃式发展的同时，按照“互联网+服务”的方式，以新兴先导型服务业为重点,宜宾市大力发展食品饮料、装备制造、医疗器械等新经济、新业态,实现了服务主体生态化、服务过程清洁化,推动消费模式更加集约高效。但是,这些新业态与原有特色产业的融合仍然有待提高。因此,要从宜宾市的生态环境优势和产业经济优势出发,进一步优化高等教育和科研机构的布局,开展相关的人才培养和科技攻关,为推动形成绿色全产业链提供教育和科研方面的支撑。一是要面向竹资源、茶资源、石资源的保护、开发和利用,开展促进生态产业化方面的教学和科研,切实将自然资源优势转化为经济优势。二是要面向酒产业、纸产业的清洁生产和绿色发展,开展产业生态化方面的教学和科研,切实提高经济优势的生态水平。三是面向轨道交通、智能制造、新能源汽车等新业态的发展,开展投入减量化和产出增益化方面的教学和科研,切实将这些产业建设成为真正的绿色产业。最终,要将"双城"建设打造成为一个支撑绿色全产业链的教学和科研基地。

总之,推动绿色高质量发展,不能仅仅停留在生态农业、生态工业、生态旅游的发展上,而是应该将三者统一和结合起来,形成一个完整的物质循环链条和产业发展链条,围绕着每一个主导的产业形成以绿色化为导向的全产业链。

(三)宜宾市构建和完善绿色全产业链的政策选择

为了实现绿色高质量发展,宜宾市必须大力推动政策创新,形成支撑构建和完善绿色全产业链的完整的政策体系。

1. 坚持以生态环境政策为先导

习近平总书记在2018年5月18日全国生态环境保护大会上提出,加快解决历史交汇期的生态环境问题,必须加快构建生态文明体系。因此,在加快形成以产业生态化和生态产业化为主体的生态经济体系的过程中,宜宾市应该坚持以习近平生态文明思想为指导思想,形成完整配套的生态环境政策。一是通过生态文化政策创新,推动建立健全以生态价值观念为准则的生态文化体系，为建构和完善绿色全产业链提供文化政策支撑。二是通过目标责任体系政策创新，推动建立以改善生态环境质量为核心的目标责任体系，为建构和完善绿色全产业链提供相关政策支撑。三是通过生态文明制度创新，推动建立以治理体系和治理能力现代化为保障的生态文明制度体系，为建构和完善绿色全产业链提供相关政策支撑。四是通过生态安全政策创新，推动建立以生态系统良性循环和环境风险有效防控为重点的生态安全体系，为建构和完善绿色全产业链提供生态安全政策支撑。最终，要通过生态环境政策创新，推动生态文明体系建构，促进生态文明建设，夯实绿色高质量发展的可持续性基础。

2. 坚持以绿色产业政策为主干

顺应世界产业发展的趋势和潮流，习近平总书记多次就借鉴西方"工业4.0"经验和迎接"第四次工业革命"发表重要讲话。"德国推出了'工业4.0'战略，积极推行能源转型，并引领欧洲整固财政，实施结构改革，大力落实'欧洲2020'战略提出的举措，推进欧洲一体化。"①这样，就指明了我国产业结构调整和优化升级的方向，因此，我们必须将这些精神贯彻和落实到我国产业政策中，实现农业产业化、城市化、工业化、信息化和绿色化的有机融合，实现绿色高质量发展。对于宜宾市来说，必须将上述精神贯彻和落实到地域产业发展中，进一步调整和优化双轮驱动战略。一方面，要按照工业化、绿色化和信息化相统一的原则，巩固提升传统产业，加强传统产业的可持续性；另一方面，要按照上述原则，加快发展新兴产业，增强新兴产业的可持续性。最终，要着力形成科技含量高、经济效益好、资源能源消耗低、环境污染少、生态风险低、抗灾减灾能力强、劳动力优势得到充分发挥的产业结构，坚持走出一条新型工业化道路。

---

① 习近平：《中德携手合作造福中欧和世界》，《人民日报》2014年3月29日。

3. 坚持以绿色社会政策为依托

根据我国社会主要矛盾的变化，党的十九大提出，我们既要创造更多物质财富和精神财富以满足人民群众日益增长的物质文化需要，也要提供更多优质生态产品以满足人民群众日益增长的优美生态环境需要。因此，我们要将满足人民群众的优美生态环境需要纳入社会政策中，形成绿色化的社会政策。对于宜宾市来说，在现有工作的基础上，必须将建设生态文明、实现高质量发展、精准脱贫结合起来，创造性地开展生态扶贫和生态脱贫。具体来说，绿色生活政策的重点是，一是鼓励和支持脱贫村、脱贫户大力发展竹产业、茶产业、酿酒专用粮等特色优势农业，形成具有地方特色的生态农业模式，以此增收脱贫。二是鼓励和支持脱贫村、脱贫户大力发展休闲观光农业、生态旅游、生态康养和等生态第三产业，形成具有地方特色的生态第三产业模式，开辟增收新渠道。在统筹城乡协调发展的过程中，政府应该进一步加大生态补偿的力度，尤其是切实推动城市对乡村的生态补偿。

4. 坚持以绿色投入政策为基础

习近平总书记在 2018 年 5 月 18 日召开的全国生态环境保护大会上提出，按照“绿水青山就是金山银山”的科学理念，我们必须深刻意识到保护生态环境就是保护自然价值和增值自然资本，将自然财富、生态财富、社会财富、经济财富统一起来。这样，就突出了绿色投资的必要性和重要性。因此，我们应该完善投入政策，加大绿色投入的力度。对于宜宾市来说，要将下述领域作为绿色投入政策的重点：一是要加大对自然资源和生态环境的投入，切实提高生态环境保护水平，增强自身的自然资本实力。二是要加大对环境基础设施建设和其他公共基础设施建设的投入，切实提高维护长江生态安全和自身生态安全的能力和水平。三是要加大对生态农业、生态工业、生态旅游等绿色产业的投入，增强自身产业发展的可持续性。这样，通过提高政府的投入，创新投入的机制(如必要时,可引入 PPP 方式),激发人民群众尤其是农民群众参与生态环境保护的积极性、能动性和创造性,这样,可有效夯实绿色高质量发展的可持续基础。

5. 坚持以绿色科技政策为支撑

习近平总书记指出,绿色发展是生态文明建设的必然要求,代表了当今科技和产业变革方向,是最有前途的发展领域。当代科学技术呈现出了绿色、智能、泛在的特征。因此,我们必须将创新发展和绿色发展统一起来,通过大力发展绿色高科技推动区域和地域的绿色高质量发展。对于宜宾市来说,要将发展绿色科技作为科技政策的重点,通过大力发展绿色科技来推动绿色产业的发展,将绿色科技作为建构和完善绿色全产业链的科技支撑。一是要整合现有的教育和科技资源,通过内引外联的方式,壮大发展绿色科技的人才队伍和科研机构。二是要面向地域绿色发展的实际课题,开展科技攻关,着力破解制约绿色产业发展的自然障碍和科技障碍,形成具有地域特色的绿色产业结构。三是要面向绿色发展的未来发展趋向,结合地域实际,开展前瞻性研究,夯实支撑绿色发展的科技实力。

总之,通过科学的政策设计和创新,宜宾市一定会形成支撑绿色全产业链的良好环境和条件,促进自身的绿色高质量发展,从而走在四川省甚至是长江经济带发展的前列。在这个过程中,要充分发挥生态化技术(可持续技术)的作用,用之推动绿色产业的发展。

第五章　生态文明建设的绿色发展路径

绿色发展，就其要义来讲，是要解决好人与自然和谐共生问题。——习近平①

要坚定推进绿色发展，推动自然资本大量增值，让良好生态环境成为人民生活的增长点、成为展现我国良好形象的发力点，让老百姓呼吸上新鲜的空气、喝上干净的水、吃上放心的食物、生活在宜居的环境中、切实感受到经济发展带来的实实在在的环境效益，让中华大地天更蓝、山更绿、水更清、环境更优美，走向生态文明新时代。——习近平②

在当代中国的语境当中，绿色发展、社会经济全面绿色转型、人与自然和谐共生现代化、生态文明是高度统一的有机整体，最终指向的是生态文明。当然，这些方面都具有普遍意义。

绿色发展既是生态文明建设应该具有的发展理念，也是生态文明建设的现实抓手。在国际上，已经形成了可持续发展和绿色经济等理念和选择。可持续发展突出的代际正义的原则，要求将眼前利益和长远利益统一起来。在此基础上，绿色发展突出了代际正义和代内正义的统一，不仅要求在一国范围

① 习近平：《论坚持人与自然和谐共生》，中央文献出版社 2022 年版，第 133 页。
② 习近平：《论坚持人与自然和谐共生》，中央文献出版社 2022 年版，第 136 页。

内让大家共享经济发展带来的环境效益和环境成果，而且要求在国际范围内同样实现这一点。绿色经济主要强调的是经济发展的绿色转型。在此基础上，绿色发展突出了人与自然和谐共生理念的发展观意义，要求用生活方式的绿色化倒逼形成绿色化的生产方式，促进整个社会经济的全面绿色转型。因此，绿色发展超越了可持续发展和绿色经济，是中国特色的生态创新，成为了生态文明建设的现实抓手。

按照绿色发展的理念，我们必须实现社会经济的全面绿色转型。我们既要将绿色发展的理念全面地融入生产、交换、分配、消费等生产的各个环节当中，实现生产方式的绿色化；又要将之全面地融入治理方式、思维方式、价值观念、生活方式、消费方式等各个方面，实现全部社会领域的绿色化。我们不仅要实现社会结构的绿色化，而且要实现社会进步的绿色化。对于当代中国来说，就是要统筹推进新型工业化、城镇化、信息化、农业现代化和绿色化。这一社会经济的全面绿色转型过程，就是实现绿色化和绿色发展的过程。

按照绿色发展的理念，促进社会经济的全面绿色转型，对于现代化提出了新的要求和目标。西方式现代化走过了一条先污染后治理、内治理环境外转嫁污染的老路。在反思传统现代化生态弊端的过程中，西方出现了生态现代化。中国式现代化必须避免重蹈西方现代化的覆辙。建设人与自然和谐共生现代化是中国式现代化的重要内容和特征。这不是西方的作为自反式现代化的生态现代化的翻版，而是中国式现代化的独创。建设人与自然和谐共生现代化，要求将绿色发展作为现代化的重要方式，将生态文明作为现代化的原则、目标和方向。人与自然和谐共生，就是要坚持走生产发展、生活富裕、生态良好的文明发展道路。最终，我们的目标是要建设一个富强民主文明和谐美丽的现代化强国。

总之，绿色发展是建设生态文明的发展理念和现实抓手，是建设人与自然和谐共生现代化的发展方式的选择。社会经济全面绿色转型是绿色发展的内涵和要求、表现和呈现。建设人与自然和谐共生现代化是绿色发展的现实过程，要求协同推进物质文明和生态文明，要求协同推进生态化和现代化。生态文明建设是实现绿色发展、实现社会经济全面绿色转型、建设人与自然和谐共生现代化的成就和成果，是我们在人与自然关系领域的价值理想和崇高目标。由于自然禀赋、社会经济条件不同，各地实现绿色发展的方式自然会有自己的特点，必须坚持因地制宜。当然，在一般意义上，生态文明是人类文明发展的历史趋势、普遍要求、共同追求。

一、坚持绿色发展的科学理念

"绿色发展"是党的十八届五中全会确立的重要发展理念。只有坚持绿色发展，才能确保生态环境质量总体改善，才能形成人与自然和谐共生的现代化建设新格局，才能建成美丽中国，才能将我国建设成为一个富强民主文明和谐美丽的社会主义现代化强国。

（一）坚持"绿色化"的科学理念

在提出"绿色发展"理念之前，我们党提出了"绿色化"的理念。2015 年 3 月 24 日，中共中央政治局会议在审议通过《关于加快推进生态文明建设的意见》时，鲜明地提出了"绿色化"的概念。这是以习近平同志为核心的党中央在生态文明建设问题上的重大创新成果。

1. 绿色化要求坚持做好绿化

在一般意义上，绿化就是指植树造林等基础性的生态建设工程。在新中国成立初期，毛泽东就发出了"绿化祖国"的号召①。改革开放之后，我们发起了全民义务植树运动。党的十八大以来，习近平总书记不仅连续多年亲自参

① 《毛泽东论林业（新编本）》，中央文献出版社 2003 年版，第 40 页。

加首都义务植树活动，而且深刻阐明了绿化工作的战略地位。一方面，从森林系统的生态功能来看，森林是陆地生态系统的主体和重要资源，是人类生存发展的重要生态保障。“森林是水库、钱库、粮库，现在应该再加上一个‘碳库’。森林和草原对国家生态安全具有基础性、战略性作用，林草兴则生态兴。”①不可想象，没有森林和草原，地球和人类会是什么样子。另一方面，从我国生态环境的现状来看，尽管全民义务植树活动开展 40 多年已取得了巨大成就，但是，我国自然资源和自然禀赋不均衡，相对于实现“两个百年”的目标，相对于人民群众对良好环境的期盼，我国森林无论是数量还是质量都远远不够，总体上仍然是一个缺林少绿、生态脆弱的国家。因此，在这个历史性的时刻，一是要注重观念创新，增强全民爱绿植绿护绿意识，尤其是要从小培养青少年的爱绿植绿护绿意识、生态环保意识、节约节俭意识。二是要注重制度创新，充分发挥全民绿化的制度优势，不仅每一个公民都要自觉履行法定植树义务，而且各级领导干部都要身体力行。三是要注重科技创新，充分发挥科学技术的作用，要因地制宜，科学种植，加大人工造林力度，扩大森林面积，提高森林质量，增强生态功能，保护好每一寸绿色。这样，习近平总书记就科学阐明了绿化在绿色化中的战略地位和战略作用。就此而论，绿色化基础工作是搞好绿化，要从生态安全的高度做好植树造林等生态建设的基础性工作。

2. 绿色化要求坚持实现生态化

在“人—自然—社会”巨复合生态系统中，生态文明建设还涉及人口、资源、能源、环境、生态、气候、防灾减灾等问题，因此，在绿色化问题上，还必须具有一种大生态系统意识，必须统筹人口、资源、能源、生态、环境、气候和防灾减灾等方面的工作。党的十八大以来，习近平总书记就此发表了一系列重要讲

---

① 《习近平在参加首都义务植树活动时强调　全社会都做生态文明建设的实践者推动者让祖国天更蓝山更绿水更清生态环境更美好》，《人民日报》2022 年 3 月 31 日。

话,形成了一系列科学的新理念。在人口领域,要采取均衡发展的管理方式,增强区域人口均衡分布。在资源领域,要坚持节约资源的基本国策,采取节约优先的方针,加强全过程节约管理。在能源领域,要加强节能减排工作,按照清洁化要求推动能源的可持续性。在生态领域,要尊重生态系统的整体性规律,坚持自然恢复的方针,增强生态产品的生产能力。在环境领域,要坚持保护环境的基本国策,坚持保护优先的方针,加强环境执法监管。在气候领域,要积极参与全球气候治理。在防灾减灾领域,要完善科学有序有效地应对灾害的机制,要通过掌握历史史料做好灾害的预防,在救灾中要做好预防次生灾害和疫情防治工作,灾后重建要突出绿色发展、可持续发展的理念。在此基础上,习近平总书记从系统思维的高度指出:"人的命脉在田,田的命脉在水,水的命脉在山,山的命脉在土,土的命脉在林和草,这个生命共同体是人类生存发展的物质基础。"①在这个意义上,绿色化就是要有一种大生态系统的意识,必须统筹人口、资源、能源、环境、生态、气候、防灾减灾,将生态文明作为一项复杂的社会系统工程来建设。当然,生态文明建设不仅仅局限在陆地上,还必须海陆空统筹。习近平总书记指出,要把海洋生态文明建设纳入海洋开发总布局之中,让人民群众吃上绿色、安全、放心的海产品,享受到碧海蓝天、洁净沙滩。此外,保护生物多样性也是其中的一个重要方面。显然,绿色化不是单纯的"绿色",而是要保护、呵护和养育一个五彩斑斓的世界。习近平总书记将之形象地比喻为,我们要"给子孙留下天蓝、地绿、水净的美好家园"。在这个意义上,绿色化就是生态化或生态科学化。

3. 绿色化要求实现永续化

从国家发展战略的高度来看,绿色化是可持续发展战略的具体化和明确化。习近平总书记指出:"我们将继续实施可持续发展战略,优化国土空间开

---

① 习近平:《论坚持人与自然和谐共生》,中央文献出版社 2022 年版,第 12 页。

发格局,全面促进资源节约,加大自然生态系统和环境保护力度,着力解决雾霾等一系列问题,努力建设天蓝地绿水净的美丽中国。”①在一般意义上,在坚持发展主题的前提下,必须统筹发展和环境的关系,发展必须是遵循经济规律的科学发展,必须是遵循自然规律的可持续发展。在生态省建设方面,必须处理好发展和保护的关系,着力在“增绿”“护蓝”上下功夫,为子孙后代留下可持续发展的“绿色银行”。在城市规划方面,务必坚持以人为本,坚持可持续发展,坚持一切从实际出发,贯通历史现状未来,统筹人口资源环境,让历史文化与自然生态永续利用、与现代化建设交相辉映。在灾后重建方面,必须突出绿色发展、可持续发展理念,统筹基础设施、公共服务设施、生产设施、城乡居民住房建设,统筹群众生活、产业发展、新农村建设、扶贫开发、城镇化建设、社会事业发展、生态环境保护,提高建设工程抗震标准,提高规划编制科学化水平。在总体上,绿色化就是全社会都要提高可持续发展科学意识,坚持走可持续发展道路。就此而论,绿色化就是要实现永续化。

4. 绿色化要求实现优美化

从国家发展的目标来看,绿色化就是要实现建设“美丽中国”的目标。在改革开放初期,我国开展了以“五讲四美三热爱”为主题的社会主义精神文明建设活动,“环境美”是其中重要的一个方面和要求。现在,从生态文明建设来看,这是一个分层次、分阶段的过程。在实现生态环境有效治理的基础上,其近期目标是实现“美丽中国梦”。习近平总书记指出:“走向生态文明新时代,建设美丽中国,是实现中华民族伟大复兴的中国梦的重要内容。”②实现中华民族伟大复兴的中国梦就是要实现中国的全面发展和全面进步。建设美丽中国是其生态诉求和基本目标,可以将之形象地称为“美丽中国梦”。美丽中

① 习近平:《让工程科技造福人类、创造未来——在2014年国际工程科技大会上的主旨演讲》,《人民日报》2014年6月4日。

② 习近平:《论坚持人与自然和谐共生》,中央文献出版社2022年版,第36页。

国梦是一个复杂系统，是我们在社会主义建设过程中按照美的规律进行的积极构建，是正确处理人与自然关系、人与社会关系的过程中所实现的合规律性和合目的性的统一，是自然美和社会美的统一，是心灵美、语言美、行为美、环境美的统一，是中国人民记住乡愁的方式和状态。因此，实现美丽中国梦就是要通过人与自然和谐共生的现代化促进经济现代化、政治现代化、文化现代化、社会现代化，即要把生态文明建设融入经济建设、政治建设、文化建设和社会建设中，最终要把我国建设成为一个经济发展、政治清明、文化繁荣、社会稳定、生态秀美的社会主义现代化强国。当然，建设美丽中国离不开美丽世界。习近平总书记指出，我们生活在同一个地球村，应该牢固树立人类命运共同体意识。保护生态环境，应对气候变化，维护能源资源安全，是全球面临的共同挑战。共同发展是可持续发展的重要基础。因此，中国将继续承担应尽的国际义务，同世界各国深入开展生态文明领域的交流合作，推动成果分享，携手共建生态良好的地球美好家园。在这个意义上，绿色化就是美丽、美好的同义词。我们既需要一个山河秀美的中国，也需要一个生态良好的世界。即，绿色化就是优美化。

5. 绿色化要求尊重自然规律

从哲学实质来看，绿色化就是要在科学认识自然规律的基础上，敬畏自然、尊重自然、顺应自然、保护自然。习近平总书记既不是从单纯的自然的或工程技术的角度来看待生态环境保护，也不是简单地从反思、批判和超越工业文明的角度来看待生态文明建设，而是高屋建瓴地从人类文明更替、兴亡的社会发展规律的高度来科学规定生态文明的方位。他指出："生态兴则文明兴，生态衰则文明衰。"①即，文明和生态是须臾不可分离的。生态文明的实质就是要遵循自然规律。具体到生态文明建设的实际来看，一是必须尊重自然规

① 习近平：《论坚持人与自然和谐共生》，中央文献出版社 2022 年版，第 2 页。

律的客观性。自然界是客观的物质存在，自然规律是不以人的主观意志为转移的。生态文明建设必须破除虚妄的主体性。例如，绿化只搞“奇花异草”不可持续，盲目引进也不一定适应，必须探索一条符合自然规律、符合国情地情的绿化之路。二是必须遵循自然规律的系统性。自然界是一个复杂系统，自然规律具有系统性的特征。例如，用途管制和生态修复必须遵循自然规律，如果种树的只管种树、治水的只管治水、护田的单纯护田，很容易顾此失彼，最终造成生态的系统性破坏。三是必须遵循自然规律的和谐性。自然运动是和谐和斗争的统一。和谐是事物的相反相成的状态和态势。人与自然和谐发展的规律是基本的自然规律。因此，我们必须推动形成人与自然和谐发展现代化建设新格局。从总体上来看，建设美丽中国，走向社会主义生态文明新时代，就是要按照尊重自然、顺应自然、保护自然的理念，贯彻节约资源和保护环境的基本国策，更加自觉地推动绿色发展、循环发展、低碳发展，把生态文明建设融入经济建设、政治建设、文化建设、社会建设各方面和全过程，形成节约资源、保护环境的空间格局、产业结构、生产方式、生活方式，为子孙后代留下天蓝、地绿、水清的生产生活环境。这是马克思主义唯物论在生态文明建设问题上的高度的自觉体现，充分彰显了中国共产党人对自然规律的科学认知水平。一言以蔽之，绿色化就是要遵循自然规律。

尽管在国内外有不少绿色化的提法，但是，只有习近平总书记赋予“绿色化”以丰富的内涵、深刻的含义、全面的要求，使之从一个形象化的比喻上升为一个科学的概念。这一概念的形成过程是一个以点到面、由平面到立体的理论创新过程。在总体上，绿色化是以习近平同志为主要代表的中国共产党人提出的生态文明建设的总体性概念、系统性方略、整体性对策，为我们走向社会主义生态文明新时代提供了科学的理论武装、指明了正确的前进方向。

（二）坚持“绿色发展”的科学理念

在强调坚持绿色发展、循环发展、低碳发展的基础上，党的十八届五中全会创造性地提出了“绿色发展”的科学理念。与创新发展、协调发展、开放发展、共享发展一道,“绿色发展”是指导我国发展的科学的发展理念和发展方式。在狭义上,绿色发展,就是要发展环境友好型产业,降低能耗和物耗,保护和修复生态环境,发展循环经济和低碳技术,使经济社会发展与自然相协调。从广义上来看,绿色发展至少包括以下含义和要求:

1. 坚持均衡发展

人自身的生产是社会生产的基本形式,人口可持续性是影响可持续发展的基础性变量之一,因此,实现人口资源环境与社会经济的协调发展是可持续发展的基本要求。今天,为了积极应对老龄化的挑战,2021 年,我国适时地推出了“实施一对夫妇可以生育三个子女政策”。但是,我们也要看到人口增长可能带来的资源、能源、环境、生态安全等方面的巨大压力,要考虑到生态环境阈值对人口的支撑的能力。胡焕庸线东南方 43%的国土,居住着全国 94%左右的人口,以平原、水网、低山丘陵和喀斯特地貌为主,生态环境压力巨大;该线西北方 57%的国土,供养大约全国 6%的人口,以草原、戈壁沙漠、绿洲和雪域高原为主,生态系统非常脆弱。① 目前,我国的生态足迹已经达到生态承载力的 2.2 倍。通俗地讲,我们需要 2.2 倍的现有的国土面积才能养活目前的 14 亿多人口。同时,我国每平方公里平均人口密度为 147 人,约为世界水平的 3 倍多。在这种情况下,我们必须继续坚持计划生育的基本国策,完善人口发展战略,促进人口均衡发展。人口均衡发展是指,人口的发展要与资源、能源、环境和生态的承载能力和涵容能力相符合,要与经济社会发展水平相协调,要与城市化水平相适应。可见,人口均衡发展不仅是实现绿色发展的基本前提,而且是实现绿色发展的基本要求。为此,在有序地全面实施一对夫妇可生育三个孩子政策的同时,我们必须将提升人力资本实力、优化人口区域分

① 习近平:《论坚持人与自然和谐共生》,中央文献出版社 2022 年版,第 3—4 页。

布、优化人口的年龄结构和性别结构作为我国实现绿色发展的重要战略举措。事实上，通过人口均衡发展能够提升整体发展的质量和效益，能够使发展更好地造福人民群众。

2. 坚持节约发展

资源是生产资料和生活资料的基本来源，构成了国民经济和社会发展的自然物质基础，是影响可持续发展的基础性变量之一。从是否具有可再生性（可耗竭）的性质来看，资源分为可再生（不可耗竭）和不可再生（可耗竭）两类。因此，确保资源可持续性的基本要求是：对可再生资源的开发和利用不能超出其可再生的速率，对不可再生资源的开发和利用不能超出其技术代替的周期。这样，就突出了节约资源的重要价值。对于我国来说，尽管资源蕴藏总量较大，但人均占有量远远低于世界平均水平。鉴此，在"十一五"规划中，我国就已提出了节约发展的要求。党的十七大以来，我们将建设资源节约型社会作为了生态文明建设的基本内容和要求。就其关系来看，节约发展是建设资源节约型社会的手段，资源节约型社会是节约发展的目标。一般而言，节约发展是通过节约和集约利用资源的方式来促进可持续发展的科学发展的理念和方式。显然，"节约资源是保护生态环境的根本之策。扬汤止沸不如釜底抽薪，在保护生态环境问题上尤其要确立这个观点。大部分对生态环境造成破坏的原因是来自对资源的过度开发、粗放型使用。如果竭泽而渔，最后必然是什么鱼也没有了。因此，必须从资源使用这个源头抓起"①。目前，坚持节约发展，就是要坚持节约资源的基本国策，全面节约和高效利用资源，树立节约集约循环利用的资源观，加快建设资源节约型社会。为此，我们要通过研发节约资源的科技、完善节约资源的政策等方式，来推动建立资源节约型社会。显然，节约发展是绿色发展的重要内容和基本要求。

---

① 习近平：《论坚持人与自然和谐共生》，中央文献出版社 2022 年版，第 32 页。

3. 坚持低碳发展

能源是生产和生活必需的燃料和动力的来源，是影响可持续发展的基础性变量之一。以石化能源为主的能源结构是导致全球温室效应的主要原因。围绕控制全球气候变暖的议题，低碳发展成为了国际性的潮流。长期以来，煤炭消费在我国整个能源结构中占比始终在 70%左右。这是我国二氧化碳排放量逐年增加并成为全球第一大二氧化碳排放国的重要原因。为此，在积极参与全球气候议程的同时，我国已将节能减排作为实现可持续发展的重要举措，提出了实现低碳发展的要求。党的十八届五中全会进一步提出，要实现低碳循环发展，建设清洁低碳、安全高效的现代能源体系，实施近零碳排放区示范工程。一般而言，低碳发展的核心是降低发展的碳依赖。碳依赖的基本含义是：经济体对引起二氧化碳等温室效应气体的生产和消耗的程度。碳依赖通常由温室效应气体的强度来测量，例如，与每百万美元国民生产总值的温室效应气体排放量等值的二氧化碳的吨数。显然，低碳发展是通过节能减排和节能降耗而提升发展的质量和效益的科学发展的理念和方式，不仅是支持绿色发展的重要手段，而且是实现绿色发展的基本要求。正如在其他一切问题上一样，“中国是负责任的发展中大国，是全球气候治理的积极参与者。中国已经向世界承诺将于二〇三〇年左右使二氧化碳排放达到峰值，并争取尽早实现。中国将落实创新、协调、绿色、开放、共享的发展理念，坚持尊重自然、顺应自然、保护自然，坚持节约资源和保护环境的基本国策，全面推进节能减排和低碳发展，迈向生态文明新时代”①。为此，在推进煤炭清洁技术发展的基础上，我们要大力发展低碳科技，推动建立低碳发展产业体系，同时要为之提供相应的制度支撑。

① 习近平：《论坚持人与自然和谐共生》，中央文献出版社 2022 年版，第 156 页。

4. 坚持清洁发展

环境是人类生产活动和生活活动的空间，是吸收生产和生活排泄物的场地。由于环境存在着生态阈值，其承载能力、涵容能力和自我净化能力是有限的，因此，一旦人类活动超过环境的生态阈值，必然导致环境污染。这样，实现清洁发展就成为实现可持续发展的必然选择。在我国快速工业化的过程中，也引发了严重的环境污染。鉴此，我国在“十一五”规划中就已提出了清洁发展的要求。通常，我们较为重视石化和电力等行业的清洁发展，主要强调通过能源开发实施清洁替代和能源消费实施电能替代的方式来实现清洁发展。其实，清洁发展实质上是针对环境污染末端治理的弊端而提出的全程控制环境污染的方式，要求通过实现废物的减量化、资源化和无害化的方式来实现科学发展。在内涵上，清洁发展与狭义的绿色发展是一致的，是一种既保护环境又实现发展的方式。目前，我们“要发展绿色清洁生产，有效控制污染和温室气体排放，推动优化开发区域率先实现碳排放达到峰值”①。具体来说，坚持清洁发展，就是要坚持环境保护的基本国策，加大环境治理力度，以提高环境质量为核心，实行最严格的环境保护制度，深入实施大气、水、土壤污染防治行动计划，加快建设环境友好型社会。显然，清洁发展是绿色发展的题中应有之义。为此，我们在推动传统能源清洁利用、发展清洁能源的同时，必须加大清洁生产审核的力度。

5. 坚持循环发展

实现资源和废弃物的循环利用，不仅可以有效降低环境污染，而且可以促进资源的再生利用。生产和生活中的废弃物不一定会造成污染，关键是要将之放对位置。在倡导和发展循环经济的基础上，党的十七大以来，我们又提出

① 习近平：《论坚持人与自然和谐共生》，中央文献出版社 2022 年版，第 175 页。

了循环发展的科学理念。习近平总书记指出，变废为宝、循环利用是朝阳产业，使垃圾资源化，这是化腐朽为神奇，既是科学，也是艺术，因此，要更加自觉地推动循环发展。循环经济只是从经济层面上突出了资源和废弃物循环利用的价值，而循环发展要求从整个发展上重视资源和废弃物的循环利用。今天，面对资源浪费和环境污染日益加剧的现实，我们必须在推动循环经济发展的基础上，“推进资源全面节约和循环利用，实现生产系统和生活系统循环链接”①。这样，才能实现循环发展。循环发展，就是要推动全社会树立减量化、再利用、资源化的科学理念，坚持减量化优先，从源头上减少生产、流通、消费各环节能源资源消耗和废弃物产生，大力推进再利用和资源化，促进资源永续利用，促进废弃物再生利用。在节约资源和保护环境的基础上，可以有效地提升发展的质量和效益。显然，循环发展是绿色发展的重要内容和基本要求。目前，我们必须树立循环利用的资源观，推动建立循环发展产业体系，有效推动循环发展。为此，我们要继续开发应用源头减量、循环利用、再制造、零排放和产业链接技术，实行生产者责任延伸制度。

6. 坚持安全发展

在科技革命迅速发展和全球化不断扩展的情况下，人类社会已进入风险社会。这样，就突出了安全发展的重要性。在我国，“十一五”规划就提出了安全发展的科学理念。尽管安全发展主要突出的是生产安全的重要性，但是，也包括生态安全等其他方面的安全。习近平总书记在提出总体国家安全观、走中国特色国家安全道路时，将维护生态安全作为了总体国家安全的重要内容和基本要求。他指出：“要坚持保护优先、自然恢复为主，实施山水林田湖生态保护和修复工程，加大环境治理力度，改革环境治理基础制度，全面提升自然生态系统稳定性和生态服务功能，筑牢生态安全屏障。”②在领导中国人

① 习近平：《论坚持人与自然和谐共生》，中央文献出版社 2022 年版，第 16 页。

② 《习近平关于社会主义生态文明建设论述摘编》，中央文献出版社 2017 年版，第 64 页。

民打赢疫情防控人民战争、总体战、阻击战的过程中，习近平总书记要求高度重视生物安全问题。因此，我们这里讲的安全发展主要是指通过维护生态安全而实现科学发展的发展理念和发展方式。生态安全主要指的是要维护和保持生态系统的完整性、多样性和稳定性。目前，为了实现中华民族的可持续发展和维护全球生态安全，为了有效避免生态风险，我们必须高度重视生态安全，要将全部国土（全部的领土、领海、领空）作为一个完整的生态系统来进行规划和管理，切实维护基因、生物和生态的多样性，有效预防外来物种入侵，切实保护野生动物，不断扩大绿色生态空间比重，大力增强水源涵养能力和环境容量，构建科学而合理的生态安全格局。显然，安全发展既是实现绿色发展的外部条件，也是实现绿色发展的内在要求。

7. 坚持预警发展

灾害是影响可持续发展的重大问题，防灾减灾救灾的可持续性同样是影响可持续发展的关键变量，因此，做好防灾减灾救灾工作属于维护公共安全的基础性工作，是实现广义安全发展的重要内容和基本要求。对此，习近平总书记指出，要完善科学有序有效地应对灾害的机制，要通过掌握历史史料等方式做好灾害的预防，在救灾中要做好预防次生灾害和疫情防治工作，灾后重建要突出绿色发展、可持续发展的理念。党的十八届三中全会通过的《中共中央关于全面深化改革若干重大问题的决定》也提出了“健全防灾减灾救灾体制”的要求和安排。尽管灾害主要是由自然原因造成的，但是，也有人为原因。尽管灾害的发生具有不确定性，但是，通过科学的预警机制能够有效降低灾害风险。由于防灾减灾救灾在实现可持续发展中具有特殊性和专门性，因此，有必要引入“预警发展”的科学发展理念。预警（预警性）发展是指通过科学的防灾减灾救灾工作尤其是预警性工作而实现科学发展的理念和方式。这就是要按照以人为本、尊重自然、统筹兼顾、立足当前、着眼长远的要求，加快灾害调查评价、监测预警、防治和应急等防灾减灾救灾体系建设，在经济建设和城市建设中要将灾害影响评估和环境影响评估统一起来，增强抵御和减缓自然灾害的能力。通过灾害预警性工作，不仅能够有效减轻灾害对发展的影响和冲击，而且能够提升发展的质量和效益，能够为人民群众的生产和生活创造一个安全的环境。因此，在编制国家中长期规划时，我们应该在延续这一传统的基础上，将“防灾减灾救灾工作”单独作为生态文明建设的专门部分做出新的统一的科学的规划安排，做出总体设计，尤其是要将绿色化的原则贯穿在从灾前预警、灾中救助、灾后重建的全过程和各环节。这样，才能未雨绸缪，防患于未然。

总之，绿色发展绝非对现有的可持续发展、绿色经济等术语的简单代替，而是具有丰富的科学内涵的创造性的综合性的集成性的科学发展的理念和方式。只有在全面把握绿色发展的科学内涵的基础上，才能制定出科学而系统的生态文明建设的规划，才能确保“生态环境质量总体改善”，才能形成人与自然和谐发展的现代化建设新格局，才能推进美丽中国建设，才能为全球生态安全作出新贡献。

（三）绿色发展的科学推进

在当代中国，生态环境问题归根到底是发展问题。在科学总结以往经验的基础上，党的十九大将“坚持人与自然和谐共生”确立为新时代坚持和发展中国特色社会主义的基本方略之一。坚持和发展这一方略，就是要在尊重人与自然有机联系、协同进化的前提下，坚持走生产发展、生活富裕、生态良好的文明发展道路。这一方略概括和提升了绿色发展的意蕴和境界。绿色发展就其要义来讲就是要解决好人与自然和谐共生问题。因此，坚持和发展这一基本方略，必须自觉地把经济社会发展同生态文明建设统筹起来。

1. 发展目的的完善

满足人的需要是发展的目的。任何一种需要的满足都依赖于自然界，因此，人与自然的关系是一种有机关系。坚持人与自然和谐共生的基本方略，就是要将满足人民群众的生态环境需要尤其是满足人民群众对美好生态环境需要作为发展的出发点和落脚点之一。

在资本主义条件下，由于以剩余价值为增长的目的，商品、资本、货币等物的因素成为支配一切的力量，结果造成对人和自然的双重压迫，导致了资本主义总体性危机，因此，不是工业文明而是资本逻辑才是造成生态危机的罪魁祸首。为了消除上述弊端，必须将满足人民群众的需要作为社会主义生产的目的。

人以其需要的多样性、全面性、广泛性而区别于动物。人不仅具有物质文化需要，而且具有生态环境需要。从物质变换角度来看，生态环境需要是人类对生态环境的一切需要之和，即从自然界获取资源的需要和废物返回自然界的需要的总和。国民生产总值即物质生活水平乘以人口之和，似乎是计量这一需要的最便利尺度。现在，国际学界惯于用“生态足迹”来表示生态环境需要。生态环境需要及其满足与人类其他需要及其满足之间存在着复杂关联和辩证互动。

随着我国社会主要矛盾的变化，人民群众的需要实现了从“求温饱”到“求环保”的历史转变，生态环境质量已成为影响人民群众幸福指数的关键指标。现在，人民群众对清新空气、清澈水质、清洁环境等生态产品的需求日益迫切，望得见山、看得见水、记得住乡愁已成为其日常生活的内生性需要。因此，清新空气、清澈水质、清洁环境以及山水乡愁就是生态环境需要的直接表现和表征。

围绕着满足人民群众的生态环境需要，亟需完善社会主义生产目的的表述。习近平总书记指出：“从政治经济学的角度看，供给侧结构性改革的根本，是使我国供给能力更好满足广大人民日益增长、不断升级和个性化的物质文化和生态环境需要，从而实现社会主义生产目的。”①社会主义生产，不仅要

---

① 习近平：《论把握新发展阶段、贯彻新发展理念、构建新发展格局》，中央文献出版社2021年版，第99页。

满足人民群众日益增长的物质文化需要,而且要满足人民群众日益增长的生态环境需要尤其是人民群众对优美生态环境的需要。因此,我们不仅要大力生产物质文化产品以满足人民群众日益增长的物质文化需要,而且要提供更多的优质生态产品以满足人民群众日益增长的优美生态环境需要。这是习近平新时代中国特色社会主义思想对马克思主义政治经济学的重要贡献。

在我们把增进人民福祉、促进人的全面发展、朝着共同富裕方向稳步迈进作为发展的出发点和落脚点的时候,就包含着如下要求:让人民群众呼吸到新鲜的空气、喝到干净的饮用水、吃到放心的食物、生活在宜居的环境中,让人民群众在绿水青山中共享自然之美、生命之美、生活之美。这是坚持人与自然和谐共生基本方略的首位要求,是社会主义物质文明建设和社会主义生态文明建设的共同的价值支点。

现在,我国已进入提供更多优质生态产品以满足人民日益增长的优美生态环境需要的攻坚期。只有将满足人民群众的物质文化需要和生态环境需要确立为发展的目的,才能将资本主义生产和社会主义生产区分开来,才能将“绿色资本主义”和社会主义生态文明区别开来。

2. 发展理念的创新

发展理念是发展行为的向导。坚持人与自然和谐共生的基本方略,就是要树立和践行绿水青山就是金山银山的科学理念,推动发展理念的绿色创新,科学引导绿色发展。

第一,坚持人口经济与资源环境相均衡的理念。金山银山与绿水青山的矛盾集中表现为人口经济与资源环境的矛盾。宇宙系统和科技进步具有无限性,地球上的资源环境在一定时空条件下却是有限的。因此,必须在人口经济与资源环境之间维持一种必要张力,尤其是必须考虑到各种要素的空间均衡问题。尽管我国的人口出生率在持续降低,但随着人均寿命的持续延长,人口数量造成的经济社会压力和生态环境压力依然存在,甚至有加重的趋势,因此,必须确保人口绿色发展,使人口增长与生态环境承载力相匹配。就经济来说,必须根据主体功能区定位,合理确定产业结构和发展方式,科学确定发展的规模和速度。今天,谋求绿色发展存在着双向要求:发展既要与资源能源消耗和生态环境开发“脱钩”,又要与节约资源能源、保护生态环境“挂钩”。这样,就要求加大绿色投资。

第二,坚持自然价值和自然资本的理念。自然界通过影响劳动生产率参与了价值的形成和增值。“劳动生产率是同自然条件相联系的。这些自然条件都可以归结为人本身的自然(如人种等等)和人的周围的自然。外界自然条件在经济上可以分为两大类:生活资料的自然富源,例如土壤的肥力,渔产丰富的水域等等;劳动资料的自然富源,如奔腾的瀑布、可以航行的河流、森林、金属、煤炭等等。在文化初期,第一类自然富源具有决定性的意义;在较高的发展阶段,第二类自然富源具有决定性的意义。”①由于自然资源参与了价值的形成,因此,存在着自然价值。由于自然价值能够带来价值的增值,因此,存在着自然资本。由于存在着自然价值和自然资本,因此,绿水青山才可以转化为金山银山。习近平总书记指出,“保护生态环境就是保护自然价值和增值自然资本,就是保护经济社会发展潜力和后劲”②。在承认自然价值和自然资本的基础上谋求发展,才能够实现绿色发展。同时,为了克服资本主义将使用价值从属于交换价值带来的生态弊端,在社会主义市场经济体制的框架中,必须让交换价值从属于使用价值。这样,才能按照满足人民群众需要的目的组织生产,保证生产力的可持续性。

第三,坚持自然生产力和生态生产力的理念。人与自然的关系是建立在劳动基础上的物质变换关系,具有典型的生态学性质。生产力是人类调节和控制这种物质变换的实际能力。自然生产力和生态生产力是其重要形式。马克思指出,“如果劳动的自然生产力很高,也就是说,如果土地、水等等的自然

① 《马克思恩格斯文集》第5卷,人民出版社2009年版,第586页。

② 习近平:《论坚持人与自然和谐共生》,中央文献出版社2022年版,第10页。

生产力只需使用不多的劳动就能获得生存所必需的生活资料，那么——如果考察的只是必要劳动时间的长度——劳动的这种自然生产力，或者也可以说，这种自然产生的劳动生产率所起的作用自然和劳动的社会生产力的发展完全一样”①。据此而言，自然生产力是自然生态系统的生产能力，实质上是指自然力量。同时，随着新科技革命生态化趋势的发展，人类自觉将生态系统等生态科学的成果运用到生产力系统中，形成了生态生产力。生态生产力是人化自然和人工自然所具有的生产力，是生产要素、生产环节、生产过程和生产目标的绿色化所发挥出的生产力，是整个经济运行和经济体系的绿色化所表现出的生产力。显然，保护生态环境就是保护生产力，改善生态环境就是发展生产力。

总之，绿水青山是自然财富、生态财富、社会财富、经济财富的总和。只有按照“绿水青山就是金山银山”的科学理念促进发展理念的绿色创新，才能为绿色发展提供科学的观念引导，保证发展的可持续性。

3. 发展愿景的优化

发展愿景规定和预示着发展的结果。把我国建设成为富强民主文明和谐美丽的社会主义现代化强国是我国的发展目标。坚持人与自然和谐共生的基本方略，就是要在绿色发展的基础上实现这一美好愿景。

第一，形成人与自然和谐共生的现代化建设新格局。发展问题是南北问题，核心是落后国家的现代化。基于生命共同体的生态理性，在坚持社会主义现代化的前提下，必须形成人与自然和谐共生的现代化建设新格局。从时间上看，现代化是从农业革命到工业革命再到信息革命的转变过程。目前，我国进入了新型工业化、信息化、城镇化、农业现代化同步发展、并联发展、叠加发展的关键时期。为了避免西式现代化“先污染后治理”的弊端，必须协同推进

① 《马克思恩格斯文集》第8卷，人民出版社2009年版，第370页。

“新四化”和绿色化，实现农业革命、工业革命、信息革命和生态革命的统一，走绿色化的跨越式发展道路。从构成上看，现代化是一个整体的社会进步过程。为了克服西式现代化造成的“单面人”的弊端，按照社会有机体全面发展的规律，必须全面推进经济建设、政治建设、文化建设、社会建设、生态文明建设，全面提升物质文明、政治文明、精神文明、社会文明、生态文明，实现社会全面进步和人的全面发展，走全面发展之路。这样，方可确保发展的人民性、全面性和持续性。

第二，加快建立健全生态经济体系。产业结构不合理是造成生态环境问题的重要原因。现在，在加快发展先进制造业、高新技术产业、现代服务业的同时，必须加快建立健全以产业生态化和生态产业化为主体的生态经济体系，因地制宜发展生态农业、生态工业、生态旅游，不断壮大节能环保产业、清洁生产产业、清洁能源产业，推动形成绿色化的产业结构。为了支撑这一体系，必须通过发展绿色金融以加强绿色投资。目前，必须加强对自然资源和自然资产的投入，以夯实绿色发展的可持续基础；必须加强对生态环境基础设施、新型基础设施和其他公共基础设施建设投入，以夯实绿色发展的社会经济基础；必须加强对绿色产业的投入，以夯实绿色发展的产业基础。显然，发展绿色金融就是要在增强自然资本实力的基础上推动绿色发展。

第三，加快推动发展方式绿色化。粗放式增长方式是造成生态环境问题的重要原因。因此，必须实现从要素驱动向创新驱动的转变，充分发挥绿色技术的作用，以促进创新发展和绿色发展的统一。目前，必须加快研发减少资源能源投入和提高资源能源使用效率的技术、减少废弃物排放和提高其循环利用效率的技术、提高生态系统服务能力和有效预防生态风险的技术，以推动发展方式的绿色化。同时，要大力发展循环经济和构建工业生态园区。为此，必须按照绿色化原则和“技术生态学”的哲学理念，不断优化技术的体系和功能，实现技术的绿色化，建构市场导向的绿色技术创新体系。同时，要不断加大向绿色技术的研发投入。这样，才能推动绿色技术的产业化。显然，绿色技术本质上是可持续技术，是发展方式绿色化的技术支撑。

总之，按照人与自然和谐共生的基本方略谋求发展，必须形成绿色化的发展格局、经济体系和发展方式，这样，才能为把我国建设成为一个富强民主文明和谐美丽的社会主义现代化强国提供永续的物质基础，协同推进人民富裕、国家强盛、中国美丽。

（四）绿色发展是高质量发展的必由之路

2021年是实施“十四五”规划的第一年。党的十九届五中全会通过的《中共中央关于制定国民经济和社会发展第十四个五年规划和二〇三五年远景目标的建议》（以下简称为《建议》），将“生态文明建设实现新进步”作为我国“十四五”时期的经济社会发展的主要目标之一。2021年中央经济工作会议，提出了“要加强污染防治，不断改善生态环境质量”的任务。那么，在“十四五”期间如何搞好生态文明建设呢？我们认为，坚持生态优先、绿色发展为导向的高质量发展是科学的选择。

1. 绿色发展对于实现高质量发展的全方位意义

在如期完成全面建成小康社会的发展任务、开启全面建设社会主义现代化国家新征程的新发展阶段，面对国内外的复杂发展局面，我们亟需从高速度发展转向高质量发展。高质量发展是发展的速度、质量、效益的高度的有机的统一。我们不能将绿色发展仅仅看作是高质量发展的一个方面。

第一，绿色发展是高质量发展的重要前提。自然界是生产资料和生活资料的基本来源，是发展的自然物质前提和保障。在一定的时空范围当中，相对于人类的发展来说，自然界存在着生态阈值或生态极限。人类不可越雷池半步。如果人类要突破这一极限，必须在对生态环境进行安全影响评估的前提下，通过绿色科技来拓展发展的条件和边界。在拓展的过程中，人类必须对大自然有所补偿、有所增益，维持和增强自然的可持续性，实现和维护人与自然之间的动态平衡。因此，任何发展都必须以尊重自然规律为前提，尤其是要遵循自然界客观存在的生态阈值或生态极限。自然界的可持续性是发展的可持续性的基础和前提。这是《建议》提出的“守住自然生态安全边界”①对于发展的底线要求。在这个意义上，绿色发展是高质量发展的重要前提之一。

第二，绿色发展是高质量发展的基本要求。从其构成来看，高质量发展是创新发展、协调发展、绿色发展、开放发展、共享发展的集成体现和综合运用。绿色发展的核心要义是实现人与自然和谐共生，着力解决的是环境和发展的协调问题。一方面，它要求发展必须与资源能源的高消耗和生态环境的高破坏“脱钩”，全力避免和消除发展的生态代价。也就是说，要避免重蹈西方现代化先污染后治理的覆辙。另一方面，它要求经济发展与节约发展、清洁发展、循环发展、低碳发展、安全发展、预警发展等要求“挂钩”，在实现人与自然和谐共生的过程中谋求经济发展。也就是说，要开拓出一条人与自然和谐共生的现代化道路。在这个过程中，我们要围绕着资源节约、环境清洁、废物循环、低碳中和、生态安全、灾害预警等问题，来培植新的经济增长点。在这个意义上，绿色发展是高质量发展的基本要求之一。

第三，绿色发展是高质量发展的重要目标。为了保证社会的全面进步和人的全面发展，高质量发展是追求全面发展目标的发展。在民族复兴的层面上，通过发展，我们要使中国以经济富强、政治民主、文化繁荣、社会和谐、山河秀美、民族团结、国家统一的现象屹立于世界东方。也就是说，建设美丽中国是实现中华民族伟大复兴的重要构成方面。在现代化的层面上，通过发展，我们的目标是将我国建设成为富强民主文明和谐美丽的社会主义现代化强国。也就是说，生态现代化是我国现代化的重要构成方面。在社会发展的终极追求上，通过发展，我们要实现物质文明、政治文明、精神文明、社会文明、生态文明的全面发展、共同发展、协调发展。也就是说，生态文明是社会全面进步和

① 《中共中央关于制定国民经济和社会发展第十四个五年规划和二〇三五年远景目标的建议》，《人民日报》2020年11月4日。

人的全面发展的目标之一。在这个意义上，绿色发展是高质量发展的重要目标之一。

总之，绿色发展对于实现高质量发展具有全方位的意义，我们必须坚持生态优先、绿色发展为导向的高质量发展路子。

2. 深入推进高质量生态环境保护的要求

在坚持以往环境保护工作优良传统和工作经验的基础上，我国将“坚决打好污染防治攻坚战”纳入“十三五规划”当中，将污染防治攻坚战作为了我们在人与自然关系领域发起的伟大斗争，制定、出台和实施大气、水、土壤污染防治行动计划，即俗称的“气十条”“水十条”“土十条”。现在，我们已经完成了“十三五”规划纲要和污染防治攻坚战确定的生态环境保护 9 项约束性指标。但我国生态环境保护和生态文明建设正处于关键期、攻坚期、窗口期“三期叠加”的阶段，生态环境保护面临的结构性、根源性、趋势性压力总体上尚未根本缓解。因此，《意见》提出了“深入打好污染防治攻坚战”①的要求。

如果说“坚决”表明的是我们防治污染的决心和意志，彰显的是我们敢于斗争的勇气，那么，“深入”表明的是我们防治污染的坚持和坚守，彰显的是我们善于斗争的智慧。在全面开启建设社会主义现代化国家的新征程中，我们既要坚持以经济建设为中心不动摇，也要坚持生态环境保护和生态文明建设不动摇。在“十四五”以至于更长时期的发展中，我们要坚持咬定青山不放松，深入推进污染防治攻坚战，深入打好蓝天、碧水、净土保卫战。

如果说“坚决”突显的是“运动式”治理在防治污染中的作用，突出的是治污的应急性和时效性，那么，“深入”突显的是“常态化”治理在防治污染中的作用，突出的是治污的日常性和实效性。在全面开启建设社会主义现代化国家的新征程中，我们要坚持统筹推进生态环境保护和经济社会发展，在发展的

---

① 《中共中央关于制定国民经济和社会发展第十四个五年规划和二〇三五年远景目标的建议》，《人民日报》2020 年 11 月 4 日。

每个环节和每个部门都要坚持生态文明的科学理念,实现生产的全流程和产品的全周期的清洁设计、清洁控制、清洁反馈、清洁优化。

如果说“坚决”突出的行政手段在防治污染中的作用,彰显的是中央环保督察等制度优势的价值,那么,“深入”突显的综合手段在防治污染中的作用,彰显的是党的领导下的“组合拳”的作用。在全面开启建设社会主义现代化国家的新征程中,在坚持党的领导的前提下,我们要继续加强中央环保督察制度建设,同时要按照党的群众路线来强化中央环保督察制度的作用,坚持精准治污、系统治污、综合治污、科学治污、依法治污、以德治污。

如果说“坚决”强调的是从控制污染物的量变入手防治污染的思路和对策,要求将发展维持在生态阈值的范围当中,那么,“深入”强调的是在数量控制基础上的质量控制,要求将“持续改善环境质量”和“提升生态系统质量和稳定性”嵌入发展当中。在全面开启建设社会主义现代化国家的新征程中,我们必须坚持以改善和提高生态环境质量为核心,在坚持方向不变、力度不减的前提下,加强系统推进和全面推进,又好又快地解决污染问题。

总之,从“坚决”到“深入”的转变,表明了我国污染治理的原则、思路、方法、目标的一以贯之的同时,要求实现治污逻辑的升华和拓展,突出了高质量生态环境保护的要求。

3. 切实做好碳达峰和碳中和的工作

全球气候变暖是人类面临的重大的全球性问题之一。长期以来,按照“共同但有区别”的原则,我国积极参与全球气候议程,推动了全球气候治理。按照《意见》提出的“制定二〇三〇年前碳排放达峰行动方案”①的精神,中央确定“做好碳达峰、碳中和工作”是我国往后经济工作的重点任务之一。

我国实现这一目标也面临着一系列严峻的挑战。第一,从能源结构来看,

① 《中共中央关于制定国民经济和社会发展第十四个五年规划和二〇三五年远景目标的建议》,《人民日报》2020 年 11 月 4 日。

以石化能源为主的能源结构是导致我国碳排放居高不下的重要原因，偏重于重化工的产业结构进一步固化了上述能源结构，但是，在短时期内，我国难以改变这一能源结构和产业结构。第二，从用能需求来看，在目前人口常数的情况下，由于气象等自然地理条件的突发变化和反常变化，居民日常生活用能需求自然会上升。同时，为了尽快恢复生产和生活的常态，随着复工复产速度的加快，生产用能需求和交通用能需求会大幅度上升。这样，势必会加大能源消费。第三，从碳汇交易和碳汇市场的发展来看，随着逆全球化潮流的发展及其效应，受阻的全球气候议程自然会制约全球碳汇交易和碳汇市场的发展。我国的用能权、碳排放权交易市场的发展程度和成熟程度，不仅受制于我国整个市场经济的发展程度，而且取决于全球市场的开放程度。在碳技术方面，同样如此。

为了“做好碳达峰、碳中和工作”，我们必须坚定不移地推进能源革命。第一，在能源供给方面，我们要逐步降低对石化能源的依赖，加大新能源尤其是清洁能源和可再生能源的生产和供给，尤其是要加大优质生物质能的生产、供给并提高其能效。第二，在能源消费方面，在降低我国能源的对外依存度的同时，我们要坚持节约能源，降低能源消耗，形成节约能源、低碳高效的产业结构和发展方式、生活方式和消费方式。我们要完善能源消费总量和强度双控制度，推动煤炭消费尽早达峰。第三，在能源技术方面，我们要加强自主创新，推动能源勘探、开创、使用等方面的技术创新，推动新能源尤其是清洁能源、可再生能源方面的技术创新，通过技术创新提高能源使用效率。第四，在能源体制方面，要在维护国家能源安全和保证人民群众用能权的前提下，还原能源的商品属性，加快建设全国用能权、碳排放权交易市场，通过有效市场和有为政府的有机统一推动能源革命。第五，在能源对外合作方面，按照人类命运共同体的科学理念，我们要积极推进构建人类能源命运共同体，争取实现“环球同此凉热”。

从整个生态文明建设的角度来看，我们要为“做好碳达峰、碳中和工作”

创造适宜的环境和条件。第一,我们要统筹推进人口均衡发展和节能减排工作,通过控制人口来从源头上降低用能总需求,通过引导人民群众自觉形成节能低碳的良好生活习惯来实现节能减排的目标。第二,我们要统筹推进一氧化碳排放管理和二氧化碳排放管理,推动能源清洁低碳安全高效利用,实现减污降碳协同效应。第三,我们要统筹推进节能减排和维护生态安全,持续开展大规模的全民义务植树运动,提升生态系统的碳汇能力。

总之,从“低碳发展”到“碳达峰”和“碳中和”,表明了人类在应对全球气候暖化问题上的思路和对策的深化和创新,表明了中国致力于解决气候议题的雄心壮志和大国担当。

4. 完善生态文明领域统筹协调机制

自然界是一个开放的复杂系统,人与自然构成了一个生命共同体。《意见》提出:“深入实施可持续发展战略,完善生态文明领域统筹协调机制,构建生态文明体系,促进经济社会发展全面绿色转型,建设人与自然和谐共生的现代化。”①这就要求我们按照统筹兼顾的方式推进生态文明建设。

第一,统筹协调推进环境污染治理。气圈、水圈、土圈是地球圈层的重要构成部分,相互之间存在着复杂的地球物理化学循环,大气污染、水体污染、土壤污染存在着内在关联和互动机制,因此,我们必须统筹推进大气污染治理、水体污染治理和土壤污染治理,将污染防治攻坚战作为一项复杂的社会系统工程加以推进。在此前提下,我们要统筹推进地上地下、陆海污染治理,强化多污染物协同控制,加强细颗粒物和臭氧协同控制。尤其是在分而治之难以奏效的情况下,必须加强系统治理。

第二,统筹协调推进人口资源环境能源生态减灾等领域的可持续性。人口、资源、环境、能源、生态、减灾的可持续性是整个可持续性的自然物质基础,

---

① 《中共中央关于制定国民经济和社会发展第十四个五年规划和二〇三五年远景目标的建议》,《人民日报》2020 年 11 月 4 日。

因此,我们必须统筹推进这些因子的可持续性。例如,我们不仅要统筹推进江河湖海的污染治理,而且要统筹推进水资源节约、水污染治理、水生态维护、水安全保护、水灾害防减等方面的工作,这样,我们才能建立起完整的“水生态文明”体系,支撑自然生态系统的可持续性。

第三,统筹协调推进城乡、区域、流域、国际生态文明建设。城乡、区域、流域、国际构成了不同的地理空间结构单位,但是,它们之间存在地球物理化学循环,生活在这些不同地理单位中的人们存在着共同利益,因此,我们必须按照共同富裕的社会主义本质和共享发展的科学理念,统筹协调推进城乡生态文明建设、区域生态文明建设、流域生态文明建设。例如,横向生态补偿就是推进这种协同治理的重要手段。在国际层面上,按照人类命运共同体的理念,我们要大力推动海洋命运共同体、能源命运共同体、人类卫生健康共同体的构建,协调推进美丽中国建设和清洁美丽世界的建设。

第四,统筹推进“五位一体”总体布局、“四个全面”战略布局、新发展理念。其一,由于生态文明建设是总体布局中的重要一位,因此,我们要统筹推进物质文明、政治文明、精神文明、社会文明、生态文明建设,不能脱离“五位一体”建设生态文明。其二,由于建设人与自然和谐共生的现代化是全面建设社会主义现代化国家的重要方面,因此,我们要统筹推进全面建设社会主义现代化国家、全面深化改革、全面依法治国、全面从严治党,不能脱离“四个全面”建设人与自然和谐共生的现代化,不能脱离人与自然和谐共生的现代化建设生态文明。其三,由于绿色发展理念是新发展理念中的一个重要理念,因此,我们要统筹推进创新发展、协调发展、绿色发展、开放发展、共享发展,不能脱离“五而一、一而五”的新发展理念实现绿色发展,不能脱离绿色发展建设生态文明。在总体上,我们要在统筹推进总体布局、战略布局、新发展理念的过程中,搞好生态文明建设。

总之,按照自然生态系统和人与自然生命共同体的整体性、系统性及其内在规律,我们必须从系统观念和系统工程的高度推进生态文明建设。

二、促进社会经济全面绿色转型

全面开启社会主义现代化国家建设新征程，必须建设人与自然和谐共生现代化，促进经济社会发展全面绿色转型。这是党的十九届五中全会通过的《中共中央关于制定国民经济和社会发展第十四个五年规划和二〇三五年远景目标的建议》提出的我国在“十四五”期间以至于更长时期生态文明建设的战略要求和重要举措。“深入实施可持续发展战略，完善生态文明领域统筹协调机制，构建生态文明体系，促进经济社会发展全面绿色转型，建设人与自然和谐共生的现代化。”①只有促进经济社会发展全面绿色转型，我们才能建设好人与自然和谐共生现代化，建设好生态文明。

（一）促进经济社会全面绿色转型的理论基础

马克思主义关于人与自然关系的思想，是我们促进经济社会全面绿色转型的科学理论基础。

1. 人与自然具有“一体性”

从哲学上来看，经济社会全面绿色转型的基本主题是如何认识和处理人与自然的关系，实现人与自然和谐共生。

近代以来，机械自然观割裂自然的整体性、人与自然的系统性。这是导致生态危机的重要认识原因。黑格尔辩证哲学认为，自然界是一个活生生的整体，人与自然具有对象性关系。但他将自然看作是绝对精神的体现。在承认自然界的客观性、优先性和条件性的前提下，以科学实践观为基础，吸收进化论、农业化学、生态学等最新科学成果，马克思恩格斯创立了辩证唯物主义自

① 《中共中央关于制定国民经济和社会发展第十四个五年规划和二〇三五年远景目标的建议》，《人民日报》2020 年 11 月 4 日。

然观。以美索不达米亚、希腊、小亚细亚等地盲目开发自然导致沙化的教训为例，恩格斯指出，我们不要沉醉于征服自然的喜悦当中，必须警惕自然的“报复”。在现实的客观的自然界中，没有什么东西可以孤立发生和孤立存在，而总是处于普遍联系之网和永恒发展之流当中。人类的血肉和头脑都来自于和存在于自然界，人与自然具有“一体性”。这是以尊重自然规律为前提、以劳动为基础、由人与自然交互作用构成的有机系统。这样，马克思恩格斯科学阐发出人和自然具有系统性的辩证唯物主义自然观的生态意蕴。

习近平总书记提出，人与自然是生命共同体。从发生来看，人因自然而生，人的命脉在山水林田湖草沙构成的自然生命共同体，人类必须爱护自然。从现实来看，人类在与自然的互动中生活和生产，生活和生产依赖生态，“三生”具有共生共荣关系，人类必须与自然和谐相处。人善待之，自然就会报恩人类；反之，自然就会报复人类。通过这种控制关系，人和自然构成一个有机系统。

从马克思恩格斯关于人与自然具有“一体性”的思想，到习近平生态文明思想关于“人与自然是生命共同体”的理念，从总体上科学揭示出人与自然的系统性，夯实了促进经济社会全面绿色转型的马克思主义世界观基础。

2. 劳动和自然界共同构成“财富的源泉”

从经济上来看，促进经济社会全面绿色转型的核心问题是如何认识和处理环境和发展的关系，形成人与自然和谐共生的现代化建设新格局。

针对费尔巴哈将人与自然关系归结为纯粹自然关系的错误，马克思恩格斯指出，这种关系首先是实践关系。劳动是将人与自然联系起来的基础。只有人和自然携手并进，劳动才会发生。从现实的生产来看，只有在自然界提供的使用价值的基础上，劳动才能创造出价值。劳动是人与自然之间物质变换的现实过程。商品是使用价值和价值的统一。国民经济学家却说，劳动是一切财富的源泉。对此，恩格斯指出，自然界为劳动提供材料，劳动将之转化为财富。劳动和自然界共同构成“财富的源泉”。同时,劳动生产率直接同自然条件相联系。自然通过影响劳动生产率间接参与价值的形成和增值。自然条件可划分为生活资料自然富源和生产资料自然富源两种类型。如渔产丰富的水流等前一类自然富源在文明初期具有关键意义,如蕴藏量丰富的矿产等后一类自然富源在文明发展高级阶段具有关键意义。由于自然参与了价值的形成和增值,因此,自然价值概念和自然资本概念能够成立。资本主义将自然看作是不费资本分文的东西,结果引发了生态危机。这样,马克思恩格斯科学揭示出马克思主义劳动价值论的生态意蕴。

习近平总书记提出,绿水青山就是金山银山。前者是指自然价值和自然资本,后者是指经济价值和经济资本。通过构建生态经济体系,发展生态产业,能够将两类价值、两类资本统一起来。保护生态环境就是保护自然价值和增值自然资本,就是保护生产力和发展生产力。因此,我们必须大力推动自然资本增值,谋求生态优先、绿色发展为导向的高质量发展,推动形成人与自然和谐共生现代化建设新格局。

从马克思恩格斯关于劳动和自然界共同构成财富源泉的思想,到习近平生态文明思想关于“绿水青山就是金山银山”的科学理念,有效破解鱼与熊掌不可兼得的难题,夯实了促进经济社会全面绿色转型的马克思主义政治经济学基础。

3. 实现人从自然界的“提升”

从政治上来看,生态文明建设的根本问题是如何认识和处理“人与社会和谐”和“人与自然和谐”的关系,最终实现两个和谐的统一。

拉萨尔等人没有看到,只有通过一定的所有制,劳动才能发生作用。在批判此类错误的过程中,马克思恩格斯指出,作为生产关系要素的所有制是劳动和自然的中介。在资本主义私有制条件下,自然被降解为不变资本,工人被固化为可变资本,二者的结合只是为了实现剩余价值,结果酿成了生态危机。恩格斯举例指出，为了获取咖啡树种植带来的利润，古巴的西班牙种植场主焚烧山林以获得草木灰作为肥料，结果导致了水土流失。由于资本的近视本性，他们对之置若罔闻。这是导致生态危机的本质根源。因此，必须消灭私有制，为实现人与自然、人与社会的双重和谐创造条件。恩格斯指出，只有建立一种合理地生产和公平地分配的社会生产组织，才能将人在物种方面和社会方面从自然界提升出来。生产力革命就是要实现物种提升，生产关系革命就是要实现社会提升。“两个提升”是实现“双重和谐”的必由之路。这样，马克思恩格斯科学阐发出人与自然和谐的社会理想。

习近平总书记吹响“走向社会主义生态文明新时代”的进军号角。生态文明是社会主义的内在要求。我们必须深刻反思西方现代化先污染后治理的弊端，协调推进新型工业化、城镇化、信息化和绿色化。同时，我们必须坚持党的领导和发挥好我国社会主义制度优势，牢固树立社会主义生态文明观，全面提升社会主义物质文明、政治文明、精神文明、社会文明、生态文明。唯此，我们才能走上生产发展、生活富裕、生态良好的文明发展道路。

从马克思恩格斯“两个提升”的思想，到习近平生态文明思想关于走向社会主义生态文明新时代的理想，科学辨明人与社会关系对人与自然关系的复杂影响，夯实了促进经济社会全面绿色转型的科学社会主义基础。

（二）发挥林草工作在促进绿色转型中的条件作用

林草是重要的生态系统，具有极其重要的生态功能。习近平总书记指出：“森林是水库、钱库、粮库，现在应该再加上一个‘碳库’。森林和草原对国家生态安全具有基础性、战略性作用，林草兴则生态兴。”①因此，在促进经济社会全面绿色转型的过程中，我们要充分发挥林草工作的基础性作用。

---

① 《习近平在参加首都义务植树活动时强调　全社会都做生态文明建设的实践者推动者　让祖国天更蓝山更绿水更清生态环境更美好》，《人民日报》2022 年 3 月 31 日。

1. 林草工作的战略地位

林草工作不仅在维护国家生态安全方面具有基础性和重大性作用,而且在"双循环"中具有支撑性和引导性的作用。根据我国社会主要矛盾的变化,我们要加强林草工作,为人民群众提供更多优质的生态产品和生态服务,促进生态文明建设和经济建设的融合。我们要发挥林草在生态恢复和生态修复中的作用,为恢复绿水青山服务,为促进绿水青山转化为金山银山服务。我们应该进一步大力发展林下经济、森林旅游、草原旅游、森林康养等新业态,充分发挥林草的综合效益。我们要发挥林草产品在全球碳汇交易中的作用,在推动全球碳市场发展的过程中,推进"双循环"。

2. 林草工作的基本原则

我们要坚持以人民为中心的发展思想,将之贯彻和落实在整个林草工作当中,坚持为了人民群众加强林业建设、草原建设和国家公园建设,依靠人民群众推动林业建设、草原建设和国家公园建设,使林业建设、草原建设和国家公园建设的成果为人民群众共享。

根据创新发展理念,我们要大力推动林业科技、草原科技、生态恢复等方面的科技创新,推动国家绿色科技的发展。我们要提升林业草原在维护国家安全中的作用,引导林草工作向维护国家生态安全方面发展,形成完善的国家生态安全制度,扩展国家公园的范围。

根据协调发展理念,我们要发挥林草工作在促进城乡、区域、流域协调发展中的作用,利用建设生态廊道,将城乡、区域、流域有机联系起来。建立和完善立体、多元的生态补偿机制,推动水土保持、恢复绿色植被、维护国家生态安全。

根据绿色发展理念,我们要加强林草工作在生态文明建设中的基础性和战略性地位,推动形成资源节约、环境保护、维护生态安全的统筹协调机制。

有效防范外来物种入侵,保护生物多样性,修订和完善野生动物保护法,加强相关执法。同时,要大力发挥林草工作在防灾减灾救灾中的作用。

根据开放发展理念,在维护国家安全的前提下,按照人类命运共同体理念,我们既要发挥林草工作在维护全球生态安全、推动全球气候治理中的作用,又要推动林业经济产品、草业经济产品的双向开放。此外,我们要严禁野生动物的非法国际交易。

根据共享发展理念,我们可以根据林草工作的实际需要,设立和扩大林草种植和保护的公益岗位,大力推动沙产业的发展,积极巩固生态扶贫和生态脱贫的成果,为巩固扶贫成果作出自己的贡献。

总之,按照以人民为中心的思想,坚持新发展理念,我们才能做好林草工作。

3. 林草工作的努力方向

做好林草工作是一项复杂的社会系统工程。目前,重点要做好以下工作。第一,继续发挥群众运动的优势,推动全民义务植树运动的创新。在坚持植树造林的同时,有效动员人民群众退耕还草,动员人民群众种草,进行水土保持和小流域综合治理,进行荒漠化治理。第二,在推动林权三权分置的过程中,要有效防止国有资产和集体资产的流失和贬值,要有效维护林农、林工的社会经济权益和生态环境权益,要有效维护人民群众的生态环境权益。第三,加强森林保护,改变林区树种单一的局面,改变树木品种结构,增强森林和林区的生物多样性;在森林和林区进一步开辟通风通道和防火通道,有效预防病虫害等生物灾害和火灾。第四,在森林和林区推动森林的有序生态更新,有效组织砍伐一些缺乏生物竞争力的树木,用于经济发展。同时,组织栽种和补种一些具有多重价值的树木,大力发展薪柴林、经济林,发挥林草的综合价值,实现林草的综合效益。第五,进一步理顺森林公安的行政隶属关系,在加强森林保护功能的同时,进一步将其工作范围拓展延伸到维护国家生态安全的方方面面。

第六，按照生态化的理念，推动林业科技、草原科技、生态修复科技、生态保护科技的融合，形成“大林草科技”格局；统筹推进林草科技与资源科技、环境科技、气象科技、地质科技、海洋科技的协调发展；推动形成支撑国家生态文明建设的科技体系。

总之，“我们要坚定不移贯彻新发展理念，坚定不移走生态优先、绿色发展之路，统筹推进山水林田湖草沙一体化保护和系统治理，科学开展国土绿化，提升林草资源总量和质量，巩固和增强生态系统碳汇能力，为推动全球环境和气候治理、建设人与自然和谐共生的现代化作出更大贡献”①。这样，才能为促进经济社会全面绿色转型，提供良好的生态基础和保障。

（三）发挥能源革命在促进绿色转型中的动力作用

能源可持续性是影响经济社会全面绿色转型的关键变量之一。党的十八大以来，习近平总书记提出了“四个革命、一个合作”的能源革命总体框架。继党的十九大之后，党的十九届五中全会进一步提出：“推进能源革命，完善能源产供储销体系，加强国内油气勘探开发，加快油气储备设施建设，加快全国干线油气管道建设，建设智慧能源系统，优化电力生产和输送通道布局，提升新能源消纳和存储能力，提升向边远地区输配电能力。”②系统推进能源革命已成为促进经济社会全面绿色转型的重要内容和重要任务。

1. 推动能源供给革命

从技术角度来看，能源供应问题包括结构和产地两个方面。在结构上，1981—2012 年，我国煤炭消费一直占一次能源消费总量的 70%左右。因此，

---

① 《习近平在参加首都义务植树活动时强调　全社会都做生态文明建设的实践者推动者　让祖国天更蓝山更绿水更清生态环境更美好》，《人民日报》2022 年 3 月 31 日。

② 《中共中央关于制定国民经济和社会发展第十四个五年规划和二〇三五年远景目标的建议》，《人民日报》2020 年 11 月 4 日。

我们必须推动传统能源安全绿色开发和清洁低碳利用，发展清洁能源、可再生能源，不断提高其在能源结构中的比重。从产地来看，我国在石油和天然气方面已经成为净进口国。因此，我们必须优化产地来源，立足国内多元保证供应安全，形成多种类能源多轮驱动的能源供应体系。

从价值角度来看，必须将大力满足人民群众的基本用能需求作为能源供应的价值考量。其一，大力巩固能源扶贫脱贫工作。贫困地区往往是能源短缺的地方，因此，我们注重发挥好能源反贫困攻坚作用，改善脱贫地区用能条件，把解决无电地区群众的用电问题摆在优先位置，通过建设绿色能源工程等方式，形成了能源开发收益共享等能源扶贫新机制。在全面振兴乡村的过程中，我们应该进一步巩固这一成果。其二，持续改善人民群众用能条件。推进北方地区冬季清洁取暖，关系着这些地区广大群众能否温暖过冬。要按照企业为主、政府推动、居民可承受的方针，因地制宜，尽可能利用清洁能源，加快提高清洁供暖比重。在南方地区冬季，也应研究集中清洁供暖的可行性。同时，要实施气化城市市民工程。其三，完善公众参与能源工作制度。在使全体人民普遍享有现代能源服务的同时，必须扩大能源信息公开范围，健全举报、听证、舆论和公众监督制度，引导公众依法有序参与能源革命，保障人民群众的用能需要和能源权益。

2. 推动能源消费革命

消费同样决定生产。由于利用方式粗放和效率偏低，我国能源消费总量过多，导致了能源供应紧张、对外依存度增加等问题。所以，必须大力落实节能优先的方针，将之贯穿于经济社会发展全过程和各领域，形成节约能源的空间结构、产业结构、生产方式、城乡建设模式、生活方式和消费方式。为此，必须采用控制能源消费总量和强度的“双控”行动，形成节约能源、提高能效的倒逼机制。

在满足人民群众用能需求的同时，我们必须大力提升人民群众能源革命的自觉,以之倒逼能源生产革命。其一,树立能源革命的价值观。在把能源革命上升为基本国策的同时,必须使勤俭节约、清洁低碳、安全高效成为社会主流价值观的基本要求,使能源革命意识有机融入社会主义核心价值体系和核心价值观当中,形成推动能源革命的价值导引。其二,建立绿色生活行动体系。开展绿色生活行动,推动全民在日常生活各方面都加快向勤俭节约、清洁低碳、安全高效的方向转变,推广绿色照明和节能高效产品,引导消费者购买各类节能环保低碳产品,培育能源革命的生活方式和消费方式,使能源革命成为自觉的日常行动。其三,加强能源革命宣教引导。把能源革命作为社会主义精神文明尤其是素质教育的重要内容,开展形式多样的能源革命战略宣教活动,不断把能源革命推向深入。

3. 推动能源技术革命

现在,我国技术装备水平明显提高,但与世界能源技术革命新成果相比,仍然面临着技术水平总体落后的挑战。因此,必须从我国国情出发,坚持创新驱动战略,紧跟国际能源技术革命新趋势,以清洁低碳、安全高效为方向,分类推动能源技术、产业、商业等模式的创新,结合其他高新技术成果,把能源技术和产业培育成为带动我国高质量发展的增长点。

目前,要做好以下工作:其一,实现石化能源的清洁高效利用。我国能源自然禀赋决定了以石化能源为主的能源结构短时间内难以改变,因此,必须突破石化能源的清洁高效利用技术瓶颈,加快高耗能行业的节能技术改造,推广节能新技术和节能新产品。其二,实现垃圾废物的清洁能源转化。用垃圾焚烧发电、用农业废弃物生产清洁能源,直接关系着城乡能源革命。因此,必须大力研发垃圾清洁焚烧发电、畜禽养殖废弃物生产沼气和提纯生物天然气等能源技术,并实现产业化。其三,大力发展绿色能源。面对能源增量需求,必须加快绿色能源技术开发、装备研制及大规模应用,攻克大规模供需互动、储能和并网关键技术。其四,大力发展“互联网+”智慧能源。必须将能源技术、信息技术、网络技术统一起来，探索建设多能源互补、分布式协调、开放共享的能源互联网，推进“互联网+智慧能源”发展。

4. 推动能源体制革命

尽管我国能源体制改革取得了重要进展，但仍然存在着体制不顺的问题，因此，必须坚持改革不动摇，还原能源商品属性，理顺能源商品价格，构建有效竞争的市场结构和体系。同时，为了防范市场失灵，政府必须加强能源行业监管，要充分运用经济手段进行监管。

目前，要做好以下工作：其一，坚持能源资源的国家所有性质。我国宪法明确规定，能源资源属于国家所有即全民所有。这是我国推动能源革命的法律基石。因此，必须在坚持能源资源全民所有制的前提下推动能源体制改革，加强和改善政府能源监管职能。其二，建立完善能源产品的价格机制和税费改革。能源商品价格必须反映市场供求关系、能源资源稀缺程度、环境损害程度、代际公平可持续等客观情况，因此，必须适当上调能源商品的价格，征收能源资源税和环境税，采用阶梯价格。其三，完善用市场化手段推进能源革命的机制。要研究建立能源消费总量和消耗强度双控的市场化机制，加快推行合同能源管理、节能低碳产品、能效标识管理等机制，建立用能权、碳排放权交易制度，推进节能发电调度。其四，健全能源领域法律法规。为了推动依法治理能源，必须全面清理现行法律法规中与能源革命不相适应的内容，修订和完善节约能源法并加强与其他能源法的衔接，研究制定节能评估审查等法律法规，最终形成一个推动能源革命的法律体系。

5. 加强能源国际合作

面对世界能源革命新趋势和世界能源治理新课题，必须统筹国内和国际能源资源及市场，统筹推进能源方面的走出去和引进来，统筹保证国内和国际能源安全，加强国际合作，有效利用国际资源。

必须坚持把推动构建人类命运共同体作为崇高愿景，努力打造能源命运共同体。其一，拓展能源国际合作领域。在加大石化能源资源勘探开发合作的基础上，积极推动绿色能源合作，提高就地加工转化率，加快形成能源资源合作上下游一体化产业链。第二，积极推进能源技术合作。建设全球能源互联网的关键是要发展特高压电网、泛在智能电网和清洁能源，实现能源输送、能源调度和能源供给三位一体的革命。这样，在以可持续方式满足全球电力需求的同时，可以有效缓解气候变暖问题。因此，必须将之作为国际合作的重点。其三，积极参与全球能源治理。共同构建绿色低碳的全球能源治理格局，建设能更好地反映世界能源版图变化，更有效、更包容的全球能源治理架构，推动全球绿色发展合作。其四，切实履行国际社会责任。走出去的中国能源企业，必须切实履行当地的社会责任，切实保护当地能源资源，严格遵循生态环境标准。

总之，只有系统推进能源革命，才能构建起清洁低碳、安全高效的能源体系，从而为促进社会经济全面绿色转型提供可持续的动力。

（四）大力促进生产环节的绿色转型

在经济社会发展的过程中，生产具有决定性作用。疫情防控的经验进一步表明，实体经济是任何发展的基础和本钱。一切生产都是人们在一定社会形式中并借助这种社会形式而展开的对自然的占有，是实现人与自然之间物质变换的形式。生产是否具有可持续性直接关系甚至决定着整个社会经济的可持续性。因此，在坚持用生活方式绿色化倒逼形成绿色化生产方式的基础上，关键是要从促进生产的绿色转型抓起，坚持用生产的绿色转型来引领和支撑经济社会发展的全面绿色转型。

1. 生产绿色转型的系统原则

我们要在坚决贯彻和落实新发展理念的过程中，按照系统思维、系统观念、系统方法，促进生产的绿色转型。我们要坚持统筹推进经济建设、政治建设、文化建设、社会建设、生态文明建设的“五位一体”总体布局，坚持协调推进全面建设社会主义现代化国家、全面深化改革、全面依法治国、全面从严治党的“四个全面”战略布局，坚持大力贯彻和全面落实创新、协调、绿色、开放、共享的新发展理念，坚持统筹发展和安全，尤其是要坚持统筹绿色发展和安全发展。我们要充分尊重自然规律和生态阈值，按照可持续发展的要求，大力减少人类活动对自然空间的占用，坚决守住自然生态安全边界，大力维护资源安全、能源安全、生物安全、环境安全、生态安全、核安全等非传统安全，切实保障劳动者的生命安全和企业的生产安全，借鉴西方生态现代化和“工业 4.0”的经验，通过多种手段和途径促进生产的绿色转型，努力形成绿色化生产方式，为最终形成生态文明体系创造经济条件。

2. 促进传统产业的绿色转型

我们要立足于全面开启社会主义现代化国家建设新征程的新发展阶段，协调推进新型工业化、城镇化、信息化、农业现代化和绿色化，大力推动传统产业的绿色转型。发展实体经济一定要把传统产业发展上去，我们不能也不可能在超越和取代工业文明的基础上建成生态文明，而应该实现工业文明和生态文明的统一。否则，就要陷入“贸易战”当中，甚至重蹈落后就要挨打的覆辙。当然，我们再也不能按照常规的方式发展传统产业了，而必须坚持走新型工业化道路，推动传统产业向高端化、智能化、绿色化的方向发展。按照绿色化的原则和要求，我们要坚持促进农业、制造业、服务业、能源资源等产业门类关系协调，努力形成绿色发展的产业合力。我们要坚持推进重点行业和重要领域的绿色化改造，使之向节约、清洁、低碳、循环、安全等方向发展。我们要坚持将“智能+绿色”作为传统产业发展的方向，促进现代化、生态化、信息化的渗透和交融。

3. 促进新型产业的绿色成长

我们要在构建国内国际双循环的新发展格局的过程中，坚持从科技、产业、体系机制、民生、文化、生态、安全与国防军队建设等方面布局，大力推动战略性新兴产业的绿色成长。现代化是一个产业不断升级换代的过程，绿色化是保证现代化永续性的原则和方向。按照“绿水青山就是金山银山”的科学理念，我们要坚持将自然生态优势和社会经济优势统一起来，大力推动生态农业、生态工业、生态旅游的发展，建立和完善以生态产业化和产业生态化相统一为核心和特征的生态经济体系，不断增强我国的自然资本实力，努力将我国建设成为自然资本实力强国。我们要坚持实行产品的全生命周期管理，大力推进清洁生产，大力发展环保产业，努力形成以绿色为导向的产业发展态势。我们要坚持加快壮大新一代信息技术、生物技术、新能源、新材料、高端装备、新能源汽车、绿色环保以及航空航天、海洋装备等产业，使之按照绿色化方向成长，努力形成支撑绿色发展和生态文明的新的业态和产业结构。

4. 推动形成绿色转型的体制

我们要按照创新发展的科学理念，在实现国家治理体系和治理能力现代化的过程中，形成和完善推动生产绿色转型的体制机制。我们要充分发挥绿色发展政策和绿色发展法律的规约作用，依靠产业政策和产业法律的绿色创新，推动生产的绿色转型。同时，我们要推动形成就业、产业、投资、消费、环保、区域等政策紧密配合的态势，完善宏观经济治理，为实现生产的绿色转型提供制度保障。我们要充分发挥绿色投资和绿色金融的导向作用，创新绿色金融的融资渠道和融资方式，将绿色经济和绿色产业作为投入的重点，为推动生产的绿色转型提供金融支持。我们要充分发挥绿色科技的推动作用，抓住新科技革命的绿色、智能、泛在的趋势和特征，大力推动绿色技术创新尤其是生产技术的绿色创新,为推动生产的绿色转型提供科技动力。

当然,建设生态文明任重而道远。从经济社会发展的主要环节来看,生产、交换、分配、消费是一个不可分割的整体。因此,促进生产的绿色转型,还需要实现交换、分配、消费等方面的绿色转型。促进社会经济发展的全面绿色转型,还需要在生产、交换、分配、消费的绿色转型之间形成系统合力。

(五)大力促进分配环节的绿色转型

在促进经济社会发展全面绿色转型的过程中,我们必须建立和完善生态文明分配体系。否则,我们不可能促进经济社会发展全面绿色转型,不可能建立系统完备的生态文明经济体系。

1. 大力促进分配环节的绿色转型的理论依据

政治经济学是研究生产关系的科学。生产关系是一个整体或系统。生产、流通、消费、分配之间具有复杂的相互联系和相互作用,共同构成了生产关系整体或者生产关系系统。《国务院关于加快建立健全绿色低碳循环发展经济体系的指导意见》提出:“全方位全过程推行绿色规划、绿色设计、绿色投资、绿色建设、绿色生产、绿色流通、绿色生活、绿色消费。”①因此,我们必须高度重视“健全绿色低碳循环发展的分配体系”问题。尽管生产决定分配,但马克思在《〈政治经济学批判〉导言》中仍然指出:“如果在考察生产时把包含在其中的这种分配撇开,生产显然是一个空洞的抽象;相反,有了这种本来构成生产的一个要素的分配,产品的分配自然也就确定了。”②对于一般经济如此,对于生态经济也如此。如果只考虑生态产品的生产和生态服务的提供,而不考虑如何公平地分配生态产品和生态服务,那么,就难以保证良好的生态环境的

① 国务院:《国务院关于加快建立健全绿色低碳循环发展经济体系的指导意见》,2021 年 2 月 2 日,见 http://www.gov.cn/zhengce/content/2021-02/22/content_5588274.htm。

② 《马克思恩格斯文集》第 8 卷,人民出版社 2009 年版,第 20 页。

公共产品的性质。如果只是单纯地健全绿色低碳循环发展的生产体系、流通体系、消费体系,而没有绿色低碳循环发展的分配体系,那么,就不可能健全绿色低碳循环发展经济体系。因此,我们必须建立和完善绿色低碳循环发展的分配体系,或生态文明分配体系。这样,才能确保经济社会发展的全面绿色转型。

2. 建立和完善生态文明分配体系的历史教训

在一般分配问题,资本主义实行的是“按资分配”的政策。因此,科威尔指出:“在生态社会主义社会中,即使没有实际的报酬人也会工作,重要的是,认可、满足感和尊严,会随着使用价值的实现而获得。这就是马克思著名的言论所表达的意思,‘各尽所能,按需分配’。”①具体到人与自然关系领域来看,在资本主义国家内部,制造“生态环境恶物”的资产阶级享受“生态环境善物”的益处,生产“生态环境善物”的无产阶级和劳动人民却要遭受“生态环境恶物”的折磨。马克思在《1844 年经济学哲学手稿》、恩格斯在《英国工人阶级状况》中早已旗帜鲜明地揭示出了这一点。在世界资本主义体系中,发达国家享受第三世界提供的“生态环境善物”(如生态产品)带来的各种便利,第三世界人民却要遭受发达国家输出的“生态环境恶物”的折磨。这是资本主义转型成为生态资本主义的重要手段。在马克思主义世界历史思想和帝国主义理论的基础上,生态学马克思主义和生态学社会主义已经严正地揭示出了这一点。上述问题充分暴露了资本主义内生的社会不义和生态不义及其纠缠和强化。在这个意义上,资本主义正义根本不是正义。因此,我们必须建立和完善绿色低碳循环发展的分配体系,或生态文明分配体系。

---

① [美]乔尔·科威尔:《自然的敌人——资本主义的终结还是世界的毁灭?》,杨燕飞、冯春涌译,中国人民大学出版社 2015 年版,第 225 页。

3. 建立和完善生态文明分配体系的现实要求

共同富裕是社会主义本质的内在规定，共享发展是新发展理念的重要理念。共同富裕和共享发展同样适用于人与自然关系领域，是社会主义生态文明建设必须坚持的原则。习近平总书记指出："共享发展就要共享国家经济、政治、文化、社会、生态各方面建设成果，全面保障人民在各方面的合法权益。"①在这个意义上，生态共享可以成立，或者说，生态共享是可能的。按照以人民为中心的发展思想，我们要坚持为了人民群众建设生态文明，依靠人民群众建设生态文明，生态文明建设的成果由人民群众共享，生态文明建设的成效由人民群众评价。生态文明建设的成果由人民群众共享，就是生态共享的基本含义和要求。建立和完善绿色低碳循环发展的分配体系或生态文明分配体系，就是要建立和完善生态共享的体制和机制，切实满足人民群众的生态环境需要，切实保障人民群众的生态环境权益，让人民群众在绿水青山中共享自然之美、生命之美、生活之美，让人民群众在人与自然和谐共生中实现自由而全面的发展。

4. 建立和完善生态文明分配体系的现实任务

尽管我国开始了全面建设社会主义现代化国家的新征程，我国在总体上仍然处于社会主义初级阶段，因此，物质文化产品和物质文化服务、生态产品和生态服务的供给能力仍然不足，还难以满足人民群众的美好生活需要。由于历史和现实、自然和社会等一系列复杂的原因，发展的不均衡性和不平衡性成为我国社会主要矛盾的重要构成方面，因此，各类产品和各类服务的分配在空间上也存在着不均衡和不平衡的问题，还难以实现城乡生态正义、区域生态正义、流域生态正义。尽管有助于资源的优化配置，市场经济客观上在外部

① 《习近平谈治国理政》第2卷，外文出版社2017年版，第215页。

性、公共产品、公正等问题上存在着失灵；良好的生态环境是最普惠的民生福祉和最公平的公共产品；尽管借助市场经济可以实现外部问题的内部化，但单纯按照市场化方式处理人与自然的关系，自然会造成各类产品和各类服务配置上的“马太效应”。由于传统社会的特权思想仍然根深蒂固，资本逻辑的逐利本性仍然大有市场，分配制度的公平取向仍然有待完善，“生态环境善物”的享用和“生态环境恶物”的承受仍然存在着严重的不对等。因此，对于我们来说，建立和完善绿色低碳循环发展的分配体系或生态文明分配体系，任重而道远。

5. 建立和完善生态文明分配体系的制度安排

建立和完善绿色低碳循环发展的分配体系或生态文明分配体系，是一项复杂的社会系统工程。从其构成来看，生产关系是由生产资料所有制、人们在生产中的地位和作用、收入分配制度构成的整体。第一，在所有制方面，必须坚持资源国有和物权法定的原则。自然富源是“上帝”馈赠给所有人类的礼物，谁都没有特权独享。自然资源存在着稀缺性和有限性等问题，如果私有必然会排斥其他人享有。只有坚持自然资源公有制，坚持生态共有，我们才能确保生态共享。因此，我们既要防范“公地悲剧”，也要反对“私地闹剧”。在产权改革中，我们要妥善处理好三权分置的问题，严防国有自然资源资产流失和贬值。我们要通过增强我们国家的自然资本实力，来造福全体人民。第二，在人际关系方面，我们要恢复和回归到社会主义的同志式关系，坚持以人民为中心的思想，确保人民群众成为历史、国家、社会、单位和自己命运的主人，反对特权思想，消除消极腐败，节制资本范围，防范市场失灵。在此前提下，我们要坚持共有、共建、共治、共享的统一。我们要充分发挥人民群众在生态文明建设中的主体作用，要充分发挥人民群众在生态文明领域国家治理体系和治理能力现代化中的主体作用。只有建立和完善生态共建和生态共治的体制和机制，才能有效实现生态共享。第三，在收入分配政策方面，我们要坚持和完善各尽所能、按劳分配的社会主义分配原则和分配制度。在此前提下，我们要平衡劳动所得和要素所得的关系，提高劳动报酬在初次分配中的比重，合理确定要素分配的比例，既要防止平均主义，又要防止两极分化。在完善按要素分配政策制度方面，在明确自然资源国有属性的前提下，健全各类生产要素由市场决定报酬的机制，既要防止既得利益者通过控制和侵占国有自然资源而不当致富和个人暴富等问题，又要"探索通过土地、资本等要素使用权、收益权增加中低收入群体要素收入"①。在完善再分配机制方面，针对房地产、矿产业、林产业涉及自然资本和生态产品的问题上，要加大税收、社保、转移支付等调节力度和精准性。在第三次分配方面，设立国家生态文明建设公益基金，鼓励和支持各类资本对绿色公益基金的投入。

6. 建立和完善生态文明分配体系的具体选择

在实现生态文明领域国家治理体系和治理能力现代化的过程中，我们要建立和完善生态文明分配制度。第一，在生态产品的分配方面，要根据生态产品的不同性质采取不同的分配政策。对于完全的自然产生的生态产品（天然的生态产品），必须采用面向所有社会成员开放的政策，保证其公共产品的性质；可以将其价值实现投入社保基金当中，以造福全体人民。对于通过生态修复产生的生态产品（人化的生态产品）和生态建设产生的生态产品（人工的生态产品），在补偿其经济投入价值的同时，将之作为半公共产品或准公共产品对待，将其价值实现作为生态补偿的基金。第二，在生态补偿方面，完善立体、多元、多维的生态补偿。按照共同富裕的要求，我们既要继续通过加大中央财政转移支付力度的方式完善纵向生态补偿，又要完善城乡之间、区域之间、流域内部的横向生态补偿。根据各类产品的价值实现方式，在坚持政府生态补偿主体地位的同时，我们要鼓励和支持企业、社会、公众参与生态补偿。在确

---

① 《中共中央关于制定国民经济和社会发展第十四个五年规划和二〇三五年远景目标的建议》，《人民日报》2020 年 11 月 4 日。

保国家安全和生态安全的前提下,我们要鼓励和支持国际社会参与生态补偿。在补偿的手段方面,在坚持以经济补偿为主的前提下,要通过科技、文化、卫生、体育、人才等方面的帮扶推进来完善生态补偿。第三,在生态服务的提供上,我们应该将自然界生态系统产生的生态服务的概念扩展和延伸到政府的公共服务当中。我们要严格确定公共产品和私人产品的边界,将提供私人产品的任务交给市场和企业,将提供公共产品的任务作为政府的本职工作。各级人民政府、人民政府的各个部门应该将提供生态产品、保障生态产品供给、确保生态产品公平分配作为政府的公共服务职能,向全体人民提供更多的优质的生态服务,促进生态公平正义。

总之,如果绿色低碳循环发展的分配体系缺席,那么,我们就不可能建立和完善绿色低碳循环发展的经济体系。如果生态文明分配体系缺位,那么,我们就不可能建立和完善生态文明经济体系。我们必须将建立和完善绿色低碳循环发展的分配体系,作为建立和完善绿色低碳循环发展的经济体系的内在要求和重要任务。我们必须将建立和完善生态文明分配体系,作为建立和完善生态文明经济体系的内在要求和基本任务。

三、谱写绿色发展新篇章

人与自然的矛盾,在现实中尤其是在经济发展的现实中集中表现为发展(现代化)和环境(生态化)的矛盾。党的十九届五中全会提出,我们坚持绿色发展,就是要促进人与自然和谐共生,建设人与自然和谐共生的现代化。习近平总书记指出,“我国建设社会主义现代化具有许多重要特征,其中之一就是我国现代化是人与自然和谐共生的现代化,注重同步推进物质文明建设和生态文明建设”①。建设人与自然和谐共生现代化是我们建设生态文明的

① 习近平:《论坚持人与自然和谐共生》,中央文献出版社2022年版,第281—282页。

现实手段和现实抉择。党的二十大报告进一步指出,促进人与自然和谐共生是中国式现代化的本质要求之一。我们要按照党的二十大精神,谱写绿色发展的新篇章。

(一)不断提升和强化生态文明建设的战略地位

党的十九届六中全会指出,党的十八大以来,我国生态环境保护已经发生了历史性、转折性、全局性变化。其所以如此,一个重要原因就在于,以习近平同志为核心的党中央以前所未有的力度抓生态文明建设,明确了生态文明建设的战略地位,坚持让生态文明建设成为"国之大者"。

1. 生态文明建设是"五位一体"总体布局的重要内容

在中国特色社会主义总体布局中,生态文明建设是重要一位。总体布局是建设中国特色社会主义的系统蓝图。党的十七大将生态文明确立为全面建设小康社会奋斗目标的新要求,党的十八大将生态文明建设纳入了中国特色社会主义总体布局当中,习近平新时代中国特色社会主义思想进一步明确中国特色社会主义事业总体布局是经济建设、政治建设、文化建设、社会建设、生态文明建设五位一体,这样,就确定了生态文明建设的战略地位,指明了生态文明建设的科学路径。进而,生态文明建设是"五位一体"总体布局和"四个全面"战略布局的重要内容。

我们坚持将生态文明建设放在突出位置,统筹推进各项建设事业。我们既坚持将生态文明建设融入经济建设、政治建设、文化建设、社会建设的各方面和全过程,依托这些建设开展生态文明建设;又坚持基于生态文明建设推动经济建设、政治建设、文化建设、社会建设,不断夯实各项建设事业的生态基础。最终,我们坚持实现物质文明、政治文明、精神文明、社会文明、生态文明的全面提升,不断完善人类文明新形态的系统构成,努力促进社会全面进步和人的全面发展。

2. 坚持人与自然和谐共生是新时代坚持和发展中国特色社会主义的基本方略

在新时代坚持和发展中国特色社会主义基本方略中，坚持人与自然和谐共生是一条基本方略。基本方略是指导新时代中国特色社会主义实践的科学谋略和战略部署。在科学总结贯彻和落实可持续发展战略的基础上，党的十九大将“坚持人与自然和谐共生”确立为新时代坚持和发展中国特色社会主义十四条基本方略之一，提升了可持续发展的思想意蕴，明确了贯彻和落实党的生态文明创新思想的实践要求。

按照这一方略，我们坚持绿水青山就是金山银山的理念，大力推动构建以生态产业化和产业生态化为核心的生态经济体系，力求实现保护和发展的统一；我们坚持山水林田湖草沙冰一体化保护和系统治理，坚持全方位、全地域、全过程加强生态环境保护，坚持按照系统工程推进生态文明建设；我们坚持按照最严格制度和最严密法治保护生态环境，坚持从思想、法律、体制、组织、作风等方面入手，大力推动生态文明领域国家治理体系和治理能力现代化；最终，推动我国走上了生产发展、生活富裕、生态良好的文明发展道路。

3. 绿色发展是重要的新发展理念

在新发展理念中，绿色发展是一大新发展理念。发展理念是发展实践的理念先导。党的十六届五中全会提出过节约发展、清洁发展、安全发展的理念。党的十八大提出了着力推进绿色发展、循环发展、低碳发展的要求。按照以人民为中心的发展思想，党的十八届五中全会提出了创新发展、协调发展、绿色发展、开放发展、共享发展为主要内容的新发展理念。我们可以将绿色发展看作是节约发展、清洁发展、低碳发展、循环发展、安全发展的系统集成和整体表达，其要义是实现人与自然和谐共生。

在新发展理念的整体框架中，我们坚持让绿色成为发展的底色，努力追求绿色成为普遍形态的高质量发展。我们既坚持空间格局、产业结构、生产方式、生活方式等结构要素的绿色化，努力打造节约资源和保护环境的空间格局、产业结构、生产方式、生活方式；又坚持协调推进新型工业化、城镇化、信息化、农业现代化和绿色化，努力促进发展环节的永续化。在统筹安全和发展时，我们坚持将资源安全、环境安全、生态安全、生物安全、核安全纳入国家总体安全当中。这样，就使我们的发展成为生态优先、绿色发展为导向的高质量发展。

4. 污染防治攻坚战是重要的攻坚战

在三大攻坚战中，污染防治是其中一大攻坚战。面对风险挑战和艰难困苦，必须坚持和发扬伟大的斗争精神。改革开放以来形成的抗洪精神、抗击“非典”精神、抗震救灾精神都是斗争精神的典范，对于生态文明建设具有重要价值。按照坚持底线思维和发扬斗争精神相统一的原则，党的十九大发出了坚决打好防范化解重大风险、精准脱贫、污染防治三大攻坚战的动员令，力求全面建成小康社会得到人民认可、经得起历史检验。

针对全面建成小康社会中遇到的生态环境短板，我们既坚持深入实施大气、水、土壤污染防治三大行动计划，坚持具体问题具体分析，努力推进蓝天、碧水、净土保卫战；又坚持打通地上和地下、岸上和水里、陆地和海洋、一氧化碳和二氧化碳，努力贯通污染防治和生态保护，坚持降碳减污协同增效，加强生态环境保护统一监管，加强环保督察。我们坚持协同推进城乡、区域、流域、海域污染防治，统筹推进三大攻坚战，努力打好污染防治总体战。例如，我们创造了生态扶贫和生态脱贫的经验，有效化解了经济风险，促进了生态共享。

5. 建设人与自然和谐共生现代化是中国式现代化的重要内容和特征

在社会主义现代化建设中，建设人与自然和谐共生现代化是一大重要特征。西方式现代化走过了一条先污染后治理的弯路。在生态环境治理中，又走出了一条对外转嫁污染对内加强治理的邪路。党的十一届三中全会结束不久，我们党就要求在现代化建设中必须避免走西方的老路。在反思资本主义发展模式弊端的基础上，我们将人与自然和谐共生现代化确定为中国式现代化的重要内容和重要特征之一，始终注重物质文明建设和生态文明建设的同步发展。

我们坚持人与自然和谐共生的社会主义现代化道路。尽管生态文明是在工业文明发展到一定阶段的产物，但不能简单地认为生态文明是取代和超越工业文明的新的文明形态，否则，就会重蹈鸦片战争和甲午海战的覆辙。我们既坚持用生态文明引领和规范工业文明，又坚持通过发展工业文明来夯实生态文明建设的经济基础。进而，我们坚持用信息化带动工业化，以工业化促进信息化，努力走出一条科技含量高、经济效益好、资源消耗低、环境污染少、安全条件有保障、人力资源优势得到充分发挥的新型工业化道路，努力实现从落后农业国向先进工业国的转变，努力以可持续方式迎头赶上信息化浪潮，用信息化支撑绿色化。

6. 建设美丽中国是建设现代化强国的重要目标

在21世纪中叶建成社会主义现代化强国目标中，建成美丽中国是一大重要目标。在西方船坚炮利面前，一度领先于世界文明的中华民族落伍了，因此，实现民族复兴成为近代以来中华民族的不懈追求。历史表明，只有社会主义才能挽救中国和发展中国。社会主义必须是全面发展和全面进步的社会。贫穷不是社会主义，污染不是社会主义，“贫穷+污染”更不是社会主义。从我国实际出发，我们党确立了社会主义初级阶段的基本路线，要求把我国建设成为富强民主文明和谐美丽的社会主义现代化强国，并将之写入了《中国共产党章程》和《中华人民共和国宪法》当中。

建设美丽中国是实现中华民族伟大复兴中国梦的重要内容。我们既坚持以经济建设为中心，又坚持四项基本原则和改革开放，努力追求全面发展和全面进步。我们既坚持以经济建设为中心不动摇，又坚持咬定青山不放松，大力推动生态文明建设。在全面建成小康社会的基础上，通过全面推进中国式现代化，系统推进社会主义文明建设，我们要使我国以经济发展、政治清明、文化昌盛、社会公正、生态良好的形象屹立于世界东方。

正是由于不断提升和增强生态文明建设的战略地位，坚持理论创新、制度创新、实践创新的统一，我国生态环境保护和生态文明建设才发生了历史性、转折性、全局性变化。这样，我们才能明确建设人与自然和谐共生现代化的总体方位。

（二）良好生态环境是全面建成小康社会的重要体现

小康社会是中国式现代化承上启下的阶段。习近平总书记指出："小康全面不全面，生态环境质量很关键。"①这一重要论述要求我们要推动形成人与自然和谐发展现代化建设新格局，将我国建设成为富强民主文明和谐美丽的社会主义现代化强国。

1. 生态文明是全面建成小康社会奋斗目标新要求

自然界是社会存在和社会发展的重要物质条件，是生产资料和生活资料的重要来源，因此，我国的现代化必须避免走西方现代化先污染后治理的弯路，实现现代化和生态化的融合。

全面小康既是我国现代化进程中介于温饱和比较富裕的具体阶段，又是中国式现代化的形象称呼。在我国发展过程中，由于急功近利，也付出了沉重的生态环境代价。因此，我们党将提高可持续发展能力、建设生态文明纳入了全面建成小康社会的奋斗目标中。党的十八大以来，习近平总书记反复强调，西方环境公害事件，"引发了人们对资本主义发展模式的深刻反思"②，要求我

① 习近平：《论坚持人与自然和谐共生》，中央文献出版社 2022 年版，第 62 页。
② 习近平：《论坚持人与自然和谐共生》，中央文献出版社 2022 年版，第 9 页。

们坚持走社会主义现代化道路。同时,他又强调,小康全面不全面,生态环境质量是关键。即,我们必须将生态化或绿色化作为全面小康和现代化的前提、维度和方向。

因此,我们的小康是绿色的小康,我们的现代化是绿色的现代化。只有保持生态环境质量良好,才能确保小康和现代化的全面性和永续性。

2. 我国转变发展方式推动绿色发展取得关键进展

按照"绿水青山就是金山银山"的科学理念,我们党提出了绿色发展的新理念。绿色发展的核心要义是实现人与自然的和谐发展,实现与资源和能源消耗大、环境和生态破坏重的脱钩,实现与清洁、低碳、循环、安全等要求的挂钩。

长期以来,粗放式发展方式尤其是遍地开花的"散乱污"企业是加剧我国生态环境问题的重要原因,因此,近年来,我们坚决关停并转了一批"黑色"产业和"散乱污"企业,大力调整和优化产业布局和产业结构,大力统筹新型工业化、城镇化、信息化、农业现代化和绿色化,大力发展生态经济和生态产业。同时,以煤炭石油为主的能源结构和传统分散式供暖供热方式是造成和加剧我国大气污染的重要原因,因此,我们不断提高使用清洁、再生能源的比例,大力采用节约、低碳、高效的供暖供热方式,不断优化能源结构和能源使用方式。进而,我们力求实现生产系统和生活系统的循环链接。

经过上述努力,2019 年,全国地级及以上城市空气质量年均优良天数比例为 82%,北京市细颗粒物($PM_{2.5}$)年均浓度同比下降 12.5%。现在,我国生态环境保护和生态文明建设发生了历史性、转折性、全局性的变化。

3. 努力提供更多优质生态产品以满足人民日益增长的优美生态环境需要

由于我国社会主要矛盾的变化,优美生态环境需要已经成为美好生活需要的重要构成方面，因此，我们必须为人民群众提供更多更优的生态产品。

生态产品是保障人类生存发展所必需的产品。从自然界对人的价值来看，它是指维系生态安全、保障生态调节功能、提供良好人居环境的自然要素。从人对自然界的依赖来看，它是满足人的生态环境需要的产品。生态环境需要是人类从自然界获取资源能源的需要和将排泄物废弃物排放回自然界的需要的总和。从其表现来看，它包括清新的空气、清澈的水源、清洁的土壤、宜人的气候、迷人的环境等。

生态产品属于公共产品，必须将提供生态产品作为服务型政府的重要职能。生态环境保护、生态环境修复、生态环境建设都可以增强自然资本实力，是生产和供给生态产品的基本方式。因此，政府应该将绿色投资作为公共财政的重点，加大向生态环境保护、修复、建设的投入，加大向生态环境基础设施建设的投入。同时，政府要通过财政转移支付的方式，加大生态补偿的力度。此外，我们要统筹绿色投入、传统基础设施投入、新型基础设施建设投入，要统筹生态产品和绿色产品的生产和供给。

4. 我国污染防治任重道远

当下，造成和加剧污染的深层次问题仍然存在，现在又有新的因素加剧了污染防治的难度，因此，必须以创新方式推进污染防治攻坚战。

科学应对生态环境风险。随着人类活动频率的加快，环境风险、生态风险、健康风险、社会风险会叠加在一起，加大污染防治的难度。新冠肺炎疫情反证了这一点。因此，必须从总体安全观出发，统筹生态环境风险防范和污染防治攻坚战。

切实促进发展方式绿色转型。由于监管不到位，受资本逐利本性的影响，我国大量存在的“散乱污”企业疏于工艺创新和环境管理，是污染的重要源头。因此，各级党委和政府要做好政策引导和服务，切实促进工矿企业和发展方式的绿色转型。

系统集成环境治理方式。环境污染具有滞后性、关联性、复杂性，但是，我国一定程度上存在着将大气污染、水污染、土壤污染分而治之的问题，影响着治理的总体成效。因此，必须统筹蓝天保卫战、碧水保卫战、净土保卫战，按照系统工程的方式推进污染防治攻坚战。

（三）建设人与自然和谐共生现代化的根本遵循

在全面建设社会主义现代化国家的新征程上，党的二十大报告提出，中国式现代化是人与自然和谐共生的现代化，促进人与自然和谐共生是中国式现代化的本质要求。面向未来，我们必须坚持以习近平生态文明思想为根本遵循，大力建设人与自然和谐共生现代化，为将我国建设成为富强民主文明和谐美丽的社会主义现代化强国而奋斗。

1. 坚持以人与自然是生命共同体为哲学基础

在生态文明建设当中，存在着人类中心主义和生态中心主义的争论。习近平总书记站在辩证思维的高度科学指出，“人与自然是生命共同体”。人类来自大自然，在大自然的怀抱中生存和发展，始终依赖大自然提供的生活资料和生产资料。人类通过劳动维持人与自然之间的物质变换。但是，自然界存在着自己的客观运动规律，在一定条件下，其承载能力具有阈值。如果人类无止境地向自然索取甚至破坏自然，超越生态红线，那么，必然会遭到大自然的报复。只有始终保持人与自然和谐共生，才能保证人类永续生存。可见，人与自然是不可分割的生命共同体。“人与自然是生命共同体”的理念超越了人类中心主义和生态中心主义的二元对立，成为生态文明建设的普照之光。

现代化是在“人与自然生命共同体”当中展开的历史进步过程，理应追求人与自然的和谐共生。在资本逻辑的驱使下，按照主客二分的机械思维，西方现代化只是将大自然看作是无限的资源库和污水池，毫无限度地压榨和污染自然，结果造成了严重的生态危机。为了避免走西方现代化先污染后治理的弯路,中国现代化必须坚持生态文明理念、原则和目标,坚持走人与自然和谐共生的现代化道路。我们要将生态文明理念、原则和目标,贯穿于现代化建设的各个方面、各个过程,统筹推进物质文明建设和生态文明建设,统筹推进新型工业化、城镇化、信息化、农业现代化和绿色化,不仅要将人与自然和谐共生现代化作为中国式现代化的重要内容,而且要将促进人与自然和谐共生作为中国式现代化的本质要求。这样,才能建成人与自然和谐共生的美丽中国。

2. 坚持以绿水青山就是金山银山为核心理念

人与自然的矛盾在现实当中表现为现代化和生态化的矛盾。西方现代化将之看作是鱼与熊掌的关系,选择了破坏自然的机械发展道路。习近平总书记创造性地提出了“绿水青山就是金山银山”的理念,发现了大自然的系统价值,破解了这一矛盾。绿水青山是自然财富、生态财富、经济财富、社会财富的统一体,是自然价值、生态价值、经济价值、社会价值的统一体,是自然资本、生态资本、经济资本、社会资本的统一体。因此,我们必须坚持生态效益、经济效益、社会效益的统一,坚持走生产发展、生活富裕、生态良好的文明发展之路,让人民群众在绿水青山中共享自然之美、生命之美、生活之美。

我们要坚持按照这一理念推进现代化建设。“绿水青山就是金山银山”,既是“重要的发展理念,也是推进现代化建设的重大原则”①。对于生态良好的地区来说,关键是要实现生态产业化,将生态财富有效转化为经济财富,凭借自己的生态优势走在现代化建设的前列。山清水秀就是金山银山。对于生态脆弱的地区来说,关键是要加强植树造林等生态建设,不断巩固生态扶贫和生态脱贫的成果,努力实现跨越发展。通过生态文明建设,穷山恶水也能够成为金山银山。对于高寒地区来说,要在加强生态文明建设的基础上将冰雪资源有效转化为经济资源,大力发展冰雪运动和冰雪产业,努力实现弯道超车。

---

① 习近平:《论坚持人与自然和谐共生》,中央文献出版社 2022 年版,第 10 页。

冰天雪地也是金山银山。对于资源枯竭和环境污染地区来说,关键是要将生态恢复和污染治理摆在优先位置,加强生态环境保护,努力实现产业生态化,通过生态振兴实现现代化。只有恢复绿水青山,才能使绿水青山变成金山银山。总之,我们要坚持因地制宜,努力将绿水青山有效转化为金山银山。

3. 坚持以山水林田湖草沙冰系统治理为科学方法

大自然自身是一个生机勃勃的有机体。在西方现代化的逼迫下,自然失去了其诗意的感性的光辉。按照马克思主义系统自然观,习近平总书记指出,人的命脉在于山水林田湖,山水林田湖是生命共同体,即大自然自身是一个有机生态系统。后来,他根据草和草地的生态功能又提出,山水林田湖草是生命共同体,必须加强草原生态环境保护。他在参加全国人大内蒙古代表团的讨论时提出,在这个生命共同体当中还应加上“沙”,要将山水林田湖草沙看作是生态系统,加强沙漠化和荒漠化治理。他在考察西藏时提出,要坚持山水林田湖草沙冰一体化保护和系统治理,保护好地球第三极。因此,我们要按照系统观念开展生态环境保护和生态文明建设。

在全面建设社会主义现代化国家中,必须坚持全方位、全地域、全过程建设生态文明。资源、环境、生态、气候是存在相互关联的基本的自然要素,是影响和制约现代化的主要变量。传统现代化模式促使资源短缺、环境污染、生态恶化、气候变暖成为全球性问题,成为制约现代化的重大障碍。因此,我们必须统筹资源节约、污染防治、生态保护、气候治理、经济发展,协同推进集约、减污、扩绿、降碳、增长,不断筑牢发展的生态根基。同时,由于城乡之间、区域之间、流域内部、海域内部是不可分割的整体,因此,我们要把自然生命共同体理念与共享发展理念统一起来,加强联防联控和协同治理,统筹城乡、区域生态文明建设,统筹流域、海域生态文明建设,不断夯实共同富裕的生态基础。此外,我们要守护好民族地区的生灵草木、万水千山,确保生态环境良好,大力推进多元立体的生态补偿,大力支持民族地区的生态振兴和绿色发展，让全国各族人民共享生态文明建设的成果，不断筑牢中华民族共同体的生态根基。

4. 坚持以绿色发展为现实举措

在纠正西方现代化破坏式发展的过程中，国际社会提出了可持续发展的思想。从世界潮流和我国国情出发，我国将可持续发展确立为我国现代化建设的重大战略。在贯彻和落实可持续发展战略、建设生态文明的过程中，习近平总书记又提出了绿色发展的科学理念。绿色发展的核心要义是人与自然和谐共生。可持续发展是国家发展战略，生态文明是国家发展目标，绿色发展是国家发展手段，三者高度统一于社会主义现代化建设当中。绿色发展与创新发展、协调发展、开放发展、共享发展是不可分割的科学整体，共同构成了新发展理念。新发展理念是发展观上的深刻革命。坚持绿色发展，必须从满足人民群众的优美生态环境需要出发，站在人与自然和谐共生高度谋划现代化，促进社会经济发展全面绿色转型。

在全面建设社会主义现代化国家中，我们要坚持推进生态优先、节约集约、绿色低碳发展。为了克服资源瓶颈，我们要坚持节约优先的方针，提升资源利用集约化水平，实现节约发展。为了提升生态环境质量，我们要坚持环境保护的基本国策，按照精准治污、科学治污、依法治污的原则和要求，深入推进环境污染防治，实现清洁发展。为了应对生态风险，我们要坚持生态优先的方针，提升生态系统的多样性、稳定性、持续性，统筹生态安全和经济发展，实现安全发展。为了应对气候变化，我们要深入推进能源革命，将碳达峰和碳中和目标纳入到经济社会发展和生态文明建设整体布局当中，实现低碳发展。我们要按照上述要求调整和优化空间布局、发展方式、产业结构、能源结构、交通运输结构。显然，推动经济社会发展绿色化、低碳化是实现高质量发展的关键环节，是建设人与自然和谐共生现代化的科学举措。

习近平总书记指出,中国式现代化理论蕴含着独特的生态观。[①] 在我们看来,这一生态观的核心其实就是习近平生态文明思想。只要我们坚持以习近平生态文明思想为根本遵循,按照人与自然和谐共生的要求大力推进中国式现代化,我们一定会建成美丽中国,为人类文明新形态作出新的更大的贡献。

(四)全面建设社会主义现代化国家的生态取向

在我国迈上全面建设社会主义现代化国家新征程、向第二个百年奋斗目标进军的关键时刻,习近平总书记在党的二十大上鲜明地提出,在新时代新征程上,全面建成社会主义现代化强国、实现第二个百年奋斗目标,以中国式现代化全面推进中华民族伟大复兴,是中国共产党的中心任务。其中,中国式现代化是全面建设社会主义现代化国家的道路和模式抉择,人与自然和谐共生现代化是中国式现代化的重要内容和重要特征之一,促进人与自然和谐共生是中国式现代化的本质要求之一。因此,我们要紧密围绕全面建设社会主义现代化国家这一党的使命任务,大力推动绿色发展,大力建设人与自然和谐共生现代化,努力谱写社会主义生态文明建设的新的华章。

1. 全面建设社会主义现代化国家的绿色特质

作为从农业社会向工业社会的转变过程,现代化是人类社会难以跨越的发展阶段。在最早实现现代化的西方社会,走过了一条先污染后治理的老路,造成了严重的生态危机。面对生态危机造成的社会压力,西方社会在实现自身绿色转型中又走出了一条对内治理污染对外转嫁公害的邪路。这表明,西方式现代化既不具有永续性,又不具有普世性。因此,在坚持社会主义道路的前提和基础上,在创造中国式现代化新道路中,我们党开辟出了一条人与自然

① 《习近平在学习贯彻党的二十大精神研讨班开班式上发表重要讲话强调　正确理解和大力推进中国式现代化》,《人民日报》2023 年 2 月 8 日。

和谐共生的现代化道路。这是全面建设社会主义现代化国家的重要特质。

一方面,人与自然和谐共生现代化是中国式现代化的重要内容。由于人类社会是由人与社会、人与自然这样两个领域构成的有机整体,因此,我们不仅要在人与社会关系领域实现经济现代化、政治现代化、文化现代化、社会现代化,而且要在人与自然关系领域实现现代化,这样,中国式现代化既覆盖了人与社会关系领域,又覆盖了人与自然关系领域,成为全面的现代化。"五位一体"的中国特色社会主义总体布局就是对中国式现代化的全面性的确认和确证。只有建设好人与自然和谐共生现代化,才能保证中国式现代化的全面性,才能保证社会主义现代化国家的全面性。

另一方面,人与自然和谐共生是中国式现代化的本质要求。由于自然界是人类赖以生存发展的基本条件,是生产资料和生活资料的基本来源,因此,实现人与自然和谐共生不仅仅是生态文明建设的基本要求,而且是人与社会关系领域的基本要求。只有遵循人与自然和谐共生的规律,将生态文明的理念贯彻和融入现代化的全领域、全环节、全过程,才能有效避免走西方式现代化的老路和邪路。因此,只有始终坚持人与自然和谐共生,才能保证中国式现代化的永续性,才能保证社会主义现代化国家的永续性。

2. 全面建设社会主义现代化国家的绿色原则

习近平总书记在党的十九届五中全会上指出,我国现代化是人与自然和谐共生现代化,注重同步推进物质文明建设和生态文明建设,坚持走生产发展、生活富裕、生态良好的文明发展道路,否则,资源环境的压力不可承受。因此,按照人与自然和谐共生原则实现中国式现代化,建设人与自然和谐共生现代化,必须坚持以习近平生态文明思想为根本遵循。

坚持从资源环境承载力出发推进现代化建设。人口资源环境是现代化建设的必要的物质条件,在一定时空条件下,这些要素存在着一定的"极限",构成了现代化的阻碍。例如,客观存在着的"胡焕庸线"就是我国现代化的天然阻碍。坚持从国情出发建设现代化,这是基本的国情。我们必须从我国的资源环境承载力出发谋划和实现现代化,切不可超越生态保护红线、永久基本农田和城镇开发边界三条“红线”,切不可越雷池半步。中国式现代化应该是基于中国资源环境承载力的现代化。这是生态理性的集中体现,是建设人与自然和谐共生现代化的基本含义和要求。

坚持同步推进物质文明建设和生态文明建设。物质文明是整个现代化和文明建设的物质基础,是人与自然和谐共生现代化和生态文明建设的物质基础。因此,坚持人与自然和谐共生,建设生态文明,不是不要物质文明,而是要统筹推进物质文明建设和生态文明建设。我们既要夯实物质文明建设的生态基石,又要筑牢生态文明建设的经济基础。由于经济现代化是物质文明建设的主战场,因此,问题的关键是要将生态产业化和产业生态化有机地统一起来,通过绿色科技创新,大力发展以生态农业、生态工业、生态旅游等绿色产业为主体的生态经济。按照党的二十大精神,我们要大力推进生态优先、节约集约、绿色低碳发展。这是建设人与自然和谐共生现代化的基本含义和要求。

在现代化建设中,我们要始终坚持以生态良好为基础,以生产发展为手段,以生活富裕为目标,坚持走生产发展、生活富裕、生态良好的文明发展道路。“三生”的协调和统一,是生态文明建设的目标,是中国式现代化建设的追求,是全面建设社会主义现代化国家的应有之义。

3. 全面建设社会主义现代化国家的绿色抉择

为了确保全面建设社会主义现代化国家的全面性和永续性,按照党的二十大精神,我们应该按照系统观念,坚持尊重自然、顺应自然、保护自然,大力推进人与自然和谐共生的现代化。

坚持协同推进降碳、减污、扩绿、增长。为了确保人口资源环境等现代化支撑条件的永续性,进而确保现代化的永续性,我们应该按照山水林田湖草沙冰一体化保护和系统治理的科学理念,坚持资源节约,坚持环境友好,坚持生态安全，坚持碳达峰和碳中和的“双碳”目标，坚持统筹产业结构调整、污染治理、生态保护、应对气候变化，坚持全方位、全地域、全过程开展生态文明建设。在现代化建设中，尤其是要考虑到我国的生态足迹，深入实施主体功能区战略，构建和完善优势互补、高质量发展的国土空间体系。这样，才能夯实现代化的生态基石。

坚持站在人与自然和谐共生的高度谋划发展。我们要把发展实体经济作为经济发展的着力点，按照绿水青山就是金山银山的科学理念，促进实体经济的绿色发展和可持续发展。坚持人与自然和谐共生，不是要退回到“小国寡民”的状态当中，而是要按照生态文明的理念推动农业现代化，确保农业现代化的永续性。我们要牢牢守住十八亿亩耕地红线，将发展生态农业和建设美丽乡村统一起来，扎实推动乡村生态振兴。坚持人与自然和谐共生，不是用生态文明取代和超越工业文明，而是要按照生态文明理念推动工业现代化，确保工业化现代化的永续性。我们要将工业化、信息化、绿色化统一起来，坚持走新型工业化道路，大力发展生态工业。尽管其不等于生态文明，但是，在现有的发展条件下，新型工业化是通向生态文明的应有选择。只有在实体经济可持续发展的条件下，才能为第三产业的可持续发展奠定坚实的基础。在现代化建设中，我们要坚持统筹推进新型工业化、城镇化、信息化、农业现代化和绿色化。在此基础上，经过不懈努力，才能实现人与自然和谐共生现代化，才能最终建成生态文明。

坚持统筹绿色发展和非传统安全。面对风险社会的挑战，必须统筹发展和安全。现在，“国家的安全不再仅仅涉及军事力量和武器。它愈来愈涉及水流、耕地、森林、遗传资源、气候和其他军事专家和政治领导人很少考虑的因素。但是，把这些环境因素一同联系起来加以审视对于国家安全来说如同军事威力一样，极端重要”①。因此，在现代化建设中，统筹安全和发展包括统筹

---

① ［美］诺曼·迈尔斯:《最终的安全——政治稳定的环境基础》，王正平、金辉译，上海译文出版社 2001 年版，第 20 页。

绿色发展和非传统安全的要求。按照人与自然和谐共生的理念，我们要将坚持绿色发展和维护国家的资源安全、能源安全、环境安全、生态安全、生物安全、核安全等与生态文明建设密切相关的非传统安全统一起来，将坚持绿色发展和防灾减灾救灾统一起来，这样，才能为实现中国式现代化创造安全条件和保障，才能为全面建设社会主义现代化国家创造安全条件和保障。

总之，我们既要建设好人与自然和谐共生现代化，又要将人与自然和谐共生作为中国式现代化的本质要求，这样，才能确保全面建设社会主义现代化国家的全面性和永续性。这是新时代新征程中国共产党的使命任务赋予生态文明建设的光荣责任和使命。

（五）以新发展理念的内在统一推动绿色发展

推动经济社会发展绿色化、低碳化是实现高质量发展的关键环节。国务院向第十四届全国人民代表大会第一次会议所作的政府工作报告，将“推动发展方式绿色转型”作为2023年政府工作的重点之一。习近平总书记在参加他所在的全国人大江苏代表团审议时指出，“始终以创新、协调、绿色、开放、共享的内在统一来把握发展、衡量发展、推动发展”①。新发展理念是一个有机的整体。只有始终坚持新发展理念的内在统一，我们才能更好地实现发展方式的绿色转型。

1. 统筹创新发展和绿色发展

创新发展是引领发展的第一动力，也是推动发展方式绿色转型的第一动力，因此，我们必须大力统筹创新发展和绿色发展。

一方面，要推动科技范式的绿色创新。近代以来，科技体系以机械化为主导范式。这是导致生态环境问题的重要原因之一。现在，新科技革命普遍呈

① 《习近平在参加江苏代表团审议时强调　牢牢把握高质量发展这个首要任务》，《人民日报》2023年3月6日。

现出绿色化的趋势和特征。这就是要将人与自然和谐共生的生态文明理念嵌入到科技进步当中，按照生态学理念促进自然科学和社会科学的合流，促进科技体系、模式、结构、功能的绿色化。现在，尽管我国的科技实力明显提升，但是，科技现代化水平尤其绿色化水平仍然不高。因此，我们要在大力发展生态科学和环境科学等学科的基础上，着力破解节约、降碳、减污、扩绿、增长等方面的科技难题，构建和完善绿色技术创新体系并努力实现产业化，努力将绿色科技培育成为新的经济增长点，通过绿色科技推动实体经济的发展，按照可持续方式实现新型工业化。

另一方面，要推动科技体制的绿色创新。我们必须进一步激活微观创新机制，通过市场机制激发产学研等基层单位的绿色科技创新的活力，健全资源环境要素市场化配置体系，推动绿色科技的研发、推广和应用。政府应该从财税、金融、投资、价格等方面给予政策支持，应该用相关的标准体系引导和规范绿色科技创新。同时，对于涉及基础性、公共性、风险性、战略性的绿色科技，政府应该充分发挥宏观管理的职能，形成支撑绿色科技发展的国家体制。例如，生物科技和产业的发展具有高度的生态环境风险，甚至会危及国家的总体安全，因此，要严格防范市场失灵，政府必须主动有为。我们要将有为政府和有效市场结合起来，形成支撑绿色科技发展和创新的举国体制。尤其是，我们要加强绿色科技创新方面的研发投入，解除作为生态环境保护铁军一员的绿色科技人员的后顾之忧。

2. 统筹协调发展和绿色发展

协调发展注重解决的是发展的不平衡问题，我国的绿色发展同样存在着不平衡的问题，因此，我们必须大力统筹协调发展和绿色发展。

城乡、区域、流域、海域等方面的协调发展直接影响着绿色发展，但全面建设社会主义现代化国家最艰巨最繁重的任务仍然在农村，因此，实现绿色协调发展的重点是坚持统筹城乡绿色发展。按照政府工作报告的要求，我们尤其是要“加强城乡环境基础设施建设”。我们在产业发展上要统筹生态工业、生态农业、生态旅游的发展，在城乡规划上要统筹生态城市建设与宜居宜业和美乡村建设，在基础设施建设上要统筹推进城乡基础设施建设和环境基础设施建设，防治片面的工业化和城市化导致的人与自然之间物质变换的断裂，这样，既可以有效防范工业造成严重的城市环境污染及其“下乡”，又可以为农业生产持续提供有机肥源同时避免过度使用化肥导致的环境污染问题及其“进城”，最终要将城乡关系建立在正常合理的人与自然物质变换关系的基础上，即建立在生态良性循环的基础上。

按照《中共中央国务院关于做好2023年全面推进乡村振兴重点工作的意见》，我们要统筹贯彻落实《农村人居环境整治提升五年行动方案（2021—2025年）》和《农业农村污染治理攻坚战行动方案（2021—2025年）》。在农村环境治理上，重点要解决农业面源污染问题，提高农村卫生厕所普及率，提升农村生活污水治理率，提升农村粪污和垃圾无害化和资源化的处理水平。在政策保障上，要加强城乡生态环境保护统一立法，制定和执行城乡环境治理和环境卫生的统一标准，加强城乡生态环境统一监管。在公共服务布局上，我们要推动基本公共服务资源向农村下沉，推动公路和铁路、信息和网络、科技和卫生、教育和人才、资金和投入向农村倾斜流动，为促进城乡绿色协调发展提供政策支撑。

3. 统筹开放发展和绿色发展

对外开放是我国的基本国策，开放发展解决的是发展的内外联动问题。现有的全球化在绿色发展方面具有明显的二重性，既促进了全球绿色发展，又刻意制造全球绿色贸易壁垒。因此，我们必须大力统筹开放发展和绿色发展。

按照人类命运共同体理念和地球生命共同体理念，在引导全球化向开放包容合作共赢方向发展的同时，我们要促进全球化向绿色方向发展。一方面，由于西方社会率先经历了环境污染，在反思和纠正传统工业化生态弊端的过程中,他们在绿色产业、绿色科技、绿色管理方面积累了丰富的经验,因此,我们仍然需要采用拿来主义,冲破新的贸易壁垒来引进西方的先进的绿色产业、绿色科技和绿色管理等成果。同时,在“更大力度吸引和利用外资”方面,我们要坚持绿色发展的理念,严格外资市场准入的环境标准,有效防范“洋垃圾”和污染进口死灰复燃,防范外来物种侵害,以维护我国的总体安全。

另一方面,在大力促进国内经济绿色发展的同时,我们要切实提高我国外向型经济的绿色水平,尤其是要降低外贸产业的资源能源消耗水平,大力提高外贸产品的绿色含量、生态含量、科技含量,自觉与国际环境标准对接和对标,以提高我国外贸产业和外贸产品的国际竞争力,在冲破贸易壁垒的同时促进全球绿色发展。此外,我们要在绿色基建、绿色能源、绿色交通、绿色金融、绿色教育等方面加强国际合作。在绿色发展方面,我们也应该构建起以国内大循环为主体、国内国际双循环相互促进的新发展格局。

4. 统筹共享发展和绿色发展

共享发展注重解决的是共同富裕问题。我们追求的共享发展包括让人民群众共享生态文明建设成果的含义和要求,要求实现生态共享。因此,我们必须大力统筹共享发展和绿色发展。

按照以人民为中心的发展思想,我们要将满足人民群众的美好生活需要尤其是优美生态环境需要作为绿色发展的价值取向。我们要从维护人民群众资源权益的高度,推进各类资源节约集约开发利用,实施全面节约战略。我们要重点解决影响人民群众身体健康的突出环境问题,深入推进环境污染防治,持续打好蓝天、碧水、净土保卫战。我们要从维护人民群众环境健康和生态健康的高度,持续实施重要生态系统保护和修复重大工程,切实提升生态系统的多样性、稳定性、持续性。我们要从维护人民群众能源权益和气候权益的高度,加强能源治理和气候治理,积极稳妥推进碳达峰和碳中和。我们要从维护人民群众职业健康的高度,防止生产中有毒有害物质的危害,强化安全生产监管和防灾减灾救灾工作。当然,我们必须始终维护国家权益和国家安全。

按照良好的生态环境是最普惠的民生福祉和最公平的公共产品的理念,必须大力推动生态共享。我们要巩固生态扶贫和生态脱贫的成果,大力推行“光伏+治沙+放牧+”等绿色发展复合模式,帮助脱贫群众继续按照绿色发展的方式进一步提高生产水平和生活水平。我们要继续完善生态环境补偿制度,推动城乡、区域、流域、海域等方面的横向生态环境补偿,将绿色发展成果的分配重点向生态功能区倾斜。我们要大力推动生态产品价值的实现,保障生态系统的生态服务功能尤其是康复功能和美学功能,让人民群众在绿水青山中共享自然之美、生命之美、生活之美。在此基础上,我们要让全体人民共享绿色发展的成果。

在西方新发展观中,尽管注意到了发展的“整体的”“内生的”“综合的”内涵和特征①,但是,并未涉及生态环境问题;在生态现代化理论当中,主要从科学技术、市场经济、民族国家、社会运动、意识形态五个方面探讨了实现生态化和现代化兼容和双赢的可能性和现实性②,但并未深入到发展(现代化)自身构成和互动方面来探讨生态现代化问题。习近平总书记要求从新发展理念的内在统一性上来推动绿色发展,这样,就整合和超越了西方新发展观和生态现代化理论,表明中国式现代化理论和习近平生态文明思想具有内在一致性和统一性。总之,只有坚持新发展理念的内在统一,我们才能有效实现绿色发展,谱写绿色发展新篇章。

四、绿色发展的内蒙古篇章

长期以来,内蒙古自治区一直是全国的“模范自治区”。在改革开放初

① [法]弗朗索瓦·佩鲁:《新发展观》,张宁、丰子义译,华夏出版社1987年版,第2—3页。

② [荷]阿瑟·莫尔、[美]戴维·索南菲尔德:《世界范围的生态现代化——观点和关键争论》,张鲲译,商务印书馆2011年版,第6—7页。

期,邓小平同志就对内蒙古寄予厚望,认为内蒙古“今后发展起来很可能走进前列”。党的十八大以来,以习近平总书记为核心的党中央十分重视内蒙古各项事业的发展。习近平总书记两次考察内蒙古、五次在全国人大内蒙古代表团上发表重要讲话,就充分体现了这一点。在参加内蒙古代表团讨论时,他提出的生态文明建设“四个一”战略定位、统筹山水林田湖草沙系统治理等重要思想,是习近平生态文明思想的重要内容。今天,在习近平生态文明思想的指导下,根据自己的区位优势,在自治区党委和政府的带领下,内蒙古完全能够成为践行“绿水青山就是金山银山”的前列者,走出一条以生态优先、绿色发展为导向的高质量发展的创新之路。

（一）坚持绿水青山就是金山银山,坚持生态优先

国土空间是生态文明建设的空间载体。从其结构功能来看,分为生态空间、生产空间、生活空间三种类型。坚持生态优先、绿色发展为导向的高质量发展,必须将促进生产空间集约高效、生活空间宜居适度、生态空间山清水秀作为重要前提。从自身空间结构来看,在科学划定“三生”空间的基础上,内蒙古必须着力维护和扩大生态空间,尤其是东部盟市要把保护好大草原、大森林、大河湖、大湿地作为主要任务。从在全国的生态功能定位来看,内蒙古要始终坚持将自己打造成为我国北方重要生态安全屏障。内蒙古有森林、草原、湿地、河流、湖泊、沙漠等多种多样的自然形态,是一个长期形成的综合性生态系统。其状况如何,不仅关系内蒙古的可持续发展,而且关系我国北方乃至全国的生态安全。习近平总书记指出:“把内蒙古建成我国北方重要生态安全屏障,是立足全国发展大局确立的战略定位,也是内蒙古必须自觉担负起的重大责任。”①因此,内蒙古要进一步提高政治站位,在汲取盲目开发教训的基础上,必须加强党风廉政建设,加强生态文明制度建设和创新,将保护草原和森

① 习近平:《论坚持人与自然和谐共生》,中央文献出版社 2022 年版,第 226 页。

林等自然生态系统作为生态系统保护的首要任务，保护好内蒙古的好山好水。

（二）坚持整治穷山恶水，让穷山恶水变为绿水青山

内蒙古既有生态优势，也有生态劣势。内蒙古荒漠化土地面积 9.14 亿亩，沙化土地面积 6.12 亿亩，分别占全国的 23.3% 和 23.7%。内蒙古的贫困具有典型的“生态贫困”的特征。长期以来，内蒙古各族儿女在防风固沙方面创造了许多可歌可泣的事迹。库布齐和毛乌素治沙就是典型案例。设立生态护林员和草管员等生态公益岗位，是内蒙古消灭绝对贫困的重要举措。习近平总书记指出：“内蒙古地广人稀，农牧民生活居住比较分散，生态环境脆弱，在巩固拓展脱贫攻坚成果、推进乡村振兴上难度大、挑战多，要坚决守住防止规模性返贫的底线。”①因此，内蒙古要坚持山水林田湖草沙冰一体化保护和系统治理，进一步完善“五大沙漠”和“五大沙地”防沙治沙体系，进一步巩固生态脱贫和生态扶贫的成果。现在，应该将发展“沙产业”作为重要抓手，将种树和种草统一起来，注重发挥草的生态“先锋”作用；将发展生态林和经济林统一起来，注重发挥经济林的综合效益；将加强防风固沙和发展沙漠旅游统一起来，注重发挥沙漠旅游的综合效益。尤其是，要考虑到荒漠生态系统和沙漠生态系统的复杂性，科学确定绿化的进度、力度、广度，防范过度绿化可能造成的其他风险。

（三）坚持开发冰天雪地，让冰天雪地变为绿水青山

由于处于特殊的地理纬度，内蒙古是我国冰雪资源丰富的地区。但过去没有很好利用这种资源，“农闲猫冬等过大年”成为很多农牧民群众的漫长冬季生活的常态。更有甚者，“白灾”严重影响群众的生活和生产。习近平总书记在考察黑龙江时指出，绿水青山就是金山银山，冰天雪地也是金山银山。因

① 《习近平在参加内蒙古代表团审议时强调　完整准确全面贯彻新发展理念　铸牢中华民族共同体意识》，《人民日报》2021 年 3 月 6 日。

此，内蒙古应该利用我国举办冬奥会的大好时机，将保护冰天雪地、开发冰雪资源作为实践“绿水青山就是金山银山”的重要途径。在冰雪资源丰富的地区，在一年四季当中，按照山水林田湖草沙冰一体化保护和系统治理的理念，应该加强冰雪资源和冰雪生态的保护，加强生态环境保护、修复、整治，加强自然生态系统的生态涵养功能。这样，会进一步扩增冬季的冰雪资源。在冬季，依托丰富的冰雪资源，按照生态文明理念，应将举办冬季那达慕等民族传统文化活动和发展现代冰雪产业统一起来，举行冰雪体育竞技、冰雪运动娱乐休闲、冰雪文化艺术体验、冰雪景观旅游等活动，形成和做大“冰雪+生态+产业+文化+”的产业和品牌。这样，才能让冰天雪地变为绿水青山，让绿水青山变为金山银山。

（四）坚持恢复绿水青山，让绿水青山成为金山银山

由于内蒙古是全国重要的资源和能源产地，在发展相关产业的过程中，也造成了严重的环境污染和生态退化，出现了一些资源枯竭型城市和地区。习近平总书记在考察江苏省徐州市贾旺区时指出：“只有恢复绿水青山，才能使绿水青山变成金山银山。”①内蒙古应该按照这一科学理念，利用自身的生态科学等方面的学科优势，遵循生态系统内在的机理和规律，坚持自然恢复为主的方针，坚持因地制宜、分类施策，努力做好生态修复工作。对于像乌海市这样的煤炭资源枯竭城市，要坚持从修复区域生态系统出发，加强绿色矿山建设，推进矿区生态综合治理，推进报废矿区的土地复垦，推进报废矿井的综合利用。同时，要抓住国家实施碳达峰碳中和战略的有利时机，大力发展光电和风电等新能源产业，促进低碳产业和零碳产业的发展。此外，还应该发掘工业遗产资源，发展工业遗产旅游产业。对于像阿尔山市这样的森工资源枯竭城市，必须加强森林抚育和退化林修复，培育后备森林资源，大力发展林下经济

---

① 《中央经济工作在北京举行》，《人民日报》2017 年 12 月 21 日。

和冰雪经济,大力发展森林康养和休闲产业,大力发展生态农牧业。在发展森林康养和休闲产业中,必须大力规范市场秩序。只有坚持以久久为功的行动修复生态环境创伤,就可以恢复内蒙古的绿水青山。

(五)保护绿水青山,守护人民群众生命安全和身心健康

绿水青山具有呵护人民群众的生命安全和身心健康的重大价值。习近平总书记指出:“绿水青山不仅是金山银山,也是人民群众健康的重要保障。”① 这次疫情防控充分证明了这一理念的科学性、超前性和有效性。按照这一理念,内蒙古必须下大力气解决损害群众健康的突出环境问题;充分利用自己的生态环境优势,大力发展草原、森林、冰雪、沙漠等生态旅游和生态康养新业态,让人民群众在共享内蒙古的自然之美的过程中,消除疲劳,放松身心。发展生态旅游和生态康养产业,必须将保护生态系统的稳定性和可持续性摆在第一位,大力开发中医药(蒙医药)与生态康养服务相结合的产品和项目。同时,要推进形成“健康中国”建设和“美丽中国”建设相结合的内蒙古范式。根据内蒙古地理环境等情况,要进一步做好生物地球化学性疾病和地方病的防治工作,通过改善生态环境,完善大骨节病、氟骨症和克山病患者救治和救助机制。要加强病媒生物的防治和有害生物的管理工作,防止草原鼠害泛滥引发的鼠疫流行风险及健康危害。要加强野生动物保护,坚决杜绝食用野生动物的陋习,防治人与动物共患病的发生及其健康危害。要加强口岸管理和边境管理,预防外来物种和病毒的入侵和传播及其带来的卫生健康风险。最后,应该完善统筹疫情防控和社会经济发展、爱国卫生运动和生态文明建设的机制。

总之,只有坚持“绿水青山就是金山银山”的科学理念,坚定不移走生态优先、绿色发展的高质量发展之路,内蒙古就能够厚植自己的绿色优势,走在

---

① 习近平:《论坚持人与自然和谐共生》,中央文献出版社 2022 年版,第 148 页。

全面建设社会主义现代化国家的前列。

五、绿色发展的普洱实践

生态文明建设的基本主题是环境和发展的关系问题。对此，习近平总书记创造性地提出了“绿水青山就是金山银山”的科学理念。2013 年被国家发改委批准为国家第一个绿色经济试验示范区以来，普洱市紧扣生态文明建设排头兵的战略定位，努力让普洱的绿水青山逐步变成金山银山，正在成为践行“绿水青山就是金山银山”理念的科学样板。

（一）普洱践行“绿水青山就是金山银山”理念的科学抉择

在谋求地域发展中，普洱市提出了“生态立市、绿色发展”的战略，科学探索将自然生态优势转化为社会经济优势的途径，力求走出一条绿色发展之路。

普洱市资源富集、生态良好、区位独特，具有明显的资源优势、生态优势、区位优势。但是，由于历史原因，在经济上总体滞后。2012 年，地区生产总值 366.85 亿元，人均生产总值仅为全国的 37%、云南省的 64%，有 8 个县属国家扶贫开发工作重点县。这样，如何将自然生态优势转化为社会经济优势就成为普洱市发展的当务之急。

按照普洱市的资源禀赋，本可以选择走传统工业化的发展之路。普洱市矿产地 600 多处，境内发现金、银、铅、锌、铜等各类矿产 40 余种，占云南省发现矿种的 30%。景迈山铁矿探明储量高达 22 亿吨。2007 年底，矿业产值一度占普洱市 GDP 的 28%。但是，鉴于“先污染后治理”传统工业化的弊端，普洱市逐步放弃了发展矿业的思路，通过人大立法来禁止开发景迈山铁矿。

面对着鱼与熊掌的两难抉择，普洱市毅然决然地选择了绿色发展之路，将发展绿色经济确立为地域发展的核心，争取国家政策的支持和扶持，率先成为国家绿色经济试验示范区。

（二）普洱践行“绿水青山就是金山银山”理念的创新实践

发展绿色经济的关键是构建绿色产业体系。习近平总书记指出，如果能够把生态环境优势转化为生态农业、生态工业、生态旅游等生态经济的优势，那么绿水青山也就变成了金山银山。根据普洱市的实际情况和绿色经济发展的一般趋势，普洱市在发展绿色产业方面进行了一系列创新实践。

1. 大力发展生态农业

生态农业是农业发展的方向。普洱市有2700年的野生古茶树和景迈山的万亩千年古茶园，生产普洱茶是普洱市发展特色农业的重点和亮点。在长期生产实践中，各族劳动人民形成了发展有机农业的生态智慧。人们采用茶树和桂花树等其他树种混种的方法，通过发展林间和林下种植，使古茶林与天然林十分相似。同时，人们按照茶树的生长习性，在天然林中砍除部分乔灌木而保留一定的遮阴乔木后种植茶树，呈现出明显的乔木层——灌木层（茶树的主要分布层）——草木层的立体群落结构。这样，通过模拟和利用森林的生态环境，自觉维护生物多样性和层次性，有效增强了古茶林的稳定性和丰产性。现在，景迈山古茶林已经延续了上千年的种植历史，共记录种子植物125科、489属、943种和变种，年产干茶270吨，实现了自然生态可持续性和社会经济可持续性的高度的有机的统一。2010年，模仿景迈山人工栽培型古茶园野生树种品种，普洱市采取每亩台地茶留养160株茶树、套种8至10株覆荫树的办法，推广乔灌结合种植、园内养鸡、物理和生物防病防虫相结合的方法，实施生态茶园改造。目前，已经建成生态茶园165万亩，其利润是常规茶园的10倍。同时，他们还大力推进生态咖啡园改造。现在，普洱市持续推进化肥、农药零增长行动计划，实施耕地测土配方施肥、农作物病虫害绿色防控，推广立体生态种植模式（上面核桃、坚果，中间茶叶、咖啡，下面白及、黄精、食用菌），在发展生态农业方面取得了重要成效。

2. 大力发展生态工业

生态工业是工业发展的方向。普洱市具有丰富的水利资源，红河、澜沧江、怒江三大水系流经市域，水能蕴藏量1500万千瓦，发展水电是普洱市的自然选择。鉴于发展水电可能导致的生态环境风险，绿色水电成为发展水电的重要方向。在这方面，糯扎渡水电站进行了有益探索。由于地处高地震区，具有高水头、大库容、大泄流量、大填筑方量、坝基破碎带密集等特点，因此，该水电站在国内率先运用了黏土心墙掺砾工艺，提出了超高心墙堆石坝采用人工碎石掺砾土料和软岩堆石料筑坝成套技术。这与都江堰具有异曲同工之妙。进而，糯扎渡水电站采用“数字大坝”技术，对大坝填筑碾压的各项参数，进行全过程施工在线监控，确保按照高标准、高强度、安全优质、规范有序的要求建成大坝。这又具有现时代的特征。同时，为了减少大坝建设对库区生物多样性的负面影响，建设单位建立了“糯扎渡水电站珍稀鱼类增殖放流站”和“糯扎渡水电站珍稀植物园”。现在，已经建成的糯扎渡水电站是全国第七大水电站，兼具发电、防洪、通航、旅游等综合功能。以此为样板，普洱市大力培育壮大清洁能源产业，全市以水电为主的电力装机规模达到918.5万千瓦，全市发电量突破400亿度，清洁能源总产值达到74.9亿元，清洁能源产业增加值占到规模以上工业增加值的50%，税收占全市税收总收入的25%。现在，普洱市已经成为“西电东送”“云电外送”的重要基地，努力将自身打造成为清洁能源基地。

3. 大力发展生态服务业

生态服务业是第三产业发展的方向。普洱市具有丰富的旅游资源，发展生态旅游具有得天特厚的优势。澜沧县酒井乡老达保寨是一个典型的拉祜族村寨，自然风光秀丽，拉祜文化底蕴深厚，男女老少都能歌善舞，擅长芦笙舞、摆舞、无伴奏合声演唱，尤为擅长吉他弹唱，80%村民都会弹奏吉他。利用上述优势，县委宣传部牵头推出了“快乐拉祜”文化产业项目，开展拉祜族风情实景演出。自该项目推出到2018年，就地演出470余场次，接待游客10.65万余人次，实现演出收入180万元、旅游综合收入500多万元。目前，老达保寨正在建设乡村音乐小镇。此外，西盟县是《阿佤人民唱新歌》的诞生地，他们将红色文化优势和民族文化优势结合起来，推出了一系列以佤族文化为主题的旅游活动，吸引了大量游客。目前，他们已经创作完成《阿佤人民再唱新歌》大型佤族舞蹈诗。孟连县利用历史文化优势和边境地域优势，在发展边境跨境旅游方面也进行了许多探索。自设立绿色经济试验示范区以来，普洱市实施全域旅游战略，围绕普洱茶文化、民族文化、边地文化、生态体验、健康养生、康体运动等主题，推动生态环境资源与休闲度假产业融合发展，正在努力将自身建设成为集文化旅游、生态体验、康体养生为一体的国际性旅游休闲度假养生基地。此外，普洱市成立了绿色金融中心，在发展绿色金融方面进行了一系列探索，加大了金融对绿色经济的支持力度。

可见，普洱市突出一产抓特色、二产抓突破、三产抓升级，已经找到了一条将绿水青山转化为金山银山的道路，将绿色发展理念有机地融入了产业发展的过程当中。显然，普洱市走过的路与浙江省安吉县走过的路完全相同。

（三）普洱践行“绿水青山就是金山银山”理念的经验启示

尽管普洱市在发展绿色经济方面取得了初步成绩，但是，其创新经验具有普遍价值，值得我们在践行“绿水青山就是金山银山”理念中加以学习和推广。

1. 坚持弘扬传统智慧和发展现代产业的统一

中华优秀传统生态文化尤其是有机农业模式，具有高持续性的特征。当然，其经济性有待进一步提高。建立在现代科技基础上的现代产业具有高经济性的特征，但是，往往具有低持续性的弊端。因此，如何将二者结合起来以形成高持续性和高经济性相统一的产业模式和发展模式,是发展绿色经济的重大课题。普洱市人工栽培古茶林和发展生态茶园等方面的经验,树立了一个贯通古今的典范。“西盟公约”更明确地在价值观上提出,“像对木依吉一样,敬畏自然,爱护自然”。今天,在现代科技的基础上,我们要通过学习历史经验、弘扬生态伦理来模仿自然生态系统,建立生态经济系统,在维护人与自然之间物质变换的基础上来实现经济发展、社会进步。

2. 坚持发展工程技术和发展生态技术的统一

工业建设是实现强国目标的重要经济举措,但是,现代工业尤其是大型工程往往具有高风险性尤其是生态风险。因此,我们不仅要按照“小即美”的原则控制工程的规模,能大即大,能小即小;而且要按照生态化(绿色化)的原则优化工程的组织,不绿不建,能建必绿。糯扎渡水电站在发展绿色水电方面进行了可贵尝试。孟连县糖厂利用生产中的糖泥、锅炉燃烧产生的蔗渣灰和蔗渣等固体废弃物生产糖泥肥的技术在发展循环经济方面进行了科学实践。因此,我们必须将绿色化原则注入整个技术和产业发展中,学习“工业 4.0”的经验,利用“互联网+”的方式,在构建生态化技术范式的基础上构建生态化产业范式,推动新型工业化的发展。

3. 坚持开发红色资源和开发绿色资源的统一

发展生态旅游,不仅要开发绿色资源,而且要开发红色资源,应将两种资源统一起来,让二者相得益彰,让红色资源充分发挥综合效益。澜沧县利用革命老区的革命文化资源、西盟县利用《阿佤族人民唱新歌》的先进文化资源来发展旅游业的做法,难能可贵。今后,普洱市应该将红色文化品牌和绿色资源品牌统一起来,增强旅游业,巩固精准脱贫和精准扶贫成果。这样,在促进自身发展的基础上,对内来说,不仅可以让游客忘情于绿水青山之间,而且可以让他们热爱祖国大好河山,促进民族团结,将休闲养生和修身养性统一起来。

对外来说，可以成为让国际游客和国际社会认识中国、了解中国、理解中国的窗口。

总之，绿水青山就是金山银山，关键在人，关键在思路，关键在举措，关键在实践。无疑，普洱市在这方面开了一个好头。在践行“绿水青山就是金山银山”理念的同时，向前推进了绿色发展。

六、绿色发展的沁源实践

山西省长治市沁源县具有悠久而强大的红色传统，在抗日战争期间创造了长达两年半的“沁源围困战”的奇迹，没有出过一个汉奸、没有成立一个维持会，终于将日寇赶出了沁源，被毛泽东同志赞誉为“英雄的沁源，英雄的人民”。新中国成立后，沁源人民翻身做主人。尽管有绿水青山等自然优势，但是，由于发展不足，该县缺乏金山银山等经济优势，长期为国家级贫困县。穷则思变，70多年来，在县委和县政府的带领下，按照党的路线、方针、政策，沁源人民弘扬沁源精神，艰苦奋斗，锐意进取，终于在2018年成功地摘掉了贫困县的帽子。站在新的历史起点上，该县认真学习和贯彻落实习近平新时代中国特色社会主义思想，按照“绿水青山就是金山银山”的科学理念，确立了“绿色立县、建设美丽沁源”的战略，开启了红色沁源的绿色发展之路。

（一）绿色立县的政策选择

在习近平新时代中国特色社会主义思想的指导下，紧紧抓住绿色发展的世界潮流，从沁源自身实际出发，按照绿色发展的科学理念，沁源县于2018年1月23日出台了《关于绿色立县建设美丽沁源的决定》。

1. 产业发展的生态局限

尽管取得了反贫困斗争的决定性胜利，但是，由于产业结构不合理，沁源县在经济社会发展方面仍然存在着诸多障碍。在第一产业方面，该县以种植玉米为主，但效益很低；小杂粮品种很多，但未形成产业。尤其是，农副产品加工业严重滞后，产品附加值低，没有形成品牌优势。在第二产业方面，该县长期以来一煤独大，比重达到85%。尽管煤炭开采成为其支柱产业，推动了县域经济的发展，但是，不仅存在着产业链不完整的问题，而且容易导致资源耗竭、环境污染、安全事故等问题。此外，战略性新兴产业发展缓慢和滞后。在第三产业方面，优势资源挖掘不够，旅游资源开发不足，市场化程度不高。尤其是，交通运输较为不便。在总体上，该县长期只注重煤炭资源的开发，把工作重点一度放在流转土地、出租房屋上，却忽略了自然生态资源和人文历史资源的挖掘、开发、利用，忽略了产业结构和生产方式的调整、优化和升级。这样，不仅制约着县域经济的发展，而且影响着人民群众对美好生活的向往。

2. 确立科学的发展思想

在摘掉贫困县帽子之后，通过认真学习习近平新时代中国特色社会主义思想尤其是习近平生态文明思想，全县上下深刻领会“绿水青山就是金山银山”理念的科学意蕴和实践要求，明确认识到绿水青山就是沁源的宝贵财富，就是沁源的优势所在。例如，全山西省缺树，但是，沁源县拥有220万亩森林，覆盖率56.7%，位居全省第一，是全国天然林保护重点县。该县拥有草坡面积120万亩，植被覆盖率接近90%。除了生态涵养之外，林草资源可以转化为经济优势。再如，全山西省缺水，但是，沁源县拥有沁河、汾河两大水系，年均径流量2.6亿立方米，是山西省相对富水县域。除了生态功能之外，水利资源可以转化为经济优势。此外，沁源县拥有百余科600多个野生资源品种，564种道地中药材资源，盛产连翘、黄芩、党参、柴胡等20多种中药材，享有“北药之首”的美誉。但是，药材资源开发远远不够，没有转化为经济优势。最后，该县国土面积为2549平方公里，为长治市最大的县域，拥有广阔的发展空间。这样，如何将绿水青山转化为金山银山就成为沁源县的科学选择。

3. 制定适宜的发展战略

在对沁源县情进行全方位分析、科学论证的基础上,沁源县县委和政府将满足人民群众的美好生活需要作为工作的出发点和落脚点,将解决县域内发展不平衡不充分等矛盾问题作为工作中心,科学地提出了“绿色立县、建设美丽沁源”的发展战略。为此,县委和政府强调,必须坚持以下原则:第一,坚持人、自然、社会和谐统一的原则。人与自然是一个生命共同体,因此,必须坚持“绿水青山就是金山银山”的科学理念,统筹人、自然、社会和谐发展。这样,就明确了绿色立县的世界观要求。第二,坚持因地制宜、彰显特色的原则。具体问题具体分析是唯物辩证法的基本要求。在工作中,必须深入挖掘特殊性、差异性,考虑最能吸引人的地方,做到有的放矢。这样,就明确了绿色立县的辩证法要求。第三,坚持规划的战略性和可操作性的原则。在多规合一的前提下,坚持规划的战略性和可操作性的统一,才能保证规划的科学性、预见性、有效性。这样,就明确了绿色立县的方法论要求。

按照绿色立县、建设美丽沁源的战略,沁源县确立了“转型、增绿、开放、强基、富民”五大发展思路,确定了“修路、种树、治水、兴文、尚旅”五条发展路径,明确了建设“绿色沁源、康养沁源、文化沁源、幸福沁源、美丽沁源”五大发展目标。这样,就实现了党的基本路线和“绿水青山就是金山银山”理念的具体化。

(二)绿色立县的产业选择

绿水青山主要指生态环境优势,金山银山主要指社会经济优势。在浙江省工作期间,习近平总书记指出,如果能够把生态环境优势转化为生态农业、生态工业、生态旅游等生态经济的优势,那么,绿水青山就会变成金山银山。按照这一科学思路,沁源县将构建以现代农业、低碳工业、文旅产业为支撑的生态产业体系确立为绿色立县的主要内容。

1. 大力发展现代农业

从农业县的实际出发，根据农业现代化的发展规律，沁源县将绿色化、优质化、特色化、品牌化确定为农业发展的方向，编制完成了《沁源县农业绿色发展总体规划（2018—2022年）》，制定出台了《沁源县强农惠农富农政策》。他们出台了“一县一业”“一村一品一主体”的农业发展政策，确立了脱毒马铃薯、连翘等道地中药材、牛羊驴等绿色养殖、食用菌、草莓和高山蔬菜等果蔬、豆制品和粉制品等农副产品加工等农业发展的六大板块，并确定发展以培育艾草、荆芥、益母草、野菊花等有药用价值的野生花草资源为主的新型草产业。这样，就形成了发展大农业的系统思路。

我们希望沁源县能够将发展现代高效生态农业作为农业发展的未来方向。一是要充分利用自身拥有丰富水资源的优势，改变长期以来以旱作农业为主的生产方式，加强农田水利建设，以此来稳定和提高农业产量。例如，在沁河和汾河的两岸，都可以适度开发水田。二是要统筹农林牧副渔五业发展，按照农业生态系统工程的方式将上述五大板块和草产业结合起来，充分利用自然界的物质循环和营养循环，以此来完善和扩大农业产业链。例如，可以将林下种植和林下养殖作为发展生态农业的具体模式。这样，既可以充分利用林下资源，又可以为林地提供养分，形成林草复合、林药复合、林畜复合的立体农业模式。三是要统筹种植业、养殖业、加工业的发展，形成一条龙的生产，提高物质循环的效益，提高农业生产的效益。例如，可以利用现代生物技术将野生中药材资源的开发、中药材的人工种植、中药材的加工结合起来，将加工过程的废弃物作为养殖业的饲料原料，形成特有的生态农业模式。在此基础上，沁源县要大力创建特色农业产品的品牌，形成明显的农业优势。

2. 大力发展低碳工业

从煤炭大县的实际出发，按照习近平总书记提出的能源革命的战略思想，沁源县积极促进工业产业的转型和升级，将高端化、智能化、绿色化确立为第二产业的发展方向。例如，就工业企业来说，该县提出了“五企联创”的发展思路。这就是要创建平安企业、绿色企业、创新企业、信用企业、文明企业，将安全生产、绿色发展、科技创新、社会责任、精神文明作为企业安身立命和谋求发展的内在要求。按照这一要求，他们在传统的采煤行业引进了科技创新兴煤技术，创办了循环经济工业园区，将培育壮大新能源新材料产业作为第二产业的发展方向，积极发展节能环保产业，力图填补相关战略性新兴产业、高新技术产业方面的发展空白。这些举措都有利于第二产业的绿色转型和升级。

我们希望沁源县能够将新型工业化作为工业发展的未来方向。习近平总书记多次谈到了第四次工业革命的问题，注意到“工业 4.0”的发展动向，要求将“互联网+”作为产业发展的重要方向。沁源县应该抓住这一机遇，将工业化、生态化、信息化统筹起来。一是要从煤炭资源不可再生的特点出发，在稳定煤炭产量的基础上逐渐限制煤炭产量，确保煤炭资源的可持续开采和利用。在此基础上，要引进和采用生态技术和信息技术，延伸煤炭产业链，培育形成“煤—焦—化—气”循环产业链条，提高煤矸石、粉煤灰、煤泥等煤炭工业废弃物的综合效益，提高煤炭利用的综合效益，大力发展绿色煤炭工业、智慧煤炭工业。二是要从煤炭资源不可再生的特点出发，充分利用当地相对充足、多样的能源资源，将开发利用煤炭资源、太阳能、风能、生物质能统筹起来，形成多元化的能源供应、生产、使用的格局，推动能源革命。尤其是，沁源县应该在保证森林面积增长和树木品种增加的前提下，坚持用补平衡，大力开发和利用生物质能，发展相关产业。三是顺应产业革命发展的历史趋势，从山西省甚至全国产业发展的格局出发，发挥自己的地理区位和气候优势，根据自己的实际和能力，在加快发展先进装备制造产业、新能源新材料产业、生物医药产业的同时，力争发展成为国家和地区云计算、大数据、3D打印等先进产业基地。

3. 大力发展文旅产业

从自身历史文化传统、自然地理条件、红色革命传统等方面的实际出发，沁源县将文化旅游产业作为推动县域经济转型发展的重要引擎，力求突出“绿色生态、休闲康养、历史人文、红色记忆”四大特色，坚持以“全域旅游+全域度假”为主线，实施《国际慢城概念规划》，将“冬游海之南、夏住沁之源”作为发展森林康养产业的招牌，将文旅产业确立为该县的战略性支柱产业。在发展森林康养产业方面，沁源县形成了融合发展的科学思路。即，发展森林康养产业要与国家大健康产业战略相融合，与全域旅游相融合，与全民健身相融合，与现代医学及传统养生相融合，与自然资源保护与生态文明建设相融合，与现代林业经济发展相融合，与脱贫摘帽巩固提升相融合，与促进乡村振兴相融合，与文化建设相融合，与基础设施和公共服务设施保障相融合。

我们希望沁源县将生态旅游作为文旅产业发展的未来方向。习近平总书记指出，绿水青山就是金山银山，一方面要保护生态环境，另一方面要发展生态旅游，要使二者相得益彰。沁源县应该从自身的优势出发，大力发展生态旅游，将之作为新的经济增长点。一是要综合开发多元资源，形成多彩发展格局。沁源县应该以代表悠久革命传统的红色资源为引领，以自身具有的自然生态环境优势的绿色资源为主打，以代表中华民族肤色的源远流长历史文化的黄色资源为支撑，推动生态旅游的五彩斑斓的发展。尤其是，要将毛泽东同志关于“英雄的沁源，英雄的人民”的赞誉作为沁源精神的核心，按照“绿水青山就是金山银山”理念的精神实质，引领生态旅游的发展，形成自己的独具特色的旅游品牌。二是要综合利用产业资源，形成多元发展格局。沁源县应该在发展乡村旅游的过程中，将农业产业延伸到第三产业，大力发展观光农业、休闲农业、体验农业；应该充分利用“三线建设”工业遗址、煤炭工业场地等工业记忆资源，将工业产业延伸到第三产业，建设工业遗址公园，推动旅游业的发展。这样，可以在发展文旅产业的基础上，促进产业的融合。三是要综合利用多样资源,发挥多元教育功能。沁源县应该将发展生态旅游和发展社会教育、加强精神文明建设统一起来,利用红色资源向社会公众和青少年进行思想政治教育,利用绿色资源进行自然教育、生态教育、环境教育,利用历史人文资源进行历史文化教育。这样,寓教于游可以带动文旅产业的可持续发展。

总之,沁源县已经将绿色融入了转型和发展当中,形成了清晰可行的绿色立县的思路。通过进一步完善绿色发展的思路,沁源县必将走在绿色发展的前列。

(三)绿色立县的路径选择

按照“增绿”的发展思路,沁源县将“修路、种树、治水”确定为发展的路径。这样,就明确了生态环境建设这一生态文明建设的基础工程是绿色立县的重要路径。

1. 加强生态建设

绿色发展最基本的要义就是生态建设,生态建设最基本的举措就是种草种树。现在,沁源县在林草工作方面提出了科学的发展思路,要求实现增绿和增收、生态和生计的有机统一。但是,也存在着诸多困难。我们希望沁源县按照“山水林田湖草是一个生命共同体”的科学理念,大力推动生态建设。一是要将种草置于维护生态安全的基础地位。草是地表最大的生态系统,呵护和维持着地球的生态平衡。只有在草存活的生境中,树木和庄稼才能存活。因此,沁源县要充分利用无人居住山庄地、弃耕地、荒山荒坡地人工种草,推动草地的改良,加强对草害、虫害、鼠害的防治。同时,在加强生态诊断的基础上,要切实防治花坡草地的退化,加强花坡等自然景观的可持续观赏。二是要将改善树木品种作为种树的重要任务。沁源县的森林主要以油松为主,这样,就增加了生态安全方面的隐患。这在于,单一性容易引发病虫害,而多样性有助于稳定性、持续性。此外,油松过去主要用作铁路枕木和矿山顶梁,现在,随着铁路、矿山用材结构的变化，油松林经济效益增收带动力明显减弱。因此，沁源县必须进行森林结构的调整和树木品种的改造，尤其是要大力发展经济林，大力种植连翘、核桃、仁用杏等经济价值较高的树种。这样，不仅可以增强生态安全，而且能够增加经济收益。

2. 加强水利建设

水利建设不仅是农业的命脉，而且是生态文明建设的基础工程。按照习近平总书记提出的“节水优先、空间均衡、系统治理、两手发力”的水利工作“十六字”方针，沁源县全面推动防洪水、保供水、抓节水、护源水、用活水、强管水的“六水共治”工作，编制完成《沁河源头生态保护修复与利用规划》。在此基础上，我们希望沁源县将水利建设提升到水生态文明建设的高度，在坚持让水流旺起来的同时，让河流自己流淌。让河流自己流淌，就是要按照河流自己运动的规律搞好水利建设，像大禹治水那样推进水利建设，处理好开源和节流、开发和保护、规模和效益等多方面的关系，处理好生态用水、生产用水、生活用水的关系。为此，一是要推动科技创新，将生物技术、信息技术、环境技术和水利技术统一起来，用于河道清淤、清障、疏浚，加强河道的生态涵养、生态修复、生态利用，发挥水资源的多重功能，大力发展生态水利、智慧水利。二是要推动制度创新，推进依法治水管水节水用水，充分发挥“河长制”、水价改革、环境税收等制度创新手段的作用，严防浪费水资源、污染水环境、破坏水安全的行为，推动全社会形成节水、护水和爱水的良好社会风尚，挖掘、培育、发展水文化，确保水资源的可持续性。这样，不仅可以增强水利建设的可持续性，而且能够推动绿色发展。

3. 加强环境建设

环境保护是我国的基本国策，环境建设是生态文明建设的基础性工程。沁源县大力推进污染防治攻坚战，环境建设成效显著。在此基础上，按照尊重自然、顺应自然、保护自然的生态文明理念，沁源县应该在环境建设上取得更为明显的进步。一是在生产废弃物方面，该县主要问题是煤矸石综合利用问题比较突出，个别煤炭企业没有可供使用的排矸场，不少企业的矸石场使用不规范、治理标准不高，既造成了严重的环境污染，又严重浪费了资源。因此，沁源县应该通过技术创新的方式，集中精力攻坚煤矸石等工业固废综合治理难题，通过煤矸石发电、修路填筑路基、发展煤矸石建材、充填采空区和塌陷区、雕刻工艺品和景观产品等多种途径，推进煤矸石综合利用，化腐朽为神奇。二是在生活废弃物处理方面，沁源县学习借鉴浙江省金华市农村垃圾分类“二次四分”法经验，即农户把垃圾按“会烂”和“不会烂”两类进行分类，将“不会烂”者再按照“好卖”和“不好卖”的标准进行二次分类，让“会烂”者进阳光堆肥房发酵堆肥用于农业生产，“好卖”者回收处理用于循环利用，“不好卖”者进入垃圾填埋场、焚烧厂处理，有毒有害者进行特殊处理。这一分类处理法比现行的垃圾分类处理方法简便易行。但是，要从根本上解决这一问题，关键要从源头抓起，形成勤俭节约的习惯，减少垃圾的排放。这样，就可以实现环境保护的目标，夯实绿色发展的基础。

总之，只有在呵护、恢复、爱护绿水青山的基础上，绿水青山才能变成金山银山。因此，在加强交通、电信等基础设施建设和公共设施建设的基础上，大力推动生态环境建设，才能为沁源县的绿色立县提供可持续的自然物质条件保障。显然，绿色沁源需要永续技术的支撑。

第六章　生态文明建设的治理保障

保护生态环境必须依靠制度、依靠法治。只有实行最严格的制度、最严密的法治,才能为生态文明建设提供可靠保障。——习近平①

实现生态文明领域国家治理体系和治理能力现代化,既是生态文明建设的重大任务,又是生态文明建设的治理保障。

我国生态环境保护中存在的突出问题大多同体制不健全、制度不严格、法治不严密、执行不到位、惩处不得力有着密切关系,因此,党的十八大提出了"加快建立生态文明制度"的要求。为了贯彻和落实党的十八大精神,在提出实现国家治理体系和治理能力现代化战略任务的过程中,党的十八届三中全会就加快生态文明制度建设作出了系统安排。《中共中央　国务院关于加快推进生态文明建设的意见》要求坚持把深化改革和创新驱动作为基本动力,建立系统完整的生态文明制度体系。《生态文明体制改革总体方案》提出,要大力"推进生态文明领域国家治理体系和治理能力现代化"②。党的十九大对此也作出了明确的战略安排。习近平总书记十分关注生态文明制度建设和制度创新,要求用最严格制度和最严密法治保护生态环境,将"用最严格制度最

① 习近平:《论坚持人与自然和谐共生》,中央文献出版社 2022 年版,第 33—34 页。

② 《中共中央国务院印发〈生态文明体制改革总体方案〉》,《人民日报》2015 年 9 月 22 日。

严密法治保护生态环境”确立为加强生态文明建设必须坚持的原则之一。党的二十大报告提出，要健全现代环境治理体系，深入推进中央生态环境保护督察。按照上述顶层设计，我国生态文明领域国家治理体系和治理能力现代化取得了重要进展和成就，已经基本搭建起生态文明制度体系的“四梁八柱”。

我们要加强党对生态文明建设的领导。在党的领导下，我们要立足于国家治理体系和治理能力现代化推动生态文明领域国家治理体系和治理能力现代化，善于运用制度和法治保护生态环境和建设生态文明，为生态文明建设提供切实有效的制度支撑和制度保证，同时助推国家治理体系和治理能力现代化。

我们必须明确生态文明制度建设和创新的总体要求。只有坚持把生态文明建设摆在重要的战略地位，坚持以习近平生态文明思想为指导思想，大力践行绿水青山就是金山银山的科学理念，加强党的领导，严明生态环境保护责任制度，才能搞好生态文明制度建设和创新。只有坚持节约资源和保护环境的基本国策，坚持节约优先、保护优先、自然恢复为主的方针，实行最严格的生态环境保护制度，全面建立资源高效利用制度，健全生态保护和修复制度，才能搞好生态文明制度建设和创新。只有坚持生产发展、生活富裕、生态良好的文明发展道路，坚持建设美丽中国的战略目标，才能搞好生态文明制度建设和创新。

我们要有效预防和治理市场经济的失灵，将生态文明管理作为人民政府的重要职能，强化政府的生态文明管理职能，促进政府自身的决策行为、执行行为和考核行为的绿色化，为生态文明建设提供切实可行的行政体制保障。

我们要按照源头预防、过程控制、后果严惩的原则，围绕资源、能源、环境、生态安全、防灾减灾救灾等领域的管理问题，将对“物”的管理和对“人”的管理统一起来，建立系统完备的生态文明制度体系。

我们要大力推动生态文明领域的行政体制改革，加强生态文明领域的法治建设，建立健全中国特色环境治理全民行动体系，形成全社会参与生态文明建设的良好局面。

总之，生态文明建设必须依靠制度、依靠法治。只有实行最严格的制度、最严密的法治，才能为生态文明建设提供可靠的制度保障。

一、加强党对生态文明建设的全面领导

加强党对生态文明建设的全面领导，是我国社会主义生态文明建设的基本原则和重大经验。党的十九届六中全会指出，党的十八大以来，我们党以前所未有的力度抓生态文明建设，坚持从思想、法律、体制、组织、作风上全面发力，我国生态环境保护发生历史性、转折性、全局性变化。① 在习近平生态文明思想的指导下，科学总结和发扬光大党领导生态文明建设的宝贵经验，我们才能协同推进人民富裕、国家强盛、中国美丽。

（一）坚持思想发力和思想引领

在生态文明建设中坚持思想发力和思想引领，就是要以党的理论创新成果引领生态文明建设，坚持以习近平生态文明思想为生态文明建设的指导思想。

1. 坚持思想发力

党的十八大以来，我们党坚持以生态文明理论创新推动生态文明制度创新和生态文明实践创新，系统形成了习近平生态文明思想。

按照“不忘本来、吸收外来、面向未来”的综合创新方法论原则，顺应时代潮流、人民意愿、实践要求，在马克思主义关于人与自然关系思想的指导下，继承中国古代天人合一、道法自然等优秀传统生态文化，借鉴国外可持续发展等

① 《中共中央关于党的百年奋斗重大成就和历史经验的决议》，《人民日报》2021 年 11 月 17 日。

绿色思想，在我们党提出的生态文明这一具有原创性、时代性概念的基础上，习近平总书记融通古今中外各种资源，创立了习近平生态文明思想。

习近平总书记提出了坚持党对生态文明建设的全面领导、生态兴则文明兴、人与自然和谐共生、绿水青山就是金山银山、良好生态环境是最普惠的民生福祉、绿色发展是发展观的深刻革命、统筹山水林田湖草沙系统治理、用最严格制度最严密法治保护生态环境、把建设美丽转化为全体人民自觉行动、共谋全球生态文明建设之路等创新思想，明确了我国社会主义生态文明建设的基本原则，明确了生态文明建设的科学世界观和方法论。上述思想构成了习近平生态文明思想的核心要义。

习近平生态文明思想是科学把握人与自然和谐共生规律的理论创新成果。马克思恩格斯指出，“我们仅仅知道一门唯一的科学，即历史科学。历史可以从两方面来考察，可以把它划分为自然史和人类史。但这两方面是不可分割的”①。习近平生态文明思想推动“历史科学”成为“生态科学”，推动形成和完善了马克思主义生态文明思想。

总之，习近平生态文明思想为社会主义生态文明建设提供了方向指引和根本遵循，我们必须用以武装头脑、教育群众、指导实践、推动工作。

2. 坚持思想引领

习近平生态文明思想有力指导我国生态文明建设取得历史性成就、发生历史性变革，因此，我们必须坚持以习近平生态文明思想为指导，坚持从党的思想建设高度推进生态文明建设。

提高全党在生态文明建设领域中的思想理论水平。一个民族要登上科学最高峰，一刻也离不开理论思维。一个政党要领导生态文明建设，一个国家要引领世界生态文明，需要时刻提升生态文明建设方面的理论水平。因此，我们

---

① 《马克思恩格斯文集》第1卷，人民出版社2009年版，第516页。

要坚持将学习和研究习近平生态文明思想作为理论教育、干部教育、党校教育的重要内容，不断提升全党在生态文明建设领域的思想理论水平，不断增强党领导生态文明领域国家治理体系和治理能力现代化的科学水平。

凝聚全社会在生态文明建设领域的思想理论共识。只有思想理论掌握群众，思想理论才会变为强大的物质力量。因此，我们要坚持将学习和践行习近平生态文明思想作为国民教育和社会主义精神文明建设的重要内容，不断凝聚生态文明建设领域的社会共识；要利用现代新媒体等宣传教育手段，促进习近平生态文明思想内化于心、外化于行，推动形成建设生态文明的强大社会合力。

推动形成中国特色的生态文明学科体系。只有实现思想文化上的自立，才会增强思想文化上的自信，因此，在建设中国特色社会主义的过程中，必须加强中国特色哲学社会科学建设。“中国特色哲学社会科学应该涵盖历史、经济、政治、文化、社会、生态、军事、党建等各领域”①。生态文明同样是中国特色哲学社会科学发展的主体内容和最大增量。我们要坚持将习近平生态文明思想作为理论研究和学术研究的重大内容，大力构建中国特色的生态文明话语体系、理论体系、学术体系和哲学社会科学体系，为生态文明建设提供科学支撑。

要之，我们必须用党的思想建设引领生态文明建设，坚持以习近平生态文明思想为方向指引和根本遵循，不断提升生态文明建设的理论水平和科学水平。

（二）坚持政治发力和政治引领

在生态文明建设中坚持政治发力和政治引领，就是要通过加强党的政治建设中的生态文明方面的内容和规定，以党的政治建设来带动生态文明建设。

---

① 习近平：《论党的宣传思想工作》，中央文献出版社 2020 年版，第 233 页。

1. 坚持政治发力

中国共产党坚持不断提升生态文明建设的政治地位。现在,生态文明建设已经成为党的基本理论、基本路线、基本纲领、基本方略的重要内容和鲜明特色。

习近平生态文明思想是党的基本理论的重大创新成果。习近平生态文明思想是习近平新时代中国特色社会主义思想的重要组成部分,是党领导人民推进生态文明建设取得的标志性、创新性、战略性重大理论创新成果,集中体现着生态文明建设上的马克思主义立场观点方法,集中体现着社会主义生态文明观的思想精髓和实践要求,推动形成了当代中国马克思主义生态文明思想、二十一世纪马克思主义生态文明思想。

建设美丽中国是党的基本路线提出的重要奋斗目标。从社会主义初级阶段实际出发,我们必须坚持以经济建设为中心,坚持四项基本原则,坚持改革开放,为把我国建设成为富强民主文明和谐美丽的社会主义现代化强国而奋斗。按照党的基本路线,美丽中国是实现中华民族伟大复兴的重要目标,是实现社会主义现代化的重要目标。

建设社会主义生态文明是党的基本纲领的重要内容和基本要求。在明确党领导人民加强经济、政治、文化、社会等方面建设的基础上,党的十八大将“中国共产党领导人民建设社会主义生态文明”的内容,明确写入了《中国共产党章程》中。党的十九大进一步完善了这一内容。这就表明,生态文明建设是“五位一体”总体布局和“四个全面”战略布局的重要内容,是人类文明新形态的重要内容。

“坚持人与自然和谐共生”是新时代坚持和发展中国特色社会主义的基本方略之一。坚持这一方略,就是要建设好人与自然和谐共生的现代化。“我国现代化是人与自然和谐共生的现代化,注重同步推进物质文明建设和生态文明建设”①。

① 习近平:《论坚持人与自然和谐共生》,中央文献出版社 2022 年版,第 281—282 页。

因此，我们要坚持绿色发展，坚持走生产发展、生活富裕、生态良好的文明发展道路。

可见，生态文明建设具有重要的政治地位，是党的政治建设的题中应有之义。

2. 坚持政治引领

既然生态文明建设已经成为全党的共同的意识、意志、行动，那么，全党就必须从政治的高度抓好生态文明建设。

坚决担负起生态文明建设的政治责任。由于政治意识不强，一些党政干部不顾生态环境阈值和生态环境质量，盲目追求经济增长等政绩，导致了一系列触目惊心的环境事故和环境事件。习近平总书记严肃地指出："各地区各部门要增强'四个意识'，坚决维护党中央权威和集中统一领导，坚决担负起生态文明建设的政治责任，全面贯彻落实党中央决策部署。"①为此，必须坚持党对生态文明建设的集中统一领导。

自觉学习和科学践行习近平生态文明思想。广大党政干部要自觉把握和科学领会习近平生态文明思想的理论体系和精神实质，坚持按照习近平生态文明思想推进生态文明建设，坚持以习近平生态文明思想引领各种绿色思潮，自觉抵制新自由主义环境主义和生态中心主义等各种非科学的绿色思潮，自觉划清社会主义生态文明和绿色资本主义的界限，坚持做习近平生态文明思想的坚定信仰者、忠实践行者、不懈奋斗者。

坚持经济建设和生态文明建设的统一。按照党的基本路线，广大党政干部要树立科学的政绩观，努力破除将人与自然、保护与发展、生态化与现代化对立起来的二元思维，将坚持以经济建设为中心不动摇和坚持搞好生态文明建设不动摇统一起来，科学践行"绿水青山就是金山银山"的科学理念，努力

① 习近平：《论坚持人与自然和谐共生》，中央文献出版社 2022 年版，第 21 页。

建设人与自然和谐共生的现代化，咬定青山不放松。

压实各级领导干部的生态文明建设责任。作为本行政区域生态环境保护和生态文明建设的第一责任人，地方各级党委和政府主要负责同志对本行政区域的生态环境质量负总责，因此，必须做到重要工作亲自部署、重大问题亲自过问、重要环节亲自协调、重要案件亲自督办，层层抓落实，人人出成效。

总之，我们必须上升到政治的高度看待生态文明建设，要从党的政治建设的高度推动生态文明建设，确保生态文明建设成为全党的共识和共举。

（三）坚持组织发力和组织引领

在生态文明建设中坚持组织发力和组织引领，就是要通过加强党的组织建设中的生态文明方面的内容和规定，以组织建设来推动生态文明建设。

1. 坚持组织发力

由于生态文明建设涉及一系列复杂的利益关系的调整，因此，党的组织建设的状况直接影响到生态文明建设的状况。

在党内民主建设中突出生态文明建设的要求。民主集中制是党的根本组织原则。生态文明建设是“国之大者”。全党理应无条件地贯彻和执行党中央关于生态文明建设的决策部署。但在现实中，仍然有一些单位和干部违背自然规律盲目决策，甚至阳奉阴违。对此，习近平总书记提出：“对那些不顾生态环境盲目决策、造成严重后果的人，必须追究其责任，而且应该终身追究。”①这样，就要求我们将生态文明建设纳入党内民主建设当中。

在党的基层组织建设中突出生态文明建设的要求。党的基层组织建设是党的组织建设的基础性工作。在生态环境保护领域，之所以会出现各种失灵现象，往往与党的基层组织建设不到位有关。因此，党的基层组织要将推进生

① 习近平：《论坚持人与自然和谐共生》，中央文献出版社 2022 年版，第 34 页。

态文明建设作为基层党组织的日常工作的重要内容，将党的基层组织建设辐射到生态文明事务领域，进一步细化落实构建现代环境治理体系的目标任务和政策措施。

在党的干部队伍和党员队伍建设中突出生态文明建设的要求。在生态文明建设中，党员队伍尤其是掌握一定权力的党政干部的素质和担当、业务和能力、选用和考评成为关键问题。习近平总书记严正地指出："一些重大生态环境事件背后，都有领导干部不负责任、不作为的问题，都有一些地方环保意识不强、履职不到位、执行不严格的问题，都有环保有关部门执法监督作用发挥不到位、强制力不够的问题。"①因此，必须狠抓一批反面典型，特别是要抓住破坏生态环境的典型案例不放，严肃查处，以正视听，以儆效尤。

当然，更为关键的是要将生态文明制度建设和党的组织建设统筹起来考虑。

2. 坚持组织引领

党的组织建设是党的建设主要内容之一。我们要将生态文明的理念、原则和目标纳入党的组织建设当中，通过强化党的组织建设中的生态文明原则和要求来促进生态文明建设。

在民主集中制方面，我们要在党委内部的所有议事和决策中都确立生态文明的原则，将之纳入决策程序当中。不论任何事情和事务都必须符合生态文明原则，否则，党委就不能通过这些事项。各级党委对生态文明建设务必坚定自信和自觉，坚决摒弃损害甚至破坏生态环境的发展模式和做法，决不能再以牺牲生态环境为代价换取一时一地的经济增长。

在基层组织建设方面，各级基层党组织要将所在单位的生态文明建设纳入党的工作当中，带领单位搞好生态文明建设。尤其是，为了避免生态文明领

---

① 习近平：《论坚持人与自然和谐共生》，中央文献出版社2022年版，第177页。

域社会团体的失灵,必须在生态文明事务领域各类社团当中建立和完善党的组织,用党建引领和规范社团工作和社团发展,用党建引领和规范群众性的生态文明建设活动。

在干部队伍建设方面,在提高广大干部生态文明素质和处理生态文明建设事务能力的同时,我们尤其是应该加强生态文明领域的干部队伍建设,建设一支生态环境保护铁军。我们要加强对这支铁军的警示教育,完善相关制度尤其是监督机制和制约机制,努力提高其政治站位和业务能力。党和国家应解除这支队伍的后顾之忧。

在人才工作方面,各级党委要统筹规划各个方面各个领域从事生态文明建设的相关专业人才的培养和使用,打造国家生态文明人才库和智囊团,发挥他们在生态文明建设中的资政育民的作用,动员和组织他们为生态文明领域的决策科学化和民主化服务。

在党员队伍建设方面,要通过各种党组织生活,结合其本职工作,努力提高现有党员的生态文明素养和生态文明建设能力,充分发挥他们在生态文明建设中的先锋模范作用。同时,要从生态文明建设实际工作部门中发现政治素质和业务素质均突出的人才,加强培养和教育,使他们能够成为党的新鲜血液。

总之,我们要通过加强党的组织建设来带动生态文明建设,在党的组织体系中纳入生态文明建设的原则和要求,充分发挥广大党员在生态文明建设中的带头作用。

(四)坚持制度发力和制度引领

在生态文明建设中坚持制度发力和制度引领,就是要通过强化和完善党内制度法规中的生态文明内容和规定,推动生态文明制度建设和生态文明体制改革。

1. 坚持制度发力

针对党内制度法规难以完全适应生态文明建设的状况，党的十八大以来，我们坚持通过党内制度建设的方式来推动生态文明制度的创新。

加强党政主体责任，要求严格实行党政同责、一岗双责。按照党中央关于生态文明建设的战略部署和政策安排，我们推出了党政同责、一岗双责的制度。"党政同责"是指，无论是党委系统还是政府系统都要承担起生态文明建设和治理的责任。"一岗双责"是指，无论什么岗位上的干部在做好本职工作的同时，都要承担起生态文明建设和治理的责任。

建立和完善中央环保督察制度。中央生态环保督察和生态环保行政执法有所不同，后者监督的对象是企业，前者监督的对象是地方党政部门。2019年6月，中共中央办公厅和国务院办公厅联合印发《中央生态环境保护督察工作规定》。这一制度成为推动地方党委和政府及其相关部门落实生态环境保护责任的硬招实招。

建立和完善生态文明考核问责和责任追究制度。为了纠正错误政绩观支配下的党政干部乱作为的问题，习近平总书记提出："最重要的是要完善经济社会发展考核评价体系，把资源消耗、环境损害、生态效益等体现生态文明建设状况的指标纳入经济社会发展评价体系，建立体现生态文明要求的目标体系、考核办法、奖惩机制。"①2016年12月，中共中央办公厅和国务院办公厅联合印发了《生态文明建设目标评价考核办法》。这一制度是推进生态文明建设的重要导向和约束。

建立和完善"河长制"和"湖长制"。为了有效治理江河湖海，我国相继推出了河长制和湖长制，明确由各级党政主要负责同志担任"河长"和"湖长"。2016年12月，中共中央办公厅和国务院办公厅联合印发《关于全面推行河长

---

① 习近平：《论坚持人与自然和谐共生》，中央文献出版社2022年版，第34页。

制的意见》。2017 年 11 月,中共中央办公厅和国务院办公厅联合印发《关于在湖泊实施湖长制的指导意见》。

正是由于推出了一系列涉及生态文明建设的党内制度法规,才进一步推动了我国的生态文明制度创新。

2. 坚持制度引领

为了建设好人与自然和谐共生的现代化,在继续坚持和执行上述党内制度法规的同时,我们应该进一步加强和完善相关的党内制度建设。

现在,为了有效推进生态文明建设,不少地方建立了生态文明建设委员会,由地方党政首长共同担任委员会负责人。为了进一步强化党中央对生态文明建设的领导,有必要建立和完善中央层面的生态文明建设领导机制。这样,在使各部门分工协作、共同发力的基础上,能够有效增强生态文明制度的统一性和权威性。

在加强中央生态环保督察的过程中,我们要将加强党的领导与坚持群众路线结合起来,将"运动式"治理和"常态化"治理统一起来,促进治理的制度化、法治化、民主化。同时,要有效预防和科学防范在生态环保督察中可能出现的廉政风险,加强对督察的督察。

在加强生态文明考核问责和责任追究制度的基础上,应尽快将生态文明方面的指数和指标引入考核评价当中。现在,一些学者提出了"生态系统生产总值"(GEP)的概念和核算方法。为了推动实现生态产品的价值,有必要将 GEP 引入考核和评价体系当中。这样,才能够促进广大党政干部形成正确的政绩观。

山水林田湖草沙冰是一个生态系统。习近平总书记指出,要"坚持山水林田湖草沙冰系统治理"①。因此,在实行"河长制"和"湖长制"的同时,还应

① 《习近平主持召开中央全面深化改革委员会第二十次会议强调　统筹指导构建新发展格局　推进种业振兴　推动青藏高原生态环境保护和可持续发展》,《人民日报》2021 年 7 月 10 日。

探索实行“山长制”“林长制”“田长制”“草长制”“沙长制”“冰长制”，以推动山水林田湖草沙冰一体化保护和系统治理。

当然，从党内制度法规的角度推进生态文明建设，还有很大的创新空间。

总之，我们要通过加强党的制度建设来带动生态文明建设，在党的制度建设中纳入生态文明建设的原则和要求，通过创新党内制度法规来推动生态文明制度创新和体制改革。

综上，我们必须加强党对生态文明建设的全面领导，不断提升党领导生态文明建设的能力和水平。这样，才能确保生态文明建设的正确的政治方向，才能确保生态文明建设成为造福人民群众的伟大事业。

二、生态型政府的建设之道

建设社会主义生态文明，必须充分发挥政府在生态治理中的主导作用。我们要努力促进政府的绿色化，打造生态型政府，这样，才能充分发挥生态环境领域国家治理现代化的作用，有效推动生态文明建设。

（一）建设生态型政府的战略意义

在迈向社会主义生态文明新时代的当代中国，建设生态型政府具有重大的战略意义。

1. 建设生态型政府的现实意义

毋庸讳言，我国目前生态治理滞后和不力有其深刻的行政原因。其一，重发展导向轻生态取向。由于地方政府对经济指标尤其是 GDP 的盲目追求而忽视了生态环境效益，导致生态文明建设中的预防性战略和超前性战略在现实中难以实施，大部分与生态文明有关的政策都是应对问题与事故的应急性对策，具有明显的滞后性。其二，重机构设置轻行政权威。尽管我国已经建立了较为完善的生态治理部门，但是，由于相应的法治建设没有跟上，加上部门和地区利益的干扰，生态治理部门的权威性往往不足，存在着较为严重的监管不力、处罚软弱的现象。其三，重各自利益轻协调配合。由于目前生态治理存在着多部门、多层次的特点，这样，在部门庞杂的情况下，自然理念多样，政出多门，效率低下。同时，由于地方保护主义的干扰，中央政策在地方上往往大打折扣。其四，重集中决断轻协商决策。目前的政策出台往往是以决断的方式进行的，科学决策、民主决策和依法决策的要求并没有得到有效的落实，更没有考虑决策的绿色化要求，公众参与的平台与其期望相差甚远，这样，在决策难以得到认同的情况下，往往会成为群体性事件的导火索。因此，为了有效防止生态文明建设方面的"政府失灵"，我们必须按照生态文明的原则和要求，将政府打造成为生态型政府。

2. 建设生态型政府的行政意义

打造生态型政府是建设服务型政府的应有之义，对于转变政府职能具有重大意义。党的十九届四中全会进一步提出："完善政府经济调节、市场监管、社会管理、公共服务、生态环境保护等职能，实行政府权责清单制度，厘清政府和市场、政府和社会关系。"①其一，强化经济调节职能。由于生态环境问题是典型的外部不经济性问题，因此，在宏观调控中，政府必须把现代化与生态化有机统一起来，自觉将生态经济规律作为宏观管理的科学依据和基本手段。这样，既可促进经济的可持续发展，又可强化政府的经济调节职能。其二，强化市场监管职能。通过采用市场手段进行生态文明管理，可以促进外部问题的内部化，因此，政府不仅要监管企业的微观生态环境行为，而且要监管产业的宏观综合效益。这样，既可促进市场经济的健康发展，又可扩展政府市场监管的职能。其三，强化社会管理职能。生态环境问

① 《中共中央关于坚持和完善中国特色社会主义制度　推进国家治理体系和治理能力现代化若干重大问题的决定》，《人民日报》2019 年 11 月 6 日。

题是涉及公共利益的重大问题，直接关乎社会公平、稳定、和谐，因此，政府必须大力满足人民群众的生态环境需要、切实维护其生态环境权益，形成全民动员参与生态文明建设的局面，这样，既可推动社会主义的社会建设，又可强化政府的社会管理职能。其四，强化公共服务职能。只有将为全社会提供基本生态服务作为政府责无旁贷的责任和使命，才能强化政府的公共服务职能。习近平总书记指出："良好生态环境是最公平的公共产品，是最普惠的民生福祉。"①因此，在确保"基本环境质量"的基础上提供更多更优生态产品是我国政府目前必须提供的基本公共服务之一。显然，建设生态型政府，可进一步推动服务型政府的建设，能够为生态文明建设提供切实的治理支持。

3. 建设生态型政府的生态意义

"善"的政治体制尤其是"善"的政府是促进生态文明建设的关键变量。西方生态现代化理论指出："在环境保护的社会干预的有待决定的、不可预测的形式下，政府干预的协商形式可以被期待发挥重要的作用。"②其实，这是远远不够的，还必须努力建设好生态型政府。生态型政府的作用在于：其一，政策导向。通过将生态文明确立为国家的发展目标和大政方针，能够有效地凝聚和规范社会各领域、各阶层的力量，使建设生态文明成为全社会的共同意志和共同行动。其二，法律规范。通过将生态文明的原则和要求纳入国家法律体系，能够有效遏制和预防破坏自然生态环境的行为，推动符合广大人民群众根本利益的生态变革，从而能够为生态文明建设提供法律规范。其三，正义保障。通过建立和完善支持生态文明的组织和机制，赋予政府承担维护公平正义的责任和义务，能够避免由于利益过度分化和固化带来的激烈冲突，有效化

---

① 习近平：《论坚持人与自然和谐共生》，中央文献出版社 2022 年版，第 26 页。

② Martin Jänicke, *On Ecological and Political Modernization*, *The Ecological Modernisation Reader: Environmental Reform in Theory and Practice*, London and New York: Routledge, 2009, p.38.

解环境群体性事件,实现社会稳定和社会和谐。其四,优化国际环境。通过将生态文明的原则和要求纳入外交和国际交往中,按照"共同而有区别的责任"的原则积极开展环境外交和国际合作,能够促进全球性生态环境问题的有效解决,为实现国内的可持续发展提供适宜的国际环境。其五,带头示范。通过将生态文明的原则和要求融入政府自身的机制和行为中,促进政府自身行为的绿色化,加强生态行政问责和处罚,不仅可以为全社会的生态文明建设发挥表率作用,而且可以促进全社会的生态文明建设。可见,建设生态型政府,就是要从国家治理体系和治理能力现代化的高度提高建设生态文明的能力和水平。

总之,行政体制尤其是政府本身是大力促进生态文明建设的关键因素,因此,必须将建设生态型政府作为我国建设生态文明的治理举措。

(二)建设生态型政府的基本要求

建设生态型政府,就是要按照生态文明的原则和要求,建立起与可持续发展、人与自然和谐共生、建设生态文明相适应的政府,以为生态文明建设提供强有力的治理支持。

1. 生态型政府的依据和内涵

生态型政府实质上是政府的绿色化。建设生态型政府有其科学的依据。其一,从客观规律来看,人与自然的和谐共生是人们必须遵循的客观规律,否则,人们就会遭到自然界的"报复"和"惩罚"。人与自然和谐共生就是要走生产发展、生活富裕、生态良好的文明发展道路。在世界系统中,政府本身要受到人与自然关系的制约和影响。因此,人与自然和谐发展(生态化)的规律也是政府必须遵循的规律。其二,从国际潮流来看,面对日益严重的全球性问题,各国政府不仅强化了生态治理的职能,而且促进了其自身的绿色化。这样,"一个可持续社会中可能的政治安排看起来涵盖着从激进的非集中化到一个世界政府的所有方式”①。尽管生态型政府不存在普世的范式，但是，作为负责任的社会主义大国，我们在积极参与全球生态治理的同时，理应促进政府自身的绿色化。其三，从国内发展来看，建设生态文明是中国特色社会主义总体布局的重要一位，因此，政府自身必须实现生态化。例如，我国政府曾提出了“要加大建设节约型政府的工作力度”的要求。现在，按照生态文明建设的原则和要求，我们必须将之扩展为生态型政府。概言之，生态型政府，就是将建设美丽中国、建设生态文明作为国家发展和国家治理的基本目标，将贯彻和落实人与自然和谐共生基本方略、实现绿色发展作为政府管理的基本职能，将建设社会主义生态文明、促进全球生态文明建设和全球生态治理作为其重要使命，并能够将这种目标、职能和使命内化到整个政府制度、政府行为、政府能力和政府文化等方面中去的政府。

2. 生态型政府的基本职责

生态型政府的基本职责是为生态文明建设提供治理支持。其一，维护生态环境安全。在风险时代，必须高度重视生态环境安全。现在，“生物安全问题已经成为全世界、全人类面临的重大生存和发展威胁之一，必须从保护人民健康、保障国家安全、维护国家长治久安的高度，把生物安全纳入国家安全体系”②。生物安全、生态安全、环境安全存在着相互交叉甚至是重叠的关系。这样，保障生态环境安全，就成为生态型政府的基本职责。其二，保护生态环境和提供生态产品。生态环境需求是人民群众的基本需求。如果不能有效保护生态环境，不仅无法实现经济社会可持续发展，人民群众也无法喝上干净的水，呼吸上清洁的空气，吃上放心的食物，由此必然引发严重的稳定问题。因

① ［英］安德鲁·多布森：《绿色政治思想》，郇庆治译，山东大学出版社 2005 年版，第 141 页。

② 《习近平关于统筹疫情防控和经济社会发展重要论述选编》，中央文献出版社 2020 年版，第 52 页。

此,“我们要积极回应人民群众所想、所盼、所急,大力推进生态文明建设,提供更多优质生态产品,不断满足人民日益增长的优美生态环境需要”①。这是生态型政府的基本职责。其三,推动生态环境治理。建设生态文明,是全体人民群众共同的事业。人民群众的积极参与,既可以有效减少政府解决生态环境问题的行政成本,提高政府生态治理成效;也可以预防企业的污染行为,对企业行为形成有效的监督。因此,生态环境治理的核心是在全社会参与生态治理的过程中充分发挥人民群众的主体作用。显然,推动生态环境治理,是生态型政府的基本职责。其四,实现生态环境公平正义。生态治理涉及多方利益,必须将生态环境公平正义作为政府的基本职责。联合国环境规划署在《1997年汉城环境伦理宣言》中指出,与发展和环境政策相关的收益和责任必须在所有的社会成员中公正地配置,这样,才能促进社会和经济的公正性。尤其是,这样的政策必须有助于确保如下的特殊人群能够从实施环境和发展政策的后果中获益,他们包括妇女、儿童、老人、穷人、弱势群体、少数民族和残障人士。政府同样必须为所有的利益相关者积极地参与决策过程创造适宜的条件。当然,在社会主义中国,我们要按照共同富裕和共享发展的原则来实现生态环境公正。总之,只有明确生态型政府的职责,才能有效推进生态治理。

3. 生态型政府履行职责的基本原则

建设生态型政府,必须科学设计、有序推进。在我国,生态型政府履行其职责必须遵循以下原则:其一,人民中心。绿色资本主义坚持以资本为中心,社会主义生态文明建设坚持以人民为中心。对于当代中国来讲,必须充分发挥人民群众在生态治理中的主体作用。只有坚持以人民为中心,才能保证生态型政府的正确方向。其二,可持续发展。生态文明建设是关系人民群众长远利益的大事,因此,必须将大力贯彻和落实可持续发展战略作为政府的重大

① 习近平:《论坚持人与自然和谐共生》,中央文献出版社2022年版,第8页。

责任。政府必须统筹考虑当前发展和未来发展的需要，既积极实现当前发展的目标，又为未来的发展创造有利条件。事实上，建设生态型政府，就是要为子孙后代留下充足的发展条件和发展空间创造适宜的政治条件。其三，生态和谐。人与自然的和谐共生是客观规律，因此，必须要牢固树立人与自然和谐共生的科学观念。自然界的承载能力、涵容能力和自净能力在一定的时空范围内都是有限的（生态阈值），这样，按照生态阈值活动是生态和谐的基本要求。因此，政府必须“建立资源环境承载能力监测预警机制，对水土资源、环境容量和海洋资源超载区域实行限制性措施”①。事实上，生态型政府就是要为促进生态和谐提供制度上的保障。其四，依法治理。党的十八届四中提出了“用严格的法律制度保护生态环境”的要求。为此，政府不仅要按照生态文明领域法律和法规进行管理，而且要按照这些法律和法规规范自身的执法行为。因此，依法开展生态治理，是生态型政府发挥其职能的基本原则。总之，我们必须将人民性原则和绿色化原则在无产阶级专政的基础上统一起来，使人民政府成为生态型政府，使生态型政府成为为人民服务的政府。

在当代中国，“生态型政府”是对政府角色和功能的重新科学定位，主要是要强化政府在生态治理中的主导作用。

（三）生态型政府的生态治理抉择

为了充分发挥政府在生态治理中的主导作用，政府必须通过创新生态治理体制的方式成为生态型政府。这样，在有效实现对全社会管理职能的过程中，可以推动生态文明建设。

1. 政府生态治理法律理念的创新

为了强化政府在生态治理中的权威性和有效性，中央政府必须将建设生

① 《中共中央关于全面深化改革若干重大问题的决定》，《人民日报》2013 年 11 月 16 日。

态文明和保护环境权益上升为国家意志，推动宪法写入相关内容。其一，执行绿色宪法理念。现在，我国已经将绿色发展、美丽中国、生态文明明确写入了宪法当中，这样，就使生态文明成为国家的意志和国家的行动。因此，各级人民政府要按照宪法的上述理念，强化自身的生态文明管理职能，推动全社会的生态文明建设。其二，推动生态环境权益入宪。我国宪法已明确写入“国家尊重和保障人权”的条款。环境权（环境权益）是人权的重要内容和基本要求，是指人民享有安全、健康、舒适、文明、永续的生存环境的权利，既体现在政府的生态治理中，也体现在人民对可持续事务拥有的各种权益上。根据党的十八大精神和我国人权事业的发展成就，国务院新闻办发表的《2012 年中国人权事业的进展》白皮书将“生态文明建设中的人权保障”单独作为一章，宣示了中国政府“切实保障公民的环境权益”的意志、决心、进展和成就。在此基础上，宪法应该宣示国家和政府保护公民生态环境权益的立场。这样，用宪法的形式确认生态文明和生态环境权益的内容，可为有效解决环境纠纷和环境诉讼、科学化解环境群体性事件提供宪法保障，可为政府生态治理提供宪法依据。为此，政府必须把这些宪法理念转化为制度设计，确立起一整套法律机制和工作安排，这样，在强化生态治理职能的同时，可有效促进生态文明建设。

2. 政府生态治理机构设置的改革

为了更好地推进生态文明建设，必须积极改革政府生态治理机构，努力提升可持续管理机构的权威性。

其一，强化生态治理职能。生态环境问题是涉及公共利益的重大问题，生态文明建设是旨在为全社会提供公共产品的重要活动，因此，必须将生态治理渗透和内化到各级政府机构、各个政府部门、各项政府工作中，使之成为其共同责任。关键是要落实生态文明领导责任制，确立地方政府主要领导和有关部门主要负责人是本行政区域和本系统生态文明建设的第一责任人。同时，地方政府要抓住制约生态文明建设的难点问题和影响群众环境权益的重点问题,一抓到底,抓出成效。

其二,建立垂直领导体制。由于地方生态文明管理部门受地方政府领导,依赖地方行政资源,结果导致在生态文明执法中听任行政命令的问题时有发生,为此,必须完善垂直领导的体制,由国家相关部委统一领导和管理地方各级可持续行政部门。例如,可以考虑将地方环境部门与地方政府剥离,划归国家生态环境部,由生态环境部统一领导地方环境部门。这样,地方生态环境部门就可排除地方利益的干扰而独立执法,可有效推动地方生态治理和生态文明建设。

其三,实现部门职能整合。为了克服各自为政的弊端,提高生态治理的效率,必须整合相关政府部门的职能。目前,设置跨部门、高规格的环境管理协调机构,设置相应的强有力的跨区机构,是世界环境管理机构发展的重要趋势。例如,联合国环境规划署将"政策协调"明确作为政府履行其环境职责的重要内容,社会、经济和其他政策必须有助于保护整个生命系统的可持续性。为此,各个级别的政府都必须确保其政策是在与相关的政府部门经过良好的协商的基础上而做出的。在我国的环境管理中,由作为政府一个部的生态环境部来协调国家的生态文明管理明显存在着权威不足和能力不足的问题,因此,在不增加行政成本的情况下,可考虑设立国家生态文明建设委员会,由中央领导同志担任其主任,由作为其办事机构的生态环境部负责日常协调的工作。同时,也要提高地区、部门、上下之间的协作能力。

当然,没有整个行政体制改革的成功,单纯的政府生态治理机构改革不可能完成。

3. 政府生态治理手段方式的创新

根据新形势和新任务,必须综合运用各种手段进行生态治理。其一,行政手段。即使在社会主义市场经济的条件下,我国仍然可以采取行政手段进行生态治理。例如,制定生态文明建设的长远规划和年度计划,加强对开发、建设项目的绿色化管理，调整不合理的产业布局，组织和领导城市环境的综合治理和区域环境的综合防治工作，对地方和干部推动和参与生态文明建设的政绩进行考核，等等。目前，要做好“多规合一”的工作。例如，在首都建设中，我们要“坚持城乡统筹，落实‘多规合一’，形成一本规划、一张蓝图，着力提升首都核心功能，做到服务保障能力同城市战略定位相适应，人口资源环境同城市战略定位相协调，城市布局同城市战略定位相一致，不断朝着建设国际一流的和谐宜居之都的目标前进”①。这样，才能充分发挥规划的作用。

其二，经济手段。运用市场手段可形成倒逼机制，能够促进外部问题的内部化，这样，市场手段就成为行政手段的重要补充。这是指利用价值规律和市场机制的资源配置和交换的基本原则，运用各种经济杠杆，控制生产者和消费者在资源开发和使用中的行为，达到节约资源和保护环境的目的。因此，我们要根据市场供求关系、资源稀缺程度、环境损害成本等情况，运用市场手段进行可持续管理。

其三，法律手段。根据我国生态文明建设的总体形势，现在必须在总体上考虑制定“促进生态文明建设基本法”（统筹人与自然关系领域中所有问题的法律）。在此前提下，必须将宪法的总体原则和基本法的具体原则贯彻和落实到各种类型和各种层次的法律中（人口法、资源法、能源法、环境法、防灾减灾法等）、环境标准及其政策和法规中，同时要积极参与国际环境法。当然，关键是必须坚决执行有法可依、有法必依、执法必严、违法必究的方针。

此外，科技、教育、外交等手段也是政府进行生态治理的重要选项。只有综合运用复合手段进行生态治理，才能有效推动生态文明建设。

总之，只有真正将生态治理作为其职责，政府才能促进自身的绿色化，成为生态型政府，这样，才能有效发挥政府在生态文明建设和生态治理中的主导作用。

---

① 《习近平关于社会主义生态文明建设论述摘编》，中央文献出版社 2017 年版，第 75 页。

（四）生态型政府的行政建设抉择

政府行为尤其是其内部制度建设情况，是影响生态治理成效的关键变量，并对生态环境有一定的影响，因此，政府必须实现自身行为的绿色化，将之贯穿在政府行为的全过程中。

1. 促进决策行为的绿色化

在战后发展中，“许多环境危害之产生，是由于大工程的设计往往忽略了给复杂的生态因素以应有的考虑而造成的”[①]。这样，实现决策绿色化（生态决策）就成为政府行为绿色化的基本要求。

其一，促进一般决策的综合化。环境和发展是不可分割的整体，为此，必须进行“环境—发展”综合决策。在制定重大社会经济政策、规划重要资源开发和确定重要项目时，必须从促进环境与发展相统一的角度审议其利弊，进行科学的生态环境影响评估，在此基础上提出相应的对策。这样，就必须建立和完善环境与发展综合决策的机制。

其二，促进生态决策的科学化。生态决策是一项专业性很强的工作，必须实现科学化。在专家咨询的基础上，政府要以自身的知识和技术为支撑，来建立或提高对发展规划、开发项目的生态环境影响的科学评估能力，要客观、系统地分析和预测政府政策和公共设施的生态环境影响；采取有效的预防环境事故、环境灾害和环境群体性事件的原则和预案，要逐渐强化自身行为的科学标准。

其三，促进生态决策的民主化。在生态环境问题上，决策违背人民群众的意愿、缺乏人民群众的参与和监督是造成问题的重要根源。为此，必须把党的群众路线的优良传统贯彻到决策中，虚心倾听群众的呼声，广泛吸纳群众的意

---

① ［美］芭芭拉·沃德、勒内·杜博斯：《只有一个地球》，《国外公害丛书》编委会译，吉林人民出版社 1997 年版，第 194 页。

见，善于集中群众的智慧，大力推进生态决策的民主化。此外，还要设立协商机构，在平等的基础上听取社会各界以及其他利益代表的意见。

其四，促进生态决策的法治化。生态决策同样必须依法进行。就其内容来看，中国特色社会主义法律体系尤其是生态文明法律，是政府决策的法律依据。政府必须严格按照这些法律决策，不得执法犯法。从其形式来看，政府决策过程必须符合法定程序，要把公众参与、专家论证、风险评估、合法性审查和集体讨论决定作为重大决策的必经程序，凡是有关经济社会发展和人民群众切身利益的重大政策、重大项目等决策事项都要依法进行严格的生态环境影响评估，必须加强重大决策跟踪反馈和责任追究。同时，对因决策失误造成重大环境事故、环境灾难和环境群体性事件以及严重干扰正常环境执法的领导干部和公职人员，必须依法追究责任。

总之，只有按照科学的、民主的和依法的方式进行生态决策，才能提升政府的生态治理水平。

2. 促进执行行为的绿色化

针对环境执法乱作为和不作为的复杂情况，政府既要加强对外执法，也要加强内部制约。

其一，加强对外执法。针对损害人民群众环境权益的案件时有发生、环境领域的失职渎职行为和腐败问题屡禁不止的现象，政府必须加大环境执法的力度，要突出重大环境违法案件、重大环境信访案件和重大环境群体性事件的依法处理程序和制度，对有关责任人要依法严肃处理。在这个过程中，要“发挥各类社会团体作用。工会、共青团、妇联等群团组织要积极动员广大职工、青年、妇女参与环境治理。行业协会、商会要发挥桥梁纽带作用，促进行业自律。加强对社会组织的管理和指导，积极推进能力建设，大力发挥环保志愿者作用”①。

① 《中办国办印发〈指导意见〉　构建现代环境治理体系》，《人民日报》2020年3月4日。

为此，政府要鼓励设立环境保护法庭，支持环境公益诉讼。由于环境污染危害的是公共利益，公民个人、社会团体和间接受害者同样具有环境公益诉讼权，因此，在进一步修订“环境保护法”时，必须避免环境公益诉讼主体（原告适格）的垄断化，必须将之扩展到所有的法律主体和法律主体的所有层次上。

其二，加强内部制约。在政府内部，必须完善工作责任制，强化可持续执法稽查，建立和完善以行政执法责任制为主的可持续领域考核指标系统。为此，一方面，政府工作人员要在建设生态文明方面发挥带头示范作用。例如，政府要积极推行绿色采购，避免重复性采购、浪费资源等现象的发生；要本着节能清洁的原则使用办公设备、办公空调、公务用车等。另一方面，必须提高政府工作人员的生态文明建设的知识水平，使他们能够将这些知识和行政管理知识有机地统一起来，这样，才能从源头上避免政府行为的失误。进而，政府工作人员要利用生态科学知识、生态价值判断和生态法律规范做出有益于生态文明建设的管理选择。在这个过程中，要高度警惕和有效治理公共生态危机，必须与科学家共同确定生态环境安全的预警机制，并在危机前能够采取必要的科学的综合预防和补救措施。

总之，只有政府依法执法，才能为全社会营造良好的守法环境，才能在提高生态治理水平的基础上促进生态文明建设。

3. 促进考核行为的绿色化

对政府及其工作人员业绩的考核，是规范和优化其行为的必要举措。在当代中国，在强调全心全意为人民服务的宗旨的前提下，关键是要教育各级政府工作人员牢固树立和大力践行科学的政绩观，将生态环境问题看作是一个关系到广大人民群众的根本利益的大事来认真对待。因此，我们要按照以习近平同志为核心的党中央的要求，正确处理金山银山和绿水青山的关系，“完善经济社会发展考核评价体系，把资源消耗、环境损害、生态效益等体现生态文明建设状况的指标纳入经济社会发展评价体系，建立体现生态文明要求的目标体系、考核办法、奖惩机制，使之成为推进生态文明建设的重要导向和约束”①。为此，必须按照科学化、民主化、法治化的原则，建立和完善生态文明建设政绩考评的体制。

总之，政府行为的绿色化，就是要求政府的所有行政行为都要严格遵循绿色化的原则和要求，发挥生态文明建设的表率作用。

在社会主义生态文明建设的过程中，只有按照人与自然和谐共生的原则和要求，从政府对外管理和对内建设两个方面努力，才能促进政府的绿色化，才能建设好生态型政府，这样，就可以在提升政府生态治理水平的基础上，促进生态文明建设。当然，在实现生态文明领域国家治理体系和治理能力现代化的过程中，我们都要始终加强政府的主导作用，反对“无政府主义”，健全生态文明治理领域的领导责任体系。

三、生态文明制度的体系框架

生态文明制度是生态文明建设的指导性、规范性和约束性的行动准则和行为规范的体系化安排的总和。党的十八大以来，以习近平同志为核心的党中央积极推动我国生态文明领域的国家治理体系和治理能力现代化的建设，高度重视生态文明制度建设。2015 年 9 月，《生态文明体制改革总体方案》提出，到 2020 年，构建起由自然资源资产产权制度、国土空间开发保护制度、空间规划体系、资源总量管理和全面节约制度、资源有偿使用和生态补偿制度、环境治理体系、环境治理和生态保护市场体系、生态文明绩效评价考核和责任追究制度等八项制度构成的产权清晰、多元参与、激励约束并重、系统完整的生态文明制度体系。在我国生态文明建设进入关键期、攻坚期、窗口期的特殊时刻，2018 年 5 月 18 日至 19 日，全国生态环境保护大会召开。习近平总书记

① 习近平：《论坚持人与自然和谐共生》，中央文献出版社 2022 年版，第 34 页。

在这次大会上指出，要加快构建“以治理体系和治理能力现代化为保障的生态文明制度体系”①。党的十九届四中全会提出“实行最严格的生态环境保护制度”“全面建立资源高效利用制度”“健全生态保护和修复制度”“严明生态环境保护责任制度”等要求。党的十九届五中全会同样提出了相应的要求。将上述顶层设计结合起来，我们必须形成系统完备的生态文明制度体系。

（一）自然资源资产管理制度

自然资源是生产和生活所需要的物质原料的基本来源。党的十九届四中全会提出：“推进自然资源统一确权登记法治化、规范化、标准化、信息化，健全自然资源产权制度，落实资源有偿使用制度，实行资源总量管理和全面节约制度。健全资源节约集约循环利用政策体系。普遍实行垃圾分类和资源化利用制度。推进能源革命，构建清洁低碳、安全高效的能源体系。健全海洋资源开发保护制度。加快建立自然资源统一调查、评价、监测制度，健全自然资源监管体制。”②目前，我们应该重点建设自然资源资产产权制度、自然资源用途管理制度、自然资源资产负债表、自然资源资产离任审计制度等制度。

1. 自然资源资产产权制度

自然资源资产产权制度的核心是自然资源的所有制问题。为了着力解决自然资源所有者不到位、所有权边界模糊等问题，我们必须构建归属清晰、权责明确、监管有效的自然资源资产产权制度。党的十八届三中全会提出，必须健全自然资源资产产权制度，健全国家自然资源资产管理体制，统一行使全民所有自然资源资产所有者职责。《生态文明体制改革总体方案》提出：必须“坚持自然资源资产的公有性质，创新产权制度，落实所有权，区分自然资源

① 习近平：《论坚持人与自然和谐共生》，中央文献出版社 2022 年版，第 14—15 页。

② 《中共中央关于坚持和完善中国特色社会主义制度　推进国家治理体系和治理能力现代化若干重大问题的决定》，《人民日报》2019 年 11 月 6 日。

资产所有者权利和管理者权力，合理划分中央地方事权和监管职责，保障全体人民分享全民所有自然资源资产收益”①。党的十九届五中全会提出，要“健全自然资源资产产权制度和法律法规”②。为此，我们要做好以下工作：一是要建立统一的确权登记系统，坚持资源公有、物权法定，清晰界定全部国土空间各类自然资源资产的产权主体，明确自然资源资产所有者、监管者及其责任。二是要建立权责明确的自然资源产权体系，处理好所有权与使用权的关系，创新自然资源全民所有权和集体所有权的实现形式，要切实防止在“三权分离”的过程中可能出现的国有自然资源资产的流失和贬值问题。三是健全国家自然资源资产管理体制，整合分散的全民所有自然资源资产所有者职责，组建对全民所有的各类自然资源统一行使所有权的机构，加强自然资源部的监管职能，加强其执法权威。四是探索建立分级行使所有权的体制，按照不同资源及其在社会经济发展中的不同作用，研究实行中央和地方政府分级代理行使所有权职责的体制，实现效率和公平相统一。五是开展水流和湿地产权确权试点，分清水资源所有权、使用权及使用量。这样，才能在制度上保证实现生态环境正义。

2. 自然资源用途管理制度

自然资源用途管理制度是对国土空间中的自然资源，按照其资源属性、实际用途以及环境功能采取相应的管理和监督的制度。我国在同一块国土空间上分布着多种用途的自然资源，由于我国人多地少的基本国情，以及社会经济发展和人口剧增带来的对资源需求的增加，我国人地关系趋于紧张，各产业活动之间的自然资源竞争加剧。因此，需要从全局战略性的角度，对国土空间中的自然资源的用途进行定位和规划，从而进行利用价值的权衡与取舍。党的

---

① 《中共中央国务院印发〈生态文明体制改革总体方案〉》，《人民日报》2015 年 9 月 22 日。

② 《中共中央关于制定国民经济和社会发展第十四个五年规划和二〇三五年远景目标的建议》，《人民日报》2020 年 11 月 4 日。

十八届三中全会提出，要健全自然资源用途管制制度。2015 年，《中共中央 国务院关于加快推进生态文明建设的意见》提出，“完善自然资源资产用途管制制度，明确各类国土空间开发、利用、保护边界，实现能源、水资源、矿产资源按质量分级、梯级利用。”①当前加强自然资源用途管理的主要任务是：第一，要建立覆盖全部国土空间的用途管制制度，科学划定生产空间、生活空间、生态空间的开发管制界限，严格落实用途管制。第二，对耕地要实行严格的用途管制，必须严守土地红线和耕地红线，严格控制转为建设用地，为保障国家粮食安全提供土地供给保证。第三，要大力保护和提升草原、森林、河流、湖泊、湿地和海洋等生态系统功能，在确保全国生态空间面积不减少的基础上提升生态系统服务功能。第四，必须加强国家、全民或集体对自然资源用途的批评和监督，以体现自然资源的国家/全民或集体所有的性质。这样，才能切实保障国家的生态安全。

3. 自然资源资产负债表

自然资源资产负债表，是通过记录和核算自然资源资产的存量及变动情况，全面反映一定时期（时期开始至该时期结束）自然资源的变动情况，包括各经济主体对于自然资源资产的占有、使用、消耗、恢复以及增殖等情况，进而依据负债表对这一时期的自然资源资产实际数量和价值量的变化进行评价。党的十八届三中全会提出，要探索编制自然资源资产负债表。随后，我国开始探索编制自然资源资产负债表，制定编制指南。第一，从核算内容来看，这一制度主要包括土地资源、林木资源和水资源。土地资源资产负债表主要包括耕地、林地、草地等土地利用情况，耕地和草地质量等级分布及其变化情况。林木资源资产负债表包括天然林、人工林、其他林木的蓄积量和单位面积蓄积量。水资源资产负债表包括地表水、地下水资源情况，水资源质量等级分布及

① 《中共中央　国务院关于加快推进生态文明建设的意见》，《人民日报》2015 年 5 月 6 日。

其变化情况。同时,我国鼓励地方开展矿产资源负债表的编制。第二,从核算方法来看,我国的自然资源资产负债表涵纳的范围比较宽泛,是包括存量表、质量表、价值表、损益表等在内的综合性体系。自然资源资产负债表的基本平衡关系是:"期初存量+本期增加量-本期减少量=期末存量"。自然资源资产负债表为正值,表示该地区资源环境建设得力;若为负值,则意味着这一时期的资源环境质量出现问题。在此基础上,我国开展了自然资源资产负债表编制试点,核算主要自然资源实物量账户并公布核算结果。显然,自然资源资产负债表直接反映和衡量了一个地区在一定时期内的生态环境建设的力度。

4. 自然资源资产离任审计制度

自然资源资产离任审计主要针对领导干部在其任期内对本地区、本部门的自然资源资产事项及其相关事宜的责任和义务,依照自然资源资产负债表等相关数据标准和制度,进行自然资源资产的专项离任审计。自然资源责任离任审计制度是指以领导干部任期内辖区自然资源资产变化状况为基础,通过审计,客观评价领导干部履行自然资源资产管理责任情况,依法界定领导干部应当承担的责任,加强审计结果运用的制度设计。党的十八届三中全会提出,要"探索编制自然资源资产负债表,对领导干部实行自然资源资产离任审计"①。2015 年 11 月,中共中央办公厅、国务院办公厅印发《开展领导干部自然资源资产离任审计试点方案》,标志着此项试点工作正式拉开帷幕。第一,从审计对象来看,主要是地方各级党委和政府主要领导干部。这项工作主要根据各地主体功能区定位及自然资源资产禀赋特点和生态环境保护工作重点,结合领导干部的岗位职责特点,确定审计内容和重点。第二,从审计内容来看,主要包括土地资源、水资源、森林资源以及矿山生态环境治理、大气污染防治等领域。主要围绕被审计对象任职期间履行自然资源资产管理和生态环

---

① 《中共中央关于全面深化改革若干重大问题的决定》,《人民日报》2013 年 11 月 16 日。

境保护责任情况进行审计评价,界定审计对象应承担的责任。第三,从审计方法来看,不仅要运用查账、对图、核表、实地勘查等常规审计方法,而且将利用卫星影像、遥感测绘、大数据等先进技术和手段,以科学准确地掌握自然资源资产的变化情况。2018年6月16日,《中共中央　国务院关于全面加强生态环境保护坚决打好污染防治攻坚战的意见》进一步提出,要开展领导干部自然资源资产离任审计。总之,我们要根据因地制宜、重在责任、稳步推进的原则,根据不同地区的自然资源资产状况和生态环境情况,有重点地、有针对性地开展审计工作。

此外,在自然资源领域,我们还必须完善资源总量管理和全面节约制度。为此,我们要抓紧制定和修订促进资源节约使用和有效利用的法律法规,制定更加严格的节能、节材、节水、节地等各项国家标准,特别要加大资源保护和节约的执法力度,严肃查处各种破坏和浪费资源的违法违规行为。

(二)国土空间开发保护制度

国土是生态文明建设的空间载体。国土空间开发保护制度指的是,国土空间规划必须依照其用途进行管制,以空间规划为基础、以用途管制为基本手段,形成经济社会发展过程中开发国土空间的制度性监管,以防止和解决生态破坏和环境污染等问题。党的十九届四中全会提出:"统筹山水林田湖草一体化保护和修复,加强森林、草原、河流、湖泊、湿地、海洋等自然生态保护。加强对重要生态系统的保护和永续利用,构建以国家公园为主体的自然保护地体系,健全国家公园保护制度。加强长江、黄河等大江大河生态保护和系统治理。开展大规模国土绿化行动,加快水土流失和荒漠化、石漠化综合治理,保护生物多样性,筑牢生态安全屏障。除国家重大项目外,全面禁止围填海。"①目前,我们的工作重点是:

① 《中共中央关于坚持和完善中国特色社会主义制度　推进国家治理体系和治理能力现代化若干重大问题的决定》,《人民日报》2019年11月6日。

1. 空间规划体系

空间规划体系是合理保护和有效利用国土空间的规划体系,要求通过“多规合一”的方式,保护空间资源、统筹空间要素、优化空间结构、提高空间效率、实现空间正义。党的十八届三中全会提出,要建立空间规划体系。2015年9月,《生态文明体制改革总体方案》提出:“构建以空间治理和空间结构优化为主要内容,全国统一、相互衔接、分级管理的空间规划体系,着力解决空间性规划重叠冲突、部门职责交叉重复、地方规划朝令夕改等问题。”①2017年1月,我国开始推进省级空间规划试点工作。目前,主要应该做好以下工作:第一,科学编制空间规划。要理清和理顺主体功能区规划、城乡规划、土地规划、生态环境保护等规划之间的功能定位,整合目前各部门分头编制的各类空间性规划,形成全国统一、定位清晰、功能互补、统一衔接的空间规划体系,实现规划全覆盖。第二,切实推进市县“多规合一”。要以市县级行政区为单元,根据主体功能定位和省级空间规划要求,落实“多规合一”,形成一本规划、一张蓝图,一张规划图管100年。第三,创新市县空间规划编制方法。要坚持科学化、民主化和法治化的原则,探索规范化的市县空间规划编制程序。尤其是,规划编制前应当进行资源环境承载能力评价,以评价结果作为规划的基本依据。在这个过程中,要注重开发强度管控和主要控制线落地,加快规划立法工作。

2. 主体功能区制度

一定范围的国土空间具有多种功能,但必有一种主体功能。主体功能区制度就是要根据不同区域的自然资源禀赋、社会经济特征等要素确定其主体功能,促使各种要素布局向均衡方向发展的制度。2011年,国务院发布了《全

---

① 《中共中央国务院印发〈生态文明体制改革总体方案〉》,《人民日报》2015年9月22日。

国主体功能区规划》,将国土空间划分为禁止开发区域、限制开发区域、重点开发区域和优化开发区域四类主体功能区,并在此基础上,进一步规定了相应的功能定位、发展方向以及开发监管的指导原则。党的十八届三中全会提出:"坚定不移实施主体功能区制度,建立国土空间开发保护制度,严格按照主体功能区定位推动发展,建立国家公园体制。"①目前,从国家层面来看,要有度有序利用自然,调整优化空间结构,推动形成城市化战略格局、农业战略格局、生态安全战略格局和可持续的海洋空间开发格局。具体来说,要做好以下工作:第一,根据区域的不同主体功能,要科学区分优化开发区、重点开发区、生态功能区,采取差别化的开发方式。第二,根据不同主体功能区定位要求,要健全差别化的财政、投资、产业、人口流动、土地、资源开发、环境保护等政策,实行分类考核的绩效评价办法。其中,对限制开发区域和生态脆弱的原扶贫开发工作重点县取消地区生产总值考核。第三,对不同主体功能区的产业项目必须实行差别化市场准入政策,要明确禁止开发区域、限制开发区域准入事项,要明确优化开发区域、重点开发区域禁止和限制发展的产业。此外,设立统一规范的国家生态文明试验区,也是我们实施主体功能区战略的重大制度创新之举。总之,各地区必须严格按照主体功能区定位推动发展。

3. 生态保护红线制度

生态保护红线制度是国土空间用途管制制度的基础和核心。2015 年 9 月,《生态文明体制改革总体方案》提出:"将用途管制扩大到所有自然生态空间,划定并严守生态红线,严禁任意改变用途,防止不合理开发建设活动对生态红线的破坏。"②生态保护红线制度指在维护国家和地区生态安全的过程中,对于提升基础生态功能、保障生态系统服务功能的可持续保障能力所划定的最小资源数量、生态容量和空间范围,涉及水源涵养、土壤保持、防风固沙、

① 《中共中央关于全面深化改革若干重大问题的决定》,《人民日报》2013 年 11 月 16 日。

② 《中共中央国务院印发〈生态文明体制改革总体方案〉》,《人民日报》2015 年 9 月 22 日。

灾害防护以及生物多样性等方面的保护和服务。生态保护红线在狭义上指的是划定保护的区域，广义上还包括最高或最低数量限值，呈现出更为立体化的管制。2018 年 6 月 16 日，党中央和国务院提出，“划定并严守生态保护红线。……到 2020 年，全面完成全国生态保护红线划定、勘界定标，形成生态保护红线全国‘一张图’，实现一条红线管控重要生态空间”①。目前，要做好以下工作：第一，按照应保尽保、应划尽划的原则，将生态功能重要区域、生态环境敏感脆弱区域纳入生态保护红线。第二，制定实施生态保护红线管理办法、保护修复方案，建设国家生态保护红线监管平台，开展生态保护红线监测预警与评估考核。第三，我们要根据生态保护红线的变化，实行有奖有惩、赏罚分明的措施。这样，才能强化国土空间用途管制。

4. 国家公园体制

国家公园是指由国家批准设立并主导管理，边界清晰，以保护具有国家代表性的大面积自然生态系统为主要目的，实现自然资源科学保护和合理利用的特定陆地或海洋区域。国家公园是我国自然保护地最重要类型之一，属于全国主体功能区规划中的禁止开发区域，纳入全国生态保护红线区域管控范围，实行最严格的保护。党的十八届三中全会提出了建立国家公园体制的要求。《中共中央　国务院关于加快推进生态文明建设的意见》和《生态文明体制改革总体方案》都对之提出了明确的制度安排。2016 年 12 月 5 日，十八届中央全面深化改革领导小组第三十次会议审议通过了《大熊猫国家公园体制试点方案》和《东北虎豹国家公园体制试点方案》。2017 年 9 月，中共中央办公厅、国务院办公厅印发了《建立国家公园体制总体方案》。目前，主要应该做好以下工作：第一，加强对重要生态系统的保护和永续利用，改革各部门分头设置自然保护区、风景名胜区、文化自然遗产、地质公园、森林公园等的体

---

① 《中共中央　国务院关于全面加强生态环境保护坚决打好污染防治攻坚战的意见》，《人民日报》2018 年 6 月 25 日。

制，对上述保护地进行功能重组，构建以国家公园为代表的自然保护地体系，合理界定国家公园范围。第二，国家公园实行更严格保护，除不损害生态系统的原住民生活生产设施改造和自然观光科研教育旅游外，禁止其他开发建设，保护自然生态和自然文化遗产原真性、完整性。国家公园区域内不符合保护和规划要求的各类设施、工矿企业等逐步搬离，建立已设矿业权逐步退出机制。第三，加强对国家公园试点的指导，加强国家公园方面的立法，强化国家公园管理机构的自然生态系统保护主体责任，按照国家公园体制总体方案推进国家公园建设。现在，“为加强生物多样性保护，中国正加快构建以国家公园为主体的自然保护地体系，逐步把自然生态系统最重要、自然景观最独特、自然遗产最精华、生物多样性最富集的区域纳入国家公园体系。中国正式设立三江源、大熊猫、东北虎豹、海南热带雨林、武夷山等第一批国家公园，保护面积达 23 万平方公里，涵盖近 30%的陆域国家重点保护野生动植物种类。同时，本着统筹就地保护与迁地保护相结合的原则，启动北京、广州等国家植物园体系建设”①。总之，我们要建立和完善国家公园体制，实行分级、统一管理，保护自然生态和自然文化遗产原真性、完整性。

5. 自然资源监管体制

我国生态环境保护中存在的一些突出问题，一定程度上与体制不健全有关，原因之一是全民所有自然资源资产的所有权人不到位，所有权人权益不落实。其实，国家对全民所有自然资源资产行使所有权并进行管理和国家对国土范围内自然资源行使监管权是不同的，前者是所有权人意义上的权利，后者是管理者意义上的权力。因此，党的十八届三中全会提出：“健全国家自然资源资产管理体制，统一行使全民所有自然资源资产所有者职责。完善自然资源监管体制，统一行使所有国土空间用途管制职责。”②为统一行使全民所有

① 习近平：《论坚持人与自然和谐共生》，中央文献出版社 2022 年版，第 293—294 页。

② 《中共中央关于全面深化改革若干重大问题的决定》，《人民日报》2013 年 11 月 16 日。

自然资源资产所有者职责,统一行使所有国土空间用途管制和生态保护修复职责,着力解决自然资源所有者不到位、空间规划重叠等问题,按照党的十九大、十九届三中和四中全会的精神,我们将分散在各部门的有关用途管制职责,统一到了一个部门,组建了自然资源部,统一行使所有国土空间的用途管制职责。现在,我们亟需进一步完善这一制度安排。

在广义上,国土空间开发保护制度包括空间规划体系、主体功能区制度、国土空间用途管制制度、国家公园体制以及自然资源监管体制等。

(三)生态环境保护管理制度

保护环境是我国的基本国策,我们要像对待生命一样对待生态环境。党的十九届四中全会提出:“坚持人与自然和谐共生,坚守尊重自然、顺应自然、保护自然,健全源头预防、过程控制、损害赔偿、责任追究的生态环境保护体系。加快建立健全国土空间规划和用途统筹协调管控制度,统筹划定落实生态保护红线、永久基本农田、城镇开发边界等空间管控边界以及各类海域保护线,完善主体功能区制度。完善绿色生产和消费的法律制度和政策导向,发展绿色金融,推进市场导向的绿色技术创新,更加自觉地推动绿色循环低碳发展。构建以排污许可制为核心的固定污染源监管制度体系,完善污染防治区域联动机制和陆海统筹的生态环境治理体系。加强农业农村环境污染防治。完善生态环境保护法律体系和执法司法制度。”①因此,我们必须从制度上统筹生态保护和环境保护,实行最严格的生态环境保护制度。

1. 环境影响评价制度

环境影响评价是对环境质量的预断性评估,是在进行某项人为活动之前对实施该活动可能给环境质量造成的影响进行调查、预测和估价的活动,其目

---

① 《中共中央关于坚持和完善中国特色社会主义制度　推进国家治理体系和治理能力现代化若干重大问题的决定》,《人民日报》2019 年 11 月 6 日。

的是提出相应的处理意见和对策。环境影响评价制度是指法制化、制度化了的环境影响评价活动，是国家通过立法对环境影响评价的对象、范围、内容、程序等进行规定而形成的有关环境影响评价活动的一整套规则体系。1979年颁布的《中华人民共和国环境保护法（试行）》，正式建立了环境影响评价制度。2002年颁布、2016年修正的《中华人民共和国环境影响评价法》，是我国第一部专门、全面的环境影响评价法律文本。此外，《中共中央 国务院关于加快推进生态文明建设的意见》和《生态文明体制改革总体方案》都强调，要建立环境影响评价制度。

目前，要严格遵守“四个不批、三个严格”的原则。第一，坚持“四个不批”。具体来说，一是国家明令淘汰、禁止建设不符合产业政策的一律不批；二是产品质量低，能耗、物耗消耗高，环境污染重，特别是污染物排放不能达标的项目一律不批；三是环境质量不能满足环境功能要求的项目一律不批；四是建设项目如果位于自然保护区、核心区、缓冲区的项目一律不批。第二，坚持“三个严格”。具体来说，一是严格限制涉及饮用水水源保护区、自然保护区、风景名胜区以及重要生态功能区的项目；二是严格控制产业开发中能耗、物耗、污染物排放量大的项目审批，尤其要坚决杜绝已被淘汰的项目以所谓技术改造、拉动内需为名义上项目；三是严格按照总量控制的要求，把污染物排放总量作为区域、行业、企业发展的约束条件。在这个过程中，要推进战略和规划环评，加强项目环评和规划环评联动，建设四级环保部门环评审批信息联网系统，严格规划环评责任追究，加强对地方政府和有关部门规划环评工作开展情况的监督，加大对环评领域的消极腐败问题的打击力度。

2. 污染物排放许可制

排污许可证，是指排污单位向生态环境保护行政主管部门提出申请后，生态环境保护行政主管部门经审查发放的允许排污单位排放一定数量污染物的凭证。排污许可证属于生态环境保护许可证中的重要组成部分。在广义上，排污许可证制度，是指有关排污许可证的申请、审核、颁发、中止、吊销、监督管理和罚则等一系列规定的总称。根据党的十八届三中全会和《中共中央　国务院关于加快推进生态文明建设的意见》的精神，2015 年 9 月，《生态文明体制改革总体方案》提出，必须完善污染物排放许可制。2016 年 12 月 23 日，环境保护部印发《排污许可证管理暂行规定》。2018 年 6 月，《中共中央　国务院关于全面加强生态环境保护坚决打好污染防治攻坚战的意见》提出，要加快推行排污许可制度。党的二十大报告提出，全面实行排污许可证。

目前，主要应该做好以下工作：第一，对固定污染源实施全过程管理和多污染物协同控制，按行业、地区、时限核发排污许可证，全面落实企业治污责任，强化证后监管和处罚。第二，要推进多污染物综合防治和统一监管，建立覆盖所有固定污染源的企业排放许可制，实行排污许可“一证式”管理。“一证式”管理，既指各种环境要素的环境管理在一个许可证中综合体现，也指对各种环境要素污染的污染物的达标排放、总量控制等各项环境管理要求。第三，尽快在全国范围建立统一公平、覆盖所有固定污染源的企业排放许可制，依法核发排污许可证，排污者必须持证排污，禁止无证排污或不按许可证规定排污。通过采用污染物排放许可制，实行企事业单位污染物排放总量控制制度，可以实现由行政区域污染物排放总量控制向企事业单位污染物排放总量控制转变，范围逐渐统一到固定污染源；可以有机衔接环境影响评价制度，实现从污染预防到污染治理和排放控制的全过程监管；可以为相关工作提供统一的污染物排放数据，提高管理效能。

3. 最严格的环境保护制度

环境保护制度，就是在坚持环境保护基本国策的前提下，在生态环境领域内，建立有利于保护生态环境、打击污染行为的体制机制和法律法规等规则性的安排，包含环境管理、环境经济和环境法制等在内的一系列完善的制度安排。

2012 年 1 月，国务院发布《关于实行最严格水资源管理制度的意见》。2013 年 11 月，党的十八届三中全会提出，必须实行最严格的源头保护制度、损害赔偿制度、责任追究制度。2014 年 2 月，国土资源部发布《关于强化管控落实最严格耕地保护制度的通知》。2015 年 10 月，党的十八届五中全会提出，加大环境治理力度，以提高环境质量为核心，实行最严格的环境保护制度，深入实施大气、水、土壤污染防治行动计划。2016 年 3 月，《"十三五"规划纲要》提出，要创新环境治理理念和方式，实行最严格的环境保护制度。2017 年 10 月，党的十九大明确提出，建设生态文明，必须实行最严格的生态环境保护制度。2021 年 11 月 2 日，党中央和国务院强调，要"落实最严格制度"①。这里，"最严格"表明了党和政府对环境保护的决心和态度。

在严峻的环境恶化形势下，必须严格划定和坚定不移地执行环境保护红线和底线，牢牢守护生态环境的阈值底线。同时，要以刚性的制度和严格的法律法规规范环境行为主体的行为活动中涉及环境污染的行为活动。在党的领导下和政府主导下，对突破环境底线的行为进行严加惩处，对日常生产和生活中的环境污染行为进行严加管制，鼓励环境行为主体企业和群众积极投身于环境保护中来。

显然，实行最严格的环境保护制度，就是用制度保护环境，为环境保护提供更有约束力和更具刚性的制度保障，确保生态环境的阈值底线不被突破，防止一切破坏环境的行为，用最严格的措施和政策保障来降低环境污染水平，对污染环境的行为实行严惩重罚，形成最严格的环保法律、司法和执法体系以及其他方面的制度。

4. 生态修复（恢复）制度

生态修复（恢复）制度主要指的是，通过一定的科技手段和生态修复（恢

---

① 《中共中央　国务院关于深入打好污染防治攻坚战的意见》，《人民日报》2021 年 11 月 8 日。

复)工程,来修复已受损害的生态系统,使其逐渐恢复到原来的功能和状态。与此同时,生态系统自身也具有一定的自我修复能力。这样,通过自然修复和人工修复的结合,就可以使自然生态系统的功能和结构逐渐得以恢复。

党的十八届三中全会提出,要建立陆海统筹的生态系统保护修复机制,完善生态修复制度。2016 年 11 月 30 日,国务院办公厅印发《湿地保护修复制度方案》。2017 年 10 月,党的十九大进一步重申,要坚持自然恢复为主的方针,实施重要生态系统保护和修复重大工程。2018 年 5 月,全国生态环境保护大会强调,必须坚持自然恢复为主的方针,加强生态保护修复,构筑生态安全屏障。

目前,主要应该做好以下工作:第一,按照“山水林田湖草是一个生命共同体”的科学理念,坚持保护优先、自然恢复为主的方针,坚持生态自然修复和人工修复相结合,推进重点区域和重要生态系统保护与修复,实施重大生态修复工程。第二,按照系统修复的原则,针对国家生态安全屏障进行保护修复,开展山体生态修复,加强矿产资源开发集中地区地质环境治理和生态修复,加强水产品产地保护和环境修复,建立湿地生态修复机制,统筹点源、面源污染防治和河湖生态修复,推进备用水源建设、水源涵养和生态修复等。第三,实施山水林田湖生态保护和修复工程,构建生态廊道和生物多样性保护网络,全面提升森林、河湖、湿地、草原、海洋等自然生态系统稳定性和生态服务功能,筑牢生态安全屏障。

总之,生态修复涉及水土保持、林业、农业、园林、矿业等与生态系统有关联的各种领域,包括受损农地再利用、废弃矿井资源再开发、合理开发和保护未利用废弃地、地质灾害防治、生态景观建设等方面的内容。

5. 耕地草原森林河流湖泊休养生息制度

耕地草原河湖休养生息制度是指在尊重自然规律和兼顾我国经济社会发展需求的基础之上,按照资源的自然特性和功能要求,对耕地实行养护、退耕还林还草、休耕、轮作生产以及污染防治，在保障耕地基本生态功能的基础上兼顾粮食和农产品生产的社会功能；对草原要实行禁牧、休牧、轮牧、人工种草；对森林要加强天然林保护、退耕还林和加强森林生态建设；对河流湖泊要实行水质治理，在实现用水保障、退还合理空间、控制超采量以及保护水域生物资源等措施方面加大力度。

党的十八届三中全会提出："稳定和扩大退耕还林、退牧还草范围，调整严重污染和地下水严重超采区耕地用途，有序实现耕地、河湖休养生息。"①《中共中央　国务院关于加快推进生态文明建设的意见》和《生态文明体制改革总体方案》都提出了相关的要求。2017 年 10 月，党的十九大进一步重申，健全耕地草原森林河流湖泊休养生息制度。2018 年 5 月 18 日，习近平总书记在全国生态环境保护大会上提出，要给自然生态留下休养生息的时间和空间。2018 年 6 月 16 日，《中共中央　国务院关于全面加强生态环境保护坚决打好污染防治攻坚战的意见》强调，要推动耕地草原森林河流湖泊海洋休养生息。党的十九届五中全会提出："推行草原森林河流湖泊休养生息，加强黑土地保护，健全耕地休耕轮作制度。"②

目前，主要应该做好以下工作：第一，编制耕地、草原、河湖休养生息规划，调整严重污染和地下水严重超采地区的耕地用途，逐步将 25 度以上不适宜耕种且有损生态的陡坡地退出基本农田。第二，建立巩固退耕还林还草、退牧还草成果长效机制。第三，开展退田还湖还湿试点，推进长株潭地区土壤重金属污染修复试点、华北地区地下水超采综合治理试点。

总之，通过建立耕地草原森林河流湖泊休养生息制度，给资源环境以休养生息的时间和空间，才能有效恢复自然生态系统和生态空间，更好地发挥资源的生态服务功能，为建设生态文明创造适宜的自然物质条件。

---

① 《中共中央关于全面深化改革若干重大问题的决定》，《人民日报》2013 年 11 月 16 日。

② 《中共中央关于制定国民经济和社会发展第十四个五年规划和二〇三五年远景目标的建议》，《人民日报》2020 年 11 月 4 日。

6. 环境信息公开制度

环境信息公开,是指掌握环境信息的主体,根据法律规定,对相关各种环境信息进行收集、整理、加工、处理后形成一定的信息资源,通过一定的载体或形式,将其提供给需要获取相关环境信息主体的行为。

2014 年底,环境保护部审议通过了《企业事业单位环境信息公开办法》,对于企业事业单位环境信息公开的相关内容进行了详细规定。2015 年,《中共中央 国务院关于加快推进生态文明建设的意见》和《生态文明体制改革总体方案》都明确要求,要健全环境信息公开等制度。2017 年,党的十九大报告明确提出,必须建立健全环境信息强制性披露制度。2018 年 2 月,国务院办公厅印发的《关于推进社会公益事业建设领域政府信息公开的意见》提出,要重点公开环境污染防治和生态保护政策措施、实施效果,污染源监测及减排等信息,健全环保信息强制性披露制度。2021 年 11 月 2 日,党中央和国务院提出:"深化环境信息依法披露制度改革。"①

目前,主要应该做好以下工作:第一,全面推进大气、水、土壤、固体废物等环境信息公开、排污单位环境信息公开、监管部门环境信息公开,健全建设项目环境影响评价信息公开机制。第二,健全环境新闻发言人制度,建立环境保护网络举报平台和举报制度,健全举报、听证、舆论监督等制度。第三,引导人民群众自觉树立社会主义生态文明观,完善公众参与制度,保障人民群众依法有序行使环境监督权。

此外,像"三同时"制度等我国传统的生态环境管理制度在今天仍然可以发挥重要的建设性的作用。"三同时"制度,即一切新建、改建和扩建的基本建设项目、技术改造项目、自然开发项目以及可能对环境造成污染和破坏的其他工程建设项目,其中防治污染和其他公害的设施和其他环境保护设施,必须

---

① 《中共中央 国务院关于深入打好污染防治攻坚战的意见》,《人民日报》2021 年 11 月 8 日。

与主体工程同时设计、同时施工、同时投产使用。

（四）资源有偿使用和生态补偿制度

在市场经济条件下，生态环境问题是典型的负外部性问题，但是，将市场机制引入生态环境管理中，可以实现外部问题的内部化，促进生态文明建设。为此，我们要建立和完善资源有偿使用制度和生态补偿制度等制度。

1. 自然资源有偿使用制度

自然资源有偿使用制度，指的是在自然资源属于国有/公有的前提下，国家以自然资源所有者和管理者的双重身份，为实现所有者权益，保障自然资源的可持续利用，对自然资源用益权的有偿转让，即自然资源的使用者必须按照相应定价付费使用自然资源的制度。党的十八届三中全会明确提出，要实行资源有偿使用制度。2015 年，《中共中央　国务院关于加快推进生态文明建设的意见》和《生态文明体制改革总体方案》都进一步强调了这一点。

目前，主要应该做好以下工作：第一，全面建立覆盖各类全民所有自然资源资产的有偿出让制度，严禁无偿或低价出让。大体说来，自然资源有偿使用制度包括国有土地资源有偿使用制度、海域有偿使用制度、水资源有偿使用制度、矿产资源有偿使用制度和森林资源有偿使用制度等。第二，要深化自然资源及其产品价格改革，凡是能由市场形成价格的都交给市场，政府定价要体现基本需求与非基本需求以及资源利用效率高低的差异，体现生态环境损害成本和修复效益。第三，要进一步深化矿产资源有偿使用制度改革，调整矿业权使用费征收标准。尤其是，要严格防范自然资源资产的流失和贬值。

2. 排污权有偿使用和交易制度

排污权是指排污单位经核定、允许其排放污染物的种类和数量。排污权有偿使用和交易制度，是发挥市场机制在污染物减排中作用的重要制度。在以往实践的基础上，党的十八届三中全会提出："发展环保市场，推行节能量、碳排放权、排污权、水权交易制度，建立吸引社会资本投入生态环境保护的市场化机制，推行环境污染第三方治理。"①2014 年 8 月，《国务院办公厅关于进一步推进排污权有偿使用和交易试点工作的指导意见》出台。2015 年，《中共中央　国务院关于加快推进生态文明建设的意见》和《生态文明体制改革总体方案》都提出，扩大排污权有偿使用和交易试点范围，发展排污权交易市场。2021 年 11 月 2 日，党中央和国务院再次强调："加快推进排污权、用能权、碳排放权市场化交易。"②

目前，主要应该做好以下工作：第一，在企业排污总量控制制度基础上，尽快完善初始排污权核定，扩大涵盖的污染物覆盖面。第二，在现行以行政区为单元层层分解机制基础上，根据行业先进排污水平，逐步强化以企业为单元进行总量控制、通过排污权交易获得减排收益的机制。第三，在重点流域和大气污染重点区域，合理推进跨行政区排污权交易。第四，扩大排污权有偿使用和交易试点，将更多条件成熟地区纳入试点。第五，加强排污权交易平台建设。第六，制定排污权核定、使用费收取使用和交易价格等规定。显然，排污权有偿使用和交易制度的核心是，根据区域环境资源稀缺程度、经济发展水平等因素制定排污权有偿使用费征收标准和排污权交易指导价格，实现排污权的有偿使用和排污权交易的管理。

3. 生态补偿制度

生态补偿，是指在综合考虑生态保护成本、发展机会成本和生态服务价值的基础上，采用行政、市场等方式，由生态保护受益者或生态损害加害者通过向生态保护者或因生态损害而受损者以支付金钱、物质或提供其他非物质利

① 《中共中央关于全面深化改革若干重大问题的决定》，《人民日报》2013 年 11 月 16 日。

② 《中共中央　国务院关于深入打好污染防治攻坚战的意见》，《人民日报》2021 年 11 月 8 日。

益等方式,弥补其成本支出以及其他相关损失的行为。生态补偿制度指的是人类生产或生活活动所产生的之于生态环境的正的外部性的补偿,也就是生态服务或产品的受益者对提供者所给予的经济上的补偿。

2005 年 10 月,党的十六届五中全会提出,按照谁开发谁保护、谁受益谁补偿的原则,建立生态补偿机制。在以往实践的基础上,党的十八届三中全会进一步确定,要实施生态补偿制度,坚持谁受益、谁补偿原则,完善对重点生态功能区的生态补偿机制,推动地区间建立横向生态补偿制度。2015 年,《中共中央　国务院关于加快推进生态文明的意见》和《生态文明体制改革总体方案》都进一步强调了这一点。2016 年 5 月 13 日,《国务院办公厅关于健全生态保护补偿机制的意见》发布。2017 年 10 月,党的十九大提出,要建立市场化、多元化生态补偿机制。党的十九届五中全会再次强调,“完善市场化、多元化生态补偿”①。

目前,主要应该做好以下工作:第一,进一步完善补偿范围,逐步实现草原、森林、湿地、荒漠、河流、海洋和耕地等重点领域和禁止开发区域、重点生态功能区等重要区域全覆盖。第二,逐步增加对重点生态功能区转移支付,完善生态保护成效与资金分配挂钩的激励约束机制,并鼓励各地区开展生态补偿试点。第三,要健全生态保护补偿机制,引导生态受益地区与保护地区之间、流域上游与下游之间,通过资金补助、产业转移、人才培训、共建园区等方式实施补偿。第四,在长江、黄河等重要河流探索开展横向生态保护补偿试点,通过试点地区生态保护补偿机制的建立,探索我国生态补偿制度的建设,进而推向全国。第五,要加快完善生态补偿配套基础制度建设,加强生态补偿标准体系建设、建立生态服务价值核算体系等。未来,为进一步加大生态补偿力度,应进一步完善多元的生态补偿方案,建立健全横向、纵向生态补偿平台和机制。

---

① 《中共中央关于制定国民经济和社会发展第十四个五年规划和二〇三五年远景目标的建议》,《人民日报》2020 年 11 月 4 日。

4. 环保信用评价制度

环保信用评价制度指的是，环保行政主管部门根据企业的环境行为信息，按照统一的指标、方法和程序，对企业的环境行为进行信用评价，确定企业环保信用等级，并面向社会公开，以供社会公众和环境有关部门、组织监督。

我国环保信用评价制度最早可追溯至 2005 年 11 月由原国家环保总局出台的《关于加快推进企业环境行为评价工作的意见》。该意见提出，要对企业环境行为作出综合、客观、方便大众理解的评价，要将评价结果综合运用到环境管理和企业市场经济活动中去。2011 年，《国务院关于加强环境保护重点工作的意见》提出，要建立企业环境行为信用评价制度，提高社会主义生态文明建设水平。《"十三五"规划纲要》提出，要建立企业环境信用记录。在此基础上，党的十九大提出："提高污染排放标准，强化排污者责任，健全环保信用评价、信息强制性披露、严惩重罚等制度。"①2018 年 6 月，《中共中央　国务院关于全面加强生态环境保护坚决打好污染防治攻坚战的意见》进一步强调了这一点。2021 年 11 月 2 日，党中央和国务院强调，"全面实施环保信用评价"②。

目前，主要应该做好以下工作：第一，要完善企业环境信用评价的范围。一般而言，企业环境信用评价包括企业在生产过程中的排污状况、治理污染状况、资源使用效率状况、遵守环境法律法规状况等，环保部门按照企业环境信用评价指标及评分办法，得出参评企业的评分结果，确定企业的环境信用等级。第二，要完善企业环境需要评价的平台。应该将企业环境信用信息纳入全国信用信息共享平台和国家企业信用信息公示系统，依法通过"信用中国"网站和国家企业信用信息公示系统向社会公示。第三，要完善环境保护守信

① 习近平：《论坚持人与自然和谐共生》，中央文献出版社 2022 年版，第 188 页。

② 《中共中央　国务院关于深入打好污染防治攻坚战的意见》，《人民日报》2021 年 11 月 8 日。

激励机制。企业的环境信用，分为环保诚信企业、环保良好企业、环保警示企业、环保不良企业四个等级，依次以绿牌、蓝牌、黄牌、红牌表示。其中，对环保不良企业，可采取以下经济惩戒性措施：暂停各类环保专项资金补助；建议银行业金融机构对其审慎授信，在其环境信用等级提升之前，不予新增贷款，并视情况逐步压缩贷款，直至退出贷款；建议保险机构提高环境污染责任保险费率；等等。这样，可以有效促进企业承担生态文明建设责任。

5. 环境保护税

在收费和税收上，我们要坚持使用资源付费和谁污染环境、谁破坏生态谁付费原则，逐步将资源税扩展到占用各种自然生态空间，推动环境保护费改税。同时，要调整消费税征收范围、环节、税率，把高耗能、高污染产品及部分高档消费品纳入征收范围。

在这方面，《中华人民共和国环境保护税法》（以下简称为《环境税法》）具有代表性。为了落实党的十八届三中全会、四中全会提出的“推动环境保护费改税”“用严格的法律制度保护生态环境”要求，2016 年 12 月 25 日，十二届全国人大常委会第二十五次会议通过了《环境税法》，自 2018 年 1 月 1 日起施行。为了保证《环境税法》的顺利实施，2017 年 6 月 26 日，财政部、税务总局、环境保护部联合发布《中华人民共和国环境保护税法实施条例》（以下简称《条例》），向社会公开征求意见。2017 年 12 月 30 日，国务院总理签署国务院令，公布《条例》，自 2018 年 1 月 1 日起与《环境税法》同步施行。

《环境税法》规定，在中华人民共和国领域和中华人民共和国管辖的其他海域，直接向环境排放应税污染物的企业事业单位和其他生产经营者为环境保护税的纳税人，应当依照本法规定缴纳环境保护税。应税污染物，是指本法所附《环境保护税税目税额表》《应税污染物和当量值表》规定的大气污染物、水污染物、固体废物和噪声。对依法设立的城乡污水集中处理、生活垃圾集中处理场所超过国家和地方规定的排放标准向环境排放应税污染物的，应当缴纳环境保护税。企业事业单位和其他生产经营者贮存或者处置固体废物不符合国家和地方环境保护标准的，应当缴纳环境保护税。

2021年11月2日，党中央和国务院提出："完善挥发性有机物监测技术和排放量计算方法，在相关条件成熟后，研究适时将挥发性有机物纳入环境保护税征收范围。"①作为我国第一部推进生态文明建设的单行税法，《环境税法》标志着我国环境保护领域"费改税"已经以法律形式得到确认，也意味着我国施行了近40年的排污收费制度已经成为过去时。

此外，在环保市场方面，我们要建立吸引社会资本投入生态环境保护的市场化机制，推行环境污染第三方治理。

（五）绿色绩效考核与责任追究制度

后果严惩，是社会主义生态文明必不可少的补救措施。政绩考核和责任追究在生态文明及其制度建设中发挥着"指挥棒"的作用。党的十九届四中全会提出："建立生态文明建设目标评价考核制度，强化环境保护、自然资源管控、节能减排等约束性指标管理，严格落实企业主体责任和政府监管责任。开展领导干部自然资源资产离任审计。推进生态环境保护综合行政执法，落实中央生态环境保护督察制度。健全生态环境监测和评价制度，完善生态环境公益诉讼制度，落实生态补偿和生态环境损害赔偿制度，实行生态环境损害责任终身追究制。"②因此，我们要建立和完善生态文明绩效评价考核与责任追究制度。

1. 生态文明绩效评价制度

生态文明绩效评价制度是对生态文明建设绩效评价和考核的制度，包括

---

① 《中共中央　国务院关于深入打好污染防治攻坚战的意见》，《人民日报》2021年11月8日。

② 《中共中央关于坚持和完善中国特色社会主义制度　推进国家治理体系和治理能力现代化若干重大问题的决定》，《人民日报》2019年11月6日。

评价和考核目的、主体、指标、方法、周期、结果及运用等主要环节，分别回答"为什么考、谁来考、考什么、怎样考、何时考、考评结果如何运用"等问题。

党的十八大报告明确提及，要把资源消耗、环境损害、生态效益纳入经济社会发展评价体系，建立体现生态文明要求的目标体系、考核办法、奖惩机制。2015 年，《中共中央　国务院关于加快推进生态文明建设的意见》和《生态文明体制改革总体方案》都进一步强调了这一点。2016 年 12 月，中共中央办公厅、国务院办公厅印发《生态文明建设目标评价考核办法》。2018 年 5 月 18 日，习近平总书记在全国生态环境保护大会上强调，要建立科学合理的考核评价体系，考核结果作为各级领导班子和领导干部奖惩和提拔使用的重要依据。2021 年 11 月 2 日，党中央和国务院强调："继续开展污染防治攻坚战成效考核，完善相关考核措施，强化考核结果运用。"①

目前，主要应该做好以下工作：第一，把资源消耗、环境损害、生态效益等指标纳入经济社会发展综合评价体系，大幅增加考核权重，强化指标约束，不唯经济增长论英雄。第二，完善政绩考核办法，根据区域主体功能定位，实行差别化的考核制度。对限制开发区域、禁止开发区域和生态脆弱的国家原扶贫开发工作重点县，取消地区生产总值考核；对农产品主产区和重点生态功能区，分别实行农业优先和生态保护优先的绩效评价；对禁止开发的重点生态功能区，重点评价其自然文化资源的原真性、完整性。第三，根据考核评价结果，对生态文明建设成绩突出的地区、单位和个人给予表彰奖励。

2018 年 6 月 16 日，党中央和国务院提出，要"强化考核问责。制定对省(自治区、直辖市)党委、人大、政府以及中央和国家机关有关部门污染防治攻坚战成效考核办法，对生态环境保护立法执法情况、年度工作目标任务完成情况、生态环境质量状况、资金投入使用情况、公众满意程度等相关方面开展考核。各地参照制定考核实施细则。开展领导干部自然资源资产离任审计。考

① 《中共中央　国务院关于深入打好污染防治攻坚战的意见》，《人民日报》2021 年 11 月 8 日。

核结果作为领导班子和领导干部综合考核评价、奖惩任免的重要依据”①。为此，要实现生态文明建设评价的一岗双责、党政同责、考核监督和舆论监督一体化，将生态文明绩效评价制度、自然资源资产离任审核制度和生态环境损害责任追究制度等有机统一起来。

总之，通过构建系统科学的绩效评价考核制度，建立起一套体现生态文明基本要求的考核和奖惩机制，可以有效引导、推动各级干部特别是领导干部扎实推进生态文明建设。

2. 生态文明责任追究制度

生态文明责任追究制度，指的是根据有关党内法规和国家法律法规，在依法依规、客观公正、科学认定、权责一致、终身追究的原则下，党政领导干部负起生态环境和资源保护职责；对于造成生态环境损害者，依规依法追究其责任；而且终身追究。

在以往实践的基础上，党的十八届三中全会明确提出，要建立生态环境损害责任终身追究制。2014 年 10 月，党的十八届四中全会提出，要建立重大决策终身责任追究制度及责任倒查机制。2015 年，《中共中央　国务院加快推进生态文明建设的意见》和《生态文明体制改革总体方案》都进一步强调了这一点。2015 年 8 月，中共中央办公厅、国务院办公厅联合下发的《党政领导干部生态环境损害责任追究办法（试行）》，从责任追究制度的适用对象、适用方式等方面进行了详细规定，从不同层级、不同部门、不同人员等多个角度细化了领导干部生态环境损害责任追究制度，标志着督促领导干部在生态环境领域正确履职用权的责任制度正式确立。

目前，主要应该做好以下工作：第一，建立领导干部任期生态文明建设责

---

① 《中共中央　国务院关于全面加强生态环境保护坚决打好污染防治攻坚战的意见》，《人民日报》2018 年 6 月 25 日。

任制，完善节能减排目标责任考核及问责制度。第二，严格责任追究，对违背科学发展要求、造成资源环境生态严重破坏的要记录在案，实行终身追责，不得转任重要职务或提拔使用，已经调离的也要问责。第三，对推动生态文明建设工作不力的，要及时诫勉谈话；对不顾资源和生态环境盲目决策、造成严重后果的，要严肃追究有关人员的领导责任；对履职不力、监管不严、失职渎职的，要依纪依法追究有关人员的监管责任；对构成犯罪的依法追究刑事责任。第四，对领导干部离任后出现重大生态环境损害并认定其应承担责任的，实行终身追责。

2018年6月，党中央和国务院进一步提出："严格责任追究。对省(自治区、直辖市)党委和政府以及负有生态环境保护责任的中央和国家机关有关部门贯彻落实党中央、国务院决策部署不坚决不彻底、生态文明建设和生态环境保护责任制执行不到位、污染防治攻坚任务完成严重滞后、区域生态环境问题突出的，约谈主要负责人，同时责成其向党中央、国务院作出深刻检查。对年度目标任务未完成、考核不合格的市、县，党政主要负责人和相关领导班子成员不得评优评先。对在生态环境方面造成严重破坏负有责任的干部，不得提拔使用或者转任重要职务。对不顾生态环境盲目决策、违法违规审批开发利用规划和建设项目的，对造成生态环境质量恶化、生态严重破坏的，对生态环境事件多发高发、应对不力、群众反映强烈的，对生态环境保护责任没有落实、推诿扯皮、没有完成工作任务的，依纪依法严格问责、终身追责。"①总之，建立和完善生态文明责任追究制度，可以增强各级领导干部保护生态环境、提升保护生态环境的责任意识和担当意识，保障生态文明建设的顺利进行。

此外，对于一般社会主体尤其是企业，必须建立和完善生态环境损害赔偿制度。当然，在生态文明制度建设中，必须将后果严惩纳入依法治国的框架当中。

---

① 《中共中央　国务院关于全面加强生态环境保护坚决打好污染防治攻坚战的意见》，《人民日报》2018年6月25日。

最后,必须坚持和改善党对生态文明建设的领导。在加强党对生态文明建设的领导的前提下,我们要提高党领导生态文明建设的能力和水平,完善中央环保督察制度。在中央环保督察中,我们要坚持党的群众路线。

总之,党的十八大以来尤其是十八届三中全会以来,我们将生态文明制度建设作为国家治理体系和治理能力现代化的重要任务,已经搭建起了生态文明制度体系的“四梁八柱”。面向未来,我们必须坚持以习近平生态文明思想为指导,在社会主义生态文明建设的伟大实践中,不断建立健全生态文明制度体系,严格按制度办事,这样,才能为走向社会主义生态文明新时代提供切实的制度保障。

四、加强生态治理现代化的现实课题

在推进生态文明领域国家治理体系和战略能力现代化的过程中,针对我国现实存在的生态环境问题,我们必须进一步建立和完善生态文明行政体制,善于运用法治手段加强生态环境治理。

(一)新组建生态环境部的意义和价值

根据党的十九大精神、党的十九届三中全会通过的《中共中央关于深化党和国家机构改革的决定》和十三届全国人大第一次会议批准的《国务院机构改革方案》,国务院新组建了生态环境部,并挂牌成立。这是认真贯彻和落实习近平新时代中国特色社会主义思想、推进我国生态文明领域国家治理体系和治理能力现代化的重大创举,必将推动我国走向社会主义生态文明新时代。

1.有利于贯彻和落实习近平新时代中国特色社会主义思想

新组建生态环境部有利于认真贯彻和落实习近平新时代中国特色社会主

义思想尤其是其生态文明思想。党的十八大以来,以习近平同志为核心的党中央在带领中国人民建设社会主义生态文明的伟大实践中,科学认识和把握人与自然和谐发展规律,形成了习近平生态文明思想,即当代中国马克思主义生态文明思想和二十一世纪中国马克思主义生态文明思想,集中体现着社会主义生态文明观。围绕着推进生态文明领域国家治理体系和治理能力现代化这一重大课题,习近平生态文明思想从世界观和方法论的高度相继提出了"人与自然是生命共同体""山水林田湖是一个生命共同体"等一系列科学论断,要求统筹山水林田湖草沙系统治理,统一行使全民所有自然资源资产所有者职责,统一行使所有国土空间用途管制和生态保护修复职责,统一行使监管城乡各类污染排放和行政执法职责。系统整体性是习近平生态文明思想的最为突出的特质和要求。这样,习近平生态文明思想就从顶层设计的高度提出了生态文明领域"大部制"的科学构想。现在,组建生态环境部是这一构想的创新性实践和制度化体现。

2. 有利于统筹解决各类水体污染

长期以来,我国一直存在着"九龙治水""多头治污"等政出多门的问题,严重影响着水体污染治理和水环境保护的实际成效。事实上,在自然系统中,河流、湖泊、海洋和地下水共同构成全球水循环系统,同时,各类水体污染具有传递和扩散效应。在任何一个地理单元中,情况莫不如此。因此,治理水体污染和保护水环境必须坚持系统治理和系统管理的原理和方式。现在,我们将原环境保护部的水污染治理的职责,国土资源部的监督防止地下水污染职责,水利部的排污口设置管理、流域水环境保护职责,农业部的监督指导农业面源污染治理职责,国家海洋局的海洋保护职责,国务院南水北调工程建设委员会办公室的南水北调工程项目区环境保护职责整合,有利于将分散的水体污染治理和水环境保护的职能整合起来,从整体上推进河流、湖泊、海洋和地下水的污染治理和水环境保护,这样,就会给人民群众持续提供洁净的水,有利于绿水长流和常流,有利于建设好水生态文明。

3. 有利于统筹海陆空环境治理

为了夺取污染防治攻坚战的胜利,国务院先后发布了《大气污染防治行动计划》《水污染防治行动计划》《土壤污染防治行动计划》三个行动计划。为此,原环境保护部设置了大气环境管理司、水环境管理司、土壤环境管理司三个机构来推进这一工作。但是,这样的设置远远不够。这在于,气圈、水圈、土圈之间存在着复杂的生物地球化学循环,是全球生态系统具有相互联系、相互影响、相互作用的子系统。同时,空气污染、水体污染、土壤污染相互之间具有复杂的动力学关联。这样,就要求污染治理和环境保护要坚持海陆空统筹的原则,按照立体化的原则和方式加以推进,要全力避免散兵游勇、单兵突进等治理方式的弊端。现在,新组建生态环境部有利于进一步整合原环境保护部、国土资源部、水利部、农业部、国家海洋局等机构的职能,有利于统筹地上污染治理和地下污染治理,有利于统筹岸上污染治理和水里污染治理,有利于统筹陆地污染治理和海洋污染治理,有利于统筹地表污染治理和空气污染治理。最后,不仅有利于协同推进空气污染治理、水体污染治理、土壤污染治理,而且有利于协同推进气圈生态文明建设、陆地生态文明建设、海洋生态文明建设,形成立体化的生态文明建设格局。此外,新组建生态环境部有利于统筹城乡环境污染治理,有利于统筹区域环境污染治理。

4. 有利于维护总体国家安全

随着新科技革命和全球化的发展,人类已经进入风险社会。因此,习近平总书记提出,必须贯彻落实总体国家安全观,走中国特色国家安全道路。现在,一旦出现核泄漏会造成严重的生态环境问题,核安全已经成为国家生态安全的重要组成部分。在国务院机构改革中,新组建的生态环境部对外继续保留国家核安全局牌子,负责全国的核安全、辐射安全、辐射环境管理的监管工作，有利于统筹维护核安全和生态安全，有利于维护国家总体安全，有利于走中国特色国家安全道路，有利于维护全球生态安全。

5. 有利于从整体上推进生态环境保护

生态和环境之间具有内在的复杂的关联，以至于人们往往将二者合称为生态环境。在更为一般的意义上，生态指的是生物有机体与其环境构成的整体或系统，环境指的是生物有机体周围的自然条件和自然因子。这样来看，生态对于环境具有本根和规范的意义。过去，尽管环境保护部专门设有自然生态保护司来负责生态监管工作，但是，我们惯常将生态保护和环境保护归属于不同的工作部门，这样，不仅分割了生态保护工作和环境保护工作，而且没有为环境保护工作提供一个本根性的依托，最终影响到了我国生态环境治理的整体水平。现在，在环境保护部的基础上新组建生态环境部，绝不是用生态来修饰环境，而是反映出我们在生态环境治理思路上的一个根本性的转变。这就是要在立足于生命共同体这一大生态系统的基础上来推动生态保护和环境保护并实现二者的统一，要将环境治理融入和纳入生态治理中。因此，新组建生态环境部有利于统一负责生态环境监测和执法工作，有利于协同推进生态保护和环境保护，有利于提高生态环境保护的水平，有利于将生态环境保护和生态环境治理建立在尊重自然规律的科学基础上。

6. 有利于国内节能减排和全球气候治理的统一

全球气候变暖是威胁到人类安全和地球安全的重大问题，全球气候治理已经成为全球治理的重大事务。全球气候治理要求各国根据自己的情况推进节能减排。长期以来，中国在节能减排方面取得了重大成就，积极推动全球气候外交和气候治理，已经成为全球气候治理的参与者、贡献者和引领者。现在，将国家发展和改革委员会的应对气候变化和减排职责并入生态环境部，有利于打通一氧化碳防治工作和二氧化碳防治工作，有利于实现大气污染防治和全球气候变化应对的统一。应对气候变化涉及能源利用和二氧化碳排放等问题，二氧化碳自身不是污染物，却是造成温室气体变化的一种重要物质，因此，控制二氧化碳原本不属于环境污染治理的内容，不属于环保系统管理的问题。现在，把二氧化碳排放也纳入到生态环境部的监管范围内，有利于更加全面地监管排放物，有利于提升生态环境治理的总体效果，有利于提升生态文明建设的总体成效。在更为根本的意义上，这是践行习近平总书记提出的构建人类命运共同体的倡议的实际行动，有利于推动在地球上构筑一个尊崇自然、绿色发展的生态体系，有利于维护全球生态安全。

在总体上，“这次深化党和国家机构改革，党中央决定组建生态环境部。主要考虑有两点：一是在污染防治上改变九龙治水的状况，整合职能，为打好污染防治攻坚战提供支撑。二是在生态保护修复上强化统一监管，坚决守住生态保护红线。要打通地上和地下、岸上和水里、陆地和海洋、城市和农村、一氧化碳和二氧化碳，贯通污染防治和生态保护，加强生态环境保护统一监管”①。这样，不仅有利于改善过去部门职能重叠造成的资源浪费、监管盲区等问题，而且有利于提高生态文明领域国家治理体系和治理能力现代化的水平，为建设美丽中国提供科学的制度支撑和有力的体制保障。

（二）推进国家生态文明试验区建设

为了深入推进生态文明领域国家治理体系和治理能力现代化，党的十八届五中全会提出：必须“设立统一规范的国家生态文明试验区”。据此，2016年6月27日，中央全面深化改革领导小组第二十五次会议审议通过了《关于设立统一规范的国家生态文明试验区的意见》，选择福建省、江西省和贵州省作为首批国家生态文明试验区；同时，会议审议通过了《国家生态文明试验区（福建）实施方案》。2017年6月26日，中央全面深化改革领导小组第三十六

① 习近平：《论坚持人与自然和谐共生》，中央文献出版社2022年版，第19—20页。

次会议审议通过了《国家生态文明试验区(江西)实施方案》和《国家生态文明试验区(贵州)实施方案》。2020年,国家发展改革委员会印发《国家生态文明试验区改革举措和经验做法推广清单》。文件推广的国家生态文明试验区改革举措和经验做法共90项。这样,我国国家生态文明试验区建设开始进入正规化、系统化阶段。

1. 设立和建设国家生态文明试验区的重大意义

在区域层面,生态文明建设是前无古人的创新性事业,具有明显的地域性和区域性的特征,不能一概而论,必须实现差异化的战略和政策,必须坚持具体问题具体分析,因此,设立和建设国家生态文明试验区,是探索生态文明建设新模式、培育加快绿色发展新动能、开辟实现绿色惠民新路径的创新之举。

在治理层面,只有实行最严格的制度、最严密的法治,才能为生态文明建设提供可靠保障。党中央和国务院设立生态文明试验区的初衷,就是要开展生态文明体制改革综合试验,为探索生态文明制度体系探索路径、积累经验,即要加强和推进生态治理。在狭义上,生态治理主要指生态文明领域国家治理的现代化。在广义上,生态治理还指国家治理体系和治理能力的绿色化。因此,设立和建设国家生态文明试验区的意义在于:

一方面,有利于推进生态文明领域国家治理的现代化。设立和建设国家生态文明试验区,不仅要尽快在试验区把生态文明制度的"四梁八柱"建立起来,推动形成绿色化的生产方式和生活方式;而且要有效地提高试验区党政部门和党政干部的生态治理能力。这样,就可以为推进生态文明领域国家治理的现代化提供可复制、可推广的样板,最终会为生态文明建设提供制度保障。

另一方面,有助于推进国家治理的绿色化(生态化)。绿色化是一切社会结构有效运行和一切社会发展永续推进的前提条件,因此,推进国家治理绿色化是推进国家治理现代化的题中应有之义。这就是要将绿色化作为国家治理现代化的原则和方向,使其各个方面、各个过程都符合生态文明的原则和要求。设立和建设国家生态文明试验区，就是要在这方面进行尝试。这样，才能最终把我国建设成为富强民主文明和谐美丽的社会主义现代化强国。

总之，设立和建设国家生态文明试验区是推动生态治理的创新之举。

2. 设立和建设国家生态文明试验区的主要难点

国家生态文明试验区启动建设以来，在原有的基础上，福建省、江西省、贵州省在生态文明建设上尤其是在生态文明制度建设上取得了新的突破，初显成效。但是，一些深层次的矛盾和问题仍然没有触及。

治理对象的二元化。尽管大家高度认同“绿水青山就是金山银山”的科学论断，但是，在建设国家生态文明试验区的过程中，仍然存在着重发展、轻环境的问题。例如，在一些地方，港口重化工业呈现渐趋分散的布局，这样，就会导致海洋养殖业发展和近海生态安全的风险不断加大。再如，一些地方通过国际论坛的方式推进生态文明理念的传播，是重要的创新举措。但是，随着招商引资因素的增多，论坛也存在着生态搭台、经济唱戏的可能。

治理部门的分散化。现在，普遍存在着生态文明建设部门化的问题，人口、资源、环境、能源、生态安全、防灾减灾等行政管理部门都强调自己在建设国家生态文明试验区中的重要性，但是，尚未形成部门之间的管理合力。相反，由于没有显著的经济效益，一些部门和一些地方对建设国家生态文明试验区的责任唯恐躲之不及，缺乏应有的担当。

治理主体的上层化。在加强党委领导的前提下，建设国家生态文明试验区的主体应该多元化。推进国家治理现代化尤其是生态文明领域国家治理现代化、设立和建设国家生态文明试验区，是加强顶层设计的结果，体现了上层的雄心壮志。但是，在强调绿色惠民和绿色富民的同时，如何在建设国家生态文明试验区的过程中充分调动群众的积极性、能动性和创造性，如何发挥基层创新实践的作用，一定程度上重视不够。

治理手段的市场化。在市场经济条件下，生态环境问题是典型的外部不经济性问题。但是，通过市场化的手段，可以促进外部问题的内部化。因此，在设立和建设国家生态文明试验区的过程中，普遍重视环境治理和生态保护市场体系的建设，例如，建立排污权交易体系是大家惯于采用的手段。但是，市场化手段并非治污的根本之策。如果倚重市场化手段，很有可能是污染转移来转移去，最终任其泛滥，不了了之。

上述问题进一步表明了深入开展生态文明体制改革综合试验的必要性和重要性。

3. 设立和建设国家生态文明试验区的评价机制

评价机制和评价制度是引导生态文明建设的指挥棒，直接关系着生态治理的成效，决定着建设国家生态文明试验区的最终成败。

在原有探索的基础上，按照党中央的相关精神，三省在这方面进行了许多创造性的探索。例如，福建省在生态环保目标责任制、党政领导干部自然资源离任审计等方面取得了明显成效。江西省在完善生态文明建设目标考核、生态环境损害责任追究等考核评价制度方面初步形成了自己的制度框架。贵州省在生态文明绩效评价考核和制度责任追究方面积累了宝贵经验。但是，从总体上来看，我们还没有建立起系统而完备的生态文明建设的考核和评价制度。为此，可以从以下几个方面进行努力：

一是建立和推行绿色发展指数。在克服按照 GDP 论英雄弊端的基础上，在现有的相关统计数据的基础上，试验区要借鉴世界上推行绿色 GDP 的经验，制定生态文明建设指标体系或绿色发展指标体系，将人口、资源、能源、环境、气候、生态安全、防灾减灾等关系可持续发展的基础指数纳入，突出均衡、节约、清洁、低碳、循环、安全等导向，客观衡量省域、市域、县域的真实财富尤其是自然资本状况，评价绿色经济、绿色政治、绿色文化、绿色社会的建设情况，评价生产方式和生活方式绿色化的发展状况。在此基础上，应该推行差异化的考核方式。

二是建立和推行生态问责制度。在建立生态文明目标体系、编制自然资源资产负债表、对领导干部实行自然资源资产离任审计的基础上,要建立和推行生态环境损害责任终身追究制。习近平总书记指出,一些干部惯于拍脑袋决策、拍胸脯蛮干,然后拍屁股走人,留下一屁股烂账,最后官照当照升,不负任何责任。这是不行的。对这种问题要实行责任制,而且要终身追究。在生态文明试验区中,对于直接造成生态环境安全事故、由之引发环境群体性事件、留有生态安全风险隐患的责任者,必须依法依规严格追究责任。

三是建立和推行选人用人的绿色机制。尽管我们在不遗余力地推行生态文明政绩考核和评价制度,但是,组织部门和人事部门在选人用人上并未严格遵循绿色化的导向原则。一些干部政绩平平,得过且过,甚至对一些重大的生态环境安全事故和环境群体性事件负有直接的责任,但是,照常平步青云。一些干部坚持全心全意为人民服务,踏踏实实工作,严格履行生态文明建设责任,但是,并未得到重用。因此,试验区在选人用人的绿色化导向的问题上要创造出可行的经验,选人用人要坚持又红又专又绿的原则,要把那些政治立场坚定、专业功夫过硬、在生态文明建设肯下功夫的干部选上来,大加重用。

四是大力推动生态文明领域的反腐倡廉工作。在生态环境安全事故和环境群体性事件背后,往往存在着失职、失责甚至是消极腐败问题,存在着权钱交易、官商勾结的问题,但是,我们往往以维护稳定的名义将这些问题压了下来。这样,不仅难以从根本上解决问题,而且会养虎为患,恶性循环。因此,必须将反腐倡廉的利剑插入生态文明领域。这样,才能倒逼形成科学而绿色的考核和评价机制。因此,试验区在这方面也应该进行大胆的尝试。

当然,要真正深入推进上述工作,依赖整个生态文明制度创新和体制改革,甚至依赖于整个国家治理现代化。

4. 设立和建设国家生态文明试验区的制度创新

为了进一步推进国家生态文明试验区的建设,三省在生态文明制度创新上应该狠下功夫。

一是加强思想统一。党的十八大以来,以习近平同志为核心的党中央提出了关于生态文明建设的一系列新理念新思想新战略。国家生态文明试验区建设必须坚持以之为指导,尤其是要认真领会“绿水青山就是金山银山”的科学理念,努力实现环境和发展的统一,努力形成人与自然和谐发展的现代化新格局。

二是加强顶层领导。为了强化生态文明建设工作的权威性,形成强大的生态治理的管理合力,试验区在加强顶层设计的同时,必须加强顶层领导。在这方面,福建省率先在全国成立了生态文明建设领导小组,由省委书记任组长,省长任常务副组长。学习这一经验,为了推动生态文明建设领导机制的常态化和建制化,我们建议三省设立建设国家生态文明试验区指导委员会,统筹生态文明建设的议事、决策和执行工作。

三是加强职能整合。按照习近平总书记关于“山水林田湖是一个生命共同体”的科学理论,三省要整合人口、资源、能源、环境、生态安全、防灾减灾等职能部门的工作,统筹发改、财政、金融、工业、农业、水利、林业、海洋、地质、地震等部门的工作,构建行政大部门制,这样,不仅可以避免政出多门的问题,而且可以强化生态文明方面行政管理的能力和水平。

四是加强上下联动。在建设生态文明试验区的过程中,必须坚持“党委领导、政府主导、社会协同、公众参与、法治保障、科技支撑”的原则。在此前提下,要坚持生态文明领域的决策科学化、民主化和法治化的统一,应该“赋权”于民、“还权”于众,要充分发挥群众和基层的能动性、积极性和创造性,这样,不仅可以有效预防环境群体性事件的发生,而且可以节约行政成本,提高行政效率。

五是加强多管齐下。推动生态文明建设,应该综合运用行政、市场、法律、科技、宣教等多种手段。例如,在法治建设方面,贵州省在全国省级层面率先成立公、检、法、司配套的生态环境保护司法专门机构。学习这一经验,在三省都应该探索在公安部门建立生态文明警察队伍、在检察部门建立环境公益诉讼制度、在法院部门设立生态文明法庭、在司法部门加强生态文明法律完善和宣传普及工作。再如,三省在生态文明理论研究和科学研究上都形成了自己的优势,因此,要把这种研究优势转化为智库优势,进而要用智库优势推动从绿水青山到金山银山的转变,形成经济优势。

此外,在建设国家生态文明试验区的过程中,要在统筹山海地区生态文明建设、统筹陆海领域生态文明建设、统筹城乡生态文明建设等方面创造出新的模式来,要在协调军地生态文明建设、协调区域生态文明建设、协调国内生态文明建设和维护全球生态安全方面创造出新的经验。

(三)推动生态环境领域的公益诉讼

当前,我们面对的改革发展稳定任务之重前所未有、矛盾风险挑战之多前所未有。对此,党的十八届四中全会提出了“探索建立检察机关提起公益诉讼制度”的要求①。环境公益诉讼是其中的重要方面。环境污染事实上侵害到的是社会上不特定多数人的利益,即人民群众的环境权益,这样,就凸显出来环境公益诉讼的价值。环境公益诉讼是指,当环境公共利益遭受侵害或即将遭受侵害时,有关的机关、组织和公民有权向法院就有关民事主体、刑事主体和行政主体的环境侵权行为或环境执法不作为提起的诉讼。

1. 推动环境公益诉讼的现实经验

从国内外的经验来看,推动环境公益诉讼具有现实的可能性和可行性。

第一,环境公益诉讼的国际经验。在西方社会,公益诉讼(public interest litigation)有着久远的历史,积累了相对丰富的经验。该制度在古罗马时代就已存在,在现代已相当完善和成熟。例如,美国的《反欺骗政府法》及反垄断

① 《中共中央关于全面推进依法治国若干重大问题的决定》,《人民日报》2014 年 10 月 29 日。

法规中都有公益诉讼的详细而完备的权利规定和程序设计。由于西方国家最先遭遇到了环境问题,引起了民众的强烈不满,因此,他们在环境公益诉讼方面也积累了丰富的经验。在诉讼实践方面,日本之所以能够从公害大国变为环境先进国,就在于在反公害运动过程中,民众创造性地发明和运用了公害诉讼的运动筹码,其中包括环境公益诉讼。日本的环境公益诉讼主要是指环境行政公益诉讼,其目的在于维护国家和社会公共利益,对行政行为的合法性进行监督和制约。在诉讼立法方面,早在1970年,美国就颁布了《清洁空气法》,规定任何人都可以以自己的名义诉讼政府机关、社会组织和个人。之后,美国又相继颁发了如《清洁水法》《噪声控制法》等环境保护法律,规定既可以就私人企业、美国政府或其他各级政府机关在内的污染源提起民事诉讼,也可以通过环境行政公益诉讼对行政机关的环境管理活动实施监督。这些经验为我国进行环境公益诉讼提供了有益的借鉴。

第二,环境公益诉讼的国内试验。我国宪法明确规定,人民享有依照法律规定,通过各种途径和形式,管理国家事务、经济和文化事业、社会事务的权利。为了将之落在实处,必须建立和完善公益诉讼制度。我国的相关立法和政策中已经注意到环境公益诉讼的必要性和重要性。2012年8月31日,在我国《民事诉讼法》修正案中增加了一条,作为第五十五条。其内容是:对污染环境、侵害众多消费者合法权益等损害社会公共利益的行为,法律规定的机关和有关组织可以向人民法院提起诉讼。这样,就为环境公益诉讼提供了法律依据。同时,我国积极推动环境公益诉讼实践。2005年12月3日,《国务院关于落实科学发展观加强环境保护的规定》提出了推动环境公益诉讼的要求;2014年4月24日修订通过的"环境法"第五十八条明确形成了环境公益诉讼的规定;2015年4月25日,《中共中央　国务院关于加快推进生态文明建设的意见》进一步要求建立环境公益诉讼制度;2016年3月,《中华人民共和国国民经济和社会发展第十三个五年规划纲要》要求进一步完善环境公益诉讼制度。

但是,我国目前的环境公益诉讼存在着原告适格有限、法律依据有限、侵害责任有限等问题,亟需进一步完善。

2. 完善环境公益诉讼的现实对策

针对上述存在的问题,我们应该从以下几个方面完善环境公益诉讼。

第一,明确环境公益诉讼的宪法依据。在生态文明入宪的情况下,现在亟需环境权入宪,为环境公益诉讼提供宪法依据和保障。环境权入宪是环境权益入宪的核心。我国宪法已经明确了自然资源和城市土地为国家所有,国家保护和改善生活环境和生态环境,防治污染和其他公害,这样,就为环境权入宪提供了环境法制上的支持。2004 年 3 月,我国宪法中已明确写入了"国家尊重和保障人权"的条款,而环境权是人权的重要组成部分和表现形式,这样,就为环境权入宪提供了人权法制上的支持。至于环境权入宪的形式,可以在现有的条款中补充写入相应的内容:其一,将第一章"总纲"的第二十六条"国家保护和改善生活环境和生态环境,防治污染和其他公害。国家组织和鼓励植树造林,保护林木"后增加这样的表述:国家维护公民的生态环境权益(环境权)。其二,将第二章"公民的基本权利和义务"的第三十三条"国家尊重和保障人权"后增加这样的表述:公民有享有资源和环境的权利,也有保护资源和环境的义务。或者是将上述两个条款合并为一条并列入适宜的位置:环境权是公民的基本人权,国家保护公民的环境权;环境权的内容由"生态文明建设基本法"或"环境保护基本法"来规定。

第二,放宽环境公益诉讼的主体适格。一般而言,除了检察机关之外,任何合法主体都有公益诉讼的资格(主体适格)。但是,新修订的"环境法"第五十八条规定,"符合下列条件的社会组织可以向人民法院提起诉讼:(一)依法在设区的市级以上人民政府民政部门登记;(二)专门从事环境保护公益活动连续五年以上且无违法记录。符合前款规定的社会组织向人民法院提起诉讼,人民法院应当依法受理”①。显然,这一规定不利于公民参与环境保护。因此,在以后修订“环境法”时,必须放宽主体适格。进而,在完善公益诉讼法律时,必须鼓励和支持国家机关、检察机关、企事业单位、社会组织和公民个人等一切合法主体参与公益诉讼。尤其是,要鼓励和支持人民团体、社会组织、律师、新闻工作者代理利益受害者、受损者参与公益诉讼,这样,才能减轻信访工作的压力,避免群体性的集聚。只有放松主体适格,才符合“法治国家、法治政府、法治社会一体建设”的目标和要求。

第三,降低环境公益诉讼的诉讼费用。我国目前的环境公益诉讼收费制度,依然沿用民事诉讼法和行政诉讼法的相关规定,要求原告支付先期诉讼费用和鉴定费用,判决后由败诉方承担。但是,由于环境公益诉讼举证涉及的科学性问题最强,鉴定费用自然会很高,这样,不仅打击了原告的诉讼积极性,而且会变相庇护污染肇事者。为此,我们必须进一步完善相关法律,建立环境公益诉讼基金、环境公益诉讼救助基金、环境公益诉讼奖励基金,为环境公益诉讼提供资金支持,降低诉讼费用。

第四,放宽环境公益诉讼的诉讼责任范围。目前的环境公益诉讼只将已经发生危害环境权益的事件作为诉讼责任的对象,而对可能发生的环境危害却没有相应的规定。这样,就放弃了环境公益诉讼的预防环境侵权的功能。事实上,环境公益诉讼的提起及最终裁决并不要求一定有危害和侵权事实发生,只要能根据科技理由或有关情况合理判断出可能使公共利益受到侵害,即可提起诉讼。在维护人民群众环境权益的过程中,这种预防功能显得尤为重要。这在于,环境一旦遭受破坏和污染就难以恢复原有的生态功能,因此,法律有必要在环境侵害尚未发生或尚未完全发生时就容许任何法律主体提起诉讼。这样,才能把环境违法行为消灭在萌芽状态,避免人民群众的环境权益遭受无法弥补的损失或危害,有效地保护国家利益和公共利益。

---

① 《中华人民共和国环境保护法》,2014 年 4 月 24 日,见 http://www.npc.gov.cn/npc/c10134/201404/6c982d10b95a47bbb9ccc7a321bdec0f.shtml。

我们之所以将公益诉讼的主体适格狭窄化，可能主要是担心虚假诉讼、恶意诉讼、无理缠诉等行为的发生，或者担心原告通过公益诉讼牟取不当经济利益，进而扰乱社会秩序。对此，借鉴国际经验，可以采用由诉讼主体（原告）提交保证金、承担败诉的法律责任和经济责任等法律规定加以规范和制约。同时，在法律上要明确对虚假诉讼、恶意诉讼、无理缠诉、谋求不当私利等诉讼行为的惩治规定，并加大实际的惩治力度。

总之，环境公益诉讼的本质是通过全社会的参与尤其是人民群众的参与，制约政府和市场在生态环境问题上的双重失效甚至是环境违法行为，维护人民群众的环境权益。

（四）科学引导环境群体性事件

随着环境纠纷成为新的社会矛盾，我国环境群体性事件一度呈现出居高不下的态势。经过对 14 年间发生的群体性事件的分析，中国社会科学院法学院研究所发布的《中国法治发展报告 No.12（2014）》显示，环境污染是导致万人以上群体性事件的主要原因，在同样规模的事件中占 50%。对此，一些人认为，环境群体性事件是影响社会稳定和国家安全的不良因素，必须通过强力维稳的方式严格取缔。另一些人认为，这些事件无伤大雅，可任其自由发展。二者对环境群体性事件性质的认识都不到位，没有看到依法综合治理方式在化解群体性事件中的作用。习近平总书记指出："随着经济社会发展和人民生活水平不断提高，环境问题往往最容易引起群众不满，弄得不好也往往最容易引发群体性事件。所以，环境保护和治理要以解决损害群众健康突出环境问题为重点。"①这样，依法引导环境群体性事件健康发展，就成为国家治理的重要课题。

在人民群众的权益受到侵害或者存在着潜在危害的情况下，假若政府和

① 习近平：《论坚持人与自然和谐共生》，中央文献出版社 2022 年版，第 33 页。

法律救济渠道不畅或不力，那么，民众自然会选择群体性事件的方式谋求自救。就此而论，环境群体性事件是人民群众的环境维权自救事件，是人民群众生态环境意识觉醒的表现，是中国特色的环境运动。环境运动是以保护生态环境系统、维护生态环境权益为目标的社会运动，是公众参与生态环境事务的平台和形式，是促进可持续发展的重要力量。即使是单纯的环境群体性事件也释放出了生态环境治理方面的失误和失灵的信号，理应成为相关治理的负反馈机制。因此，我们不能简单地取缔或纵容作为环境运动表现形式的环境群体性事件，而必须促使之从自发性、诉求性、抗议性向自觉性、对话性、建设性的方向发展。

群体性集聚往往会失控，假如再有外部势力介入的话，那么，就会影响社会稳定和国家安全，甚至会产生不良作用。为此，应通过发展环境团体的方式来实现环境运动的建制化和组织化，以引导民众合理表达环境诉求和维护环境权益，以建设性态度参与生态环境事务。环境团体是以保护生态环境为宗旨的社会组织，是环境运动的建制化产物和组织化形式。西方社会一般将之归为非政府组织（NGO），日本称之为非营利组织（NPO），我国将之归为民间组织中的社会团体。环境团体是参与生态环境治理的重要的公益力量。例如，阪神大地震之后，由于看到了社会组织在社会治理中的重要作用，日本于1998年正式颁布了《特定非营利活动促进法》（NPO法），促进了环境团体的空前高涨。这些团体将民众的环境运动组织起来，创造性地开展了各种环境保护活动。在其推动下，企业大胆进行绿色技术创新，官方积极进行环境立法，民众自觉追求绿色生活，使日本迅速成为了“环境先进国”。我国环境团体在促进可持续发展方面也发挥了积极作用。因此，我们应该依法大力发展环境团体，授权它们代表相关民众表达环境诉求和维护环境权益，参与环境公益诉讼，这样，不仅可有效避免群体性集聚产生的负效应，而且有助于实现生态环境治理。

环境运动和环境团体也会失灵。对此，可通过加强法治的方式予以解决。

例如,日本“NPO 法”规定了社会团体的非政府和非营利的性质,将环境保护等 12 个与市民生活息息相关的领域作为法律允许的 NPO 法人活动的范围。对于我国来说,在坚持党委领导、政府主导、社会协同、公众参与、依法保障、科技支撑的前提下,必须积极促进环境运动和环境团体的健康发展,建立和健全相应的机制和制度化渠道。一是应以包容开放的心态承认和尊重人民群众的环境权,将环境群体性事件定位为人民群众的环境维权自救事件,将环境运动和环境团体定位为人民群众参与生态文明建设的平台和形式,在做好环境信访工作的同时,发挥好环境运动和环境团体为民代言的作用。假如承认各级各类环境团体的环境公益诉讼的代理人的资格,允许它们代表(代理)受害民众或者受到潜在危害的民众参与环境公益诉讼,那么,不仅可以有效减轻信访工作的压力,而且可以有效避免群体性的集聚。二是应从制度创新的高度将促进公众参与生态环境事务、促进环境运动和环境团体的健康发展作为国家治理的重要课题,建立和健全规范民众参与生态环境事务的法律、规范环境运动和环境团体健康发展的法律,明确各类主体参与生态环境事务的法律地位和责任,鼓励和支持他们实现自我约束和自我管理。三是应以协商民主的方式建立与环境运动人士和环境团体的对话和协商的平台和机制,发挥环境团体的智库作用,尤其是要发挥他们在环境影响评估中的重要作用,促进相关决策的科学化、民主化和法治化。

对于参与事件的普通民众来说,必须依法表达环境诉求和维护环境权益,不能破坏市场秩序、法律秩序和社会秩序,更不能诉诸暴力。对于环境运动和环境团体来说,必须依法合理确定自己的性质和边界,不能成为无政府的力量,不能成为反政府的势力,不能成为和平演变的工具,不能成为圈钱的机器,必须加强内部治理,真心接受党和政府的领导,虚心接受社会的批评和监督。这同样需要在法律上形成明确的规定。

习近平总书记指出:“从人民内部和社会一般意义上说,维权是维稳的基础,维稳的实质是维权。……单纯维稳,不解决利益问题,那是本末倒置,最后也难以稳定下来。"[①]因此,只有依法促使环境群体性事件向自觉性、对话性、建设性的方向发展,将之纳入环境运动和环境团体的范畴内依法进行制度化管理,才能有效实现生态环境治理,推动实现"美丽中国梦"。

（五）发扬中国共产党人精神谱系中的生态文明精神

在社会主义生态文明建设中,从焦裕禄精神、红旗渠精神、大庆精神,到抗洪精神、抗震救灾精神、抗疫精神,再到我们多次强调要学习的塞罕坝林场、右玉沙地造林、八步沙"六老汉"、延安退耕还林等范例都证明,通过生态文明建设,穷山恶水能够变成绿水青山,绿水青山就是金山银山。只有恢复绿水青山,绿水青山才能成为金山银山。他们的共同精神内涵和精神特质凝聚和凝结成为的生态文明精神,是我们建设生态文明的宝贵精神财富,是我们推进生态环境保护领域国家治理体系和治理能力现代化的正确价值导向。

1. 坚持生态为民、生态利民的精神

满足人民群众的美好生活需要尤其是优美生态环境需要,是社会主义生态文明建设的价值支点。在土地革命时期,我们党就提出,"实行普遍的植树运动,这既有利于土地建设,又可增加群众之利益"[②]。新中国成立之后,我们党提出,绿化祖国,造福人民。党的十八大以来,我们反复强调,要坚持生态为民、生态惠民、生态利民。无论是塞罕坝、右玉还是延安等范例,体现的都是我们党全心全意为人民服务的宗旨,始终坚持为人民谋利益的政绩观。这是"践行初心、担当使命"和"对党忠诚、不负人民"精神的创新实践成果。

2. 坚持迎难而上、不畏艰险的精神

面对恶劣的自然条件,面对突如其来的灾害和疫情,我们发扬斗争精

① 《习近平关于社会主义社会建设论述摘编》,中央文献出版社 2017 年版,第 147 页。
② 《毛泽东论林业(新编本)》,中央文献出版社 2003 年版,第 11 页。

神，取得了修复生态、战胜洪水、抗击地震、防范疫情、化解危机等一系列伟大胜利。迎难而上的右玉、困难面前不低头的“六老汉”就是这种精神的代表。甚至不少同志为修建水利工程、植树造林治沙、抗击疫情牺牲了宝贵的生命。正是由于大家舍生忘死，才换来了岁月静好、青山绿水。这是“不怕牺牲、英勇斗争”精神的创新实践成果。真可谓“为有英雄多壮志，敢教日月换新天”啊。

3. 坚持自力更生、艰苦奋斗的精神

面对艰难困苦，我们不能依靠上天和外人，只能依靠我们自己，只能依靠自力更生、艰苦奋斗。在塞罕坝，下面这首诗就是这种精神的生动写照。“渴饮沟河水，饥食黑莜面。白天忙作业，夜宿草窝间。雨雪来查铺，鸟兽扰我眠。劲风扬飞沙，严霜镶被边。”塞罕坝、右玉和“六老汉”都赓续了井冈山精神和延安精神所固有的自力更生、艰苦奋斗的光荣传统。在这一点上，中国共产党人的精神谱系一脉相承、一以贯之。不管条件和环境如何变化，这种志气和精神决不能丢。

4. 坚持尊重自然、尊重科学的精神

我们改造自然和保护自然，必须建立在科学认识自然规律的基础上。由于通过艰苦详尽的调研掌握了兰考县的内涝、风沙、盐碱等“三害”发生的规律，焦裕禄同志才将种植泡桐作为治理“三害”的突破口。在塞罕坝，针对外来树苗水土不服的情况，通过科学研究，改进传统的遮阴育苗法，取得高原地区全光育苗的成功，才保证了大规模造林的苗木供应问题。在右玉县，通过多次探索，最终选择种植具有顽强生命力“小老杨”，挡住了肆虐的风沙。这是“坚持真理、坚守理想”精神的创新实践成果。只有坚持尊重自然和尊重科学，生态文明建设才能取得成功。

5. 坚持驰而不息、利在长远的精神

建设生态文明是关系中华民族永续发展的千年大计,必须要有“献了青春献终身,献了终身献子孙”的无我精神。一代又一代的塞罕坝人,坚持职守,薪火相传,才创造了荒原变林海的人间奇迹。一任又一任的右玉县委书记,坚持“咬定绿化不放松,誓让山川变绿洲”,带领全县人民进行了持续70多年的造林治沙接力赛,才使旧貌换新颜。八步沙“六老汉”三代相传,子承父志,谱写了戈壁荒漠上的绿色传奇。延安的退耕还林坚持了20多年。这是“子子孙孙无穷匮也”的愚公精神的创新实践成果。抓任何工作,都要有“绿我涓滴,会它千顷澄碧”的抱负。

6. 坚持绿色发展、天人和谐的精神

治理穷山恶水、恢复绿水青山,就是为了让绿水青山变成金山银山,让人民群众在绿水青山中共享自然之美、生命之美、生活之美。在塞罕坝,大家凭借自己勤劳的双手和聪明的头脑,成为实践“绿水青山就是金山银山”理念的范例。从当初的单纯植树造林和销售木材,到发展林下经济、多种经营,再到今天发展森林旅游和森林康养等新业态,生产生态产品和提供生态服务,塞罕坝成为践行绿色发展理念的模范生。其他先进范例同样如此。恩格斯讲过,共产主义就是实现人与自然、人与社会双重和谐的社会。实现人与自然和谐共生同样是我们共产党人追求的理想。绿色发展的要义就是人与自然和谐共生。这是“坚持真理、坚守理想”和“对党忠诚、不负人民”精神的创新实践成果。

生态文明精神是中国共产党人精神谱系的重要内容和鲜明特质,是建党精神在生态文明建设上的创新运用和创造实践。它表明,中国共产党人不仅善于破坏旧世界,而且善于建设新世界。习近平总书记指出:“要弘扬塞罕坝精神,继续推进全民义务植树工作,创新方式方法,加强宣传教育,科学、节俭、

务实组织开展义务植树活动。”①因此，我们必须将这些精神内化到生态环境保护领域的国家治理体系和治理能力现代化当中，调动和激励人民群众积极投身到社会主义生态文明建设当中。

五、京津冀绿色协同发展的共享导向

按照共同富裕的社会主义本质和共享发展的科学理念推进社会主义生态文明建设，还必须坚持统筹城乡生态文明建设、区域生态文明建设上。只有这样，才能将社会公平正义和生态公平正义统一起来。从区域的角度来看，习近平总书记指出，实现京津冀协同发展，是探索生态文明建设有效路径、促进人口经济资源环境相协调的需要。为此，亟需实现京津冀绿色协同发展。实现京津冀绿色协同发展，就是要将实现区域绿色发展作为区域协同发展的重要内容和基本方向，按照区域协同发展的原则和方式来推进和实现区域绿色发展，推进京津冀生态环境建设一体化，最终要将京津冀地区打造成为一个真正的生态共同体。目前，尽管在这方面取得了一些明显进展，但是，效果不尽如人意。一个重要原因就在于没有建立起应有的利益共享机制。因此，社会主义中国必须坚持共同富裕和共享发展，加大生态补偿力度，以此来促进和推动京津冀的绿色协同发展。

（一）河北省在京津冀绿色协同发展中的“外部性”

在实现京津冀协同发展的过程中，河北省具有极其明显的特殊性，是影响和制约京津冀协同发展的“短板”。在区域绿色协同发展的层面上，河北省具有明显的“外部性”。

① 《习近平在参加首都义务植树活动时强调　全社会都做生态文明建设的实践者推动者　让祖国天更蓝山更绿水更清生态环境更美好》，《人民日报》2022 年 3 月 31 日。

1. 河北省在区域绿色协同发展中的正外部性贡献

从地理单元来看，京津冀同属华北平原和海河流域，是一个自然共同体。其中，河北省国土面积为 19 万平方公里，占京津冀地区国土面积的 88%；河北省海岸线大陆海岸线长 487 公里，海岸带总面积 11379. 88 平方公里，占京津冀地区海岸线和海岸带面积的比例均在 75%以上。这样，河北的可持续发展会直接影响和制约着京津的可持续发展。同时，位于冀北的张家口、承德地区的地理位置特殊，处于京津地区的上风口和上水口，一直充当着京津地区生态屏障和生态涵养区的角色。位于冀西的太行山地区，位于京津地区的水源的发源地或者上游。位于冀南的滨海平原，承担着调节整个京津冀地区的生态气候的重任。据统计，京津两市用水量的 80%和 90%以上主要来自滦河、洋河、桑干河和潮白河等河北省境内的河流。此外，为了防风固沙和涵养水源，张承地区实施了坝上退耕还林还草工程、“三北”防护林工程、京津风沙源治理工程和京津冀水源涵养区工程等生态建设工程。在这个过程中，河北省为京津冀生态建设作出了重要贡献和重大牺牲。例如，张承两地的土地沙化面积约 1. 83 万平方公里，但是，为了保证向京津两市供水，坝上地区大面积水浇地已改为旱地，这样，在一定程度上加剧了其生态恶化趋势。同时，为了涵养水源，近些年来，张承地区已关停多家污染企业。这不仅加重了这些地区的经济发展的压力，而且制约着当地农牧民脱贫致富的进程。

2. 河北省在区域绿色协同发展中的负外部性效应

从环境污染来看，京津冀空气污染存在着明显的区域输入的特征。北京市 $PM_{2.5}$受外界来源的影响程度为 28%—36%。在特定气象条件下，甚至可高达 40%以上。污染源主要来自河北省。近年来，随着区域污染联防联控的推进，京津冀环境治理取得了重要进展。尽管如此，河北省空气污染仍然很严重。中国社会科学院城市发展与环境研究所等单位于 2017 年 9 月发布的《城市蓝皮书:中国城市发展报告 No.10》显示,在从 2013 年到 2016 年对全国 74 个重点监测城市的空气质量的排名中,河北省的保定、邢台、石家庄、衡水、唐山、邯郸等城市连续排名后十位。之所以会出现这种情况,主要有以下原因:一是京津冀地区地理位置特殊,处于中国中部平原地区,容易形成静稳天气,不利于污染物的扩散。秋冬季节更是如此。二是河北省经济结构以钢铁等重工业为主,能源消费以煤炭为主,产业活动产生的污染物多,加上天气因素,极易产生污染。例如,2013 年,河北省生铁和粗钢产量为 16358.54 万吨和 18048.4 万吨,占全国的 22.99%和 22.19%,产能均居全国之首;消耗煤炭 31663.3 万吨,占全国的 7.5%,而这些企业排放的大量污染物正是形成雾霾天气的重要原因。目前,河北省自身难以完全解决这些问题。如果坐等其自行解决问题,那么,势必会拖京津可持续发展的后腿。

综上,由于河北省在实现京津冀绿色协调发展中具有特殊性,因此,必须将其环境治理作为实现京津冀绿色协同发展的重点,加大对其生态补偿的力度。

(二)坚持以共同富裕和共享发展引领京津冀绿色协同发展

京津冀绿色协同发展之所以难以取得实质性进展,就在于各方都持有“一亩三分地”的思维定式,都持有“邻避主义”的处事方式,未能妥善处理向河北省的生态补偿问题,助其实现绿色发展。为此,必须坚持共同富裕的社会主义本质要求,必须坚持共享发展的科学发展理念,引领京津冀地区的绿色协同发展。

1. 按照共同富裕原则推动京津冀绿色协同发展

共同富裕是社会主义本质的内在规定和必然要求。这同样适用于区域关系。毛泽东思想就十分注重按照统筹兼顾的方式处理沿海和内地的关系。在此基础上,邓小平理论提出了“两个大局”的思想。“沿海地区要加快对外开放，使这个拥有两亿人口的广大地带较快地先发展起来，从而带动内地更好地发展，这是一个事关大局的问题。内地要顾全这个大局。反过来，发展到一定的时候，又要求沿海拿出更多力量来帮助内地发展，这也是个大局。那时沿海也要服从这个大局。”①进而，“三个代表”重要思想和科学发展观都提出了统筹区域协调发展的要求。统筹区域协调发展的实质和目的就是要实现区域共同富裕。长期以来，京津发展得到了包括河北省在内的全国各地的大力支持。否则，京津两市难以取得如此的成就。退一步讲，即使京津靠自身力量获得了发展，但是，在“环京津贫困带”的包围下，这种发展难以持续下去。在中国经济总量已经跃居世界第二位的情况下，已经具备了转向第二个大局的能力。因此，河北省在区域发展中的贡献和代价都应得到合理的补偿，否则，不仅难以实现京津冀协同发展，而且难以体现出社会主义本质。

2. 按照共享发展理念推动京津冀绿色协同发展

党的十八大以来，习近平新时代中国特色社会主义思想，提出了坚持以人民为中心的发展思想，提出了京津冀协同发展战略，提出了共享发展的科学理念，丰富和发展了社会主义本质理论。现在，必须将共享发展理念融入京津冀绿色协同发展中。第一，坚持共有。自然财富是大自然馈赠给全人类的财富，坚决不能私有化。在京津冀自然共同体中，在明晰自然资产产权的基础上，必须确认京津冀共有区域内的自然财富的范围和对象。对维护和增值自然财富的行为主体，区域中的其他行为主体必须给予必要的补偿。第二，坚持共建。区域绿色发展是实现区域生态文明目标的重要抓手和现实途径，是造福整个区域的事业，因此，京津冀必须平等合作，同向发力，齐心协力，形成生态文明建设的合力。只有这样，才能形成各地都参与、各地都尽力、各地都有成就感和获得感的生动局面。第三，坚持共治。环境污染的跨区域特征要求生态环

① 《邓小平文选》第3卷，人民出版社1993年版，第277—278页。

境治理必须形成联防联控的机制，形成京津冀生态环境治理合力。除了强化大气污染防治协作机制之外，京津冀还要在防护林建设、水资源保护、水环境治理、清洁能源使用等领域完善合作机制。为此，要统一区域生态环境信息披露渠道，统一区域生态环境标准，统一区域生态文明建设规划，统一区域生态环境执法，统一区域生态环境监管。第四，坚持共享。良好生态环境是最公平的公共产品，是最普惠的民生福祉。京津冀区域绿色发展的成果理应由三地人民共享。为此，要正确处理公平和效率的关系，确保生态文明建设成果共享成为生态文明共建的动力机制。只有坚持共建，才能实现共享。显然，“共享理念实质就是坚持以人民为中心的发展思想，体现的是逐步实现共同富裕的要求”①。按照共享发展的科学理念，必须加大向河北省的生态补偿力度。

总之，只有按照共同富裕的原则和共享发展的理念来引领京津冀的绿色协同发展，科学处理对河北省的生态补偿问题，那么，我们就可以有效推动京津冀的绿色协同发展。

（三）创新共享京津冀绿色协同发展成果的制度

为了有效促进京津冀绿色协同发展，必须科学认识河北省产生的外部性问题，通过制度创新，加大向河北省的生态补偿力度。

1. 科学认识河北产生的生态环境外部性

科学评价河北省在区域中产生的生态环境外部性，是进行科学生态补偿的前提。从正外部性来看，作为生态涵养区，河北省提供的生态系统服务是京津冀区域可持续发展的基本保证，因此，必须科学评估其提供的涵养水源、防风固沙等生态贡献方面的价值，并赋予其以货币价格。同时，为了强化其区域生态系统服务功能，河北省大力推进退耕还林、关停污染企业等生

① 《习近平谈治国理政》第2卷，外文出版社2017年版，第214页。

态环境治理工程，付出了一定代价和成本，因此，必须对之给予一定补偿。此外，由于面积有限，京津两市的森林资源不能完全吸收本地产生的碳排放量，往往由河北省的森林植被吸收，因此，理应对其碳汇贡献进行生态补偿。从负外部性来看，河北省环境污染同样具有明显的外部输入的特征。京津确实存在着将高投入、高消耗、高污染的企业和项目迁往河北省的情况。河北省为治理这些问题付出了成本和代价，因此，理应得到必要的补偿。另外，为了缓解目前严重超负荷的垃圾处理能力，京津两市存在着把以城市垃圾为主的固体废物大批转移到河北省的现象，从而加重了河北省的生态环境压力。但是，河北省并未得到合理的生态补偿。现在，京津有必要对之进行科学合理的补偿。

2. 加大向河北省的纵向生态补偿的力度

实现京津冀绿色协同发展，不仅仅是一个关系京津冀可持续发展的问题，更为重要的是一个关系到国家发展战略的问题。因此，国家有责任、有义务推动京津冀绿色协同发展。第一，中央政府应该通过财政转移支付的方式建立京津冀绿色协同发展基金，大力发展生态金融，购买河北省提供的生态系统服务，在绿色发展方面帮助河北省“造血”，加大向河北省的补偿力度。第二，中央政府应该推动建立和完善区域统一的产业布局、财政税收、金融投资、产权交易、技术研发、创业就业政策，用以支撑河北省的绿色发展，完善共建共享、协作配套、统筹互助机制。其中，要以统一的产业政策为引导，以统一的社会政策为托底，妥善安置关停的企业及其员工，推动河北省产业向绿色、低碳和循环的方向发展。第三，中央政府要设立专门的机构或委派中央相关机构来统一领导和指导京津冀绿色协同发展，明确京津冀生态功能区域，划定京津冀生态红线，组织独立的专门的力量科学测算河北省生态贡献和生态成本，科学确定京津冀之间的补偿标准和系数，科学评估京津冀生态补偿的绩效。

3. 加大向河北省的横向生态补偿的力度

为了推动区域绿色协同发展，京津冀应该形成利益共享机制，加大向河北省的生态补偿力度。今天，在推动京津冀产业发展一体化、城市建设一体化、交通运输一体化、生态环境建设一体化的过程中，必须在区域横向生态补偿方面进行创造性的努力。第一，京津冀三方应以平等合作的方式制定《京津冀横向生态补偿条例》，援用“共同但有区别的责任”的原则，科学规定生态环境补偿的基本框架，明确生态补偿的对象、标准、系数、方法和方式。第二，京津冀三方应协商设立京津冀绿色协同发展专项基金，在一定比例财政资金投入的基础上，通过政府和社会资本合作的方式（PPP 模式）进行融资，用于对河北省的生态补偿，扶持其生态建设工程、环境治理工程。第三，京津冀三方应积极探索多元化的生态补偿机制，除了货币补偿之外，应该探索以扶贫带补偿、以支农代补偿、以支教代补偿、以支医代补偿、以支文代补偿、以支科代补偿、以务工代补偿、以投资带补偿、以合作带补偿、以市场带补偿等多元化的生态补偿方式，尤其是要加大向河北省输入优质的自然资本、产业资本、人力资本、技术资本的力度，提高其可持续发展能力。

总之，实现京津冀绿色协同发展的实质是实现区域生态共享，这是体现社会主义生态文明价值取向和价值特征的公平正义之举。通过制度创新和机制完善的方式，加大对河北省的生态补偿力度，可以有效破解京津冀绿色协同发展的障碍，为建设京津冀生态共同体创造条件，打造社会主义生态文明建设的京津冀协同样板。

第七章　生态文明建设的国际视野和贡献

生态文明建设关乎人类未来，建设绿色家园是人类的共同梦想，保护生态环境、应对气候变化需要世界各国同舟共济、共同努力，任何一国都无法置身事外、独善其身。我国已成为全球生态文明建设的重要参与者、贡献者、引领者，主张加快构筑尊崇自然、绿色发展的生态体系，共建清洁美丽的世界。——习近平①

地球是人类生存的唯一家园，人类只有一个地球。但是，地球在茫茫的宇宙当中只是一叶扁舟而已。如果人类不爱护自己的家园，那么，只能是家毁人亡。人类不可能带着地球在宇宙当中“流浪”，只能是地球带着人类在宇宙当中“旅行”。但是，随着西方资本主义工业化的发展，人类对自然的干涉、破坏、污染达到了无以复加的地步，最终酿成了生态危机。随着西方主导的全球化的发展，生态危机也成为了全球性问题。全球性问题的威胁性具有现实性、紧迫性、全球性，谁都不能逃脱其造成的悲惨命运。对于生活在“地球村”当中的人们来说，只能携手应对全球性问题，共同呵护家园。舍此，没有他途。

① 习近平：《论坚持人与自然和谐共生》，中央文献出版社 2022 年版，第 13—14 页。

从其形成的原因来看,在北方国家和南方国家之间、在资本主义国家和社会主义国家之间,造成全球性问题的原因不尽相同。在发达国家,主要是由于发展过度造成的;在发展中国家,主要是由于发展不足造成的。在资本主义国家,主要是由于资本逻辑造成的;在社会主义国家,主要是由于发展方式不当造成的。异因同果,是常见的现象。当我们批评资本逻辑是造成生态危机的罪魁祸首的时候,只不过是警示自己不要重蹈西方的覆辙而已。但是,违背人与自然和谐共生规律是共同的原因。因此,人类需要在遵循人与自然和谐共生规律上达成共识,形成共同行动。

2008 年爆发的次贷危机,进一步暴露出了晚期资本主义的矛盾。为了应对这次危机,国际社会推出了绿色新政,试图统筹解决经济问题、社会问题、生态问题。西方国家纷纷推出了自己的绿色新政政策。但是,特朗普当选美国总统后退出控制全球气候变化的《巴黎协定》,美国在应对新冠肺炎疫情方面的无力和无效,已经表明绿色新政名存实亡。但是,在实施绿色新政中形成的政策和措施,对于生态文明建设具有重要的启示。

新科技革命的发展为人类化解生态危机、实现人与自然和谐共生提供了新的机遇和可能。因此,人类应该抓住创新,加强合作,推动全球生态环境治理。在这个问题上,人类仍然充满着希望,关键在于我们能否加强合作,促进世界经济可持续转型,共同搞好全球生态文明建设,建设一个清洁美丽的世界。

在构建人类命运共同体的过程中,在开展政府之间环境外交的同时,也应该加强各国民间环境合作和交流。环境 NGO 之间的交流和合作是民间环境合作和交流的重要形式,是推动全球生态文明建设的重要力量。

在不平衡的世界体系中,面对千年未有之大变局,我们应该统筹南北问题和环发问题,关注和解决发展中国家穷人的生态环境权益,发展"穷人生态学"。中国的生态扶贫和生态脱贫为之提供了方案和经验。

自从 1972 年参加联合国人类环境会议之后,中国就开始积极参与国际环境合作和交流。党的十八大以来,按照习近平主席提出的人类命运共同体理念,中国积极参与全球生态治理,引导应对气候变化国际合作,已经成为全球生态文明建设的重要参与者、贡献者、引领者。现在,新时代的中国既致力于建设“美丽中国”,又积极推进建设“美丽世界”。这二者的交相辉映,充分表现出当代中国生态文明建设的开放视野和博大胸怀。“太平世界,环球同此凉热。”

一、走向绿色新政的国际潮流

自 2008 年金融危机以来,西方国家纷纷转向绿色新政,将之作为克服金融危机和实现绿色发展的重要抉择。西方国家的绿色新政对于我们建设美丽中国具有重要的借鉴意义。

(一)加强绿色政策的导向作用

在国际金融危机呼啸而至、环境污染日趋严重的情况下,2008 年 12 月,联合国气候变化大会正式发出了实施“绿色新政”(Green New Deal)的倡议。2009 年 3 月,联合国环境规划署发表了《全球绿色新政政策纲要》。全球绿色新政包括三大目标:重振世界经济、创造就业机会和保护弱势群体,降低碳依赖、生态系统退化和淡水稀缺性,实现到 2025 年前结束世界极端贫困的千年发展目标。

在此背景下,西方国家相继推出了绿色新政。2008 年 7 月,日本发布了《建设低碳社会的行动计划》;次年 4 月,又公布了《绿色经济与社会变革》的政策草案,要求在 2015 年之前把绿色经济规模扩大至 120 万亿日元。日本绿色新政的重点是鼓励和推动节能降耗,大力发展低碳经济。2008 年 9 月,韩国出台了《低碳绿色增长战略》;次年 7 月,公布了《绿色增长国家战略及五年计划》,计划在 2009—2013 年期间,将每年 GDP 的 2%作为政府绿色投资资金。创造就业岗位、扩大未来增长动力和基本确立低碳增长战略,是韩国绿色新政的三大目标。2008 年 11 月,英国出台《气候变化法案》;次年 7 月,又推出了《低碳转换计划》和《可再生能源战略》两大战略文件。在后一文件中,英国提出了 2020 年实现可再生能源的产量占全部能源产量的 15%的总目标。英国绿色新政要求英国在新能源、低碳建筑、超低碳汽车等方面居世界领先地位,并增加就业岗位。2009 年 2 月,美国颁布《复苏与再投资法案》,将新能源作为重点领域之一,计划在 10 年内每年投资 150 亿美元,创造 500 万个新能源、节能和清洁生产就业岗位。美国绿色新政包括节能增效、开发新能源和应对全球气候变化等内容。

这样,绿色新政就成为西方国家走向绿色发展的重要引导。

(二)强化绿色法律的约束作用

在应对生态危机的过程中,西方发达国家形成了相对成熟的绿色法律体系。为了推进绿色新政的有效实施,他们在此基础上进一步完善了相关法律。

《气候变化法案》使英国成为世界上第一个将温室气体减排目标写进法律的国家。该法案规定到 2020 年英国在 1990 年的基础上实现 26%的减排,2050 年在 1990 年的基础上实现 80%的减排。为此,它制定了以法治为保障的义务框架:采取周期性的碳预算方案,针对减排义务的履行制定公共报告和审查制度,进行必要的制度改革。

2009 年 6 月,美国众议院通过的《美国清洁能源安全法案》规定,美国 2020 年时的温室气体排放量要在 2005 年的基础上减少 17%,到 2050 年减少 83%;参议院版的法案则将之分别设定为 20%和 80%。

基于为低碳绿色增长战略的实施提供法律保障的考虑,2010 年 1 月,韩国颁布了《绿色增长基本法》;该年 4 月开始实施该法。所谓“绿色增长”,是指最小化使用能源和资源,减少气候变化和环境污染,通过清洁能源、绿色技术开发以及绿色革新,确保增长动力,创造工作岗位,实现经济环境和谐相融的增长方式。《绿色增长基本法》的主要内容包括制定绿色增长国家战略、绿色经济产业、气候变化、能源等项目以及各机构和各单位具体的实行计划。此外,还包括实行气候变化和能源目标管理制、设定温室气体中长期的减排目标、构筑温室气体综合信息管理体制以及建立低碳交通体系等有关内容。该法要求,在 2020 年以前,把温室气体排放量减少到“温室气体排放预计量”的 30%。这一法律生效后,韩国对绿色产业实行绿色认证制,包括 10 个项目、61 项重点技术。对于大型建筑物,将实行“能源、温室气体目标管理制”,严格限制能源的使用。这样,不仅确立了绿色新政的法律地位,而且为实施绿色新政提供了法律保障。

此外,西方国家也十分重视环境标准的约束作用。例如,他们都会通过提高机动车的碳排放标准来促进节能减排。为此,美国政府决定在 2016 年前把新生产的轿车和轻型卡车的燃料使用效率标准提高到每加仑 33. 5 英里(约合 6. 6 升/百公里),这比 2007 年“能源法案”的规定提前了 4 年。

(三) 重视绿色市场的激励作用

在市场经济条件下,生态环境问题是典型的外部不经济性问题,但是,通过采用经济手段,可促进外部问题内部化,进而促进可持续发展。西方在这方面有丰富的经验。在实施绿色新政的过程中,主要采用的经济手段有:

1. 取消不合理的补贴

长期以来,矿物燃料补贴是不合理补贴的一个重要领域,全球每年的补贴超过了 2000 亿—3000 亿美元。这种补贴加重了经济的碳依赖,耗尽了矿物资源,抑制了可持续能源的包销。因此,在实施绿色新政的过程中,一般将取消这一补贴作为重要的举措。据估计,取消这一补贴能减少全球 6% 的温室效应气体排放和增加全球国民生产总值的 0. 1%。同时,要实施“谁污染谁治理”的原则,这样,才能使环境成本内化。

2. 生态系统服务付费

生态系统的正常作用能够引起人类收益的增加，因此，它具有经济价值。例如，森林生态服务产品在印度 GDP 总量中仅占 7.3%，但是，在“贫困人口GDP”（指生活在贫困线以下并依靠从事自给自足农业活动和收集非木材森林产品的人口的有效家庭收入）中所占的比重高达 57%。但是，传统经济学没有估计到这一点。因此，绿色新政要求引入生态系统服务付费，将这种付费直接给予贫困人口。这样，可以理顺资源价格，保护生态系统，实现减贫效应。

3. 财政预算投入鼓励

财政投入一直是支持可持续发展的正面的鼓励措施。当政府的财政预算转向可持续领域时，可以带动新产业的发展和增加新的就业岗位，进而能够推动绿色发展。在这方面，英国创建了具有法律约束力的碳预算制度。借用财政科学中的预算概念，碳预算表示在给定时间段内允许排放到大气中的碳单位数量或者须达到的碳减排目标。为此，英国政府在 2009 年的预算中专门拨出 4.05 亿英镑，扶持关键企业应对气候变化。2009 年，法国政府投资 4 亿欧元，用于研发清洁能源汽车和低碳汽车。在韩国政府实施绿色新政期间，投入 230 亿美元用于促进绿色增长，占其财政刺激计划的 81%，相当于韩国 GDP 的 2.6%。

4. 征收生态环境税项

自英国经济学家庇古提出“庇古税”以来，根据污染所造成的危害程度对排污者征税、用税收来弥补排污者生产的私人成本和社会成本之间的差距的环境税（生态税、绿色税），成为环境管理的重要经济手段。经济合作和发展组织对“环境税”的定义是：对环境危害的产品或生产强制征收附加费；制定可以准确反映环境成本的产品与生产的市场价格；将所得收入用于降低劳务税(所得税)等其它征税或者降低环保型产品或生产的初始成本。从大的方面讲,美国的环境税收主要包括对损害臭氧层的化学品征收的消费税、与汽车使用相关的税收、开采税和环境收入税等四类。在以往的基础上,西方国家在实施绿色新政中进一步强化了税收的作用。

例如,在可持续交通方面,主要采取以下手段:(1)燃油税。波兰征收汽油/柴油税,瑞典征收碳排放税。(2)车辆税。欧盟征收每年的车辆配置税费,丹麦、德国和日本减免新型清洁高能效汽车的税费,丹麦、英国要求每年缴纳二氧化碳和烟雾的外部效应费用,新加坡招标拍卖车辆许可证。(3)新型车辆鼓励。日本、美国对清洁汽车退税,美国对耗油量大的车辆征收税款,澳大利亚实行综合税制。(4)道路费用。美国加州实行道路收费/高载车辆付费道路,英国伦敦实行高峰期行车收费,新加坡采用电子道路收费。(5)使用费。美国收取泊车费并进行泊车需求管理,加拿大、德国、冰岛收取泊车占位费。(6)车辆保险。英国、美国对未交强险的施行罚款,英国实行具体的汽车保险,英国和美国实行加油即付、上路即付的保险。(7)清洁交通鼓励。加拿大对成本节约、清洁、省油的公共交通进行鼓励,英国对清洁、省油的公司车辆进行鼓励。经济危机为实行税制改革提供了良好的契机,而税制改革具有明显的经济效益和环境效益。据估计,美国对每排放一公吨二氧化碳收取 10 美元的税款,可减少 7. 2 亿吨的二氧化碳排放,同时可退回 73%的工资所得税。

由于实行绿色税制改革,德国创造了 250000 个工作岗位,退休金成本减少 70 亿美元,燃料消耗下降 7%,二氧化碳排放下降 2%—2. 5%。在水资源开发和利用方面,水资源价格、可交易的用水权和其他基于市场的手段越来越得到广泛的运用。

在全球性的层面上,西方国家在国际贸易、国际援助、全球碳市场、全球生态系统服务市场、技术开发和转让等方面也进行了改革。

生态环境问题是市场经济造成的,通过创建生态环境问题方面的市场机制,不仅可以解决市场失灵问题,而且能够促进可持续发展。

（四）发挥绿色科技的支撑作用

尽管生态环境问题在一定程度上是科技发展的负效应，但是，解决生态环境问题的最终希望也取决于科技进步。关键是必须促进科技的绿化，大力发展绿色科技。绿色科技是指在经济活动全过程中减少能源/资源使用、减排温室气体和污染物质的温室气体减排科技、能源使用有效化科技、清洁能源科技、资源循环科技以及环境友好科技等。西方国家在发展绿色科技方面取得了一系列重大成就。因此，面对经济危机，他们将发展绿色科技看作是创造新的增长和就业机会的动力。这次，他们主要是将新能源和可再生能源的开发和利用作为科技创新的关键领域。

美国将发展新能源作为主攻领域之一，重点包括发展高效电池、智能电网、碳储存和碳捕获、可再生能源如风能和太阳能等，同时美国还大力促进节能汽车、绿色建筑等的开发。据估计，在清洁能源技术方面的投资，可以给美国带来 200 万个工作岗位，并且其每单位美元投资所创造的工作是投资于矿物燃料能源的 2 倍。

英国要求将海上风力发电、水力发电、碳捕获及储存作为关键领域，以确保英国在碳捕获、清洁煤等新技术领域处于领先地位。法国的重点是发展核能和可再生能源。2008 年 12 月，法国环境部公布了一揽子旨在发展可再生能源的计划，这一计划有 50 项措施，涵盖了生物能源、风能、地热能、太阳能以及水力发电等多个领域。

韩国政府抓住了新科技革命发展的信息化趋势，于 2009 年 5 月推出了“绿色信息技术国家战略”。这一战略充分肯定了信息技术的重要地位以及韩国政府利用信息技术实现绿色增长的理念和决心。其内容主要有：全面实行能够减少上下班时间和费用的远程工作制，在学校采用电子教材以取代纸质教材，利用信息技术减少制造业的能源消耗等。为此，他们还设定了“信息技术部门的绿化”和“用信息实现绿色化”两个领域的 9 个核心课题：世界最尖端信息技术产品的开发、比目前网速快10倍的网络系统的构筑、利用信息技术实现低碳工作环境、利用信息技术创造绿色制造业、智能绿色交通体系与智能环境检测系统，等等。为了将绿色信息技术培育成为新增长动力，韩国决定到2012年或2013年为止，对绿色信息技术共投入13.7万亿韩元。据预测，这一项目可创造5.2万个工作岗位，减少二氧化碳排放量1800万吨。

（五）夯实绿色产业的基础作用

环境和发展是不可分割的整体。绿色产业是实现这种结合的重要选择。它是指在经济、金融、工业、建筑、农水产业、旅游等经济活动中，通过提高资源/能源使用效率，生产/消费改善环境的产品、服务，为实现绿色增长作贡献的第一、二、三产业的总和。在欧盟范围内，绿色产业主要包括环境友好型能源供应技术、建筑和工业能效、物质效率（如可再生资源）、交通技术、水技术、废物管理技术等。

德国发展绿色产业的重点是发展生态工业。2009年6月，德国公布了一份旨在推动德国经济现代化的战略文件，在这份文件上，德国政府强调生态工业政策应成为德国经济的指导方针。德国的生态工业政策主要包括以下内容：严格执行环保政策；制定各行业能源有效利用战略；扩大可再生能源使用范围；可持续利用生物智能；推出刺激汽车业改革创新措施及实行环保教育、资格认证等方面的措施。

联合国环境规划署将以下行业作为发展绿色产业的重点：（1）节能建筑。仅在欧洲和美国，由于提高建筑物能效的投资就能额外产生200万—350万个就业岗位。（2）可再生能源。到2030年，全球预计对可再生能源行业的6300亿美元的投资将至少转化为2000万个额外的工作岗位。（3）可持续交通。在美国，提高燃油经济标准可以扩大省油汽车的产量，直接创造多达35万个新的就业机会。（4）淡水。在美国的复苏方案中，决定为清洁水基础设施投资40亿美元，为饮用水基础设施投资20亿美元。在韩国的经济刺激方案中，有120亿美元用于改善四大主要河流。(5)生态基础设施。全球湿地仅占陆地面积的6%，却通过渔业、农业和捕猎业产生25%的全球食品。据估计，在发展中国家，每1美元的投资用于饮用水和卫生条件的改善可带来5—11美元的收益。(6)可持续农业。据估计，有机农业比工厂化农业会多使用30%的劳动力，这样，每年将可创造172000个工作岗位。(7)其他绿色产业。

在物质减量化方面，英国"全国产业共生计划"共吸纳了8000多家成员公司，消灭了351000吨危险废物，节约了930万吨水源，节省了634万吨原材料，为成员企业带来了2.08亿美元的额外收入，节省1.7亿美元的费用开支。

在再循环方面，美国再循环行业每年产生2360亿美元的价值，并且在56000个公共和私有设施中雇用了超过100万名的员工。显然，通过大力发展绿色产业，可以实现环境和发展的双赢。

总之，尽管西方各国的绿色新政对联合国全球绿色新政中的消灭贫困的目标也未给予高度的关注，但是，绿色新政毕竟是一个集经济、社会和生态三重目标为一体的综合战略，对于推动全球性绿色发展具有重要的意义。同时，国际社会对中国在推行绿色新政中的作用给予了高度的评价。但是，由于美国政府一度退出了控制全球温室气体上升的《巴黎协定》，突如其来的新冠肺炎疫情打断了正常的生活和生产秩序，因此，全球实施绿色新政的效果还难以评估。无论怎么样，我们都应该科学借鉴西方国家实施绿色新政的经验，协同推进减污和减排，这样，我们才能为实现中华民族伟大复兴的中国梦奠定生态基础。

二、全球生态环境治理的新努力

尽管人类面临着全球性问题的严峻挑战，但是，方兴未艾的新科技革命的发展，为人类化解全球性问题提供了新的机遇和可能。因此，人类应该抓住新科技革命的机遇，加强创新驱动，推动世界经济的可持续转型，加强全球生态环境治理,那么,人类仍然会走上可持续之路,走向生态文明。

(一)以新科技革命成果化解全球性问题

第二次世界大战之后,新科技革命席卷全球,为我们有效应对全球性问题提供了新的机遇和可能。因此,我们应该抓住这个机遇,加强创新驱动。

抓住创新创造的机遇。科学技术是第一生产力,是先进生产力的主要标志和显著特征,因此,创新发展的核心是推动科技创新。尽管世界科技事业取得了突飞猛进的进步,但是,与世界先进水平相比,发展中国家仍然存在着很大差距。面对世界新科技革命浪潮,发展中国家要急起直追,抓住世界科技革命历史机遇。今天,只有顺应这一趋势,才能抓住难得的机遇,才能在引进的基础上实现发展中国家科技事业的跨越式发展,这样,才能增强发展中国家科技的自主创新能力。对于中国来说,才能实现从"中国制造"到"中国智造"的转变。

选准创新创造的课题。除了基础性研究之外,科技创新必须坚持现实问题导向的原则,这样,才能充分发挥科技进步的社会功能。因此,我们要针对经济社会发展方向、目标、战略、短板选准课题,围绕现代化建设事业的重大需要开展科技攻关,围绕着生态文明建设的重大现实问题开展科技攻关,这样,才能增强科技进步对经济增长的贡献度,形成新的增长动力源泉,以更好地造福人民群众。例如,围绕绿色、有机、无公害的农产品供给开展科技攻关,才能为发展现代高效生态农业、保障食品安全提供有力的科技支撑。同样,围绕军民融合高科技产业开展科技攻关,能够有效促进军企和民企的协调发展,能够有效提升发展中国家的总体实力。

完善创新创造的环境。制度环境对于科技事业发展至关重要。只有统筹制度创新和科技创新,才能为科技创新提供适宜的制度环境。目前,发展中国家必须形成更具激励性的制度环境,尊重科学、技术、工程各自运行规律,大力推动科技体制改革,从物质和精神两个方面激发科技创新的积极性和主动性。

在创新科技投入方式、加大科技投入力度的同时，关键是要尊重科技人才的创新自主权，形成允许科技工作试验失败的环境和政策，同等关爱和平等使用各类人才，这样，才能有效激发广大科技人才的创新创造的热情和活力。

总之，扎实开展创新创造是一项社会系统工程，需要从多方面做出努力。

（二）以可持续方式推动世界经济的转型

目前，世界经济仍然面临着增长动力不足、需求不振、金融市场反复动荡、国际贸易和投资持续低迷等多重风险和挑战，因此，我们应该创新发展方式，挖掘增长动能，建设创新型、开放型、联动型、包容型的世界经济。

1. 建设创新型世界经济，开辟增长源泉

创新是引领发展的第一动力，是从根本上打开增长之锁的钥匙。最为关键的创新来自科技创新。回顾一下工业革命以来的人类文明史就可以发现，每一次科技创新无不推动了社会进步。目前，上一轮科技进步带来的增长动能逐渐衰减，新一轮科技和产业革命尚未形成势头。因此，为了走出困境，国际社会必须牢牢把握科技进步的大方向，建设创新型世界经济。

建设创新型世界经济就是要充分发挥科技创新在引领经济发展中的第一作用，力争实现科技成果的产业化。为此，国际社会应该科学把握新一轮科技革命的绿色、智能、泛在等趋势和特征，把握创新、新科技革命和产业变革、数字经济的历史性机遇，推动世界经济的转型和升级。同时，必须推动相关的制度创新。国际社会要针对全球经济增长低迷的突出问题，在宏观经济政策上进行创新，把财政货币和结构性改革政策有效组合起来，做到短期政策和中长期政策并重，需求侧管理和供给侧改革并重。同时，要对科技发展及其转化为经济的正反效应进行全面的辩证的分析，在充分放大和加速其正面效应的同时，把可能出现的负面影响降到最低。这样，才能够把各国实施创新政策的力量汇集一处，提升世界经济的中长期增长潜力。

2. 建设开放型世界经济，拓展发展空间

开放带来进步，是世界经济繁荣发展的必由之路。但是，在国际金融危机和疫情的背景下，经济全球化出现波折，多边贸易体制受到冲击。固然发展中国家的闭关锁国、夜郎自大只能导致落后，但是，国际社会尤其是发达国家在当下更要警觉的是，重回以邻为壑的老路，不仅无法摆脱自身危机和衰退，而且会收窄世界经济共同空间，导致“双输”局面。因此，国际社会应该继续推动贸易和投资自由化便利化，建设开放型世界经济。

建设开放型世界经济，就是要积极引导全球化的发展，通过开放实现优势互补，最终取得“双赢”。为此，国际社会应该重申反对保护主义承诺，恪守不采取新的保护主义措施的承诺，加强贸易和投资机制建设，加强投资政策协调合作，制定全球贸易增长战略和全球投资指导原则，巩固多边贸易体制，采取切实行动促进贸易增长。在此基础上，国际社会应该发挥基础设施互联互通的辐射效应和带动作用，帮助发展中国家和中小企业深入参与全球价值链，推动全球经济进一步开放、交流、融合。唯此，才能为世界各国发展营造更大市场和空间，重振贸易和投资这两大引擎。

3. 建设联动型世界经济，凝聚互动合力

系统中各个要素的联动可以最大限度地发挥系统的整体效应。如果单兵作战，必然一事无成。同样，在经济全球化时代，各国发展环环相扣，一荣俱荣，一损俱损。没有哪一个国家可以独善其身，协调合作是必然选择。目前，由于在金融危机和疫情的背景下出现了难以自保的问题，因此，保护主义、内顾倾向大为抬头。因此，国际社会必须在世界经济共振中实现联动发展，建设联动型世界经济。

建设联动型世界经济，就是要实现世界经济的互联互通。为此，国际社会应该加强政策规则的联动，一方面，通过宏观经济政策协调放大正面外溢效

应，减少负面外部影响；另一方面，要倡导交流互鉴，解决制度、政策、标准不对称问题。在这方面，中国率先垂范，推出了“一带一路”倡议，创立了亚洲基础设施投资银行，希望以此加速全球基础设施互联互通进程。国际社会应该增进利益共赢的联动，推动构建和优化全球价值链，扩大各方参与，打造全球增长共赢链。今天，互联互通应该是基础设施、制度规章、人员交流的三位一体，应该是政策沟通、设施联通、贸易畅通、资金融通、民心相通五大领域齐头并进。这样，才能形成生机勃勃、群策群力的开放系统，才能保持世界经济发展的活力。

4. 建设包容型世界经济，夯实共赢基础

一般可以将平等界定为包容，将不平等界定为排斥。包容不仅有助于发展，而且是发展的必然要求和内在规定。目前，贫困和饥饿仍然是人类面临的重大问题。现在世界基尼系数已经达到 0.7 左右，超过了国际公认的 0.6 的“危险线”。同时，全球产业结构调整给不同产业和群体带来了冲击。因此，国际社会必须正视和妥善处理上述问题，努力让经济全球化更具包容性，建设包容性世界经济。

建设包容性世界经济，就是要大力推动包容性发展。包容性发展，是所有人机会平等、成果共享的发展，是各个国家和民族互利共赢、共同进步的发展，是各种文明相互激荡、兼容并蓄的发展，是人与自然和谐共处、良性循环的发展。建设包容性世界经济的核心是关心不同阶层和群体特别是困难群众的需求，保障其基本的需要、利益和人权，推动各国讨论公共管理和再分配政策调整。例如，能源短缺和匮乏是造成和加剧发展中国家贫困的重要原因，因此，实现能源的可及性就成为消灭贫困和实现绿色发展的共同议题。在世界范围内，必须将发展中国家的发展置于优先位置，不搞一家独大或者赢者通吃。只有减少全球发展不平等和不平衡，才能促进各国人民共享世界经济增长成果。

总之，习近平主席提出的建设创新型、开放型、联动型、包容型的世界经济

的“中国方案”，具有典型的发展经济学意义，理应成为全球经济治理坚持的共同目标和共同理念。只有建设起和建设好创新型、开放型、联动型、包容型的世界经济，才能推动世界经济的复苏和发展，促进世界经济的可持续转型，才能造福全人类。

（三）开启全球可持续发展新时代的航程

当今世界在可持续发展方面仍然面临着巨大挑战，人类和地球共同处于危机当中。为了促进全球可持续发展，二十国集团领导人杭州峰会（G20 杭州峰会）进行了创造性的努力，取得了一系列重大成果。

1. 积极推动《巴黎协定》尽快生效

全球气候变化是当今时代的最大挑战之一，其不利影响削弱了各国实现可持续发展的能力。从 1992 年《联合国气候变化框架公约》签署以来，国际社会围绕着气候变暖问题展开了激烈的外交角逐。一些发达国家以各种理由拒绝签署落实《公约》的《京都议定书》。经过国际社会的不懈的共同努力，2015 年，巴黎气候变化大会终于达成历史性的《巴黎协定》。《协定》的核心内容是将全球平均气温升幅与前工业化时期相比控制在 2℃以内，并继续努力、争取把温度升幅限定在 1.5℃之内，以大幅减少气候变化带来的风险和影响。此前，只有为数很少的几个国家批准了《协定》。在 G20 峰会前，作为世界上最大的发展中国家的中国和最大的发达国家的美国各自批准了《巴黎协定》，并在杭州向联合国交存了中国和美国气候变化《巴黎协定》批准文书。这被誉为 G20 杭州峰会的第一场胜利，将极大推动该协定于 2016 年内生效。在此基础上，峰会确认发达国家落实在《联合国气候变化公约》框架下所作的承诺，包括为发展中国家根据《协定》开展减缓和适应行动提供资金等的重要性。峰会重申绿色气候基金提供支持的重要性。最终，G20 杭州峰会同意在落实气候变化《巴黎协定》方面发挥表率作用，推动《巴黎协定》尽早生效。

2. 制定《二十国集团落实2030年可持续发展议程行动计划》

为了指导未来15年的全球可持续发展,2015年9月,联合国可持续发展峰会正式通过了《改变我们的世界——2030年可持续发展议程》。该议程包含一套涉及17个领域169个具体问题的可持续发展目标,体现了全人类的雄心壮志。问题的关键是如何将之落在实处。为此,G20杭州峰会第一次就落实议程制定了《二十国集团落实2030年可持续发展议程行动计划》,重申可持续发展议程具有普遍、变革、不可分割、融合的特性,不让任何一个人掉队、在地球上生活的每个人享有尊严、实现以人为中心的可持续发展的重要性,重申将根据各自国情并充分发挥G20比较优势,将自身合作与全球落实议程等结合起来,同时承认联合国在全球落实和审议上述议程方面的领导作用。同时,杭州峰会要求通过在广泛领域大胆变革的集体和自愿的国别行动,为各国落实该发展议程作出表率。最后,围绕《议程》提出的目标,《计划》提出了具体可行的行动计划。在国际可持续事务中,《计划》第一次将《议程》具体化和可操作化,具有开创性意义。

3. 确定增强环境可持续性在结构性改革中的优先位置

面对全球经济复苏弱于预期的情况,关键之举是通过结构性改革来提高生产力和潜在产出。简言之,结构性改革就是要促进经济要素以及影响经济发展的外部要素处于恰当的比例关系当中,以促进经济的持续发展。为此,杭州峰会通过的《二十国集团深化结构性改革议程》提出了结构性改革的九大优先领域,“增强环境可持续性”为其中之一。G20提出的增强环境可持续性的指导原则是:一是推广市场机制以减少污染并提高资源效率。例如,G20提出了增强金融体系筹集私人资本开展绿色投资的能力等举措。二是促进清洁和可再生能源以及气候适应性基础设施的发展。G20已于2016年启动“全球基础设施互联互通联盟倡议”,致力于加强现有基础设施互联互通倡议。三是推动与环境有关的创新的开发及运用。G20 杭州峰会通过了《二十国集团创新增长蓝图》,旨在加强创新、新工业革命和数字经济领域的国际合作。这些创新领域的举措和成果将会成为推动全球可持续发展的强大动力。四是提高能源效率。G20 在 2016 年制定了《G20 能效引领计划》,致力于推动更多的能效合作,鼓励 G20 成员根据自身需要和本国国情,积极开展能效项目,采取有关政策和措施,大力提高 G20 成员的能效水平。这就意味着,环境不仅是影响经济增长的外部变量,而且是促进增长的内在动力,因此,增强环境可持续性最终会在实现强劲、可持续和平衡增长以及促进创新增长方面发挥着关键作用。

4. 加强绿色金融的发展

为了支持基于环境可持续的全球发展,必须扩大绿色投融资,将可持续发展作为投融资的重点领域和专门领域。这样,就突出了发展绿色金融的重要性。绿色金融的目的就是要通过体现资源节约、环境友好、生态安全等可持续要求的投融资行动,来引导经济资源的合理流向,以有效实现生态期权。目前,发展绿色金融面临许多挑战。在杭州峰会之前,在国内政策层面上,中国人民银行、中国国家财政部等七部委已联合印发了《关于构建绿色金融体系的指导意见》,率先作出了示范。《二十国集团领导人杭州峰会公报》第一次将绿色金融写入 G20 公报中。G20 提出了促进绿色金融发展的具体举措。作为金融政策创新的成果,绿色金融不仅为可持续发展提供了一种有效的金融政策工具,而且将会成为促进全球绿色低碳循环发展的重要保障和动力。

《二十国集团领导人杭州峰会公报》发出呼吁:“我们决心构建创新、活力、联动、包容的世界经济,并结合 2030 年可持续发展议程、亚的斯亚贝巴行动议程和《巴黎协定》,开创全球经济增长和可持续发展的新时代。”事实上,G20 杭州峰会已经开启了全球可持续发展新时代的航程,再次宣示了全人类实现可持续发展的雄心壮志。它表明,只要国际社会精诚团结,全球生态环境治理就会取得进展,全球性问题就有望得到解决。

三、东北亚环境 NGO 与东北亚环境合作

东北亚在走向经济一体化的过程中,同样需要建构一个生态共同体。而离开各国环境 NGO 的合作,这样的共同体是难以建立起来的。我们这里论及的东北亚主要是指中国、日本和韩国三国,而环境 NGO 主要是指民间或草根(Grassroots)环境非政府组织。其实,东北亚环境 NGO 之间的环境合作不仅对于区域的一体化具有重大的意义,而且是影响整个全球性可持续发展的重要因素。

(一)东北亚环境 NGO 介入区域环境合作的现实需要

在东北亚经济复苏和增长的过程中,也面临着严峻的环境挑战。这样,就为东北亚环境 NGO 介入东北亚环境合作提出了现实的要求。

1. 东北亚共同面对的环境挑战

目前,东北亚各国除了要面对自身的环境问题之外,更要面对一些共同的环境挑战。这种挑战主要是在三个层次上表现出来的:

(1)全球性环境问题的压力

现在,像全球气候变暖、臭氧层耗竭和生物多样性丧失等环境问题,已经成为了全球性的问题。而东北亚各国在这个过程中是受危害最严重的国家之一。据韩国气象厅国立气象研究所预测说,到 2080 年前后,韩半岛的平均气温将上升 5 度以上。如果气温上升 6 度,所有森林植物都将枯死或被孤立,面临绝种危机。可见,“气候变化带来的损害可能存在程度的差异,但影响对象却不分发达国家和发展中国家。现在需要的不是本国利己主义,而是作为人类共同体一员的觉悟和良知。大量排放温室气体的国家不应再回避责任,而

要面对人类面临危机的实际形势”①。但是,现实中遇到了很大的阻力。

(2)跨境性环境问题的压力

现在,沙尘暴、酸雨和黄海海洋污染等问题一度由原来的某一国所面对的问题成为跨越东北亚各国边境的跨境性环境问题,成为东北亚共同面对的问题。例如,2007 年 3 月 30 日上午,在蒙古的戈壁沙漠和中国的内蒙古西部刮起了风速为每秒 20—25 米的狂风,并形成了猛烈的沙尘暴。沙尘暴经过朝鲜,在一天半的时间里跨越 2000 公里,于 3 月 31 日晚抵达了韩半岛中部。此后 30 小时,韩半岛天空被染成了一片黄色。针对这种情况,在互联网上甚至有人向中国提出了赔偿的要求。“考虑到饱受健康上的侵害,以及给日常生活带来诸多不便等原因,提出上述要求的心情是谁都可以理解的。那么,对相关国家无意间排放污染物而导致的沙尘暴应采取什么样的态度呢? 老实说要求赔偿毫无现实性可言,对相关国家施加压力的方式对问题的解决毫无益处。总而言之,我们应与中国和蒙古建立密切的信息交流关系以减少沙尘暴突发带来的侵害。还要尽最大努力对半干燥地区实施灌溉,并种植一些生命力顽强的植物,以最大限度地迟缓沙漠化的推进速度和范围。首先应存有让沙尘暴逐步减少的观念,这是十分必要的。”②当然,这个问题涉及复杂的利益关系。

(3)军事性环境问题的压力

这一类问题的情况比较复杂。第一种情况是由于法西斯战争遗留下的问题。例如,日本在 20 世纪 30—40 年代侵略中国的过程中曾经进行过毒气战的试验,也遗留下了一定数量的化学武器。在日军遗弃的化学武器中,毒气弹超过 200 万枚,化学物质高达 100 万吨,其中 90%集中在东北。这已成为环境

---

① ［韩］《东亚日报》社论:《气候变化报告书提出“动植物灭绝”警告》,《东亚日报》(中文网络版)2007 年 4 月 7 日。

② ［韩］郑用升:《不要一发生沙尘暴就埋怨中国》,《朝鲜日报》(中文网络版)2007 年 4 月 4 日。

污染和破坏的重要原因。“在日本，一些人只把中国看作是越境污染的元凶和环境合作的对象，而中国并未把过去遗留的负面问题作为单纯的过去之事，而视为现在的环境问题，这样的认识是日本人特别不应该忘记的。”①第二种情况是冷战时代遗留下的问题。例如，根据美军在韩地位协定（SOFA），驻韩美军（USFK）成为了在韩国存在的合法性的军事力量。而USFK在韩国造成了许多环境问题。例如，绿色韩国联合会（GKU）将USFK把一种毒性化学制品倾入汉江作为韩国2000年十大环境新闻之一。当然，这里所涉及的韩国外交安保政策的问题，我们不做出任何评论，因为这是韩国国家主权范围内部的问题。第三种情况是由于朝鲜核试验造成的问题。它不仅会影响到本区域和国际的军事安全，而且会影响到本区域和国际的环境安全。因此，一度举行的六方会谈不仅具有重大的国际政治安全的意义，而且具有重大的国际环境安全的价值。显然，面对一系列共同的环境问题的挑战，东北亚各国之间的利益相关的关系显得更为密切，这样，就进一步突出了加强东北亚环境合作的必要性。

2. 东北亚经济合作的环境后果

随着东北亚区域经济联系的日益紧密，中日韩三国经济一体化程度不断加深，主要体现在三国之间贸易规模不断扩大，对外投资持续增长，相互间的经济依存度不断提高。中日韩经济一体化过程提出过签订自由贸易协定（Free Trade Agreement，FTA）的问题。中日韩经济一体化进程会直接带来三国货物贸易、服务贸易、知识产权保护和投资方向的变化。而这些变化都可能对环境产生负面的影响。②

① 日本环境会议《亚洲环境情况报告》编辑委员会：《亚洲环境情况报告》第1卷，周北海等译，中国环境科学出版社2005年版，第201页。

② 俞海：《中日韩经济一体化的环境影响初步分析》，《环境经济》2007年第1期。

(1)货物贸易带来的环境影响

中日韩三国经济一体化的直接环境影响主要来自三国的货物贸易上,直接体现了经济一体化中环境影响的规模、结构、技术和运输效应等。在总量上,中国出口的货物越多,那么可能产生的污染或其他环境问题就越多,包括自然资源的耗竭、温室气体的排放、土壤的污染与退化、水体污染等。而随着进口的发展,这些进口产品的消费所产生的环境问题最终可能还要由中国自己来承担,如废旧电子电气产品、化学品的废弃物等。更为重要的是,在这个过程中,中国可能成为发达国家转嫁公害的牺牲品。这就是所谓的"公害输出"问题。在这方面,近年来特别是围绕危险废物越境转移等问题而日趋严重。

(2)服务贸易带来的环境影响

服务贸易带来的环境影响大多是间接的,主要是服务贸易本身衍生的经济活动对生产和消费过程产生作用而引发的环境影响。例如,随着旅游业的开放,可能对自然环境特别是旅游区和自然保护区带来较大的环境压力。这就是所谓的同国际贸易或国际交易方法有关的问题。在这一方面,特别是加速掠夺性破坏发展中国家环境与资源的现行自由贸易机制或方式问题,《华盛顿公约》控制的野生动植物国际贸易等问题,应该引起东北亚国家的高度关注。

(3)知识产权保护带来的环境影响

在三国经济一体化过程中,知识产权保护将更加严格。在 WTO《与贸易相关知识产权协议》(TRIPs)框架下,关于环境的问题主要是生物遗传资源以及生物多样性的保护。尽管这些议题悬而未决,但是对中国来说有较大的利益空间可以争取,特别是在生物多样性保护以及防止生物遗传资源流失方面。此外,TRIPs 协议强调发达国家应以较低的价格或门槛向发展中国家提供更多的环境友好技术。在此框架下,三国经济一体化更有利于日本或韩国的先进环境技术向中国的转移。

(4)投资带来的环境影响

一段时间内,日韩对中国的投资主要集中在制造领域,特别是通信设备、计算机和其他电子设备制造业。这些投资所产生的环境影响主要体现在固体废弃物方面。这可能是加重中国环境污染的一个重要的原因。另外,随着中国服务贸易的开放,日韩在这方面的投资可能会增加,投资结构的改善有利于减轻中国的环境压力。在这个过程中,尤其是应该注意同政府发展援助(ODA)有关的环境问题。显然,按照日本民间学者的看法,"上述各类问题,许多都同1980年代以来快速发展的日本企业进驻海外或日本经济的国际化状况密切相关。因此,1990年代,日本的公害与环境政策不单是国内问题对策,而且还迎来了其国际性发展方式(特别是亚洲地区的对策与发展方式)受到严厉责问的时代,以前对此几乎从未采取过积极的对策,而这正在今后的重要课题。"①而对于整个东北亚来说,这既是对东北亚经济一体化的挑战,同时也为东北亚合作尤其是环境合作提供了新的机遇。

总之,在这个过程中,"出于国家经济利益的考虑,世界各国政府都不愿意采取具体的行动来解决问题。这就是市民社团在解决全球性环境问题过程中担当起重任的缘由"②。显然,在国内层面上,环境NGO是对政府和市场在环境问题上的"失灵"的一种"补救";而在国际层面上,环境NGO是对政府在环境合作问题上的"不足"的一种"补充"。

(二)东北亚环境NGO介入区域环境合作的自身条件

随着东北亚国家环境问题的凸显、民众环境意识的提高、市民社会的成熟等一系列条件的发展,在东北亚环境运动的发展的基础上,东北亚环境NGO

---

① 日本环境会议《亚洲环境情况报告》编辑委员会:《亚洲环境情况报告》第1卷,周北海等译,中国环境科学出版社2005年版,第99页。

② Ministry of Environment, Republic of Korea(2001). *Green Korea* 2001: *In pursuit of economic and environmental sustainability*, p.20. also c.f.https://wedocs.unep.org/20. 500. 11822/9056.

成为了东北亚社会中的一支重要的力量。东北亚各国环境 NGO 在解决本国环境问题、促进本国可持续发展方面做出了创造性的贡献。

1. 日本的环境 NGO

日本是整个亚洲地区工业化领先的国家，也最先经历了由工业化造成的环境问题的危害（“公害”）。相应地，日本的环境运动和环境 NGO 是整个亚洲地区发育最早的国家。

日本的环境问题可以追溯到江户时代初期（17 世纪初），在明治 10 年代开始出现“公害”一词（19 世纪 70 年代），而到了 20 世纪 60 年代，随着工业化和城市化的发展，环境问题日益严重，一些事件被列为了震惊世界的“八大公害事件”的行列。在这一时期，三岛、沼津、清水等地出现了反对公害的环境运动，成为了整个日本环境运动的先导。而市民环境运动的成熟的标志是公害诉讼斗争的成功。其中，新泻水俣病、四日市公害诉讼、疼痛病诉讼和熊本水俣病诉讼，一般被称为日本四大公害诉讼案。

在这个过程中，日本环境 NGO 应运而生，并且达到了区域化甚至是国际化的水平。例如，由创价学会发展而来的“国际创价学会”（Soka Gakkai International，简称 SGI）由 82 个加盟组织构成，会员遍布全球 190 个国家和地区，人数一度超过 1200 万人。SGI 以倡导敬重生命本有的尊严、积极入世的日莲佛法为哲学基础，致力推进文化与教育、建设和平。其中，把可持续发展也作为了自己重要的活动内容。再如，社团法人“日本伦理研究所”是于 1945 年 9 月 3 日成立的民间社会教育团体。主要从事“纯粹伦理”的研究、教育、出版、普及等活动。随着环境问题的严重和环境运动的发展，该所还从事环境保护活动。一度，拥有个人会员 17 万人，法人会员 48000 家。与这些参与型的环境 NGO 不同的是，还形成了一些专门型的环境 NGO。例如，成立于 1979 年的“日本环境委员会”（Japan Environmental Council，简称 JEC）是日本环境 NGO 国际化程度最高的组织。它大体上每年召开一次日本环境会议，讨论日本所要面对的重大的环境和发展问题。

现在,在日本各地有许多旗号不一的环境 NGO,据 1994 年的调查,仅新泻县就有 284 个 NGO,日本全国的环境 NGO 在 15000 个左右,平均每 8000 人中就有一个 NGO。现在,这些环境 NGO 已经成为日本可持续发展的举足轻重的力量。

2. 韩国的环境 NGO

韩国的工业化起步于 20 世纪 60 年代。由于缺乏足够的财源,政府的投资不能在经济发展和环境保护之间取得平衡,因此,在经济增长的同时,环境问题也得以扩展。

韩国的环境运动最初兴起于 1966 年,它是由釜山热电厂附近的居民发起的。该运动反对由该厂排出的废物。由于缺乏社会的同情和专家的指导意见,市民的保护行动显得势单力薄。但从 20 世纪 70 年代以来,随着环境污染日益引起公众的关注,韩国的环境 NGO 在数量和规模上得到了扩展。20 世纪 90 年代的环境 NGO 的数量和规模是可观的。其成员超过 1000 名的大的环境 NGO 接近 58 个。其中,规模和影响比较大的环境 NGO 有:

其一,“韩国环境运动联合会”(Korean Federation for Environmental Movement,简称为 KFEM)。KFEM 成立于 1993 年,是韩国最早成立的全国性的环境 NGO 组织,包括 47 个地方支部和 85000 名成员。它将人类的共同追求作为自己的价值目标:保护环境,维持和平,保障人权。通过教育活动和法律活动,它以非暴力的方式介入政治活动和政策提案,成为韩国社会水平上和全球性水平上的独特的环境 NGO。

其二,“绿色韩国联合会”(Green Korea United,简称为 GKU)。GKU 成立于 1991 年,是韩国具有领先地位的环境 NGO,包括 10 多个分会和 15000 名成员。它致力于建设和维护一个生态上友好和可持续发展的韩半岛和世界。GKU 是一个通过引导地方和国家层次的教育项目和各种活动内容而扩展绿色意识和民主参与原则的市民组织。

其三,市民经济公正联合会(Citizens´Coalition For Economic Justice,简称为 CCEJ)。它是由自由主义学者、宗教领袖、专家和持中间立场的议员于 1989 年组成的一个组织。由于它有良好的声誉和重大的影响,其成员已经扩展到了 13000 名。以 1992 年建立环境与发展中心为契机,它将自己的活动扩展到了环境问题领域。有时,它凭借自己的专业性和公正性而充当政府和市民之间冲突的调解人。

除了环境 NGO 之外,一批与环境研究有关的学术研究会、大学研究所和正式的研究团体也在这一阶段出现。现在,韩国存在着多种类型的环境 NGO。

3. 中国的环境 NGO

中国工业化的发展也造成了严重的环境问题,中国政府高度重视这些问题并把可持续发展确立为国家的重大发展战略。在这种背景下,公众的环境意识开始觉醒。

中国的环境 NGO 从 20 世纪 90 年代初诞生,数量不断增加,能力和影响也逐渐增强。据 2000 年左右保守估计,中国全国大约有 1000 多个成型的本土环境 NGO,其中草根组织或基层民间组织 100 多个,学生社团 500 个,其他的是各地有政府背景的环境 NGO。其中,规模和影响比较大的环境 NGO 有:

其一,中国文化书院绿色文化分院(简称"自然之友")。1994 年 3 月 31 日,自然之友成立,标志着中国第一个在国家民政部注册成立的民间环保团体诞生。十多年来自然之友累计发展会员 8000 多人,其中活跃会员 3000 余人,团体会员近 30 家。历经多年的创立与发展,自然之友已经成为了具备良好公信力和影响力的中国环境 NGO 标志性组织之一,对中国环保事业和市民社会的发展做出了自己的贡献。

其二,北京地球村环境教育中心(简称"北京地球村")。北京地球村环境教育中心成立于1996年,是一个致力于公众环保教育的非营利民间环保组织。地球村一度拥有15名全职工作人员,正式注册的志愿者上千人。作为一个具有理论研究、影视制作、社区教育和国际交流综合能力的中国民间组织,地球村的工作受到国际社会和国际媒体的广泛关注。

其三,四川省绿色江河环境保护促进会(简称"绿色江河")。绿色江河成立于1998年12月。这是经四川省环保局批准,在四川省民政厅正式注册的民间团体。"绿色江河"以推动和组织江河上游地区自然生态环境保护活动,促进中国民间自然生态环境保护工作的开展,提高全社会的环保意识和环境道德,争取实现该流域社会经济的可持续发展为宗旨。

目前,中国的环境NGO在解决环境问题、促进可持续发展方面正在发挥着自己难以替代的作用。显然,作为工业化后起之国的中国,也迎来"环境非政府组织时代"①。

4. 环境NGO的社会作用

环境NGO在解决环境问题、促进可持续发展的作用是多方面的。仅就韩国环境NGO参与政府环境决策的情况来看,主要体现在两个方面。②

(1)环境决策的民主化

市民团体参与了公共政策的决策,与政府就各种问题进行了对话。在这个过程中,市民团体提高了决策过程的透明度,鼓励公众参与政策的设计。他们还邀请专家以他们深厚的专业知识和经验为政府出谋划策,并且通过监测、研究、信息分享和其他活动草拟合理的方案,将之呈交于政府。同时,组建了民间环境团体政策智囊团。这是政府与私人团体之间形成的一种咨询团体,

---

① [韩]宋义达:《中国也迎来"环境非政府组织时代"》,《朝鲜日报》(中文网络版)2007年4月9日。

② Ministry of Environment, Republic of Korea(2001). *Green Korea* 2001; *In pursuit of economic and environmental sustainability*, p.21. also c.f.https://wedocs.unep.org/20.500.11822/9056.

其职责是就环境问题交流意见、帮助政府制定适当的政策、提出解决问题的办法。

（2）公众参与政策的执行

通过监督政策的执行情况，市民团体促进了政策的执行。凭借展望远景和发动公众支持，他们为政府政策的执行创造了一种适宜的环境。市民团体的最有意义的贡献是：提高了市民的公共责任感意识，引导了居民的绿色消费行为，促进了环境伦理学的发展。同时，组建了宗教组织的环境政策智囊团。2001 年 1 月，宗教组织的环境政策智囊团成立，其职责是讨论环境问题并提出解决问题的方案。它包括基督教和佛教等 7 个宗教团体。人们期望该团体能够在日常生活中引导出切实的环境保护成果。

在总体上，尽管东北亚各国的环境 NGO 的发育成熟程度不同，但是，他们都通过自己特定的社会动员方式和活动方式在解决本国环境问题、促进可持续发展方面发挥着自己的固有的作用，成为与政府和市场鼎足而立的“第三方”力量。这些经验就为他们进一步介入东北亚环境合作进行了必要的准备。

（三）东北亚环境 NGO 介入区域环境合作的基本框架

随着东北亚各国全方位对话、交流和合作的发展，在共同应对环境问题挑战的过程中，从 20 世纪 90 年代初期开始，东北亚各国之间也开始了环境方面的合作。这种合作是在各种框架中开展的，包括政府间合作和民间合作两个层次或两种机制。其实，不论是政府间的还是民间的合作都有着共同的目标，即保护环境以避免遭受由于高速工业化和各种发展项目带来的破坏，为建构东北亚生态共同体而努力。

1. 双边环境合作框架

东北亚各国的环境合作首先是在双边的框架中进行的。中国与韩国于

1993年签订了环境合作的双边协议,与日本于1994年达成环境合作协议。

(1)中日两国之间的民间环境合作

中日政府之间的环境合作始于20世纪70年代。在民间合作方面,由“中国沙漠开发日本协力队”远山正瑛先生在中国开展的沙漠开发事业是典型的案例。1984年,78岁的远山正瑛在日本组成“中国沙漠开发日本协力队”,并自任队长。从此,开始了在中国治理沙漠的漫长历程。在这个过程中,日本伦理研究所对远山正瑛的沙漠开发事业进行了援助。1999年4月,在内蒙古库布其沙漠开始营建“地球伦理之林”的沙漠植树活动,沙漠绿化活动已经持续了多年。2000年左右,地球伦理之林造林总数达到30万株。现在,日本在重造森林、保护候鸟、发展环保模范城市、环保信息交流、技术协助和训练规划等环境项目方面对中国都有所帮助。同时,日本政府、企业、地方政府和NGO相互合作共同制定了与中国的合作计划。

(2)中韩两国之间的民间环境合作

中韩两国政府在环境领域的合作始于1993年。同时,民间交流和合作也开始稳步发展。例如,为防止土壤沙漠化,KFEM于1998年举办了东北亚森林论坛(NEAFF),并参加了2000年4月在中国举行的韩中友好植树活动。再如,受GKU邀请,来自中国各地的环境NGO活动家曾经赴韩考察韩国的环境运动状况。他们走访了韩国的一些环境NGO,并且就中韩之间的环境合作问题进行了交谈。他们还参加了反对开发新万锦的集会并且参观了新万锦开垦区。此外,日韩之间也进行了卓有成效的环境交流与合作,并相应地开展了其他双边交流与合作。

(3)三边环境合作框架

为落实1999年中日韩领导人第一次会晤上提出的关于加强环境合作与对话的倡议,中日韩于当年启动了三国环境部长会议机制(TEMM)。在政府环境合作有效向前推进的同时,中日韩三国的民间环境交流与合作也相应地开展了自己的活动。其中,有这样几个典型的案例。其一,“东亚环境市民会议"(ENVIROASIA)。这是由中日韩三国的NGO共同发起的、推动三国间环境信息共享的一个行动,主要是建立一个环境信息网站。在中国,由中日韩环境信息网中国小组负责具体运行工作;在日本,由东亚环境情报发信所负责具体的工作;在韩国,由韩国环境运动联合会和市民环境情报中心进行具体的操作。该网站包括汉语、日本语和韩国语三个频道。主要介绍来自中日韩三国的环境信息。其二,《中日韩三国共同环境教育读本》。"中日韩环境教育研究会"是中日韩三国之间进行环境教育交流和合作的重要机制。2002年8月,在北京召开的第二届东北亚环境教育交流会上,与会者提出了共同编辑出版《中日韩三国共同环境教育读本》的倡议。经过试用以后,编委会于2004年8月在日本北九州举办的第四届东北亚环境教育交流会上汇总试用结果,最终推出了读本。在该书中,突出了东北亚环境交流和合作的必要性和重要性,认为"由于东北亚各国间人员和物资往来的急剧增加,各国对彼此的文化、历史的理解也逐渐深入。这也要求我们对各国所面对的环境问题进一步增加理解,超越国境开展合作,联手解决问题"。同时,也提出了由政府、企业和民间合作进行环境管理的"环境协作管理"的思想:"对于环境这个公共资源不仅由政府,还必须由企业、居民一道进行保护和管理,这就是环境协作管理。"①显然,中日韩在环境领域的合作是三国整体合作的重要组成部分,并且强化着三国在其他方面的交流与合作。

2. 多边环境合作框架

在多边合作的框架中,中日韩三国的环境合作也有重大的发展。除了政府之间的合作形式[例如,环境合作的东北亚会议(NEAC)、东北亚环境合作高级部长会议(NEAREP)、东盟—中日韩(10+3)环境部长会议]外,NGO也展开了多边环境合作。

---

① 中日韩环境教育读本编委会:《中日韩青少年环境教育活动案例集(中文版)》,北京科学技术出版社2005年版,第165、166页。

(1)东北亚 NGO 参与国际环境合作情况

里约大会前后,在整个国际上都形成了环境合作(包括 NGO 合作)的热潮。例如,在国际组织支持下,中国环境 NGO 进行了许多国际交流合作。世界可持续发展首脑会议(WSSD)和全球环境基金年会(GEF)两次活动,均为中国环境 NGO 提供了公众参与国际环境合作的典型案例。2002 年 8—9 月,WSSD 在南非约翰内斯堡召开,各国 NGO 利用联合国积极倡导的多边对话机制,采用各种视觉行动进行了倡导和游说,并提出专业化的政策建议。中国的几十家 NGO 通过不同途径参加了这次盛会。在国际机构联合资助下,12 个中国环保组织组成草根代表团,在国际舞台上完成了首次集体亮相。它们通过论坛发言、表演展示等形式发出了自己的声音。2002 年 10 月,GEF 第二次成员国大会在中国北京召开。四十多家中国 NGO 和国际同行参加了自然之友主办的中国 NGO 论坛,承诺与 GEF 成员国及其执行机构结成伙伴关系,应对全球环境问题,呼吁 GEF 加强公民社会的参与,增加项目的透明度。①

(2)东亚 NGO 自身的多边交流和合作

例如,“亚太非政府组织环境会议”(Asia-Pacific NGOsEnvironmental Conference,简称 APNEC)就是这方面的典型案例。20 世纪 80 年代末期,欧洲环境局、日本环境委员会(JEC)和亚太地区许多环保人士经多次研议后,认为亚太地区环境问题日益严重,必须集结 NGO 的力量,协助政府做好环境管理工作。因此,在于 1991 年举行的 JEC 第十届会议时,决议于泰国曼谷举办第一次 APNEC 会议,邀集亚太国家共同参与。1993 年 3 月 27 日至 28 日,第二届 APNEC 在韩国首尔举办,并且通过了《促进亚太地区环境 NGOs 合作的首尔宣言》。此后,APNEC 每一至两年举办一次。历次会议与会国家在十至十六国,参加人数在二三百人。而由 JEC《亚洲环境情况报告》编辑委员会的《亚洲环境情况报告》就是这种合作成果的具体体现。为了把握亚洲环境的具体

① 梁从诫主编:《2005 年:中国的环境危局与突围》,社会科学文献出版社 2006 年版,第 247 页。

情况，1995 年 1 月在 JEC 中下设了“亚洲环境白皮书”研究会，经过两年的研究，JEC 推出了“白皮书”的第一卷——《亚洲环境情况报告》。

通过上面的考察，我们可以看出，东北亚合作的平台和机制已经建构了起来，但是，NGO 的环境合作与政府的环境合作是以不对等的方式发展的，两种合作机制还没有在三种框架中形成合力，尤其是环境 NGO 的合作仅仅局限在交流方面，这样，就需要我们在促进 NGO 的环境合作方面能够有所创新和发展。

（四）东北亚环境 NGO 介入区域环境合作的总体对策

建构东北亚生态共同体是东北亚各国及其人民的共同利益所在，这样，NGO 就需要利用既有的环境合作的框架、强化既有的环境合作机制，进一步加强在环境问题上的对话、交流和合作，为实现东北亚的可持续发展和建构东北亚生态共同体贡献自己的力量。

1. 确立共同的思想

在整个全球环境运动和环境 NGO 的发展过程中，价值认知的差异已经成为影响环境合作的一个重大的因素。因此，东北亚环境 NGO 要强化自己的合作，首先必须形成共同的思想基础。

（1）生态和谐的思想

在整个环境运动的过程中，存在着人类中心主义和生态中心主义的对立。这种思想对立在环境 NGO 中也有所表现。在这种情况下，环境 NGO 就必须放弃“中心”思维，而走向“和谐”思维，将生态和谐作为环境运动和环境 NGO 的旗帜，作为环境合作的思想基础。所谓的“生态和谐”就是要教育广大的民众认识到：“地球的整个生命系统是这样的一个整体，人类与其他生命形式、自然要素和自然力量作为一个结合体相互依赖地共存着。整个生命系统的生机和活力是最为基本的，它依赖于每一个个体的存在和其所有组成部分的完整性;没有一个物种对地球环境具有绝对的权力。所有人类决策的制定和执行都必须以维护包括人类在内的所有生命的存在为前提。只有当整个生命系统的完整性和福利得到保护的时候,人类的决策才是可持续的。"①只有这样,才能使普通的民众认识到保护环境其实就是保护普通民众自己的利益;同时,环境运动和环境 NGO 才能壮大自身的队伍,才能成为大家共同认可的环境合作的思想基础。

(2)生态普世主义的思想

在东北亚环境运动和环境 NGO 运作的过程中,不同程度地存在着移植西方环境运动和环境 NGO 的哲学理念和行动方案的倾向;同时,各种宗教信仰的成员对环境问题和环境保护的认知也存在差异。针对这种情况,环境 NGO 就应该本着"和而不同"的原则采用生态普世主义(Ecological Ecumenism)思想。所谓的生态普世主义就是对文明多样性的承认和尊重,就是在各种文明的对话和协调的过程中发掘和利用各种文明中共同的生态价值思想,在多元文明的对话和协调的过程中实现人与人的和谐、人与自然的和谐。其实,"在东方哲学中存在着这样的一种观念,天下的万事万物都应该是和睦相处的。我们的祖先将追求与自然和谐相处的生活看作是一种理想的生活"②。中国台湾地区的环境运动正是通过发明了一种综合了西方环境主义、台湾的民间宗教和中国的传统家族主义的"集体行为框架",才提升了人们对环境问题的关注度。

(3)国际环境正义的思想

目前的环境问题在表面上反映的是人和自然之间的关系,其实,其深层原因在于人和人、人和社会之间的不合理的关系。这样,就要求环境运动和环境 NGO 要把环境合作放在建立整个国际政治经济新秩序的框架中加以考虑,要倡导"共同而有区别的责任"的原则。在法律或非法律责任的基础上,像日本

---

① UNEP, *1997 Seoul Declaration on Environmental Ethics*, (5 June 1997), c.f.http://www.nyo.unep.org/wed_eth.htm.

② [韩]金大中:《人间自然》,首尔:韩国环境部 2001 年版,第 7 页。

这样的发达国家和跨国公司应该按照由他们的活动造成的环境破坏的程度而采取措施以恢复发生在发展中国家的环境破坏，而发展中国家必须在其国家主权的范围内采取环境保护的行动。在这个过程中，如果环境 NGO 以环境保护的理由提出限制发展中国家发展的要求，那么，只能导致普遍的贫困。而贫困与环境恶化之间是存在着正相关的态势的。总之，这样的思想基础不仅可以成为动员公众参与东北亚可持续发展的共同的思想基础，而且可以实现东北亚环境 NGO 自身的团结和合作。

2. 采取共同的立场

在共同思想的基础上，东北亚国家的 NGO 应该协调自己的立场，形成共同的声音。

（1）坚持权利平等的原则

在国际大家庭中，所有国家都有参与国际环境保护与发展事务的平等权利。针对特殊论者，东北亚环境 NGO 必须共同地坚决地反对“生态帝国主义”和“环境霸权主义”。例如，美国的二氧化碳排放量占世界排放总量的1/4，过去十年间，其排放量增长幅度超过了印度、非洲和拉美国家的全部增长量，但是，正是美国这个对全球气候变异应负起重要责任的国家却在 2001 年 3 月退出了《京都议定书》，宣称它将不履行《京都议定书》规定的义务，使这项联合国气候变化框架公约面临夭折的危险。在对待《巴黎协定》上，美国的态度更是出尔反尔。面对这种情况，在防止地球变暖等问题上，东北亚环境 NGO 必须通过自己的方式使美国认识到发达国家在追求可持续发展的国际努力中应该负有更大的责任和义务，并要求美国改变其特殊地位的立场。同时，东北亚各国环境 NGO 应该联合起来，促进本国政府履行其相关的国际义务。

（2）坚持尊重主权的原则

事实上，全球性问题是国家利益矛盾和民族利益矛盾激化的产物，是全球性的南北问题的一种具体的表现形式。这样，在推进可持续发展事业和环境合作事业的过程中，环境 NGO 就不能单纯采用超越国家主权的方式开展活动，更不能以全人类利益为借口干涉其他国家的内部事务。否则的话，环境 NGO 可能将自己置于与民族国家对立的位置，反而不利于自己开展活动。同时，这也可以避免某些国家的"新干涉主义"。在这个问题上，东北亚环境 NGO 应该注意生物多样性丰富国家的生物物种的外流问题，遏制生物物种尤其是珍稀物种的走私，尤其是必须反对某些发达国家借科学研究之名对发展中国家生物多样性的掠夺和破坏。

（3）坚持谋求发展的原则

必须看到，当前阻碍可持续发展和环境合作的贫困现象和全球性生态环境问题是长期以来国际上特别是南北之间经济技术发展不平衡、贸易不平等造成的，是与发展中国家的贫穷紧密联系在一起的，因此，必须将环境和发展统筹起来考虑。其中，日本政府的对外发展援助（ODA）过去因为破坏了基层人民的生活经常遭批评。现在部分 ODA 被用于环境合作，但仍有必要重申发展性援助更为重要。即使在中国已经成为世界第二大经济体的情况下，也应该如此，因为中国毕竟仍然是一个发展中国家。中国的人均经济水平仍然低于其他东亚国家。

（4）坚持提升能力的原则

东北亚环境 NGO 应该将提升发展中国家的可持续发展能力作为环境合作的基本内容，尤其是应该在提升发展中国家可持续发展人力资源方面发挥自己独特的作用。通过各种培训，应该鼓励发展中国家的公众实现可持续发展的能力，同时能够在精神上和政治上参与那些将会对环境造成影响的决策，这样，才能提高决策水平，避免腐败，确保他们的利益能够得到适当的反映。而广泛的参与将会引导政府的政策在各个方面和最终目标上趋向公正和平衡。当然，在这些问题上，东北亚环境 NGO 也存在着求同存异的问题。

3. 开展共同的行动

环境合作不仅应该有共同的思想和立场,而且应该有共同的行动。

(1)共同的行动领域

不同国家的政府组织和NGO之间的环境合作只集中于有共同利益的领域。因此,东北亚环境NGO开展的环境合作主要应该关注的是涉及共同利益的问题。其一,在全球性问题的层次上,主要共同行动领域包括:控制并减轻温室效应以阻止区域性和全球性的气候变化,控制氯氟烃物质的生产和使用,以阻止臭氧层的耗竭,保护野生动物和生物多样性,等等。其二,在区域性问题的层次上,主要的共同行动领域是:保护森林和植被阻止土壤沙漠化;控制硫的排放以阻止酸雨;控制和治理区域性河流的水污染;控制来自陆地的污染物对海洋的污染,保护海洋环境和资源,等等。其三,在军事性环境问题的层次上,主要是要加强环境运动与和平运动的合作。具体的领域包括:要正确认识历史遗留问题,积极解决战争遗留的危险武器对环境和民众的危害;要实现韩半岛的无核化,促进民族和解和统一,等等。

(2)共同的行动方式

根据目前的实际,东北亚环境NGO在参与区域环境合作的过程中,在战略上可以考虑采取以下方式:

其一,阻止区域内环境污染的转移。东北亚区域内部的环境污染的转移存在两种情况:一种是由于自然地理方面的原因而实现的污染转移。如,发生在蒙古和内蒙古的沙尘暴向其他东北亚国家和地区的转移就属于这种类型。对待这类问题,NGO首先应该与其他部门合作进行联合调查研究,搞清楚问题的真实起因;然后,应该采取合作的生态恢复的办法(如联合植树造林等方式)使问题逆转。另一种是出于经济方面的考虑而通过"转嫁"公害的方式实现的污染转移。这就是公害出口问题。现在的公害出口的形式很巧妙,所以,需要东北亚环境NGO的共同行动。

其二,阻止区域内非持续的发展方式。现在,在实现经济复苏和增长的过程中,东北亚国家都面临着发展和再发展的压力,这样,就容易出现非持续的发展行为。而这些开发行为有可能导致所在国环境、区域环境甚至是全球环境的恶化。而这是整个东亚经济一体化的过程中出现比较多的问题。对待这种问题,环境 NGO 固然不能干涉其他国家的主权,但是,也应该提出自己的政策建议。同时,必须在工程项目和清洁行动等方面采取积极主动的行动,以便保护环境、改善环境质量。而对那些是以区域或者国际合作的名义进行的开发,环境 NGO 则应该直接表达自己对问题的看法,并谋求问题的妥善解决。

其三,促成区域内环境协议和法规的形成。现在,环境 NGO 日益参与到国际生态环境保护公约的起草、制定甚至执行,成为制定国际法的重要参与者。在促进东北亚环境合作的过程中,东北亚各国的环境 NGO 也应该发挥自己创造性的作用。一是要研究一些国际公约在本区域执行的具体机制,为政府间的相关合作出谋划策。二是对一些整个区域面对的重大环境问题,应该在调查研究的基础上,提出区域合作的立法和政策建议。此外,NGO 还可以考虑采用其他的活动方式。

(3)共同的活动形式

环境 NGO 的一个重要的作用是通过组织和从事环境教育与环境培训来提高公众的环境意识,因此,共同组织环境教育项目是东北亚环境 NGO 进行合作活动的一个可行的选择。在这个过程中,必须使公众认识到:“所有的社会成员都必须养成能够避免污染和浪费的生活方式。在内心中应该时刻铭记着,地球资源是有限的。通过确立在环境上健全的消费方式,每一个人都必须避免极端消费物质财富的文化,寻求一种保护地球的方法。每一个个体的消费方式是各不相同的,但是,当把每一个人的积极努力汇集在一起时,将形成一股强大的力量。”①现在,东北亚从事环境教育的 NGO 已经建立起了一个环

① UNEP, *1997 Seoul Declaration on Environmental Ethics*, (5 June 1997), c.f.http://www.nyo.unep.org/wed_eth.htm.

境教育网络(Tripartite Environmental Education Network,TEEN),而其网络数据库已经在运作。现在,在这个基础上,应该建立一个统一的东北亚环境NGO教育培训机制,加强对各种个体的教育和培训,以确保保护整个生命系统的信息能够通过多渠道的方式传播,并在这个基础上实现广泛的社会动员。按照这种思路,东北亚环境NGO还应该进一步共同组织环境宣传项目、环境科研项目和环境信息项目,等等。

这样,在共同思想、共同立场和共同行动的基础上,东北亚才能有一个共同的未来——一个富强、民主、文明、和谐、美丽、合作的新东北亚将屹立在太阳升起的地方。

四、生态文明的正义底线

在不平衡的世界资本主义体系中,综合考虑作为全球性问题的环境和发展的问题,我们应该在坚持社会主义的前提下,从对贫穷或贫困(poor, poverty)的生态伦理——环境政治关注,转向对穷人(the poor)的生态伦理——环境政治关注,从"穷人的生态学"(the ecology of the poor)走向"穷人生态学"(Ecology for the Poor),这样,才能开始真正讨论并促进实现生态正义。"穷人生态学"集中彰显的是生态正义社会主义生态文明的正义底线原则。

(一)走向穷人生态学的价值性考量

实现绿色发展、建设生态文明,始终存在着伦理价值取向和政治价值取向的问题。在转向"他者"的过程中,单纯的生态主义尤其是生态中心主义倾心关注的是作为"物"的他者的价值,即自然界的"内在价值",故意或刻意遮蔽了作为"人"的他者尤其是"弱者"的诉求。激进生态学等非生态中心主义的绿色思想和绿色思潮着意关注的是文化(政治)多样性和差异性上的他者,如女性、土著等，突出的非男性的、非白人的、非西方的、非支配的价值取向，有意或无意忽略了作为经济上“弱者”的他者的需求。穷人或贫困人口也就是作为经济上“弱者”的他者。在价值取向上忽视或无视穷人的生态学不可能成为“深层”的生态学，只能是一种“肤浅”的生态学。当然，这些流派对阶级分析更是讳莫如深。阶级从来都是一个经济范畴，而非政治范畴。由于史前社会解体以来一直存在贫富分化的问题，经济上的富者往往是政治上层建筑和意识形态话语等方面的强者，因此，在到目前为止的人类历史上从来就没有存在过人类中心主义，而往往将富者和强者的需要和利益作为价值取舍的优先选择。这是造成生态环境问题的真正的价值根源。

在一般意义上，穷人即处于贫困状态中的人群或阶层。在世界银行看来，贫困是指“缺少达到最低生活水准的能力”，这样看来，“贫困相对于社会上一部分穷人的绝对生活水准而言”。① 但在发展社会学看来，有两个确定“贫困”定义的概念：一是“起码生活水平”，二是“相对剥夺”。贫困是一个被侵占和被剥夺的过程，剥夺是从物质和社会两个方面去衡量的。因此，后一含义比前一含义更为广泛。② 在马克思主义看来，存在着阶级贫困和生活贫困的原则区别。阶级贫困是在私有制基础上产生的社会经济问题，资本积累导致了无产阶级的贫困化。这种类型的贫困不可能在私有制内部加以消除，而必须在社会主义生产关系的框架下通过生产力的高度发展加以解决。在这个意义上，贫穷不是社会主义。生活贫困问题既可能是生产力不发展的结果，也可能是分配不公不义的结果。当然，也有其他方面的原因。因此，生活贫困问题既具有普遍性，又具有特殊性。我们应该将阶级贫困降解为生活贫困并加以消除，而不能将生活贫困激化和上升为阶级贫困。在这个意义上，穷人具有复杂的含义，我们必须进行具体的历史的分析。

---

① 世界银行：《1990 年世界发展报告 · 贫困问题 · 社会发展指标》，中国财政经济出版社 1990 年版，第 26 页。

② ［英］安德鲁 · 韦伯斯特：《发展社会学》，陈一筠译，华夏出版社 1987 年版，第 3、5 页。

在贫穷和环境之间存在着恶性循环。在产生原因上,既存在着环境恶化导致贫穷的问题,也存在着贫穷引发环境恶化的问题。在现实中,贫穷问题往往是环境恶化的社会表现和表征,环境恶化往往是贫穷问题的环境产物和结果。这种恶性循环构成了绿色发展、生态文明的短板,其影响可能具有全社会性甚至是全球性,但其代价最终要为穷人所承受。经济上的弱者也是生态上的弱者,经济上的穷人也是生态上的穷人。缘此,1993 年世界环境日的主题为“贫穷与环境——摆脱恶性循环”(Poverty and the Environment——Breaking the Vicious Circle)。由于经济上的弱者和生态上的弱者往往叠加在一起,甚至是重合的,因此,单纯地强调消除贫困与可持续发展是一个统一的整体,或者仅仅突显生态环境保护脱贫(生态脱贫)和生态环境保护扶贫(生态扶贫)的价值,远远不够。这里,也必须避免发生见物不见人的问题。在这方面,国际绿色左翼人士曾鲜明地提出的“穷人的生态学”等术语①,开启了一个新的方向。在此基础上,我们应该进一步走向“穷人生态学”。即,我们要对南北问题和环发问题统一考量。

(二)穷人的生态弱势地位及其反响

正如贫困问题或贫穷问题是一种复杂的社会经济现象一样,穷人或贫困人口是一个在各方面都处于不利甚至是弱势地位的群体或阶层。这不仅表现在经济、政治、文化、社会等方面,而且表现在资源、能源、环境、生态安全、受灾等方面。

不仅在经济上处于被剥夺和被排斥的地位,在资源、能源、环境、生态安全等自然物质条件的所有、占有、享有上,穷人也处于被剥夺、被排斥的地位。例如,作为满足最基本生存需要的淡水和薪柴,对一些穷人来说都成为极其稀缺和昂贵的资源,甚至成为可望不可求的物品。为了获得饮水和薪柴等最为基

① Joan Martinez - Alier, Ecology and the Poor: A Neglected Dimension of Latin American History, *Journal of Latin American Studies*, Vol.23, No.3, 1991, pp.621-639.

本的生活必需品,一些低度发展国家的妇女和儿童不仅日复一日地付出辛勤的劳作,甚至会由于自然条件险恶或资源能源争夺牺牲宝贵的生命。即使同样面对环境污染的威胁,穷人付出的代价也远远高于富人。即使同样面对自然灾害的危害,穷人的损失也往往大于富人。即使同样面对传染病和流行病的胁迫,穷人的生命也往往比富人的生命不值钱甚至不名一文。新冠肺炎疫情的社会影响和社会后果,也充分证明了这一点。当然,从本质上来看,"由于资本主义阶级社会的不平等条件,传染病对工人阶级、穷人、外围人口危害最大,因此,正如恩格斯和英国宪章派在19世纪所讲的那样,为追求财富积累而产生这种疾病的制度,可以被指控为社会谋杀"①。进而,从全球尺度来看,自由放任的资本主义已经产生了全球气候变暖、生物多样性锐减、自然资源枯竭、废弃物泛滥以及由之加剧的环境污染等大量的破坏性后果。"不仅如此,这些难题显然并不是不分阶级的——它们不平等地影响每一个人。富人比穷人更容易免除这些影响,而且更能够在面临危险时采取减缓策略以确保他们自己的生存。"②就此而论,不存在所谓的"全人类利益"。实际上,穷人不仅是经济上的贫困者,而且是生态上的贫困者,处于经济和生态双重弱势的地位。缘此,可以将这种现象和问题简称为生态贫困或生态贫穷。

面对生态贫困或生态贫穷的压力,穷人的反响或反应具有二重性,或者面临着两种可能的选择。迫于生存的考虑,他们或许会不择手段地开采和利用资源能源,甚至会滥砍滥伐,破坏生态环境,引发泥石流等自然灾害,成为生态掠夺者和生态破坏者,从而加重贫困和环境的恶性循环。贫困地区之所以出现和加剧贫困和环境的恶性循环,往往是由此引发的。这样,穷人根本难以摆

① John Bellamy Foster and Intan Suwandi, COVID19 and Catastrophe Capitalism: Commodity Chains and Ecological - Epidemiological - Economic Crises, *Monthly Review*, Vol. 72, No. 2, 2020, pp.1-20.

② [英]戴维·佩珀:《生态社会主义:从深生态学到社会正义》,刘颖译,山东大学出版社2005年版,"中译本前言"第2页。

脱贫困的状态。显然，这类生态环境问题的发生是由于没有将穷人纳入到价值考量中造成的。如果穷人得到适当的关照和救济，那么，至少会减轻这类生态环境问题的危害性。或者，为了实现生计的可持续性，他们有可能行动起来，将呵护生态环境和维护自身生存统一起来，以坚韧不拔的精神，投身于保护自然生态环境的运动当中，成为生态保护者和生态建设者，从而会减缓甚至是打破贫困和环境的恶性循环，成为绿色发展和生态文明建设的领头羊。这样，就为自身战胜贫困创造了可能和条件。在国际上，印度贫穷的劳动妇女发起的“抱树运动”（Chipko，契普克）、肯尼亚贫穷的劳动妇女参与的“绿带运动”（The Green Belt Movement）就是这方面的典型案例，充分彰显了普通的贫穷的劳动妇女的独特的生态亲和力和伟大的生态创造力。这恐怕才是生态女性主义的发展方向。在中国，右玉县、库布齐、八步沙等贫困地区普通群众的持续几代人的植树造林运动也是这方面的光辉典范。在他们持续不懈的努力下，甚至付出了生命的代价，沙漠才变成了绿洲，他们自身也告别了贫困。显然，不能用“新社会运动”论来笼统地概括这种类型的环境运动。在“晚期资本主义”国家内部，随着公害输出和污染转嫁，环境运动或许会在一定程度上会以不问阶级主体、阶级利益和阶级立场的新社会运动的面目呈现出来。但是，在不发达的资本主义世界尤其是野蛮的资本主义世界，并非如此。可见，穷人是最为重要的他者。没有这个沉默人群的整体脱贫尤其是生态脱贫，就不可能实现绿色发展、建成生态文明。

当然，影响穷人选择的因素很多，关键是要在坚持社会主义的前提下，因时制宜、因地制宜、因事制宜、因人而异地分析影响环境和贫困恶性循环的关键变量，将之作为负反馈的环节引入到穷人日常的生产和生活中，努力走出一条生态式开发脱贫之路。在这个意义上，不关心这些弱者和他者的环境伦理学（生态伦理学），根本不可能成为“深层”的、“普世”的环境伦理学（生态伦理学）。不关心这些弱者和他者的环境政治学，根本不可能成为“深层”的、“普世”的环境政治学。不关心这些弱者和他者的生态文明，根本不可能成为生态文明尤其是“社会主义”的生态文明。

（三）生态贫困问题的复杂政治成因

贫困问题不是一个简单的社会问题，而是一个复杂的政治问题。穷人所面对的生态贫困的出现和加剧是由一系列复杂的因素造成的，必须对之进行系统分析，科学分析其症结，这样，才能寻求到可行的解决办法。

除了既存的自然因素和经济因素之外，在处于世界资本主义体系的情况下，穷人尤其是南方国家的穷人的生态贫困程度的形成和加剧，往往是资本主义不平衡发展的必然结果。绿色资本主义或生态资本主义在很大程度上是凭借污染转移（toxic dumping）或公害转嫁的方式成为现实的，而不是资本主义自主绿色创新的结果。目前，垄断资源和能源的价格，扩散污染物和危险物的风险，以控制全球气候变化之名行干涉发展和内政之实，大打化学战、生物战、环境战、生态战，已成为殖民主义、帝国主义、霸权主义的新手段和新特征。就此而论，资源殖民主义、生态帝国主义、环境霸权主义绝非危言耸听之辞。我们也可以将之统称为“生态帝国主义”。例如，“第三条道路”的倡导者吉登斯谈到，日本铝加工业和铜加工业的许多企业，已经迁到东南亚国家的贫穷地区。在菲律宾莱特岛（Leyte）上，由日本投资和建设的一座铜冶炼厂占地 400 英亩，而且征地价格十分低廉。该企业的排放物中含有大量对当地环境和人体健康有害的污染物质。这样，该企业就避开了日本远为严厉的环境标准和环境管制。① 如此种种的恶行，不仅加剧了南方国家的生态环境问题，而且恶化了这些国家人民尤其是穷人的生存环境，从而加剧了生态贫困。对此，美国生态学马克思主义代表人物奥康纳提出，在不平衡发展中，由于南方国家转向出口作物，远离粮食作物，结果导致了“生态贫困”。因此，“结束由生态贫困

---

① ［英］安东尼 · 吉登斯：《第三条道路及其批评》，孙相东译，中共中央党校出版社 2002 年版，第 150 页。

造成的饥饿”是生态学社会主义的基本主张。① 在走向社会主义生态文明新时代的过程中，我们必须全力避免和坚决反对生态帝国主义。这样，不仅可以有力反击中国“生态威胁论”，而且有利于维护全球生态安全，最终可以为中国的永续发展创造适宜的国际条件和环境。

至于北方国家自身，同样存在着这样的问题。在资本主义发展的过程中，大都市中的贫民窟和少数族裔聚居区往往成为藏污纳垢之地，穷人不时成为环境污染的牺牲品。年轻的恩格斯曾经作出了这样的描述：“首先是工厂劳动大大助长了这种现象。在低矮的房子里劳动，吸进的煤烟和灰尘多于氧气，而且大部分人从6岁起就在这样的环境下生活，这就剥夺了他们的全部精力和生活乐趣。单干的织工从早到晚蹲在自己家里，躬腰曲背地坐在织机旁，在炎热的火炉旁烤着自己的脊梁。”②后来，马克思在《1844年经济学哲学手稿》中、恩格斯在《英国工人阶级状况》中进一步严正地揭露和批评了这一现象。即使在绿色资本主义的今天，也没有消除这种问题，甚至出现了变本加厉的趋向。获得2020年奥斯卡大奖的韩国电影《寄生虫》中表现的社会问题就鲜明地表明了这一点。因此，我们必须避免和消灭“蜗居”现象。同时，美国的环境正义运动就是由不合理不公正的社会安排引发的。在美国，环境正义运动主要致力于反对在穷人或者少数族裔社区建设废物和垃圾处理和转移设施。对此，我们不能仅仅停留在“环境种族主义”的简单的分析框架上，也不能仅仅停留在“种族环境正义”的诉求上。同样，对于在抗击新冠肺炎疫情期间出现的美国“黑命贵”（Black Lives Matter）运动，如果仅仅停留在反种族主义的层面上，那永远不可能成功。今天，由于大国干涉造成的中东国家的政治混乱引发的欧洲难民潮，把许多问题叠加在了一起，增添了加剧生态贫困的新变量。假如说在马克思恩格斯的分析中“一开始就隐含着一个所谓的环境无产

① ［美］詹姆斯·奥康纳：《自然的理由——生态学马克思主义研究》，唐正东、臧佩洪译，南京大学出版社2003年版，第534页。

② 《马克思恩格斯全集》第2卷，人民出版社2005年版，第44页。

阶级概念”①的话，那么，其实也一直存在着“环境穷人”（生态穷人）的现象或问题。因此，生态贫困对于资本主义来说不是特例，而是常态。在这个意义上，我们不得不说，资本主义正义其实并非正义。因此，我们必须坚持反对资本主义和反对帝国主义的立场，要将阶级正义、阶层正义、种族正义的维度引入到生态正义中，这样，才能真正实现生态正义。

长期以来，对于仍然处于社会主义初级阶段的当代中国来说，生态贫困同样存在，其对贫困人口的影响也同样明显。除了自然、历史、国际等原因外，这主要是由于发展不足、发展不当造成的，是由发展的不全面性、不平衡性、不协调性、不可持续性造成的。因此，当代中国同样需要大力发展“穷人生态学”。因此，中国共产党人坚持将向贫困宣战和向污染宣战统一起来。在这个意义上，中共十九大将防范化解重大风险、精准脱贫、污染防治并列为三大攻坚战，用意深刻而长远。

在总体上，我们既要关注南方国家的穷人及其面对的生态贫困，也要关注北方国家的穷人及其面对的生态贫困。对于当代中国来说，既要关注农村贫困人口及其面对的生态贫困，也要关注城市贫困人口及其面对的生态贫困。为此，必须将共同富裕的社会主义本质和共享发展的科学理念引入到绿色发展和生态文明建设当中，将时间维度的生态正义和空间维度的生态正义统一起来，努力构建和大力弘扬立体的系统的全面的生态正义。由于中国确定的贫困线低于国际标准，因此，在如期完成全面建成小康社会任务、开启全面建设社会主义现代化国家的新征程中，中国在生态扶贫和生态脱贫上仍然需要作出新的努力和新的贡献。

（四）切实保证穷人的生态环境权益

正如经济学上存在福利经济学一样，“穷人生态学”事实上是“福利生态

① John Bellamy Foster，Engels' s *Dialectics of Nature* in the Anthropocene，*Monthly Review*，20，Vol.72，No.6，2020，pp.1-17.

学”。经济学和伦理学存在着内在的关联，但是，以新自由主义主导的西方经济学隔断了这种关联，因此，“在人类行为的决定中，如果给福利经济学考虑留下更大的空间，预测经济学和描述经济学也可以从中受益”。[①] 对于生态学来说，也是如此。生态伦理学和环境政治学更应该如此。“穷人生态学”的核心是尊重和保障穷人的生态环境权益。

“穷人生态学”不是“关于穷人的生态学”（Ecology of the Poor），而是“为了穷人的生态学”（Ecology for the Poor）。二者的关注重点和社会性质不同。前者的重点是打破贫困和环境的恶性循环，注重的是一种社会问题——生态问题的整体解决方式，是一种事实性的方案，属于绿色发展的议题，可将之归入自然科学领域。后者主要彰显的是社会正义——生态正义的底线、要求和原则，是社会正义和生态正义的结合点、发力点和突破点，是一种价值性的选择，属于生态文明的议题，可将之归入人文社会科学领域尤其是生态伦理学和环境政治学领域。在这个问题上，必须把社会责任、社会正义和环境责任、生态正义统一起来。为此，必须切实保障所有人的人权和广泛的民主权利。否则，就不可能实现资源节约、环境友好、低碳中和、生态安全、灾害预警这样的起码的生态文明要求和目标。“因此，停止剥削穷人，让所有人都拥有获得健康与福祉的手段，是必不可少的。社会正义这一价值观给环保运动的启迪在于让人理解到，环境的确就是环绕于我们身边的境遇。”[②]在这个意义上，一个生态文明的社会必将是一个公平正义的社会。不管人们的社会经济地位如何、身居何处，这个社会都必须赋权于他们，使之有机会和条件、能力和手段，去追求一种幸福的、有尊严的、可持续的生活。其中，穷人是必须优先关照的群体或阶层。当然，脱离或拒斥社会主义这一红色变革议程的单纯的绿色转

① ［印］阿玛蒂亚·森：《伦理学与经济学》，王宇、王文玉译，商务印书馆2000年版，第89页。

② ［美］丹尼尔·A.科尔曼：《生态政治——建设一个绿色社会》，梅俊杰译，上海译文出版社2002年版，第129页。

型,是不彻底的甚至是不可能的。

在坚持社会变革的前提下或过程中,可将作为社会正义——生态正义的基本要求和基本原则的"穷人生态学"的主张简单概括为:必须将穷人的红色权利、权力、权益(生存权、发展权、享受权)和绿色权利、权力、权益(资源权、能源权、环境权、生态权)有机地统一起来,国家和社会必须承认和尊重这种绿色权利、绿色权力、绿色权益,并为之提供和创造必要的社会经济政治条件;而穷人的这种权利、权力、权益必须建立在承认和尊重自然可持续性的基础上,必须纳入国际社会、民族国家、社区和社群等层次上的绿色发展和生态文明建设议程中。因此,无论是国际社会、民族国家还是社会团体,都不能以可持续性(绿色化或生态化)之名,剥夺穷人的生存、发展和享受的权利,而必须从道德上、法律上、制度上承认和尊重穷人的上述权利和权力,并使之法律化和制度化。例如,1992 年的联合国里约环境与发展大会就强调:我们不仅应该将人作为普受关注的可持续发展问题的中心,而且应该进一步将穷人作为可持续发展的优先价值取向。"用可持续的方法管理资源时,重点主要在保存和保护资源的环境政策,必须切实考虑到依靠这些资源谋生的人。否则,对贫困以及对资源和环境保护取得长期成功的机会都会产生不利影响"①。对穷人来说,有求取生存、发展、享受的权利,但是,这种权利必须建立在尊重可持续性的基础上;而不能以生存和生活之名来破坏自然、对抗生态文明。在此基础上,必须使全社会认识到,生态贫困同样是威胁穷人生存甚至是整个社会生存的重要问题,生态脱贫和生态扶贫是实现反贫困目标的创新方式和重要选择。

总之,没有使穷人在生态上脱贫,实现生态上的富裕,就不可能真正实现生态正义。事实上,没有"穷人生态学",生态正义根本无从谈起。

① 《21 世纪议程》,中国环境科学出版社 1993 年版,第 12 页。

（五）创造穷人生态学的中国式经验

“穷人生态学”不一定是社会主义生态文明，但是，社会主义生态文明必须有自己的“穷人生态学”。在新时代的中国，必须创造出自己的“穷人生态学”。

从社会主义的本质和优越性来看，贫穷不是社会主义，黑色不是社会主义，“贫穷+黑色”更不是社会主义。同样，单纯的富裕也不一定是社会主义，单纯的绿色也不一定是社会主义。只有向贫穷和黑色同时宣战才可能走向社会主义，只有实现“富裕+绿色”（“富强+美丽”）的双重目标才可能走向社会主义。但是，停留在这一步仍然远远不够。这在于，人类社会是一个有机体。社会主义社会是全面发展和全面进步的社会。中国特色社会主义事业是全面发展和全面进步的事业。因此，在长期科学探索的基础上，中国共产党提出，建设中国特色社会主义就是要把中国建设成为一个经济富强、政治民主、文化繁荣、社会和谐、生态美丽的社会主义现代化强国，实现物质文明、政治文明、精神文明、社会文明、生态文明的全面提升。现在，这一理想目标和未来愿景已经明确写入到《中国共产党章程》和《中华人民共和国宪法》中，成为全党和全国的统一意志和统一行动。

实现社会的全面进步必须与实现人的全面发展联系起来和统一起来。实现人的全面发展是建设社会主义新社会的本质要求。因此，建设富强民主文明和谐美丽的社会主义现代化强国必须体现在人的全面发展上，实现物质文明、政治文明、精神文明、社会文明、生态文明的全面提升必须体现在人的全面发展上。从发展的木桶效应来看，实现人的全面发展必须首先体现在作为社会经济发展受益者短板的穷人的生活改善上，必须体现在穷人自身的发展上。这在于，富裕和绿色不能脱离活生生的人，不能脱离作为社会历史主体和主人的人民群众，尤其是不能回避和拒斥处于弱势地位的穷人或贫困人口。只有高度重视和切实解决与生产方式相关的经济和环境不公的问题，实现社会政治制度的彻底变革,绿色发展才是可能的,绿色转型才有可能成为现实。因此,我们基本上赞同美国生态学马克思主义代表人物福斯特提出的"以穷人为本"的原则和要求:"应该以人为本,尤其是穷人,而不是以生产甚至环境为本,应该强调满足基本需要和长期保障的重要性。这是我们与资本主义生产方式的更高的不道德进行斗争所要坚持的基本道义。最重要的是,我们必须认识到对资本主义进行批评的浪漫主义和社会主义批评家们早已揭示的真理:增加生产并不能消除贫困"①。当然,对于中国社会主义事业来说,没有生产发展就不可能奠定消除贫困和走向生态良好的经济基础。当然,这里的发展必须是绿色发展(节约发展、清洁发展、低碳发展、循环发展、安全发展、预警发展的总和)。根据中国社会主义生态文明建设的经验,我们必须坚持走生产发展、生活富裕、生态良好的文明发展道路。

根据人民群众是创造世界历史动力的唯物史观,根据马克思主义政党的政治立场,中共十八大以来,中国共产党创造性地提出了以人民为中心的发展思想。按照这一思想,在以往科学探索的基础上,在实施精准扶贫战略的过程中,中国共产党明确提出了"生态脱贫"和"生态扶贫"的战略思路和战略举措。2015 年 10 月 29 日,中共十八届五中全会提出,对"一方水土养不起一方人"的实施扶贫搬迁,对生态特别重要和脆弱的实行生态保护扶贫。这样,就提出了"生态扶贫"的思路和举措。2015 年 11 月 27 日,中国共产党人提出:"在生存条件差、但生态系统重要、需要保护修复的地区,可以结合生态环境保护和治理,探索一条生态脱贫的新路子。"②这里,明确提出了"生态脱贫"的思路和举措。2017 年 10 月,中共十九大提出,必须坚持精准扶贫、精准脱贫,坚决打赢脱贫攻坚战。2018 年 1 月 18 日,中国国家发展改革委等六部委发布《生态扶贫工作方案》。这是中国首个专门的国家级生态扶贫规划。

① [美]约翰·贝拉米·福斯特:《生态危机与资本主义》,耿建新、宋兴无译,上海译文出版社 2006 年版,第 42 页。

② 《习近平扶贫论述摘编》,中央文献出版社 2018 年版,第 67 页。

2020 年,尽管遭遇到新冠肺炎疫情的严峻挑战,但是,按照社会主义现代化建设“三步走”的战略,中国仍然如期完成了全面建成小康社会的目标,按照现行的标准,全国 832 个国家级贫困县全部脱贫摘帽。这样,中国就谱写了世界反贫困史上的光辉篇章。其中,生态脱贫和生态扶贫功不可没。

由于中国的贫困线低于国际标准,因此,在全面开启建设社会主义现代化国家的新征程中,中国必须始终坚持共同富裕和共享发展,同时,必须将“生态良好——生产发展——生活富裕”作为负反馈机制融入到建设人与自然和谐共生的现代化中,融入到社会主义生态文明建设中,实施“生态式开发脱贫致富战略”。在这个问题上,1992 年里约大会提出,“具体的消除贫困战略是确保持续发展的基本条件之一。同时解决贫困、发展和环境问题的有效战略,应当首先以资源、生产和人民为重点,应当包括人口问题、加强保健和教育、妇女权利、青年的作用、土著居民和当地社区的作用以及与改善管理有关的民主参与过程”①。对于当代中国来说,实施“生态式开发脱贫致富战略”,就是要在坚持共同富裕的社会主义本质和以人民为中心的发展思想的前提下,坚持绿色发展、协调发展和共享发展的科学理念,综合运用各种政策手段,通过引导技术资本和货币资本的合理流动,将对贫困人口的人力资本投资和对贫困地区的自然资本投资统一起来,科学选择适应贫困人口实际和贫困地区实际的生态化的空间结构、产业结构、生产方式和生活方式,实现人的发展和绿色发展的统一,实现物质现代化、人与自然和谐共生现代化、人的现代化的统一,努力走出一条生产发展、生活富裕、生态良好的文明发展道路。这样,才能确保贫困人口真正脱贫,与其他群体和阶层共享改革发展的成果,共享生态文明建设的成果。

在具体的做法上,中国已经形成了一系列宝贵的经验。例如,在生态脆弱的贫困地区,国家采取退耕还林和退耕还草的政策,设立生态公益岗位,让农

① 《21 世纪议程》,中国环境科学出版社 1993 年版,第 12 页。

牧民通过从事生态环境保护工作来维持和提高生活水平。再如,通过生态移民的方式,解决了长期难以解决的一方水土养不了一方人的问题。“移民搬迁走出了一条发展经济和生态文明建设的路子,如果都集中在不能生存、不能生产的地方,也会破坏当地的生态条件,形成恶性循环。把一方水土养活不了一方人的地方的群众搬出来,到有利于发展的地方发展,让原来的地方宽松一点,生态也能得到改善修复,这是一条可持续的道路。”①此外,通过采用多元立体的生态补偿的方式,中国促进了贫困地区的生产发展、生活富裕、生态良好的统一。

显然,“穷人生态学”同样是社会主义生态文明的底线原则,甚至有可能成为社会主义的本质要求。作为一个共产党领导下的负责任的社会主义大国,中国理应在这方面作出创造性的贡献。

当然,发展“穷人生态学”必须警惕和防范“生态民粹主义”(Ecological Populism),不能用对穷人道德关照上和生态议题上的优先性绑架发展和稳定。当然,发展必须是绿色的、永续的、人道的发展,维稳追求的必须是维稳和维权相统一的稳定。

总之,不关注穷人这一最为重要的他者,社会正义、生态正义都是不彻底的,甚至是不可能的。一切正义的话语都注定成为空话、大话和套话。“穷人生态学”就是为了彰显这种正义所作的道德努力和价值诉求。社会主义生态文明必须将“穷人生态学”作为其正义底线。

五、创造世界生态文明美好未来的中国贡献

共谋全球生态文明建设是中国推进生态文明建设必须坚持的基本原则。在向第一届国家公园论坛发出的贺信中,习近平主席要求为携手创造世界生

① 《习近平关于社会主义生态文明建设论述摘编》,中央文献出版社2017年版,第72页。

态文明美好未来、推动构建人类命运共同体作出贡献。确实,新中国成立以来尤其是党的十八大以来,在大力推动国内生态文明建设的同时,中国已经成为全球生态文明建设的重要参与者、贡献者和引领者。

(一)全球生态文明建设的新理念

1949 年以来,为了避免西方现代化先污染后治理的弊端,中国坚持协调推进环境和发展。在贯彻和落实可持续发展战略的基础上,党的十七大提出了生态文明的新理念。在实质上,建设生态文明就是要建设以生态环境阈值为基础、以自然规律为准则、以可持续发展为目标的资源节约型和环境友好型社会。这样,中国就为世界文明贡献了生态文明新理念。在此基础上,中共十九大又创造性地提出了全球生态文明建设的新理念。

全球或世界生态文明之所以可能,就在于大家是你中有我、我中有你的人类命运共同体。在茫茫宇宙中,只有地球是人类唯一的家园。随着新科技革命和全球化的发展,人类家园日益成为一个小小村落。在地球村中,全人类具有唇亡齿寒的关系,成为了一个命运共同体。现在,全球性生态环境问题已严重威胁到了地球的存在。尤其是,"这场疫情启示我们,我们生活在一个互联互通、休戚与共的地球村里。各国紧密相连,人类命运与共。任何国家都不能从别国的困难中谋取利益,从他国的动荡中收获稳定。如果以邻为壑、隔岸观火,别国的威胁迟早会变成自己的挑战。我们要树立你中有我、我中有你的命运共同体意识,跳出小圈子和零和博弈思维,树立大家庭和合作共赢理念,摒弃意识形态争论,跨越文明冲突陷阱,相互尊重各国自主选择的发展道路和模式,让世界多样性成为人类社会进步的不竭动力、人类文明多姿多彩的天然形态"①。人类命运共同体就是在地球村当中形成的人类有机的整体。因此,人类必须牢固树立尊重自然、顺应自然、保护自然的意识,坚持走可持续发展之

① 习近平:《在第七十五届联合国大会一般性辩论上的讲话》,《人民日报》2020 年 9 月 23 日。

路，共谋全球生态文明建设，以人与自然和谐相处为目标，构筑尊崇自然、绿色发展的生态体系。生态体系是人类命运共同体的重要内容和物质外壳。唯此，才能实现世界的可持续发展和人的全面发展。

在人类抗击新冠肺炎疫情的关键时刻，基于人类命运共同体的科学认知，全人类应该大力构建卫生健康共同体。习近平主席呼吁，“让我们携起手来，共同佑护各国人民生命和健康，共同佑护人类共同的地球家园，共同构建人类卫生健康共同体”①。人类卫生健康共同体是人类命运共同体理念在世界公共卫生领域中的创造性运用，不仅将促进保证人类生命安全和身心健康，而且将促进建设一个清洁美丽的世界。

可见，习近平主席提出的人类命运共同体倡议，夯实了世界生态文明建设的哲学根基，必将成为引领世界生态文明建设的先进理念。

（二）全球绿色发展的新路径

1992 年，联合国通过了《21 世纪议程》，呼吁世界各国将可持续发展确立为面向 21 世纪的战略。为了履行对国际社会的庄重承诺，1994 年，中国通过了世界上第一个国家级 21 世纪议程——《中国 21 世纪议程》。1997 年，中共十五大将可持续发展确立为中国现代化建设重大战略。为了进一步推动全球可持续发展，联合国于 2016 年开始实施《2030 年可持续发展议程》。中国积极促进达成并实施这一议程，发布了《落实 2030 年可持续发展议程中方立场文件》和《中国落实 2030 年可持续发展议程国别方案》，在二十国集团领导人杭州峰会上共同制定了《二十国集团落实 2030 年可持续发展议程行动计划》。

可持续发展是指既满足当代人的需要又不对后代人满足其需要的能力构成危害的发展，其基本原则是实现代际公平。在坚持这一点的基础上，中国扩

① 《习近平关于统筹疫情防控和经济社会发展重要论述选编》，中央文献出版社 2020 年版，第 157 页。

展和提升了可持续发展的含义。在国内层面上，必须坚持人与自然和谐共生，坚持走生产发展、生活富裕、生态良好的文明发展道路。在国际层面上，必须将包容性发展和可持续发展统一起来，坚持走共同发展道路。在此基础上，党的十八届五中全会创造性提出了绿色发展的理念。“绿色发展，就其要义来讲，是要解决好人与自然和谐共生问题。人类发展活动必须尊重自然、顺应自然、保护自然，否则就会遭到大自然的报复，这个规律谁也无法抗拒。”①绿色发展着重解决的是人与自然和谐的问题，超越了可持续发展和绿色经济。

国际社会同样应该追求实现绿色发展。“坚持绿色发展，就是要坚持节约资源和保护环境的基本国策，坚持可持续发展，形成人与自然和谐发展现代化建设新格局，为全球生态安全作出新贡献。”②为此，国际社会要以科技创新为驱动，推进能源资源、产业结构、消费结构转型升级，推动绿色低碳技术研发应用，推动经济社会绿色发展，加快形成绿色发展方式，探索发展和保护相协调的新路径和新方式，构建经济与环境协同共进的地球家园。

这样，中国就将彻底的持续性和立体的公平性统一了起来，为世界生态文明建设指明了现实路径。

（三）全球气候治理的新思路

为了控制全球气候变暖，联合国于 1992 年通过了《联合国气候变化框架公约》。但是，美国以各种理由为借口拒绝签署公约。对此，中国和国际社会一直强调要按照共同但有区别责任的原则处理气候议题。2007 年 6 月，中国发布了世界上第一个发展中国家应对气候变化的国家方案——《中国应对气候变化国家方案》。2014 年 9 月，中国又发布了《国家应对气候变化规划（2014—2020 年）》。2015 年 6 月，《强化应对气候变化行动——中国国家自主贡献》提出，中国将于 2030 年左右使二氧化碳排放达到峰值并争取尽早实

---

① 习近平：《论坚持人与自然和谐共生》，中央文献出版社 2022 年版，第 133 页。

② 《习近平关于社会主义生态文明建设论述摘编》，中央文献出版社 2017 年版，第 29 页。

现,2030年单位国内生产总值二氧化碳排放比2005年下降60%—65%,非化石能源占一次能源消费比重达到20%左右,森林蓄积量比2005年增加45亿立方米左右。中国的这一国际新承诺推进了全球气候治理。

随着《京都议定书》时间期限的到来,国际社会决定制定《巴黎协定》以达成下述目标:将21世纪全球平均气温上升幅度控制在2摄氏度以内,并将全球气温上升控制在工业化之前水平之上1.5摄氏度以内。习近平主席提出,这一协定应该有利于实现公约目标、凝聚全球力量、加大投入、照顾各国国情,引领绿色发展,鼓励广泛参与,强化行动保障,讲求务实有效。协议应该遵循《联合国气候变化框架公约》的原则和规定,推进公约全面有效实施。在这个过程中,国际社会既要有效控制大气温室气体浓度上升,又要建立利益导向和激励机制,推动各国走向绿色循环低碳发展,实现经济发展和应对气候变化双赢,实现美丽和发展同行。在中国和国际社会的共同努力下,最终达成了协议。中国向联合国交存了批准文书。

在2017年美国特朗普政府宣布退出协定之际,习近平主席提出:"《巴黎协定》符合全球发展大方向,成果来之不易,应该共同坚守,不能轻言放弃。这是我们对子孙后代必须担负的责任!"①2018年12月,在中国的努力和斡旋下,波兰卡托维茨气候大会正式通过《巴黎协定》实施细则。2021年11月,在中国的奉献和贡献的基础上,经过国际社会的共同努力,落实《巴黎协定》的英国格拉斯哥气候大会取得了预期的成果。

2020年9月22日,习近平主席在第75届联合国大会上向国际社会郑重宣布:中国力争于2030年前实现碳达峰,努力争取2060年前实现碳中和。在国内的层面上,我们已经将碳达峰、碳中和纳入经济社会发展和生态文明建设整体布局,加速构建"1+N"政策体系。"1"是我国实现碳达峰、碳中和的指导思想和顶层设计。现在,《中共中央国务院关于完整准确全面贯彻新发展理

① 《习近平关于社会主义生态文明建设论述摘编》,中央文献出版社2017年版,第143页。

念做好碳达峰碳中和工作的意见》和《2030 年前碳达峰行动方案》已经发布。“N”是重点领域和行业实施方案，包括能源绿色转型行动、工业领域碳达峰行动、交通运输绿色低碳行动、循环经济降碳行动等。现在，我国正在广泛深入开展碳达峰行动，支持有条件的地方和重点行业、重点企业率先达峰。在对外的层面上，我国将大力支持发展中国家能源绿色低碳发展，不再新建境外煤电项目。“这不是别人要我们做，而是我们主动要做。”“我们认为，只要是对全人类有益的事情，中国就应该义不容辞地做，并且做好。中国正在制定行动方案并已开始采取具体措施，确保实现既定目标。中国这么做，是在用实际行动践行多边主义，为保护我们的共同家园、实现人类可持续发展作出贡献。”①显然，中国为全球气候治理贡献了智慧，是推动全球气候治理的积极力量。

中国积极推进气候领域的南南合作。“2011 年以来，中国累计安排约 12 亿元用于开展应对气候变化南南合作，与 35 个国家签署 40 份合作文件，通过建设低碳示范区，援助气象卫星、光伏发电系统和照明设备、新能源汽车、环境监测设备、清洁炉灶等应对气候变化相关物资，帮助有关国家提高应对气候变化能力，同时为近 120 个发展中国家培训了约 2000 名应对气候变化领域的官员和技术人员。”②这样，我国有效维护了国际气候正义。

（四）打造绿色丝绸之路的新举措

针对逆全球化的潮流，中国积极推动全球化朝着更加包容普惠绿色的方向发展。在推动“一带一路”建设时，习近平主席提出了携手打造“绿色丝绸之路的倡议”：“我们要着力深化环保合作，践行绿色发展理念，加大生态环境保护力度，携手打造‘绿色丝绸之路’。”③根据这一倡议，2017 年 5 月，中国

① 习近平：《论坚持人与自然和谐共生》，中央文献出版社 2022 年版，第 253、254 页。

② 中华人民共和国国务院新闻办公室：《中国应对气候变化的政策与行动》，《人民日报》2021 年 10 月 28 日。

③ 《习近平关于社会主义生态文明建设论述摘编》，中央文献出版社 2017 年版，第 138 页。

发布了《关于推进绿色"一带一路"建设的指导意见》和《"一带一路"生态环境保护合作规划》等文件。同时,中国与联合国环境署签署了关于建设"一带一路"谅解备忘录,与100多个来自相关国家和地区的合作伙伴共同成立"一带一路"绿色发展国际联盟,与30多个沿线国家签署了生态环境保护的合作协议,同各方共建"一带一路"可持续城市联盟,制定《"一带一路"绿色投资原则》,启动共建"一带一路"生态环保大数据服务平台,深入实施绿色丝路使者计划,实施"一带一路"应对气候变化南南合作计划。

1. 打造"绿色丝绸之路"的意义

打造"绿色丝绸之路",是出于深刻的战略考量作出的科学选择。

保证世界文明延续的需要。古丝绸之路曾是文明发展的兴盛之路,但是,由于生态环境恶化,"两河文明"和"楼兰文明"相继断绝。以史为鉴,习近平主席指出,生态兴则文明兴,生态衰则文明衰。今天,"一带一路"沿线的许多国家,仍然面临着资源短缺、生态脆弱等问题,而许多合作项目存在着潜在的生态风险。因此,为了避免历史悲剧重演,必须强化绿色开发和合作。这样,才能保证文明的延续。

打造人类命运共同体的需要。随着全球化和信息化的发展,生活在地球村里的世界各国日益成为命运共同体。习近平主席指出,打造人类命运共同体,必须要构筑尊崇自然、绿色发展的生态体系。随着"一带一路"战略的推进,一旦沿线某一个点上出现生态风险,那么,极易扩散,撕裂人类命运共同体。为了避免生态风险,必须打造"绿色丝绸之路"。这样,才能有效呵护人类命运共同体。

谋求绿色对外开放的需要。对外开放是我国基本国策,但是,当今的对外开放面临的矛盾、风险、博弈前所未有,稍不留神就可能掉入别人设置的陷阱,并为其诟病。这包括生态环境方面的陷阱和诟病。为此,必须谋求绿色发展和开放发展的融合,实现对外开放的绿色化。这样,可以更好地将引进来和走出去统一起来,极大地提升我国的国际形象,为我国改革开放赢得新的空间。

总之,打造“绿色丝绸之路”,有助于维护全球生态安全和提升我国对外开放的水平。

2. 打造“绿色丝绸之路”的举措

打造“绿色丝绸之路”是一项系统工程。目前,要做好以下工作:

加强绿色信息共享。只有加强信息共享,才能实现互联互通。习近平主席提出,要借助中国——上海合作组织环保合作中心,加快环保信息共享平台建设。推而广之,在实施“一带一路”战略中,更应该实现生态环境信息的共享。为此,要加强信息共享平台建设,及时通报和交流资源能源环境生态等方面的监测数据,分享和共享各国绿色经济政策和法规等信息,衔接和对接区域环境标准。

加大绿色投资融资力度。习近平主席指出,发展绿色金融,是实现绿色发展的重要措施。这也适用于“一带一路”战略。因此,亚洲基础设施投资银行(亚投行)和丝路基金应将发展生态金融作为工作重点,加强绿色投资融资,夯实“一带一路”沿线国家的可持续发展基础。为此,应设立多样化的专门“绿色丝绸之路”基金,加强向生态环境领域尤其是环境基础设施建设的投入。

加强绿色民间组织合作。习近平主席指出,民间社会组织是各国民众参与公共事务、推动经济社会发展的重要力量。这也适用于“一带一路”战略。因此,必须进一步加强“一带一路”沿线国家民间组织的交流合作,重点面向基层民众,广泛开展教育医疗、减贫开发、生物多样性和生态环保等各类公益慈善活动,促进沿线贫困地区生产生活条件的改善。

对于中国来说,还必须进一步加强对外绿色援助,继续向各国提供优质和环境友好的产能和先进技术装备。

现在,建设绿色丝绸之路已成为落实联合国2030年可持续发展议程的重要路径,已成为建设世界生态文明的重要平台。

显然,与反全球化和逆全球化不同,按照人类命运共同体理念,中国积极推动经济全球化朝着更加开放、包容、普惠、平衡、共赢、绿色的方向发展。

第八章　生态文明建设的制度自信

生态文明建设做好了，对中国特色社会主义是加分项，反之就会成为别有用心的势力攻击我们的借口。人类进入工业文明时代以来，传统工业化迅猛发展，在创造巨大物质财富的同时也加速了对自然资源的攫取，打破了地球生态系统原有的循环和平衡，造成人与自然关系紧张。从上世纪三十年代开始，一些西方国家相继发生多起环境公害事件，损失巨大，震惊世界，引发了人们对资本主义发展模式的深刻反思。——习近平①

生态文明建设是新时代中国特色社会主义的一个重要特征。——习近平②

在人与自然关系背后发挥支配作用的往往是人与社会的关系尤其是生产关系，因此，生态环境问题从来不是一个单纯的认知和技术问题，而是一个社会和政治问题。尽管生态危机的表现和危害具有全球性，但是，其成因和性质具有确定的社会性质。尽管生态文明是人类文明发展的普遍趋势和共同追求，但是，其经济基础、价值取向、思想观念往往具有特定的社会政治规定。在一般意义上，生态文明是相对于生态蒙昧和生态野蛮的范畴。在具体意义上，社会主义生态文明是相对于资本主义生态危机的范畴。社会主义生态文明的

① 习近平：《论坚持人与自然和谐共生》，中央文献出版社 2022 年版，第 8—9 页。

② 习近平：《论坚持人与自然和谐共生》，中央文献出版社 2022 年版，第 272 页。

直接目的是消灭资本主义生态危机，主要内容是以社会主义方式实现人与自然和谐共生的规律、通过实现人与自然和谐共生的规律巩固社会主义，最终目标是实现人道主义和共产主义相统一的共产主义理想。在这个意义上，主张用生态文明取代和超越工业文明、认为生态文明是工业文明之后的新文明形态的观点，无疑是关公战秦琼式的看法。

尽管西方社会通过生态变革（例如，生态现代化、绿色新政等）转型成为"环境先进国"，但是，充其量只是达到了"生态资本主义"（绿色资本主义）而已，根本不可能实现生态文明。况且，资源殖民主义、环境霸权主义、生态帝国主义成为晚期资本主义的重要特质，成为造成和加剧全球性生态危机的罪魁祸首。

"中国共产党领导人民建设社会主义生态文明"，是中国共产党的基本纲领之一，已经明确写入了《中国共产党章程》"总纲"部分。这就表明，我们建设的生态文明是社会主义生态文明，而不是其他生态文明。生态文明建设是新时代中国特色社会主义的重要特征。

社会主义生态文明与绿色资本主义存在着本质区别。第一，从所有制基础来看，绿色资本主义坚持资源私有制，社会主义生态文明坚持资源公有制。私有制确立的是排他的原则，少数人的所有剥夺了多数人的享有，因此，根本不可能实现公平正义。只有坚持资源公有制，才能确保生态共享。第二，从领导力量来看，绿色资本主义与资产阶级政党并无必然联系，社会主义生态文明是无产阶级政党领导人民进行的自觉的伟大创新实践。资本主义政党不可能完全实现绿色转型，这样，才能维护资本家攫取剩余价值的权利。绿党不可能成为西方政党政治的主流。支持北约出兵科索沃的行动，已经表明了西方绿党在政治上的破产。社会主义生态文明是共产党领导下的人民群众的创新事业。中国共产党已经明确将生态文明写入了自己的党章和政治报告当中，切实维护人民群众的生态环境权益，成为勇于生态创新的马克思主义政党。第三，从社会主体和价值取向来看，绿色资本主义坚持以物为本，社会主义生态文明坚持以人为本。尽管西方社会环境运动很发达，但是，新社会运动身份的认同已经将其纳入了资本主义体系当中，而且环境运动成为对付工人运动的手段。例如，英国用气候治理之名关闭煤矿，以镇压矿工的罢工。绿色资本主义只是为了更好地实现攫取剩余价值而已。社会主义坚持为了人民建设生态文明、依靠人民建设生态文明、生态文明建设的成果由人民共享。第四，从指导思想来看，绿色资本主义遵循的是新自由主义的环境政策，社会主义生态文明坚持以马克思主义生态文明思想为指导思想。基于理性经济人的假设，新自由主义试图在明确私有产权的基础上运用单纯的市场手段进行生态环境治理。其实，只是将污染物买来买去，根本不加以治理。站在维护无产阶级和劳动人民环境权益的基础上，马克思主义科学揭示出了人与自然关系的形成、性质、走向，深刻揭示出资本主义生态危机的社会实质及其给无产阶级和劳动人民带来的灾难和不幸，将共产主义看作是人道主义和自然主义的统一。第五，从最终指向来看，绿色资本主义追求的是晚期资本主义的长治久安，社会主义生态文明追求的是人道主义和自然主义相统一的共产主义社会。尽管晚期资本主义实现了绿化，但是，并未改革资本主义造成的人与自然对抗的状态。生态帝国主义是绿色资本主义的反证。共产主义是对人而言完成的自然主义，是对自然而言完成的人道主义，是按照“美的规律”实现的人与自然、人与自身双重和谐的社会。

当然，我们并不否认西方社会在生态环境治理的科技、学术、法治等方面取得的进展和成就。这些进展和成就反应了人类文明发展的共同规律。因此，我们在这些方面仍然需要向西方社会虚心学习，仍然需要同西方社会加强合作和交流。我们不可能关起门来搞生态文明建设。即使作为“白人男性中产阶级意识形态”的生态中心主义，仍然具有矫枉过正的作用。当然，这种思潮不能成为生态文明建设的主导思想，不能成为生态文明学科的主导范式。

社会主义生态文明与生态学社会主义存在着原则分野。一些生态学社会主义试图撇开无产阶级专政、共产党的领导、马克思主义的指导思想来以社会主义方式实现可持续性,有的论者对中国特色社会主义存在着怀疑的态度,显然,这与科学社会主义存在着原则分野。在这个意义上,生态学社会主义是社会主义运动中的一个思想流派(社会思潮),不一定属于社会主义阵营。但是,生态学社会主义和生态学马克思主义对资本主义和帝国主义、对新自由主义、对绿色资本主义持严厉批判的态度,对妇女解放运动、民族解放运动等社会进步运动持同情和支持的态度,因此,我们应该与之结成统一战线。否则,在对抗资本主义和帝国主义的斗争中,我们只能成为孤家寡人,只能孤鸿哀鸣。

在新时代的中国,习近平生态文明思想已经达到了对社会主义生态文明的高度的科学自觉和自信,成为社会主义生态文明观的集大成者和科学典范。在习近平生态文明思想的指导下,在中国共产党的领导下,在社会主义制度框架中,经过全体人民的共同奋斗,我们就可以建成高度发达的社会主义生态文明。

长期以来,中国共产党带领人民坚持和发展中国特色社会主义,坚持协调推动社会主义物质文明、政治文明、精神文明、社会文明、生态文明,创造了中国式现代化新道路,创造了人类文明新形态。这是中国特色社会主义事业的世界历史意义,同样是社会主义生态文明的世界历史意义。生态文明是中国特色社会主义事业的重要组成部分和显著特征,是人类文明新形态的重要内容和重要特征。只有坚持中国特色社会主义道路、理论、制度、文化等方面的自觉和自信,我们才能搞好社会主义生态文明建设,才能推进人类文明新形态的发展。

一、社会主义生态文明内在规定的科学自觉

在整个社会有机体当中,经济、政治、文化、社会、生态等要素具有内在关联,相互规定,相互作用,构成一个不可分割的整体,推动着社会的全面进步和

人的全面发展。据此,我们党形成了中国特色社会主义总体布局。党的十八大以来,从社会主义本质的高度出发,立足于中国特色社会主义总体布局,习近平生态文明思想科学地系统地揭示出社会主义生态文明的内在规定,科学地系统地回答了什么是社会主义生态文明的问题,达到了对社会主义生态文明的科学自觉,成为社会主义生态文明观的科学典范。

(一)社会主义生态文明是以资源公有为经济基础的生态文明

生态文明建设总是在一定的经济基础之上展开。除了生产力的影响之外,生产资料所有制的性质决定着生态文明的性质。这在于,生产资料所有制是划分社会形态的经济标尺。建立在私有制基础上的资本主义社会造成了人与自然的分离和对抗。这是导致资本主义生态危机的经济根源。建立在公有制基础上的社会主义社会促进了人与自然的和谐与统一。这是建设社会主义生态文明的经济基础。习近平总书记强调:“社会主义是人民群众做主人,良好生态环境是全面建成小康社会的重要体现,是人民群众的共有财富。”①这就进一步明确了社会主义生态文明的经济基础和规定。

自然资源以及由自然禀赋产生的生态产品是大自然馈赠给全人类的礼物,具有典型的公共性。这个公共性是面向全体人民的公共性,与共产主义高度契合。“共产主义者是个拉丁词,communis 一词是‘公共’的意思。共产主义社会就意味着土地、工厂都是公共的,实行共同劳动——这就是共产主义。”②因此,一切文明民族都从土地公有制开始。但是,随着土地私有制的出现,具有系统价值的大自然被降解为单纯的工具价值,成为少数人所有、占有、拥有的物品。拉丁文中的“私有”(private)就是“剥夺”的意思。私有制是一种排他性、独占性的制度。由于自然资源和生态产品被纳入私有制框架中,结果导致了作为劳动者的人和作为生产资料的自然的分离。只有实现生产者与

① 习近平:《论坚持人与自然和谐共生》,中央文献出版社 2022 年版,第 248 页。
② 《列宁选集》第 4 卷,人民出版社 2012 年版,第 293 页。

生产资料的分离、人与自然的分离，才能够实现原始积累。结果，作为生产资料所有者的资本家成为自然资源和生态产品的唯一主人，有充分权利去剥夺工人和穷人对自然资源和生态产品的用益权或享受权。显然，私有制与公正性、永续性水火不容。在私有制条件下，根本不可能存在生态文明。因此，只有将劳动者和生产资料重新结合起来，只有将人与自然重新结合起来，建立社会主义公有制，才能实现生产的可持续发展，增强人与自然的有机联系，促进人与人之间的团结和合作。显然，公有制是最为适宜生态文明的所有制结构，生态文明只能建立在公有制的基础之上。

社会主义不仅要求将一般生产资料纳入公有制框架中，而且要求将各种自然资源以及由自然禀赋产生的生态产品纳入公有制体系中。当然，在传统计划经济体制中，脱离生产力发展水平的“一大二公”存在诸多问题。因此，在建立和完善社会主义市场经济中，我国确立了公有制为主体、多种所有制经济共同发展的所有制结构。但这并不意味着私有化。按照我国宪法，2015年，《生态文明体制改革总体方案》明确提出，“坚持自然资源资产的公有性质……保障全体人民分享全民所有自然资源资产收益”①。如果自然资源资产以及由自然禀赋产生的生态产品私有化，那么，不仅会剥夺大多数人的资源权益，而且会危及国家的资源安全和政治安全。因此，“坚持自然资源资产的公有性质”不仅是我国生态文明体制改革的重要原则，而且是我国生态文明建设的重要原则。在此前提下，必须保证全体人民的资源权益，这样，才能将社会主义公有制和资本主义国有制区别开来。习近平总书记所讲的“良好生态环境是人民群众的共有财富”，进一步明确了我国自然资源和生态产品的公有制性质，明确了全体人民是我国良好生态环境的所有者，明确了社会主义生态文明的公有制基础及其规定。这样，才能确保人民群众能够共同拥有自然财富，共同享有生态产品和生态服务。

---

① 《中共中央国务院印发〈生态文明体制改革总体方案〉》，《人民日报》2015年9月22日。

我们不能以“公地悲剧”为借口否认公有制。在这一假设中，“公地”一词不是指土地等自然资源和生态产品的公有制，而是指任何人和每个人可以开放使用的环境部分（草地）。对于每个放牧者来说，放养尽可能多的牲畜可以使自身利益最大化。对于大家来说，如果没有达成规制协议并由共同体来执行，那么，放牧牲畜的头数将超过草地的承载力。显然，“公地悲剧”是在缺乏生态约束、社会规制的情况下，人们以私有者尤其是小私有者心态对待公共物品造成的，并不能证伪公有制，反倒是以牺牲公共利益获取私人利益的典型案例。这样看来，“实行集体所有和互相帮助的‘公社’（Commons）是一种能够将人类置放到生态系统关系当中去的社会环境路径”①。在这一前提下，我们可以探索所有制和所有制实现形式的分开问题，可以探索农地和林地等自然资源的所有权、承包权、经营权的三权分置问题。但是，前提是必须有效避免国有自然资源资产的贬值和流失。同时，针对全民所有自然资源资产的所有权人不到位、所有权人权益不落实的问题，可以进一步落实全民所有自然资源资产所有权，建立统一行使全民所有自然资源资产所有权人职责的体制机制。目前，按照“绿水青山就是金山银山”的科学理念，在坚持自然资源公有制的基础上，我们要落实全民所有自然资源资产所有权，“推动自然资本大量增值”②，将我国建设成为自然资本强国。

总之，从社会主义根本经济制度入手，习近平生态文明思想科学揭示出所有制等根本经济制度因素对人与自然关系的影响，突出良好生态环境是人民群众的共有财富，达到了对社会主义生态文明的公有制基础和规定的科学自觉。

---

① Joel Kovel, “Ecosocialism, Global Justice, and Climate Change”, *Capitalism Nature Socialism*, Vol.19, No.2, 2008, pp.4-14.

② 习近平：《论坚持人与自然和谐共生》，中央文献出版社 2022 年版，第 136 页。

（二）社会主义生态文明是以共产党为领导核心的生态文明

生态文明建设涉及人们之间利益关系的调整，因此，不能不受政治结构尤其是政党的制约。在政治领域，政党尤其是执政党的阶级性质和执政方略是影响生态文明性质的重要因素。在西方资本主义国家，资本主义制度形成在前，资产阶级政党政治形成在后。在社会主义国家，无产阶级政党建立在前，社会主义制度形成在后。因此，共产党的领导内嵌于社会主义制度当中，成为社会主义政治的内在规定。共产党也有自己的生态环境方面的执政方略和执政目标。习近平总书记指出，要充分发挥党的领导的政治优势，大力推进生态文明建设。这样，就进一步明确共产党是社会主义生态文明建设的领导核心。

共产党是以马克思主义为指导思想的无产阶级先进政党，既要将无产阶级和劳动人民从盲目的社会必然性中解放出来，又要将其从盲目的自然必然性中解放出来。1848 年，当世界上第一个无产阶级政党“共产主义者同盟”成立的时候，马克思恩格斯就将一些具有生态环境建设价值的措施纳入其党纲《共产党宣言》中。在《共产党宣言》的草稿《共产主义原理》中，恩格斯提出，应采取以下手段作为从资本主义向共产主义过渡的措施：第一，开垦一切荒地，改良已垦土地的土壤。第二，将城市和农村二者生活方式的优点结合起来，避免其各自的片面性和缺点。第三，拆毁一切不合卫生条件的、建筑得很坏的住宅和市区，在国有土地上的建筑作为公民公社的公共住宅。《共产党宣言》正式写入了这些内容。在社会主义成为现实社会制度的条件下，苏联共产党和中国共产党都十分重视生态环境建设。1919 年，列宁支持设立自然保护区，把建立和管理自然保护区的责任交给了教育人民委员会，以保证它独立于短期的经济要务。到 1929 年，苏联建立了 61 个自然保护区，总面积近 400 万亩。① 在中共十七大提出生态文明科学理念、中共十八大将生态文明纳

---

① ［英］特德·本顿：《生态马克思主义》，曹荣湘等译，社会科学文献出版社 2013 年版，第 117 页。

入中国特色社会主义总体布局中的情况下，中共十八大第一次明确将“中国共产党领导人民建设社会主义生态文明”的内容明确写入了《中国共产党章程》的总纲当中，从而明确了社会主义生态文明的三重政治意蕴：以共产党为领导核心，以人民群众为主体力量，以社会主义为制度依托。显然，共产党不仅善于破旧，而且善于立新；不仅致力于社会经济建设，而且致力于生态环境建设。

生态环境问题是关系民生福祉的重大社会问题，是关系党的使命宗旨的重大问题，因此，必须加强党对生态文明建设的领导。一方面，生态环境问题已经严重地影响到人民群众的正常生存、生活、生存秩序。打好污染防治攻坚战时间紧、任务重、难度大，是一场大仗、硬仗、苦仗。只有加强党的领导，才能统筹各方关系，攻坚克难，圆满完成这一历史任务。同时，我国生态环境不是一天变坏的，有一个历史积累的过程，但是，不能在我们共产党人的手里变得越来越坏，共产党人应该有建设好生态文明的胸怀和抱负。另一方面，优美生态环境需要已经成为人民群众美好生活需要的重要构成方面。只有中国共产党才能代表人民群众的生态环境利益和满足人民群众的生态环境需要。这在于，中国共产党是中国工人阶级和中华民族的先锋队，能够代表中国最广大人民的根本利益。中国共产党以全心全意为人民服务为宗旨，没有自己的特殊利益，更不代表特殊利益集团。中国特色社会主义最本质的特征是中国共产党领导，中国特色社会主义制度的最大优势是中国共产党领导。习近平总书记指出：“要充分发挥党的领导和我国社会主义制度能够集中力量办大事的政治优势，充分利用改革开放四十年来积累的坚实物质基础，加大力度推进生态文明建设、解决生态环境问题。”①现在，只有坚决维护党中央权威和集中统一领导，全面贯彻落实党中央关于生态文明建设的决策部署，坚决担负起生态文明建设的政治责任，我们才能搞好生态文明建设。只有坚持党的领导，才能

---

① 习近平：《论坚持人与自然和谐共生》，中央文献出版社 2022 年版，第 7 页。

确保生态文明建设的社会主义性质和方向。

为了加强党对生态文明建设的领导，还必须努力提高党领导生态文明建设的能力和水平。党的十八大以来，我们党开展了一系列创造性工作。第一，在党章中，将生态文明确立为我们党治国理政的科学方略。党的十九大进一步丰富和完善了党的基本路线，将党章中关于“为把我国建设成为富强民主文明和谐的社会主义现代化国家而奋斗”的奋斗目标，修改完善为“为把我国建设成为富强民主文明和谐美丽的社会主义现代化强国而奋斗”，从而明确美丽中国是我国现代化的重要内容，是党在社会主义初级阶段的奋斗目标之一。同时，党的十九大丰富和完善了党章中关于“中国共产党领导人民建设社会主义生态文明”的内容，将“增强绿水青山就是金山银山的意识”和“实行最严格的生态环境保护制度”写入了党章中，进一步明确了社会主义生态文明观的核心理念。

第二，在党的全国代表大会和中央全会上，不断推动生态文明理念创新和政策创新。党的十八届三中全会以来，我们党提出了推进生态文明领域国家治理体系和治理能力现代化的战略部署和绿色发展的科学理念，确立“坚持人与自然和谐共生”为新时代坚持和发展中国特色社会主义的基本方略之一，要求加快建立生态文明法律制度，改革自然资源和生态环境管理体制，坚持和完善生态文明制度体系。

第三，在中央文件中，提出加快推进生态文明顶层设计和制度建设的系列意见。党的十八大以来，我国相继出台了《中共中央　国务院关于加快推进生态文明建设的意见》《生态文明体制改革总体方案》《中共中央　国务院关于全面加强生态环境保护坚决打好污染防治攻坚战的意见》《全国人民代表大会常务委员会关于全面加强生态环境保护依法推动打好污染防治攻坚战的决议》《中共中央　国务院关于完整准确全面贯彻新发展理念做好碳达峰碳中和工作的意见》《中共中央　国务院关于深入打好污染防治攻坚战的意见》等顶层设计文件。通过上述努力和创新，建设生态文明已经成为全党、全国、全社会的共同意志、共同方略、共同行动。这是推动我国生态文明建设发生历史性、转折性、全局性变化的根本政治保证，充分证明我们党完全能够带领中国人民搞好生态文明建设。

当下，希望通过绿党来领导和促进生态文明，是政治上和生态上的严重退却。在“晚期资本主义”社会中，尽管绿党促进了生态治理和社会转型，但是，它是以在野党的身份出现在西方政治版图中，具有浓厚的选举政治色彩。一旦其选举策略成功而成为联合执政的成员时，为了维护其政治利益，往往会背离其初衷。例如，德国绿党进入政府之后赞同北约出兵科索沃的决定，违背了其奉行的非暴力的原则。其所以如此，就在于他们不可能代表无产阶级和劳动人民的利益，不可能代表被压迫民族和被压迫人民的利益。“经验表明，至少在美国，绿党将自己定义为在资产阶级民主框架内的进步的民粹主义……但当成为某些国家力量之后，比如在欧洲，绿党，值得注意这里有一些例外，事实表明它们似乎是忠于资本的，保护资本逃脱生态责任。”①在资产阶级政党主导下的生态治理，根本不可能触及生态危机的根本根源——资本主义制度，充其量只能达到绿色资本主义。

总之，社会主义生态文明建设是共产党领导人民进行的社会主义创新事业。习近平生态文明思想进一步明确中国共产党是我国生态文明建设的领导力量，从而科学揭示出社会主义生态文明的政治规定和政治特征。当然，社会主义生态文明建设同样必须把坚持党的领导、人民当家作主、依法治国三者统一起来。

（三）社会主义生态文明是以马克思主义为指导思想的生态文明

生态文明建设总是在一定思想观念指导下的实践活动，不能不具有一定

① ［美］乔尔·科威尔：《自然的敌人——资本主义的终结还是世界的毁灭?》，杨燕飞、冯春涌译，中国人民大学出版社 2015 年版，第 218 页。

的意识形态的属性。马克思主义是社会主义事业和社会主义国家的指导思想，是社会主义的内在规定。社会主义生态文明建设是一个在马克思主义指导下科学建构和科学创新的过程。习近平总书记指出，要学习和实践马克思主义关于人与自然关系的思想，推进生态文明建设。这样，就进一步明确社会主义生态文明是以马克思主义为指导思想的生态文明。

由于资本主义工业化造成的环境污染严重威胁到无产阶级和劳动人民的正常生存、生活和生产，因此，马克思恩格斯从无产阶级和劳动人民解放的高度出发，科学揭示出人与自然关系的辩证结构、社会性质、未来走向等问题。尤其是恩格斯在《自然辩证法》中科学地系统地阐明了这些问题。第一，人与自然具有一体性。自然物构成人类生存的自然条件，是人类生产资料和生活资料的来源。人类善待自然，自然也会馈赠人类。人类征服自然，自然也对人进行报复。人类在同自然的互动中生产、生活、发展。第二，资本主义条件下的人与自然以对立和对抗为特征。资本主义生产方式加剧了作为劳动者的工人和作为生产资料的自然的分离。为了追求剩余价值，资本主义不惜污染和破坏自然，结果造成了严重的生态危机。第三，共产主义代表着人与自然和谐的未来。在生产力高度发展的基础上，通过消灭私有制、阶级对立和社会差别，在自由人联合体中，将实现劳动者和生产资料、人和自然的有机结合，将实现人道主义和自然主义的统一。因此，习近平总书记指出，“学习马克思，就要学习和实践马克思主义关于人与自然关系的思想”①。这样，就科学阐明了马克思主义关于人与自然关系思想的生态意蕴和生态价值。

我们党历来高度重视生态文明建设。在新民主主义革命时期，我们党就组织学习过恩格斯的《自然辩证法》，发起过群众性绿化运动。新中国成立以后，我们党高度重视人口资源环境工作。20 世纪 70 年代，我国开启了环境保

---

① 习近平：《论坚持人与自然和谐共生》，中央文献出版社 2022 年版，第 225 页。

护的历程。改革开放以来，我们党把节约资源和保护环境确立为基本国策，把可持续发展确立为国家战略，把生态文明作为全面建设小康社会奋斗目标的新要求，并将之纳入了“五位一体”总体布局中。这是我们党对马克思主义关于人与自然关系思想的创造性发展。

习近平总书记十分重视马克思主义关于人与自然关系的思想对于社会主义生态文明建设的指导价值，多次引用恩格斯的《自然辩证法》来强调生态文明建设的必要性和重要性。从马克思主义世界观和方法论的科学高度，他深刻阐述了党对生态文明建设的全面领导、生态兴则文明兴、人与自然和谐共生、绿水青山就是金山银山、良好生态环境是最普惠的民生福祉、绿色发展是发展观的深刻革命、统筹山水林田湖草沙系统治理、用最严格制度最严密法治保护生态环境、把建设美丽中国转化为全体人民自觉行动、共谋全球生态文明建设之路等新思想新理念新观点。在此基础上，他要求尊重自然和自然规律，集中体现出马克思主义的科学性和真理性。他要求大力满足人民群众的优美生态环境需要，集中体现出马克思主义的阶级性和人民性。他要求依靠人民群众推进绿色发展、推进生态文明建设、推进生态文明领域的国家治理体系和治理能力现代化，集中体现出马克思主义的实践性和创造性。他立足于中国特色社会主义进入新时代的客观实际，从我国社会主要矛盾的变化出发，完善了我国生态文明建设的科学方略，集中体现出马克思主义的时代性和开放性。在此基础上，我们党系统形成习近平生态文明思想，丰富和发展了马克思主义关于人与自然关系的思想。习近平生态文明思想是我国社会主义生态文明建设经验和成果的科学提升，新时代社会主义生态文明建设是习近平生态文明思想指导下的生态文明创新实践。

当然，习近平总书记要求在生态文明建设问题上同样必须坚持“不忘本来、吸收外来、面向未来”①。在马克思主义的指导下，只有推动中国传统生态

---

① 《习近平谈治国理政》第3卷，外文出版社2020年版，第18页。

文化的创造性发展和创新性转换,只有学习和借鉴国外的生态文化理念和生态环境治理经验,我们才能形成综合创新、生机勃勃的生态文化,科学引导生态文明建设。

同时,我们也要严格防范生态中心主义和新自由主义对生态文明建设的误导。前者以自然的内在价值为依据,反对人类中心主义,主张维护自然的权利,抽象地怀疑发展尤其是工业化。其实,“所有围绕生态稀缺、自然极限、人口过剩和可持续性的争论,都是关于保存一种特殊社会秩序的争论,而不是关于保护自然本身的争论”①。况且,这种观点在世界观上严重割裂了人与自然的系统联系。后者以资源的稀缺性为基础、以“经济人”假设为核心,无限扩大市场化在生态环境治理中的作用。在我们看来,第一,资源稀缺性只有在一定社会条件下才发生作用。第二,“经济人的主要特征就是极端的个人主义”②,是维护资本主义经济基础的意识形态。第三,由于生态环境问题涉及公共领域和公共产品问题,不可能采用完全市场化的方式。第四,以“经济人”假设为依据的私有化根本不可能实现和维护资源的可持续性。生态中心主义和新自由主义的共同问题是,回避造成生态危机的资本主义制度根源,回避造成生态危机的个人主义、利己主义、拜金主义的价值根源。同时,我们也要看到生态学马克思主义(生态学社会主义)与共产党意识形态存在的理论距离。

总之,习近平生态文明思想进一步明确了马克思主义关于人与自然关系的思想在生态文明建设中的指导地位,开辟了当代中国马克思主义生态文明思想,开辟了二十一世纪马克思主义生态文明思想,达到了对社会主义生态文明的文化规定的科学自觉。

---

① [美]戴维·哈维:《正义、自然和差异地理学》,胡大平译,上海人民出版社2010年版,第168页。

② [美]赫尔曼·E.达利、小约翰·B.柯布:《21世纪生态经济学》,王俊等译,中央编译出版社2015年版,第90页。

（四）社会主义生态文明是以人民群众为中心的生态文明

如同任何行为一样，生态文明建设也存在着如何确定价值取向和行动主体的问题。资本主义以剩余价值为轴心，造成了严重的生态危机。为了更好地实现剩余价值，“晚期资本主义”开始转向“绿色资本主义”。但由于没有触动剩余价值的轴心地位，因此，绿色资本主义仍然是不可持续的。社会主义坚持以人民为中心。“在社会主义制度下，采用拉姆赛的这种能‘解放’千百万矿工及其他工人的劳动的方法，就能立刻缩短一切工人的工作时间，例如从 8 小时缩短到 7 小时，甚至更少些。所有工厂和铁路的‘电气化’，一定能使劳动的卫生条件更好，使千百万工人免受烟雾、灰尘和泥垢之苦，使肮脏的、令人厌恶的工作间尽快变成清洁明亮的、适合人们工作的实验室。”①在多年科学实践的基础上，习近平总书记进一步提出，良好生态环境是最普惠的民生福祉，是最公平的公共产品。这样，就进一步明确了社会主义生态文明建设的人民性价值取向。

在资本主义条件下，自然是作为“不费资本分文”的要素加入生产过程的。“作为要素加入生产但无须付代价的自然要素，不论在生产中起什么作用，都不是作为资本的组成部分加入生产，而是作为资本的无偿的自然力，也就是，作为劳动的无偿的自然生产力加入生产的。但在资本主义生产方式的基础上，这种无偿的自然力，像一切生产力一样，表现为资本的生产力。”②由于资本主义以无偿的方式占有和使用自然资源，自然是“不费资本分文”的生产要素，因此，资本家丝毫不爱惜和珍惜自然，结果导致了资源的浪费和环境的污染。随着资本主义生态危机的发生和加剧，当人们用商品、货币、资本的方式对待自然时，必然降解和忽视自然的系统价值。当资本主义的发展试图赋予自然以价值和资本的时候，马克思主义拒绝承认“自然价值”和“自然资

① 《列宁全集》第 23 卷，人民出版社 1990 年版，第 94 页。

② 《马克思恩格斯文集》第 7 卷，人民出版社 2009 年版，第 843 页。

本”的存在。这样,便于防范将自然和污染变成商品买来买去而不能从根本上解决问题的现象的发生。

随着社会主义制度的建立,自然资源和由自然禀赋产生的生态产品成为全体人民的共有财富。为了适应社会主义初级阶段的实际,我们选择了社会主义市场经济的体制改革模式。在社会主义市场经济条件下,私人领域和公共领域发生了分化。前者是一个纯粹的竞争领域,完全可以采取市场逻辑。后者是一个非竞争的领域,必须向全体人民开放。生态环境问题不仅是一个典型的外部不经济性的问题,而且关涉公共产品的供给和社会公正的实现。习近平总书记反复强调,良好生态环境是最公平的公共产品,是最普惠的民生福祉。例如,水是公共产品,政府必须将水治理作为自己的主要职责。在水价改革方面,必须区分清楚是生活消费性用水还是生产经营性用水。就前者来说,水是保证人民群众正常生存和生活的必需品,由于客观上存在着收入差距,不同收入群体对价格的敏感程度和反应程度不同,因此,水价改革必须按照社会公平原则制定有关配套措施,对低收入人群的生活给予必要的保障。在自由放任的市场经济条件下,高水价未必会引导水费流向水资源保护、水环境治理、水生态维护。只有保证生态产品的公共产品性质,保证生态服务的公共服务的性质,才能有效避免市场经济的失灵,才能有效地造福全体人民,这样,才能确保生态文明建设的社会主义性质和方向。就后者来说,我们可以发挥市场机制和经济杠杆的作用。通过深化市场化改革和加强生态经济制度创新,使节约者在市场竞争中获得更多的利益和机会,使浪费者付出更大的成本和代价。推而广之,通过市场手段,我们的目的是把节约资源、保护环境、修复生态转化为发展的动力和内在的约束。这样,可以促进外部问题的内部化。在这个意义上,“自然价值”和“自然资本”的概念能够成立。

尽管我们可以采用市场手段进行生态环境治理,但是,这并不意味着可以按照资本主义方式建设生态文明。这在于,市场和资本主义是两个完全不同的概念。前者本质上指的是竞争，后者的内涵恰恰是由私人财产垄断对竞争的限制性规定。资本主义的要害是资本家私有制。共产党人要消灭的资本主义私有制，根本不涉及生活资料问题。习近平总书记指出，我们要“坚持方向不变、道路不偏、力度不减，推动新时代改革开放走得更稳、走得更远”①。这个方向就是社会主义方向，这个道路就是中国特色社会主义道路，这个力度就是社会主义市场经济改革的力度。

在此基础上，按照共享发展的科学理念，习近平生态文明思想提出，要让人民群众共享生态文明建设的成果（生态共享）。当然，生态共享要以生态共有（自然资源和由自然禀赋产生的生态产品的公有制）为经济基础，要以生态共建（人民群众共同参与生态文明建设）和生态共治（人民群众共同参与生态文明领域的国家治理体系和治理能力现代化）为社会前提。共有、共建、共治、共享四者不可分割，相互作用，共同构成了社会主义生态文明的社会维度。这样，也进一步明确了人民群众在生态文明建设中的主体地位。

总之，按照马克思主义政治立场和价值取向，习近平生态文明思想创造性地将以人民为中心的发展思想运用到生态文明建设中，达到了对社会主义生态文明人民性规定的科学自觉。

综上，按照社会主义本质和中国特色社会主义总体布局，习近平生态文明思想从经济、政治、文化、社会等方面科学地系统地揭示出社会主义生态文明的内在规定，进一步明确自然资源公有制是社会主义生态文明的经济基础和经济规定，党的领导是社会主义生态文明的政治规定，马克思主义是社会主义生态文明的指导思想和文化规定，人民性是社会主义生态文明的价值取向和社会规定，这样，就达到了对社会主义生态文明内在规定的科学自觉，成为了社会主义生态文明观的科学典范。

---

① 《习近平谈治国理政》第3卷，外文出版社2020年版，第189页。

二、社会主义生态文明观的科学典范

党的十九大发出了“牢固树立社会主义生态文明观”的号召。随后,我们党将“习近平生态文明思想”确立为我国生态文明建设的指导思想。习近平生态文明思想是习近平新时代中国特色社会主义思想的重要组成部分和突出理论贡献,集中体现着社会主义生态文明观。

生态文明的核心问题是如何科学认识和正确处理人与自然的关系。马克思主义关于人与自然关系的思想即马克思主义生态思想为之提供了科学武器。习近平生态文明思想的核心要义是“十个坚持”。即,坚持党对生态文明建设的全面领导、生态兴则文明兴、人与自然和谐共生、绿水青山就是金山银山、良好生态环境是最普惠的民生福祉、绿色发展是发展观的深刻革命、统筹山水林田湖草沙系统治理、用最严格制度最严密法治保护生态环境、把建设美丽中国转化为全体人民自觉行动、共谋全球生态文明建设之路。它们从马克思主义理论等方面阐明了生态文明建设的原则,坚持了马克思主义立场、观点和方法,集中体现着社会主义生态文明观。社会主义生态文明观是关于生态文明的社会主义意识形态的总和。

人们总是在一定的社会制度中认识和处理人与自然关系。社会主义是最为适合和适宜生态文明的社会形态。社会主义生态文明观是关于生态文明的社会主义政治规定和特征的科学自觉和科学回答。《中国共产党章程》关于“中国共产党领导人民建设社会主义生态文明”的规定表明:社会主义生态文明是以共产党为领导核心、以人民群众为建设主体、以社会主义为制度依托的实现人与自然和谐共生的过程和成果。社会主义生态文明观是关于生态文明的社会主义政治规定和特征的总体看法。在这个问题上,习近平总书记提出,要充分发挥党的领导和我国社会主义制度能够集中力量办大事的政治优势,加大力度推进生态文明建设、解决生态环境问题。即,生态文明是在共产党的领导下、以社会主义为制度依托的建设事业。同时,他提出了“坚持良好生态环境是最普惠的民生福祉”和“坚持建设美丽中国全民行动”两个原则。即,生态文明是依靠人民、造福人民的建设事业。可见,习近平生态文明思想是社会主义生态文明的政治自觉的科学成果。

(一)共产党:社会主义生态文明建设的领导核心

中国共产党的领导是中国特色社会主义最本质的特征,是中国特色社会主义制度的最大优势。习近平总书记明确提出了“加强党对生态文明建设的领导”的政治要求,系统地提出了加强党对生态文明建设领导的战略部署。这样,就科学揭示出党的领导是社会主义生态文明的最本质的规定和特征。

1. 确保党对生态文明建设的领导地位

坚持党对生态文明建设的领导,是社会主义生态文明的必然选择和内在规定。唯此,才能保证生态文明的社会主义属性。

由于人与自然关系的问题是影响人类生存和发展尤其是工人阶级和劳动人民解放的重大问题,因此,马克思主义政党将实现人与自然和谐共生作为重要奋斗目标。1848 年,马克思恩格斯在为共产主义者同盟起草的《共产党宣言》中提出,要“按照共同的计划增加国家工厂和生产工具,开垦荒地和改良土壤”,“把农业和工业结合起来,促使城乡对立逐步消灭”。① 这些措施对于解决资本主义生产方式造成的物质变换断裂具有重要意义。1875 年,针对拉萨尔派和爱森纳赫派在哥达城合并成立而制定的德国工人党纲领提出的“劳动是一切财富和一切文化的源泉”的拉萨尔主义观点,马克思在《哥达纲领批判》中鲜明地指出:“劳动不是一切财富的源泉。自然界同劳动一样也是使用价值(而物质财富就是由使用价值构成的!)的源泉,劳动本身不过是一种自

---

① 《马克思恩格斯文集》第 2 卷,人民出版社 2009 年版,第 53 页。

然力即人的劳动力的表现。”①只有劳动者按照一定所有制占有自然之时，才会有现实的劳动。可见，马克思科学指明了自然界在财富形成中的作用，要求无产阶级必须掌握自然资源所有权。

按照马克思主义社会有机体理论，遵循社会全面发展和全面进步规律以及人与自然和谐共生规律，我们党不断将生态文明创新成果和实践经验纳入党章中。党的十八大将“中国共产党领导人民建设社会主义生态文明”的内容第一次明确地写入到党章中。党的十九大进一步完善了这一内容。在理念和意识层面，必须树立尊重自然、顺应自然、保护自然的理念，增强绿水青山就是金山银山的意识。从现实任务来看，必须着力建设资源节约型、环境友好型社会，形成节约资源和保护环境的空间格局、产业结构、生产方式、生活方式。在政策和制度层面，必须坚持节约资源和保护环境的基本国策，坚持节约优先、保护优先、自然恢复为主的方针，实行最严格的生态环境保护制度。在价值取向和奋斗目标上，必须为人民创造良好生产生活环境，坚持生产发展、生活富裕、生态良好的文明发展道路，实现中华民族的可持续发展。这样，建设社会主义生态文明就成为中国共产党的内在使命和理想追求。

只有在中国共产党的领导下才能有效解决生态环境问题。由于生态环境需要是人的基本需要，生态环境问题严重影响人的正常的生活和生产，严重影响人民群众的安全观、获得感、满意感、幸福感，因此，这不是一个单纯的人与自然关系的问题。习近平总书记指出：“生态环境是关系党的使命宗旨的重大政治问题，也是关系民生的重大社会问题。”②由于生态环境治理涉及复杂的利益关系的调整，大多数人的利益最为要紧，因此，只有在代表中国最广大人民根本利益的中国共产党的领导下，才能切实有效地解决这些问题。

---

① 《马克思恩格斯文集》第3卷，人民出版社2009年版，第428页。

② 习近平：《论坚持人与自然和谐共生》，中央文献出版社2022年版，第8页。

长期以来,我们党将满足人民群众的生态环境需要和维护人民群众的生态环境权益作为践行党的使命宗旨的重要任务,将生态文明建设纳入到了治国理政的全部工作中。因此,我们党完全能够承担起领导生态文明建设的政治重任。

在当代中国,中国共产党绝非多元治理主体中的一位,而是国家建设和国家治理的领导核心。按照多元治理理论看待党的领导,势必会弱化和淡化党的领导。我们必须充分发挥党的领导的政治优势。这样,才能保证生态文明的社会主义性质和方向。

2. 发挥党对生态文明建设的领导作用

在坚持党的领导的前提下,我们还必须切实提高党领导生态文明建设的能力和水平。党的十八大以来,我们党领导生态文明建设的能力和水平达到了一个新的科学高度,成效显著。

坚持以习近平生态文明思想为根本遵循。党的基本理论是党的指导思想,是党的基本路线和基本方略的理论基础。聚焦人民群众感受最直接、要求最迫切的突出生态环境问题,按照马克思主义生态思想,在科学总结社会主义生态文明建设创新经验的基础上,我们党将生态文明建设看作是“五位一体”总体布局和“四个全面”战略布局的重要内容,明确了生态文明建设的战略地位;深刻阐述了“十个坚持”,完善了社会主义生态文明的核心理念和基本原则;提出了绿色发展的科学理念,明确了生态文明建设的现实路径;提出了实现生态文明领域国家治理体系和治理能力(“生态治理”)现代化的战略任务,明确了生态文明建设的制度保障。在此基础上,我们党系统形成了习近平生态文明思想。只有坚持以习近平生态文明思想为指导,才能切实提高我国生态文明建设的科学性、系统性和有效性。

坚持将建设美丽中国作为我国社会主义现代化建设的战略目标。党的基本路线是党和国家的生命线、人民的幸福线。党的基本路线要求坚持以经济建设为中心，坚持四项基本原则，坚持改革开放，把我国建设成为富强民主文明和谐美丽的社会主义现代化强国。按照党的基本路线，我们要把生态文明建设全面地渗透和贯穿到经济、政治、文化、社会等方面的建设中。生态文明不仅是中国式现代化的构成方面，而且是中国式现代化的发展方向。这样，才能保证社会的全面进步和人的全面发展，才能保证社会主义的可持续发展。显然，建设美丽中国是习近平生态文明思想的政策形态和要求，是社会主义生态文明在当代中国的现实政策和政策目标。

坚持人与自然和谐共生的基本方略。在基本理论的指导下，基本方略是基本路线的系统展开和实践形态。党的十九大提出人与自然是生命共同体，将坚持人与自然和谐共生确立为新时代坚持和发展中国特色社会主义的 14 条基本方略之一。同时，其他 13 条方略当中都包含有明确的生态文明内容和要求。例如，“坚持新发展理念”包括绿色发展的要求，“坚持总体国家安全观”要求维护生态环境安全，“坚持推动构建人类命运共同体”呼吁构筑尊崇自然、绿色发展的生态体系。其中，人与自然和谐共生是核心要义，关键是要统筹绿水青山和金山银山的关系。绿色发展是现实途径，提升了主要强调代际公平的可持续发展的意蕴。其他几个方面是人与自然和谐共生的具体体现和要求。生态文明是最终目标和成果总和。显然，坚持人与自然和谐共生是习近平生态文明思想的实践形态和要求，是建设美丽中国的实践方略。这样，就明确了党领导生态文明的实践规划和实践纲领。

可见，习近平生态文明思想在生态文明问题上贯通了党的基本理论、基本路线、基本方略，科学提升了我们党领导生态治理现代化的能力和水平。这样，就巩固和强化了生态文明的社会主义属性和方向。

总之，中国共产党是我国社会主义生态文明建设的领导核心。习近平生态文明思想明确了在生态文明建设中坚持和改善党的领导的系统要求。在西方社会，“绿色政治往往是民粹主义或无政府主义，而不是社会主义，因此绿党希望通过适当地改造资本主义来创造一个理想的生态环境，即缩小资本的规模并掺杂进其他的形式，来维持社会生产”①。因此，西方生态治理充其量只能达到绿色资本主义。生态学社会主义并非共产党的意识形态，只是一种社会主义思潮或流派。显然，坚持共产党的领导才能保证生态文明的社会主义性质和方向。党的领导是社会主义生态文明建设的内在的政治规定和特征之一。这样，在生态文明建设领导力量的问题上，习近平生态文明思想成为社会主义生态文明观的科学典范。

（二）人民群众：社会主义生态文明的建设主体

社会主义是无产阶级和劳动人民当家作主的新社会和新国家。习近平新时代中国特色社会主义思想创造性提出了以人民为中心的发展思想，要求所有工作都必须坚持一切为了人民的价值取向，必须坚持一切依靠人民的工作路线。在生态文明领域，“坚持良好生态环境是最普惠的民生福祉”是前者的体现，“坚持建设美丽中国全民行动”是后者的体现。这样，习近平生态文明思想就科学揭示出人民群众是社会主义生态文明的建设主体。

1. 确保人民群众在生态文明建设中的主体地位

价值取向直接影响着人与自然的交往行为。资本主义社会是一个“以物为本”的社会，商品、货币、资本等物化要素成为支配一切的力量，导致了人与社会关系、人与自然关系的双重危机。不是人类中心主义而是“以物为本”，才是导致生态危机的根本价值原因。即使“绿色资本主义”也是为了更好地实现剩余价值，更好地实现“物”的增值。那种脱离资本逻辑批判而坚持单纯的人类中心主义批判的生态中心主义，实质上遮蔽了资本逻辑的生态弊端。尽管在生态学社会主义内部也存在着人类中心主义和生态中心主义的争论，但是，他们仍然坚持为争取人的生态环境权利尤其是社会弱势群体的生态环

① ［美］乔尔·科威尔：《自然的敌人——资本主义的终结还是世界的毁灭？》，杨燕飞等译，中国人民大学出版社 2015 年版，“第一版前言”第 3 页。

境权利而斗争。他们提出:“清洁的空气和水、肥沃的土壤,以及普遍获得无化学物质的食品和可再生、无污染的能源,是生态社会主义所捍卫的基本的人权和自然权利。”①因此,我们应该将之视为对抗资本主义的一支有生力量。当然,他们没有上升到马克思主义政治立场的高度看待问题。

通过科学反思和批判“以物为本”的弊端,在科学发展观提出的“以人为本”的基础上,党的十八届五中全会创造性地提出了以人民为中心的发展思想。这一思想要求我们要始终坚持代表最广大人民根本利益,始终坚持做到一切为了人民、一切依靠人民、一切工作成效由人民评价、一切工作成果由人民共享。我们必须将之贯彻和落实在社会主义物质文明、精神文明、政治文明、社会文明、生态文明建设中。以人民为中心的发展思想,高度体现了人民群众是推动历史发展的根本力量的唯物史观,集中体现了中国共产党的全心全意为人民服务的根本宗旨。

按照以人民为中心的发展思想,生态文明建设必须坚持人民性价值取向。第一,把重点解决损害群众健康的突出环境问题作为生态文明建设的现实任务。绿水青山是人民群众生命安全和身心健康的重要保证。突如其来的新冠肺炎疫情反证了这一点。我们要把解决突出生态环境问题作为民生优先领域,集中精力打好污染防治攻坚战,还人民群众以蓝天、碧水、净土。第二,把不断满足人民日益增长的优美生态环境需要作为生态文明建设的出发点和落脚点。随着我国社会主要矛盾的变化,优美生态环境需要已经成为美好生活需要的内在要求和表现。这是人民群众对绿水青山的需要,是对共享自然之美、生命之美、生活之美的需要,是对人与自然和谐共生的需要。我们必须将满足和提升人民群众的优美生态环境需要作为社会主义生产的重要目的,为生态文明建设提供内生动力。第三,把提供更多优质生态产品和生态服务作为生态文明建设的重要任务。良好的生态环境是最普惠的民生福祉和最公平

① Belem Ecosocialist Declaration, *Synthesis/Regeneration*, (16 December 2008), c.f.https://climate and capitalism.com/2008/12/16/belem-ecosocialist-declaration-a-call-for-signatures/.

的公共产品,我们必须将提供更多优质生态产品和生态服务作为人民政府的公共服务的重要职能,加大政府的绿色投入和生态补偿力度,统筹推进环境基础设施、新型基础设施建设,推进资源节约、环境保护、生态修复,确保和实现生态共享。

总之,我们必须将人民性作为生态文明建设的价值取向。这不会导致人类中心主义,反会进一步强化人与自然的有机联系。这在于,需要是人把自己同外部自然界联系起来的实际联结点。满足优美生态环境需要表明人对自然的依赖程度的加深和提升,会进一步激发人们尊重自然的热情和行动。这样,人民性直指资本主义生态危机的价值根源,与绿色资本主义划清了价值界限,旗帜鲜明地表明了社会主义生态文明的价值取向。

2. 发挥人民群众在生态文明建设中的主体作用

在"晚期资本主义"阶段,面对日益激烈的资本主义生态危机及其造成的严重危害,忍无可忍的西方民众自发发起了环境运动,向资本主义发起了环境抗争。正是这一"战斗的特殊主义"迫使"黑色资本主义"转向"绿色资本主义"。但是,西方社会惯于用"新社会运动"来降解和消解环境运动的阶级性。一些生态学马克思主义和生态学社会主义代表甚至提出:"不仅无产阶级——马克思所说的废除现存事物秩序的'领导力量'——不再是这方面的唯一力量,甚至不再是主要力量,而是已经分裂开来。旧的'工人——雇佣劳动者——无产阶级'身份已不复存在,取而代之的是明显的地位、利益和愿望的多样性。"①其实,不管晚期资本主义如何变化,只要生产资料私有制依然存在,只要雇佣劳动关系依然存在,只要剩余价值依然存在,那么,无产阶级始终是革命的主体。同样,只要这些问题存在,生态危机总是资本主义的内生危机。因此,环境运动不能不是无产阶级消灭资本主义总体革命的一部分。只

① Alain Lipietz,"Political Ecology and the Future of Marxism",*Capitalism Nature Socialism*, Vol.11,No.1,2000,pp.69-85.

有无产阶级革命才能实现人和自然的双重解放。

人民群众是历史的创造者。生气勃勃的社会主义是人民群众自己创造出来的。新中国成立之后，按照马克思主义群众观点和党的群众路线，我们党发起了一系列群众性的社会主义建设活动，并将之运用在人口资源环境工作中，形成了具有鲜明中国特色的绿色运动和绿色治理的经验。例如，在抗美援朝期间，为了抗击美帝国主义发起的细菌战，我们党发起了群众性的爱国卫生运动。1973 年，我国确立了“全面规划、合理布局、综合利用、化害为利、依靠群众、大家动手、保护环境、造福人民”的环境保护工作方针。改革开放初期，我们党又发起了全民义务植树运动。这些群众性运动促进了我国人口资源环境工作，为开展群众性的生态文明建设活动积累了宝贵经验，确认和证明人民群众是生态文明的建设主体。

党的十八大以来，习近平总书记连续多年与首都人民一起参加义务植树劳动，鲜明地提出：“生态文明是人民群众共同参与共同建设共同享有的事业，要把建设美丽中国转化为全体人民自觉行动。”①一方面，每一个人都是生态环境的保护者、建设者、受益者，都应该从我做起、从现在做起、从小事做起，形成全民动员的社会合力。另一方面，人民群众中蕴藏着生态文明建设的无限智慧和巨大能量，只有充分调动和发挥人民群众建设生态文明的主体性，可以创造任何奇迹。塞罕坝、库布齐、右玉县、八步沙等生态恶劣地区积极投身植树造林的劳动群众就是榜样。习近平总书记不仅多次褒奖他们，而且多次深入他们当中，共同参加建设美丽家园的劳动。这就进一步明确发出了我国生态文明建设的全民动员令，进一步明确了人民群众在生态文明建设中的主体地位和作用。目前，我们要健全生态文明建设的全民行动体系。在个体方面，要用习近平生态文明思想教育全体人民，努力提高人民群众的生态文明素养和能力。在团体方面，要发挥各类社会团体尤其是要发挥好工青妇人民团

① 习近平：《论坚持人与自然和谐共生》，中央文献出版社 2022 年版，第 11—12 页。

体的作用。在监督政府工作和企业经营方面,在中央生态环保督察中要坚持群众路线,要强化社会监督。进而,必须将人民群众的生态文明建设主体作用有效转化为制度设计和现实力量。

可见,习近平生态文明思想明确了人民群众在生态文明建设中的主体地位和作用。当然,人民群众应该依法表达自己的合理的生态环境诉求,党政部门应该依法切实维护人民群众的生态环境权益,有效防范环境群体性事件演变成为政治事件,实现维稳和维权的统一。

总之,人民群众是社会主义生态文明建设的造福对象和主体力量。这是社会主义生态文明和绿色资本主义的根本区别、社会主义生态文明和生态学社会主义的原则分野。我们不能按照西方“多元”治理理论来看待人民群众的作用,而要回归到马克思主义群众观点和党的群众路线上来。这样,在生态文明建设的主体问题上,习近平生态文明思想成为社会主义生态文明观的科学典范。

(三)社会主义:社会主义生态文明的制度依托

资本主义生态危机成为资本主义总体危机的表现和表征,将人类和地球推向了万劫不复的边缘。社会主义开辟了实现人与自然和谐共生的无限可能。当习近平总书记发出“努力走向社会主义生态文明新时代”①号召的时候,明确了生态文明的社会主义制度属性。

1. 确保社会主义对生态文明建设的制度导向作用

生态危机不是工业文明发展的直线结果,而是资本主义发展的必然后果。“我们建设现代化国家,走美欧老路是走不通的”,“走老路,去消耗资源,去污染环境,难以为继!”②因此,我们建设生态文明不是要用生态文明去取代和超

① 习近平:《论坚持人与自然和谐共生》,中央文献出版社2022年版,第157页。

② 习近平:《论坚持人与自然和谐共生》,中央文献出版社2022年版,第23页。

越工业文明,而是要消灭资本主义生态危机和超越绿色资本主义,开创一条社会主义生态文明道路。

资本主义生态危机的内生性质。资本主义制度将人与自然的矛盾和冲突推向极致。一是从生产目的来看,追求剩余价值是资本主义社会的中心法则。由于生产的目标转为价值积累,导致使用价值屈从于交换价值,生产剩余价值成为经济发展和社会生活的全部内容,结果造成了社会的无限不平等,造成了生态环境的支离破碎。二是从所有制方面来看,资本主义私有制割裂了作为生产者的工人和作为生产资料来源的自然的结合。只有生产资料为资本家所有,工人丧失生产资料,原始积累才能进行。这样,就把生产资料变为要增加的资本,把生产者变为“劳动者”,迫使劳动者生产剩余价值。三是从经济运行来看,资本主义市场经济导致了严重的外部不经济性。为了保持竞争优势,资本家无所不用其极。在剥削工人的同时,只有将自然资源当作“不费资本分文”的东西,只有不计社会成本大肆排放污染,才能保证竞争优势。资源浪费、环境污染、生态破坏是典型的外部不经济性问题。马克思恩格斯早已科学地揭露出资本主义反自然和反生态的本质。

绿色资本主义的资本主义实质。战后,虽然转向“绿色资本主义”,资本主义反自然和反生态的本质却变本加厉。一是从资本主义国家内部来看,绿色资本主义不是资本主义自主绿色转型的结果,而是迫于民众环境运动压力作出的一种被迫规制。当他们将自然和污染变成商品的时候,当他们推出资源税和环境税的时候,无非是扬汤止沸而已。二是从资本主义世界体系来看,通过向第三世界转移高消费、高污染的产能,资本主义实现了绿色转型。“据统计,1988 年到 1996 年间俄罗斯、波罗的海诸国、匈牙利、捷克共和国、斯洛伐克计划增加的废弃物焚烧能力高达 1800 万吨,这其中大约有 93%是从西方国家进口的。”①出于私利,西方国家往往置全球生态规制于不顾。美国拒绝

① [荷]阿瑟·莫尔、[美]戴维·索南菲尔德:《世界范围的生态现代化——观点和关键争论》,张鲲译,商务印书馆 2011 年版,第 308 页。

签署《京都议定书》和一度退出《巴黎协定》的行为如此，美国退出世界卫生组织的行为同样如此。三是从帝国主义战争来看，武器的“绿色化”成为帝国主义战争的常规选项和反动走向。帝国主义使用的“细菌弹”“除莠剂”“贫铀弹”等手段具有极大的生态破坏性。为了控制中东石油资源和市场，美军“入侵伊拉克，尽管美其名曰是由恐怖行为煽动的，却是第一场主要由全球生态危机引起的战争”①。转嫁危机是帝国主义惯用的伎俩。显然，生态帝国主义才是绿色资本主义的真实面目。

习近平总书记指出：“从上世纪三十年代开始，一些西方国家相继发生多起环境公害事件，损失巨大，震惊世界，引发了人们对资本主义发展模式的深刻反思。”②工业化首先在资本主义条件下成为现实。就生态危机成因来看，工业文明只是表象，资本主义才是要害。因此，我们必须站在“两个必然性”的高度来确定生态文明的发展方向。

2. 发挥社会主义对生态文明建设的制度优势作用

只有在社会主义条件下，生态文明才具有可能性和现实性。在新时代的中国，在坚持社会主义本质和社会主义制度优越性的前提下，只有通过中国特色社会主义事业的全面发展和全面进步，才能保证生态文明的社会主义性质和方向。

生态文明是社会主义的内在要求。社会主义制度的建立，为实现人与自然和谐共生提供了社会制度基础和保障。第一，满足人民群众日益增长的优美生态环境需要是社会主义生产的重要目的。社会主义生产以满足人民群众的需要为目的。现在，我们已经将满足人民群众的优美生态环境需要纳入到这一目的系统中。“从政治经济学的角度看，供给侧结构性改革的根本，是使

① ［美］乔尔·科威尔：《自然的敌人——资本主义的终结还是世界的毁灭?》，杨燕飞等译，中国人民大学出版社 2015 年版，第 16 页。

② 习近平：《论坚持人与自然和谐共生》，中央文献出版社 2022 年版，第 9 页。

我国供给能力更好满足广大人民日益增长、不断升级和个性化的物质文化和生态环境需要,从而实现社会主义生产目的。"①这样,才可有效避免资本主义生态弊端,保证社会主义生产的可持续性。第二,生产资料和自然资源公有制是社会主义生产关系的重要构成部分和内在规定。自然界及其提供的自然物品和生态服务属于公共物品。土地等自然资源的国有化能够将生产者和生产资料、生产者和自然资源有机地结合起来,这样,就会彻底改变资本和劳动的关系,实现人与自然和谐共生。目前,由于仍然处于社会主义初级阶段,我国在经济上选择了公有制为主体、多种所有制经济共同发展的所有制结构,但是,在推进生态文明体制改革中,我们依然强调必须"坚持自然资源资产的公有性质"②。这样,才可有效避免资本主义私有制的生态弊端,为生态文明建设提供适宜的所有制基础和保障。第三,社会主义采用有计划的按比例的方式管理经济。这样,可有效避免资本主义经济的盲目性,促进社会主义经济的可持续发展。当然,传统计划经济没有处理好政府和市场的关系,导致了经济体制的僵化。因此,我们将建立和完善社会主义市场经济作为经济体制改革的目标模式,将社会主义市场经济体制确立为我国社会主义基本经济制度之一。即使如此,我们仍然强调,"更好发挥政府作用,有效弥补市场失灵","做强做优做大国有资本,有效防止国有资产流失"。③ 我们主张市场经济沿着社会主义方向发展,对市场力量进行生态管控。在此前提下,采用市场手段进行生态环境治理,可促进外部问题的内部化。显然,只有社会主义才是适合生态文明的社会形态。

生态文明是中国特色社会主义的科学创造。中国共产党人将科学社会主义基本原理与我国国情结合起来,创造性地开辟出了中国特色社会主义事业。

---

① 习近平:《论把握新发展阶段、贯彻新发展理念、构建新发展格局》,中央文献出版社2021年版,第99页。

② 《中共中央国务院印发〈生态文明体制改革总体方案〉》,《人民日报》2015年9月22日。

③ 《中共中央国务院关于新时代加快完善社会主义市场经济体制的意见》,《人民日报》2020年5月19日。

由于人与自然是不可分割的有机系统，生态兴衰是影响文明兴衰的关键变量，因此，中国特色社会主义理论创造性地提出了生态文明的理念、原则和目标，将之作为中国特色社会主义的内在规定。第一，将生态文明作为中国特色社会主义道路的重要构成方面。生态文明建设是中国特色社会主义“五位一体”总体布局的重要一位，因此，“中国特色社会主义道路，既坚持以经济建设为中心，又全面推进经济建设、政治建设、文化建设、社会建设、生态文明建设以及其他各方面建设”①。这是我们党科学认识中国特色社会主义规律的伟大成果。第二，系统形成了习近平生态文明思想。习近平生态文明思想是一个内涵丰富、思想深刻、体系完整、逻辑严谨的科学体系，完善了中国特色社会主义理论体系。第三，将生态文明制度体系确立为中国特色社会主义制度体系的重要构成部分。我们要建立和完善以治理体系和治理能力现代化为保障的生态文明制度体系。第四，将发展生态文化作为发展中国特色社会主义文化的重要内容和重要任务。我们必须加快建立健全以生态价值观念为准则的生态文化体系。在此基础上，《中国共产党章程》将人与自然和谐相处作为构建社会主义和谐社会的总要求之一。这就表明，社会主义和谐社会是人与社会和谐相处、人与自然和谐相处有机统一的社会。因此，社会主义和谐社会才是适合生态文明的现实的社会形态。

在现实中，社会主义国家仍然存在着较为严重的生态环境问题。我们不能以此为理由和借口来否认社会主义生态文明的存在。这在于，“对社会主义国家环境问题的任何真正的理解都……必须被置放在第二次世界大战结束以来的冷战的语境之中”②。当然，从我国情况来看，这也与生态治理不到位等因素有关。显然，“生态文明建设做好了，对中国特色社会主义是加分项，

---

① 《习近平谈治国理政》第1卷，外文出版社2018年版，第9页。

② ［美］詹姆斯·奥康纳：《自然的理由——生态学马克思主义研究》，唐正东等译，南京大学出版社2003年版，第419页。

反之就会成为别有用心的势力攻击我们的借口”①。只有坚持和发展中国特色社会主义,才能搞好生态文明建设。

总之,社会主义制度的建立和完善,为生态文明建设提供了适宜、强大、持续的社会制度的依托、支撑和保障,使社会主义生态文明成为生态文明发展的方向。社会主义生态文明是生态文明的科学实践和科学形态。这样,在生态文明的社会制度规定的问题上,习近平生态文明思想成为社会主义生态文明观的科学典范。

(四)共产主义:社会主义生态文明的未来方向

社会主义必然走向共产主义。我们要“像马克思那样,为共产主义奋斗终身”②。因此,我们必须坚持共同理想和远大理想的统一,在走向社会主义生态文明新时代的基础上,坚信共产主义代表着生态文明的未来和理想。社会主义生态文明观包括对未来共产主义条件下人与自然和谐共生理想的科学预测和科学愿景。这是社会主义生态文明观的内在意蕴。

为了切实保障无产阶级和劳动人民的生态环境权益,通过对资本主义生态危机的批判,马克思恩格斯科学指明了人与自然和谐共生的共产主义前景。他们认为,共产主义将实现人道主义和自然主义的统一,将实现人类与自然的和解以及人类本身的和解。为此,必须按照客观尺度和人的尺度相统一的原则,将人在物种方面和社会关系方面从动物中提升出来,将生产力革命和生产关系革命统一起来。共产主义代表着生态文明的未来和理想。

按照共同富裕和共享发展的要求,生态文明必须成为人民群众共有共建共治共享的社会主义事业。一是坚持共有共享。在坚持公有制的基础上,必

① 习近平:《论坚持人与自然和谐共生》,中央文献出版社 2022 年版,第 8 页。

② 习近平:《论党的宣传思想工作》,中央文献出版社 2020 年版,第 328 页。

须确保良好的生态环境成为人民群众的共有财富。共有就是人民群众共同享有所有权。共有才能共享。二是坚持共建共享。人民群众是社会主义生态文明的建设者。共建才能实现共享。三是坚持共治共享。在坚持党的领导、人民当家作主、依法治国相统一的前提下，人民群众是生态治理的重要主体。共治才能实现共享。四是坚持生态共享。按照共享发展的科学理念，我们必须坚持生态共享，确保人民群众共享生态文明建设的成果。按照共有共建共治共享相统一的原则建设生态文明，就是建设社会主义生态文明，为实现共产主义生态文明理想打下基础。

共产主义必须有自己的国际主义担当。中国成为全球生态文明建设的重要参与者、贡献者、引领者，就是要使社会主义生态文明成为造福地球和人类的事业。这体现了习近平生态文明思想的开放视野和博大胸怀，体现了习近平生态文明思想的国际主义追求。

总之，共产主义社会将真正实现每个人自由而全面的发展。人的全面发展要求人以一种全面的方式协调人与自然关系，将人与自然和谐共生作为人的全面发展的内在追求。只有共产主义才能真正达到生态文明。这样，在未来理想上，习近平生态文明思想成为社会主义生态文明观的科学典范。

从社会主义生态文明观的三重意蕴来看，习近平生态文明思想是社会主义生态文明观的集大成者和科学典范。

三、新时代社会主义生态文明观的三重意蕴

在科学回答生态文明建设问题的过程中，习近平生态文明思想达到了对社会主义生态文明的科学自信和高度自觉，成为社会主义生态文明观的集大成者和科学典范。社会主义生态文明观是关于社会主义生态文明的根本看法和根本观点的总和，具有多重意蕴。

（一）关于生态文明的社会主义意识形态

不同的意识形态会导向不同的"生态文明"。社会主义生态文明观是关于生态文明问题的马克思主义回答，是马克思主义立场、观点和方法在生态文明领域的体现和运用，是关于生态文明的社会主义意识形态的总和。这是社会主义生态文明观的第一重意蕴。作为习近平生态文明思想核心要义的"十个坚持"（十个原则），是对生态文明问题的马克思主义回答。

1. 坚持党对生态文明建设的全面领导

党政军民学，东西南北中，党是领导一切的力量。尽管西方绿党改变了西方政党政治的版图，但是，其代表的仍然是少数人的利益。作为中国工人阶级和中华民族先锋队的中国共产党，作为马克思主义先进政党的中国共产党，从满足人民群众优美生态环境需要的高度创造性地提出生态文明的理念尤其是社会主义生态文明的理念。在创立世界上第一个无产阶级政党——共产主义者同盟的过程中，马克思和恩格斯在《共产党宣言》中，将"开垦荒地和改良土壤""促使城乡对立逐步消失"等具有生态建设的内容作为无产阶级消灭私有制、走向共产主义的重要举措。① 马克思在《哥达纲领批判》中将劳动和自然共同看作是一切财富的来源。中国的社会主义生态文明建设是中国共产党领导下的伟大创新事业。现在，"中国共产党领导人民建设社会主义生态文明"的内容已经明确写入到《中国共产党章程》当中。只有坚持党对生态文明建设的全面领导，才能确保生态文明建设的正确的政治方向。习近平生态文明思想提出的"坚持党对生态文明建设的全面领导"的原则，丰富和发展了马克思主义政党理论，明确了社会主义生态文明建设的领导力量。

---

① 《马克思恩格斯文集》第2卷，人民出版社2009年版，第53页。

2. 坚持生态兴则文明兴

世界历史是自然界不断向人生成的过程。生态历史观是唯物史观的重要维度。马克思恩格斯将唯物史观定位为历史科学,认为其是研究自然史和人类史相统一的一门唯一的科学。恩格斯在《关于弗腊斯<各个时代的气候和植物界>的札记》中指出,土地荒芜、温度升高、气候干燥,似乎是耕种的后果。各民族在文化上都遗留下了相当大的荒漠。习近平生态文明思想提出的"坚持生态兴则文明兴"的原则,展现出唯物史观的生态视野,丰富和发展了马克思主义生态历史观。生态文明并非人类一时之需和一时之举,而是整个人类文明存在的前提和要求,是人类文明的趋势和成果。

3. 坚持人与自然和谐共生

人与自然是处于辩证互动过程中的有机整体。生态自然观代表着自然观的发展方向。恩格斯指出,人类连同其肉、血和脑都是属于自然界并存在于自然界当中的。随着科技进步,人类日益"认识到自身和自然界的一体性"①。习近平生态文明思想提出的"人与自然是生命共同体"的理念,要求坚持人与自然和谐共生的原则,展现出自然辩证法的生态视野,丰富和发展了马克思主义生态自然观。人类中心主义和生态中心主义都无视人与自然的系统性,难以支撑生态文明。习近平生态文明思想超越了人类中心主义和生态中心主义的二元对立。

4. 坚持绿水青山就是金山银山

马克思主义并不否认自然在财富和价值形成中的作用。针对古典政治经济学将劳动看作是财富唯一源泉的看法,恩格斯指出,"劳动和自然界在一起

① 《马克思恩格斯文集》第9卷,人民出版社2009年版,第560页。

才是一切财富的源泉”①。在马克思主义劳动价值论看来，自然界主要通过影响劳动生产率参与了价值的形成和增值。习近平生态文明思想提出的“坚持绿水青山就是金山银山”的原则，科学揭示出自然价值和经济价值、自然资本和经济资本、自然生产力和社会生产力、生态环境效益和社会经济效益相统一的内在机理和机制，彰显出马克思主义劳动价值论的生态维度，丰富和发展了马克思主义生态发展观。绝对的生态主义和生产主义都隔离了这种有机关系。我们应该选择生态优先、绿色发展为导向的高质量发展路子。

5. 坚持良好生态环境是最普惠的民生福祉

自然富源是大自然馈赠给全人类的财富，理应为大家共有和共享。大力伸张和维护工人和穷人的生态环境权益，是无产阶级运动的重要诉求。习近平生态文明思想提出的“坚持良好生态环境是最普惠的民生福祉”的原则，彰显出马克思主义政治立场，丰富和发展了马克思主义的人民性的生态价值观。生态中心主义回避无产阶级和劳动人民的需要和利益，暴露出其为“西方白种男性专家或企业家”②价值观的实质和局限，因此，不能将之奉为圭臬。

6. 坚持绿色发展是发展观的深刻革命

在一般意义上，生态环境问题主要是由于发展方式不当造成的。因此，按照生态化的原则和方式调整和完善发展方式，是建设生态文明的现实路径。马克思在《资本论》中提出：“化学的每一个进步不仅增加有用物质的数量和已知物质的用途，从而随着资本的增长扩大投资领域。同时，它还教人们把生产过程和消费过程中的废料投回到再生产过程的循环中去，从而无需预先支

① 《马克思恩格斯文集》第9卷，人民出版社2009年版，第550页。

② ［澳］薇尔·普鲁姆德：《女性主义与对自然的主宰》，马天杰等译，重庆出版社2007年版，“导言”第5页。

出资本,就能创造新的资本材料。"[①]这是马克思主义生态发展观的重要要求。在创造性地提出新发展理念的过程中,习近平新时代中国特色社会主义思想将坚持人与自然和谐共生的绿色发展作为重要的新发展理念,要求我们坚持走生态优先、绿色发展为导向的高质量发展路子,建设人与自然和谐共生的现代化。可见,"坚持绿色发展是发展观的深刻革命"是习近平生态文明思想对马克思主义生态发展观的重要贡献,明确了社会主义生态文明建设的战略路径。

7. 坚持统筹山水林田湖草沙系统治理

自然界是一个具有自组织机制的复杂系统。恩格斯指出:"关于自然界所有过程都处在一种系统联系中的认识,推动科学到处从个别部分和整体上去证明这种系统联系。"[②]但现实的生态环境治理存在着分而治之的弊端。习近平总书记将系统地而不是零散地看问题作为唯物辩证法的基本要求之一,提出"坚持统筹山水林田湖草沙系统治理"的原则,要求按照系统工程方式推进生态文明建设,从而展示出唯物辩证法的生态意蕴,丰富和发展了马克思主义生态系统方法论。生态中心主义倡导的"整体主义"(holism)与种族主义勾连在一起[③],因此,不能将之作为生态文明建设的方法论。

8. 坚持用最严格制度最严密法治保护生态环境

良好的生态环境是最公平的公共产品,必须将提供生态产品和生态服务作为人民政府的使命和职能,通过制度创新和法治建设来推进生态文明建设。在苏维埃政权成立之初,列宁就签署了一系列法令,要求依法保护自然资源和

---

① 《马克思恩格斯文集》第 5 卷,人民出版社 2009 年版,第 698—699 页。

② 《马克思恩格斯文集》第 9 卷,人民出版社 2009 年版,第 40 页。

③ [美]约·贝·福斯特:《生态革命——与地球和平相处》,刘仁胜等译,人民出版社 2015 年版,第 60—61 页。

原料产地，设立自然保护区，将生态环境事务作为社会主义国家的重要职能。习近平生态文明思想提出的“坚持用最严格制度最严密法治保护生态环境”的原则，要求实现生态文明领域国家治理体系和治理能力现代化，突出了马克思主义国家观的生态治理维度，丰富和发展了马克思主义生态治理观。

9. 坚持把建设美丽转化为全体人民自觉行动

人民群众是社会历史的创造者。“生气勃勃的创造性的社会主义是由人民群众自己创立的”①。我们党将马克思主义群众观点运用在党的全部工作中，创造性地提出群众路线。按照群众路线，我们党发起了一系列具有中国特色的群众性的生态文明建设活动。源于反细菌战的爱国卫生运动、全民义务植树运动等群众性活动就是典范。习近平生态文明思想提出的“坚持把建设美丽中国转化为全体人民自觉行动”的原则，展现出马克思主义群众观点和党的群众路线的生态价值，丰富和发展了马克思主义关于生态文明领域的群众观。西方新社会运动理论难以解释中国的群众性环境运动及其重大贡献。

10. 坚持共谋全球生态文明建设之路

随着普遍交往的发展，人类历史走向了世界历史。在世界历史发展中，生态环境问题凭借全球化扩展成为全球性问题。“生态帝国主义”是“晚期资本主义”的反动走向，加剧了全球生态危机。按照马克思主义世界历史思想，习近平总书记提出“人类命运共同体”的理念，提出“坚持共谋全球生态文明建设”的原则，从而展现出马克思主义世界历史思想的生态意蕴，彰显出中国作为一个负责任的社会主义大国的国际主义精神，丰富和发展了马克思主义关于生态文明领域的全球治理观。

当然，“十个坚持”也借鉴和吸收了古今中外生态智慧的有益成分。但从

① 《列宁专题文集　论社会主义》，人民出版社2009年版，第399页。

根本上来看，它们是关于生态文明的社会主义意识形态的总和，是马克思主义立场、观点和方法在生态文明领域的体现和发展。这是习近平生态文明思想对社会主义生态文明观的第一重贡献。

（二）关于生态文明的社会主义政治规定

人们总是按照一定政治方式对待人与自然的关系。社会主义生态文明观是关于社会主义生态文明政治规定的科学揭示，是对以社会主义政治方式实现人与自然和谐共生的根本看法。这是社会主义生态文明观的第二重意蕴。按照《中国共产党章程》“总纲”提出的“中国共产党领导人民建设社会主义生态文明”的明确规定，党的领导、人民当家作主、社会主义制度是社会主义生态文明的三项基本政治规定，对之的科学认知构成了社会主义生态文明观的核心内容。习近平生态文明思想系统阐明了这一点。

1. 加强中国共产党对生态文明建设的领导

党的领导是中国特色社会主义最本质的特征和中国特色社会主义制度的最大优势。习近平生态文明思想提出的“加强党对生态文明建设的全面领导”的政治要求，科学阐明了中国共产党是我国社会主义生态文明建设的领导核心。

（1）坚持党对生态文明建设的领导

只有坚持党的领导，才能确保生态文明的社会主义性质和方向。坚持党的集中统一领导，坚持党的科学理论，保持政治稳定，确保国家始终沿着社会主义方向前进，是我国国家制度和国家治理体系的首要的显著优势。这是由党的性质和宗旨决定的，是我们取得一切胜利的根本政治保证。生态文明建设是建设中国特色社会主义事业的重要组成部分。只有坚持党的领导，才能确保生态文明建设的社会主义性质和方向。

只有坚持党的领导，才能巩固生态文明建设在中国特色社会主义建设事业中的地位。第一，生态环境问题严重影响到人民群众的正常生活和正常生产，甚至会威胁到人民群众的生命安全和身心健康，已成为社会问题和政治问题，直接关系到党的使命和宗旨，只有坚持党的领导，才能科学有效解决这一问题。第二，污染防治攻坚战是我们在人与自然关系领域开展的伟大斗争。"打好污染防治攻坚战时间紧、任务重、难度大，是一场大仗、硬仗、苦仗，必须加强党的领导。"①只有加强党的领导，才能夺取这一伟大斗争的胜利。第三，我们党始终坚持协调推进人口资源环境和社会经济发展，系统形成了习近平生态文明思想，完全能够胜任领导生态文明建设的历史重任。

（2）改进党对生态文明建设的领导

我们必须改进党的领导，提高党领导生态文明建设的能力和水平。党的十八大以来，以习近平同志为核心的党中央将加强和提升党的治国理政能力和水平与推进国家治理体系和治理能力现代化统一起来，已经形成了推进生态文明建设的顶层设计、系统设计、总体设计，提高了我们党领导生态文明领域国家治理体系和治理能力现代化的水平。

我们必须加强党对生态文明建设的全面领导，建立和完善党领导生态文明建设的体制机制。在政治建设方面，必须彻底查处党政干部在生态文明建设方面存在的失职和渎职行为，坚决执行党中央关于生态文明建设的战略部署和指示精神，不断强化党中央的权威和集中领导。在思想建设方面，必须严防新自由主义向生态文明领域的渗透，必须警惕生态中心主义对生态文明建设的误导，坚持以习近平生态文明思想为根本遵循。当然，生态文明学术研究应该将不忘本来、吸收未来、面向未来统一起来。在组织建设方面，必须建立健全生态文明建设的领导责任体系，强化生态文明建设问题上的党政同责、一岗双责，强化对党政干部的生态文明建设方面的考核问责。在作风建设方面，必须坚持马克思主义群众观点和党的群众路线，必须站在代表和维护最广大

---

① 习近平：《论坚持人与自然和谐共生》，中央文献出版社 2022 年版，第 21 页。

人民群众根本利益的政治立场上来正确处理社会维稳和环境维权的关系，切实推进生态治理。在纪律建设方面，必须将有关生态文明建设的制度规定融入党的各项纪律中，充分发挥党的纪律在规范和约束党政部门和党政干部的生态文明行为方面的作用。在制度建设方面，必须将“中国共产党领导人民建设社会主义生态文明”的原则体现在各项党内法规制度上。在反腐败方面，由于生态文明建设涉及一系列复杂利益关系的调整，这一领域极易发生消极腐败，因此，在坚持党的领导的前提下，必须坚持制度反腐和法治反腐，充分发挥人民群众的监督批评作用，有效切断利益输送关系，打造一支清正廉洁的生态文明建设铁军。

在西方社会，资产阶级政党按照新自由主义的方式推进绿色新政，西方绿党从未成为执政党，而且在“非暴力”问题上自相矛盾，支持“北约”出兵科索沃，现在又在反华问题上推波助澜。因此，我们必须坚决反对取消共产党领导的错误倾向。社会主义生态文明是共产党领导下的伟大创新实践。只有坚持和改进党对生态文明建设的领导，才能切实保证生态文明的社会主义性质和方向。

2. 发挥人民群众的生态文明建设主体作用

社会主义社会是人民群众当家作主的社会。习近平生态文明思想鲜明地提出了“坚持良好生态环境是最普惠的民生福祉”和“坚持把建设美丽中国转化为全体人民自觉行动”两个原则，明确造福人民是我国生态文明建设的价值取向，明确依靠人民群众是我国生态文明建设的工作路线，从而达到了对社会主义生态文明的科学自觉。

（1）坚持造福人民的生态文明建设价值取向

不同的社会制度具有不同的价值取向。资本主义是“以物为本”的社会，社会主义是以人民为中心的社会。社会主义生态文明必须旗帜鲜明地坚持人民性价值取向。第一，从社会历史发展的客观规律来看，人民群众是社会历史的创造者。只有代表和维护人民群众的根本利益,才能保证和激发人民群众的历史创造性,才能保证作为社会存在基础和发展动力的物质生产的正常进行。第二,从社会主义本质和优越性来看,实现共同富裕和坚持共享发展是社会主义的本质特征和优越性的集中体现。我们要切实维护人民群众的利益,使社会主义建设事业成为造福人民群众的事业。第三,从宗旨和使命来看,我们党始终坚持全心全意为人民服务,没有自己的特殊利益,更不代表特殊利益集团的利益,始终坚持代表无产阶级和劳动人民的利益,代表中国最广大人民的根本利益。据此,我们党创造性地提出以人民为中心的发展思想。按照这一思想,我们必须将人民性价值取向贯彻和落实在包括生态文明建设在内的全部社会主义建设事业中。

按照人民性价值取向,必须坚持将造福人民作为我国生态文明建设的出发点和落脚点。资本主义加强生态环境规制的目的是更好地实现攫取剩余价值来维护资产阶级的利益,充其量只能转型成为绿色资本主义。社会主义一切工作的出发点和落脚点是为了民生福祉。因此,我们要努力做到:第一,坚持生态惠民。环境就是民生。我们要将解决突出生态环境问题作为关系民生福祉的大事,让人民群众从生态文明建设中切实受益。目前,我们要统筹经济社会发展、生态环境保护、环境健康,切实保证人民群众的生活和生产。第二,坚持生态利民。我们要加大生态文明建设的投入力度,推动生产和提供更多优质生态产品,提供更多优质生态服务。目前,我们要统筹传统基础设施建设、新型基础设施建设、生态环境保护基础设施建设,加强我国自然资本实力,充分实现绿水青山的综合效益,为人民群众提供更多优质的生态产品和生态服务。第三,坚持生态为民。顺应我国社会主要矛盾的变化,我们要将满足人民群众的优美生态环境需要作为社会主义生产的重要目的,确保社会主义生产的人民性和永续性。目前,亟需将满足人民群众的优美生态环境需要、维护人民群众的生态环境权益有效地转化为治理成果。只有坚持造福人民,才能保证生态文明的社会主义性质和方向。

(2)坚持依靠人民的生态文明建设工作路线

只有充分发挥人民群众在生态文明建设中的主体作用,才能保证生态文明成为社会主义生态文明。面对日益严重的生态危机,忍无可忍的西方民众发起了环境运动(生态运动),迫使西方社会加强了生态环境规制。“这些反对世界商品化和保卫环境,抵抗跨国公司的独裁和为了生态斗争的运动,都和反对资本主义/自由主义全球化的世界运动的反响和现实紧密地联系在一起。”①但西方社会通过否认阶级性的“新社会运动”策略对之“招安”,既降解了资本主义政治危机又延缓了资本主义生态危机。在社会主义条件下,必须充分发挥人民群众的生态文明建设主体作用。第一,作为社会历史的主体,人民群众既是物质文化产品的创造者,又是人工生态产品的生产者。例如,在长期农耕生产实践中,我国劳动人民创造的桑基鱼塘等生态农业模式,建造的都江堰等生态水利工程,在今天仍然发挥着重要生态作用。第二,人民群众是社会主义建设的主体,社会主义是人民群众自我创造美好生活的伟大事业。例如,在新中国,“义务植树是全民参与生态文明建设的一项重要活动”②。正是人民群众的“敢教日月换新天”大无畏气概,才有效推动了中国和世界的绿化。只要充分发挥人民群众的主体作用,任何风险和困难都可以战胜,任何奇迹和成就都能够创造出来。

发挥人民群众在生态文明建设中的主体作用,必须构建和完善生态文明全民行动体系。第一,我们要坚持用习近平生态文明思想武装全党和教育人民,努力提高人民群众的生态文明素养、生态文明建设能力、参与生态文明治理的能力。第二,我们要坚持用制度和法律保障人民群众的生态环境权益,充分落实人民群众在生态文明建设中的建言献策和批评监督的权利,尤其是要发扬党的密切联系群众的优良作风和坚持党的群众路线,发动和打赢污染防

---

① Michael Löwy, “What Is Ecosocialism?” *Capitalism Nature Socialism*, Vol. 16, No. 2, 2015, pp.15–24.

② 习近平:《论坚持人与自然和谐共生》,中央文献出版社 2022 年版,第 144 页。

治攻坚、全民义务植树、爱国卫生、生态环境保护等人民战争。第三,我们要坚持推进人民群众思维方式和价值观念的绿色化,以此推动人民群众生活方式和消费方式的绿色化,用绿色化的生活方式和消费方式倒逼形成绿色化的生产方式和治理方式,以此推动全部社会生活的绿色化。

在西方生态治理中,新自由主义和生态中心主义追求的是依赖有产者的精英路线,新社会运动追求的是不问阶级性的草根路线。因此,他们都不能改变绿色资本主义的资本主义性质。社会主义生态文明坚持造福人民群众和依靠人民群众的统一。只有坚持按照以人民为中心的价值取向,才能保证生态文明的社会主义性质和方向。

3. 坚持生态文明建设的社会主义制度属性

社会主义代表着人间正道,开启了科学协调人与自然关系和人与社会关系的历史进程。党的十八大以来,习近平生态文明思想反复强调要坚持建设社会主义生态文明,这样,就进一步明确了生态文明的社会主义制度规定和属性,达到了对社会主义生态文明的科学自觉。

(1)生态文明建设的社会主义本质规定

生态文明是社会主义的本质要求和内在规定。人类社会是一个有机整体,要求实现社会的全面进步和人的全面发展。由于自然界是人类社会存在的前提和基础,是生产资料和生活资料的基本来源,因此,实现人与自然的和谐共生是实现社会的全面进步和人的全面发展的题中应有之义。这样,才能保证社会的永续性。资本主义社会是一个以“物的依赖性”为主的社会,商品、货币、资本等物化力量居于支配地位,不仅导致了人和社会的“单面性”,而且割裂了人与自然的有机联系。通过将交换价值凌驾于使用价值之上,资本主义牺牲自然的系统价值,造成生态危机。与之截然不同,社会主义社会追求社会的全面发展和全面进步,将实现人的全面发展看作是建设社会主义新社会的本质要求。无论是社会的全面进步和人的全面发展,都要求人以一种全面的方式协调人与外部世界的关系。既要科学协调人与社会的关系,实现人与社会的和谐,建设高度发达的社会文明(广义);又要科学协调人与自然的关系,实现人与自然的和谐,建设高度发达的生态文明。这样,才能真正克服和战胜资本主义生态危机,超越绿色资本主义,建设和建成生态文明。

生态文明是中国特色社会主义的本质要求和内在规定。我们党将科学社会主义基本原理与中国国情和实际结合起来,开辟和完善了中国特色社会主义道路。中国特色社会主义事业是全面发展和全面进步的事业。为了实现社会的全面进步和人的全面发展,我们党将生态文明看作是“五位一体”总体布局和“四个全面”战略布局的重要内容,看作是中国特色社会主义道路的重要组成部分,进一步完善了中国特色社会主义事业的系统构成。进而,在理论上,我们党确立习近平生态文明思想是我国生态文明建设的根本遵循。习近平生态文明思想是习近平新时代中国特色社会主义思想的重要构成部分和突出理论贡献,完善了中国特色社会主义理论体系。在制度上,我们党要求“坚持和完善生态文明制度体系,促进人与自然和谐共生”①,将生态文明制度作为中国特色社会主义制度体系的重要构成部分,完善了中国特色社会主义制度体系。在文化上,我们党要求将生态文明上升为社会主流价值观,在马克思主义指导下“挖掘优秀传统生态文化思想和资源”②,积极培育社会主义生态文化,完善了中国特色社会主义文化的内容构成。只有坚持对生态文明的道路、理论、制度、文化的自信和自觉,才能保证生态文明建设的社会主义性质和方向。

(2)生态文明建设的社会主义制度保证

不同的生产关系形成不同的社会制度,不同社会制度下的人与自然的关系具有不同的性质和面貌,因此,我们必须坚持和完善生态文明建设的社会主

① 《中共中央关于坚持和完善中国特色社会主义制度　推进国家治理体系和治理能力现代化若干重大问题的决定》,《人民日报》2019 年 11 月 6 日。

② 《中共中央国务院关于加快推进生态文明建设的意见》,《人民日报》2015 年 5 月 6 日。

义制度基础。在生产资料所有制方面,资本主义私有制割裂了生产资料和工人阶级的联系,导致了作为劳动两大要素的人和自然的分裂,最终酿成生态危机。因此,我们必须进行生产资料的社会主义改造,坚持和完善社会主义公有制。这样,才能使生产资料和劳动者更紧密地结合起来,人与自然更好地统一起来。从人们在生产中的地位和作用来看,为了实现剩余价值,建立在雇佣劳动关系基础上的资本主义制度,既剥削工人又剥削自然。因此,社会主义必须建立新型的团结合作的人际关系——同志关系,切实保证人民群众当家作主。只有坚持无产阶级专政,才能保证这种同志关系。这样,处于平等地位的人们,才会以一种公平的姿态和情怀来处理人与自然的关系。从产品分配方式来看,在资本主义社会,由于采用按资分配的方式,结果造成"生态环境恶物"的资产阶级享受"生态环境善物"的便利,生产"生态环境善物"的无产阶级和劳动人民却要遭受"生态环境恶物"的危害。因此,尽管仍然是一种资产阶级权利,社会主义必须采用各尽所能、按劳分配的方式。按照这种分配方式,大家才有可能平等地享受生态产品和生态服务。社会主义制度为生态文明建设提供了制度前提和保证。

当下,我们要使共有共建共治共享成为社会主义制度的内在规定,用之规范和引导生态文明建设。在所有制方面,我们坚持公有制为主体、多种所有制经济共同发展的基本经济制度,健全自然资源资产产权制度,同时,我们仍然必须坚持资源公有、物权法定的原则。我们要看到,良好生态环境是人民群众的共有财富。在土地和林地"三权分置"的改革中,必须严格防范国有自然资源资产的贬值和流失,确保大家共享自然财富。每一个人都必须成为生态财富的共有者。在人际关系方面,在坚持同志关系的基础上,我们要通过改革激发人民群众建设社会主义的历史主体性,使社会主义成为人民群众共建共治的社会。我们要充分发挥人民群众在生态文明建设中的主体作用,使生态文明成为人民群众的共建事业。每一个人都必须成为生态文明的建设者。我们必须在生态治理中坚持党的群众路线,坚持决策民主化,形成"多方共治"的生态治理格局。每一个人都应该成为生态文明的治理者。在分配关系方面,我们坚持按劳分配为主体、多种分配方式并存的分配制度,同时,必须坚持共享发展尤其是生态共享。生态共享就是要保证人民群众共享生态文明建设的成果。每一个人都必须成为生态文明建设的受益者。这里,共有是前提,共建和共治是过程和手段,共享是目标。只有坚持共有共建共治共享的统一,才能切实保证生态文明的社会主义性质和方向。

在西方社会,“资本主义生产方式以人对自然的支配为前提。”①绿色资本主义并未改变这一点。社会主义生态文明就是通过社会主义方式展现出的人与自然和谐共生的状态和特征。因此,只有坚持社会主义制度、社会主义本质和社会主义道路,才能保证生态文明的社会主义性质和方向。

综上,社会主义生态文明就是人民群众在共产党的领导下依靠社会主义制度实现人与自然和谐共生的过程和成果。习近平生态文明思想不仅科学阐明了生态文明的社会主义政治规定,而且指明了沿着社会主义道路推进生态文明建设的方向。这是习近平生态文明思想对社会主义生态文明观的第二重贡献。

（三）关于生态文明的社会主义未来愿景

人类文明最终必将走向共产主义。社会主义生态文明观是关于社会主义生态文明未来走向的科学阐明,是对实现人道主义和自然主义相统一的共产主义理想的科学看法的总和。这是社会主义生态文明观的第三重意蕴。习近平生态文明思想要求在生态文明问题上也要将中国特色社会主义共同理想和共产主义远大理想统一起来,从社会发展大势的高度达到了对社会主义生态文明的科学自觉。

---

① 《马克思恩格斯文集》第5卷,人民出版社2009年版,第587页。

1. 建设富强民主文明和谐美丽的社会主义现代化强国

根据社会主义本质要求和内在特征,我们党逐步完善了我国社会主义现代化的系统目标。党的十九大将“美丽”纳入我国现代化建设目标中,形成了“五位一体”的现代化目标,要求把我国建设成为富强民主文明和谐美丽的社会主义现代化强国。具体目标是,到 2035 年,美丽中国目标基本实现。到 2049 年,全面提升我国的物质文明、政治文明、精神文明、社会文明、生态文明。这样,就完整勾勒出我国生态文明的未来愿景。这一科学构想与西方“生态现代化”的理论和模式存在原则区别。第一,西方生态现代化是一种维护资本主义制度的绿色资本主义理论和模式。“不是将资本主义社会的扩张特征推断为环境衰退的主要原因,相反,生态现代化流派将问题定位在引导生产和消费上,独立于其所建立的政治体制之外。”①与之不同,习近平生态文明思想将生态文明看作是社会主义现代化的内在目标和追求,是实现社会主义全面发展的科学选择。第二,西方生态现代化是一种自反式现代化理论和模式。这种理论和模式是在反思和批判传统现代化道路的生态弊端的基础上产生的,试图在生态维度上再度实现现代化,具有明显的补救性。与之不同,习近平生态文明思想是在预防性和前瞻性的意义上将生态目标嵌入现代化目标体系当中,并从国家发展战略的高度提出了建设生态文明的战略目标和步骤。美丽中国目标不仅意味着生态现代化是中国现代化的一个重要构成方面,而且意味着中国现代化(社会发展)始终要遵循生态化的原则和方向,形成人与自然和谐共生的现代化建设新格局。

2. 努力走向社会主义生态文明新时代

从其现实发生来看,生态文明概念确实是在反思和批判工业文明之生态

① Renato J.Orsato and Stewart R.Clegg,“Radical Reformism:Towards Critical Ecological Modernization”,*Sustainable Development*,Vol.13,No.4,2005,pp.253-267.

弊端的过程中提出的,但我们不能由此推断出生态文明是取代和超越工业文明的新文明形态。

第一,工业文明是人类文明不可跨越的阶段。大工业第一次把生产过程变成一个自觉运用科技的过程,使其创造的物质财富超过了以往一切时代的总和。大工业第一次将人类历史转变成为世界历史,打破了闭关锁国的状态,促进了普遍交往。当资产阶级仍然保持着特殊民族利益的时候,“大工业却创造了这样一个阶级,这个阶级在所有的民族中都具有同样的利益,在它那里民族独特性已经消灭,这是一个真正同整个旧世界脱离而同时又与之对立的阶级”①。没有工业文明就没有无产阶级。对于中国这样的发展中社会主义大国来说,实现工业化对于民族复兴具有异乎寻常的意义。试问:如果用生态文明取代和超越工业文明,是否意味着要取代和超越无产阶级及其政党?是否意味着要取代和超越社会主义?是否意味着我们在西方霸权面前束手待毙?

第二,生态文明和工业文明不是一个序列的概念。可以按照不同的标准划分社会形态(文明形态)。从经济社会形态来看,可以将人类社会发展划分为“五种形态”。从技术社会形态来看,“纵观世界文明史,人类先后经历了农业革命、工业革命、信息革命”②。从人的发展来看,可以将人类社会划分为人对人的依赖、人对物的依赖、人的自由而全面发展三个阶段。可见,农业文明、工业文明、信息文明(智能文明)是同一个序列的概念,生态文明不属于这个序列。当然,退回农业文明、否认工业文明、拒绝智能文明,都不能建成生态文明。同时,没有生态文明,农业文明、工业文明、智能文明也难以持续。由于人与自然的关系受人与社会关系的制约和影响,因此,只有在农业文明、工业文明、智能文明共同发展的基础上,实现人的自由而全面的发展,走向社会主义和共产主义,我们才能建成生态文明。生态文明与物质文明、政治文明、精神

① 《马克思恩格斯文集》第1卷,人民出版社2009年版,第567页。

② 《习近平关于科技创新论述摘编》,中央文献出版社2016年版,第86页。

文明、社会文明是属于同一个序列的范畴。

第三,社会主义生态文明代表着生态文明的发展方向。资本主义生态危机将人类文明推向了毁灭边缘。根据世界现代化的经验,我们必须坚持走社会主义道路,坚持走社会主义工业化道路、中国式工业化道路、新型工业化道路,既要协调推进物质文明、政治文明、精神文明、社会文明、生态文明,又要统筹新型工业化、信息化、城镇化、农业现代化和绿色化(统筹推进农业革命、工业革命、信息革命、生态革命),努力走向社会主义生态文明新时代。显然,只有社会主义生态文明才代表着生态文明的科学发展方向。

3. 坚持人道主义和自然主义相统一的共产主义理想

我们必须始终坚持共产主义远大理想。“中国共产党之所以叫共产党,就是因为从成立之日起我们党就把共产主义确立为远大理想。”①在生产力高度发展和私有制消灭的基础上,随着“三大差别”和阶级对立的消失,随着人的自由而全面的发展,自由人联合体将合理地调控人与自然之间的物质变换,实现人道主义和自然主义的统一(马克思),实现人与社会的和解、人与自然的和解(恩格斯)。共产主义同样是生态文明高度发达的社会。试问:哪一种生态文明理论和模式能够超越人道主义和自然主义相统一的普照之光?能够超越人与社会、人与自然双重和解的普照之光?我们必须进一步完善社会主义制度,牢记人道主义和自然主义相统一的共产主义理想,努力将人的发展和绿色发展统一起来,按照美的规律建设好美丽中国,让人民群众在绿水青山中共享自然之美、生态之美、生活之美。

习近平生态文明思想坚持共同理想和远大理想的统一,要求把我国建设成为富强民主文明和谐美丽的社会主义现代化强国,号召我们走向社会主义生态文明新时代,努力实现人道主义和共产主义相统一的共产主义理想,形成

---

① 《习近平谈治国理政》第2卷,外文出版社2017年版,第34页。

了对生态文明的社会主义和共产主义未来愿景的科学看法，达到了对社会主义生态文明的高度的科学自信和自觉。这是习近平社会主义生态文明观的第三重贡献。

总之，从生态文明建设的社会主义意识形态、社会主义政治规定、社会主义和共产主义未来愿景等方面，习近平生态文明思想系统地揭示出了社会主义生态文明的内在规定和本质特征，成为社会主义生态文明观的集大成者和科学典范。只有坚持以习近平生态文明思想为根本遵循，我们才能达到对社会主义生态文明的科学自信和高度自觉。

四、坚持人类文明新形态的自觉和自信

生态文明是人类文明新形态的重要内容和显著特色。人类文明新形态集中彰显着中国特色社会主义道路的文明论意义和文明论贡献。中国式现代化新道路和人类文明新形态统一于中国特色社会主义，是中国特色社会主义的伟大创造成果。由于始终坚持中国特色社会主义道路、理论、制度、文化的自觉和自信，党领导人民才创造出了人类文明新形态。在生态文明建设问题上，我们必须坚持这样的自觉和自信。

（一）创造人类文明新形态的道路抉择

以工业化为基础和核心的现代化是人类社会发展不可跨越的阶段。但存在着资本主义工业化和社会主义工业化、苏联式工业化和中国式工业化、传统工业化和新型工业化的区分。围绕着这些抉择，中国共产党人开辟出了中国特色社会主义道路。

尽管资本具有伟大的文明创造作用，但是，也具有强烈的破坏性。建立在“羊吃人”基础上的西方现代化，造成了严重的经济危机和生态危机，通过经济榨取和军事侵略等方式把一切民族甚至是最野蛮的民族都卷入文明中来

了。所以,中国不能走资本主义道路,只能走社会主义道路。

社会主义没有千篇一律的模式,必须将马克思主义基本原理与各国的具体实际结合起来。通过计划经济的方式实现重工业优先的战略,是苏联模式的重要特征。但中国和苏联的国情不同。况且,苏联模式后来出现了僵化问题。邯郸学步从来不可能成功。因此,中国的现代化建设,必须坚持正确处理农轻重的关系。进而,必须坚持把马克思主义基本原理与中国具体实际相结合,走自己的道路,建设中国特色社会主义。这是我们党总结长期历史经验得出的科学结论。

中国特色社会主义道路是追求全面发展和全面进步的道路。我们坚持重点和全面的统一,既坚持以经济建设为中心,又坚持全面推进经济建设、政治建设、文化建设、社会建设、生态文明建设,力求把我国建设成为富强民主文明和谐美丽的社会主义现代化强国。我们坚持秩序和活力的统一,既坚持四项基本原则,又坚持改革开放,力求在满足人民美好生活需要的基础上把改革发展稳定统一起来。我们坚持物的发展和人的发展的统一,既不断解放和发展社会生产力,又不断实现共享发展、共同富裕、人的全面发展,力求协同推进人民富裕、国家强盛、中国美丽。可见,推动物质文明、政治文明、精神文明、社会文明、生态文明协调发展,是中国特色社会主义道路的重要内容和要求,明确了人类文明新形态的系统构成。

中国特色社会主义道路是由诸多具体道路构成的我国发展的总道路。习近平总书记指出:“从茹毛饮血到田园农耕,从工业革命到信息社会,构成了波澜壮阔的文明图谱,书写了激荡人心的文明华章。”①为了顺应现代化发展浪潮和避免传统工业化弊端,我们坚持信息化和工业化的双向良性互动,坚持走一条科技含量高、经济效益好、资源消耗低、环境污染少、安全条件有保障、人力资源优势得到充分发挥的新型工业化道路,坚持统筹推进新型工业

① 《习近平谈治国理政》第1卷,外文出版社2018年版,第258页。

化、城镇化、信息化、农业现代化和绿色化。这就是要按照生态文明理念，以跨越式发展的方式，系统吸收农业文明、工业文明、信息文明的一切精华，推动文明形态的持续演进。显然，新型工业化道路是中国特色社会主义道路的组成方面和基本规定，要求我们建设的现代化必须成为人与自然和谐共生的现代化。这样，就明确了人类文明新形态的可持续演进路线。

总之，中国特色社会主义道路，完善了文明要素的系统构成，指明了文明形态的演进方向，是创造人类文明新形态的必由之路。生态文明是中国特色社会主义道路的重要内容和要求。建设生态文明，必须坚持中国特色社会主义道路自觉和自信。

（二）创造人类文明新形态的理论抉择

资本主义现代化是一个自然发生过程，社会主义现代化是一个自觉创造过程。在马克思主义的指导下，我们开拓出了中国特色社会主义事业，形成了中国特色社会主义理论体系，开启和加快了中国现代化的历史进程。中国特色社会主义理论体系是中国特色社会主义的重要内容和行动指南。党的十八大以来，我们党不断丰富中国特色社会主义的实践、理论、民族、时代等特色，形成了习近平新时代中国特色社会主义思想。作为当代中国马克思主义和二十一世纪马克思主义，习近平新时代中国特色社会主义思想为创造人类文明新形态提供了科学指南。

坚持以物为本还是坚持以人为本，是资本主义现代化和社会主义现代化的根本区别。按照以人民为中心的发展思想，我们党坚持将满足人民群众的美好生活需要作为现代化的出发点。人民群众的美好生活需要包括方方面面，我国现代化既坚持创造更多物质财富和精神财富以满足人民日益增长的物质文化需要，也坚持提供更多优质生态产品以满足人民日益增长的优美生态环境需要。我们党坚持将实现人的全面发展作为现代化的价值目标。人的本质是一切社会关系的总和，因此，必须将人的现代化上升为人的全面发展，通过实现人与自然、人与社会、人与自身等方面的和谐发展来实现人的素质和能力的全面提升。以人民为中心内在地要求实现各种文明要素的全面发展和协调发展。这样,就明确了现代化的价值取向。

按照共同富裕的社会主义本质要求和共享发展的科学理念,我国现代化必须成为人民群众共有共建共治共享的伟大事业。我们始终坚持公有制的主体地位,为保证共有提供了经济基础。我们始终坚持人民主体地位,充分发挥人民群众在国家发展和国家治理中的主体作用,实现了共建和共治。我们始终坚持全面共享,坚持让全体人民共享我国经济、政治、文化、社会、生态等方面的建设成果,坚持保障全体人民在各方面的正当权益。这表明,我们要实现的现代化是社会主义现代化。社会主义是人类文明新形态的社会制度依托。

实现人与自然和谐共生是现代化的重要主题。西方现代化走过了一条先污染后治理的弯路。我国现代化必须成为人与自然和谐共生的现代化。党的十八大以来,我们党系统形成了习近平生态文明思想。习近平生态文明思想是习近平新时代中国特色社会主义的重要内容和突出贡献。"绿水青山就是金山银山"是其核心内涵。绿水青山是自然财富、生态财富与经济财富、社会财富的统一,发展生态经济是生态环境优势转化为社会经济优势的途径。实践表明,绿色化和现代化能够实现统一。绿色化既是现代化的重要方面,又是现代化的前提条件。这样,就指明了现代化的永续方向。

总之,中国特色社会主义理论体系尤其是习近平新时代中国特色社会主义思想,为我们创造人类文明新形态提供了科学的理论指南。习近平生态文明思想是社会主义生态文明观的集大成者。生态文明是中国化马克思主义提出的原创性的理论创新概念。建设生态文明,必须坚持对中国特色社会主义理论的自觉和自信。

(三)创造人类文明新形态的制度抉择

制度问题更带有根本性、全局性、稳定性和长期性,制度建设是现代化建设的重要方面。在建立社会主义制度的基础上,我们形成和发展了中国特色社会主义制度。中国特色社会主义制度是中国特色社会主义的重要内容和制度保障,为创造人类文明新形态提供了强大的制度保障。

没有民主,就没有社会主义现代化。为了切实保障人民的民主权利,必须实现民主的制度化和法治化,加强社会主义政治文明建设。建设社会主义政治文明,最为根本的是坚持党的领导、人民当家作主和依法治国的统一。在此前提下,我们始终坚持国家层面的民主制度和基层民主制度的统一,始终坚持发展全过程民主。这种民主最具有广泛性、真实性、有效性,超越了资本主义民主,推动形成了中国特色社会主义政治发展道路。

制度体系是政治发展道路的体现和表现。中国特色社会主义制度是一个分层次、多领域的纵横交错的完整体系。我们坚持将人民代表大会的根本政治制度与中国共产党领导的多党合作和政治协商制度、民族区域自治制度、基层民主制度等基本政治制度以及具体政治制度和体制统一起来。同时,我们坚持把政治制度与经济、文化、社会、生态等方面的制度统一起来。在此基础上,为了使制度体系适应和促进现代化,我们坚持全面深化改革,大力推进国家治理体系和治理能力的现代化。通过推进国家治理体系和治理能力现代化,我们在经济、政治、文化、社会、生态等方面完善了相互衔接、相互联系的一整套制度体系和治理体系,实现了社会主义制度的自我完善和自我发展。国家治理体系和治理能力现代化,完善了现代化建设的内容,为现代化建设提供了治理保障。

我国国家制度和国家治理体系具有多方面的显著优势。坚持党的集中统一领导是我们的最大优势,明确了中国特色社会主义事业的领导力量。例如,我们加强党对生态文明建设的领导,推出了“党政同责、一岗双责”、中央环保督察等党内制度和法规,完善了生态文明制度体系,推动我国生态文明建设发生了历史性转折性全局性的变化。这是我国生态文明领域国家治理的重要特色和显著优势。同时,集中力量办大事的新型举国体制也是我国的显著制度优势。正是由于充分发挥这一优势,我国取得了新冠疫情防控的重大战略成果,取得了脱贫攻坚战的全面胜利,集中彰显着社会主义制度的优越性。当下,我们要切实有效地将制度优势转化为治理效能。

总之,中国特色社会主义制度是具有鲜明中国特色、明显制度优势、强大自我完善能力的先进制度,是人类文明新形态的制度文明成果和根本制度保障。生态文明制度是中国特色社会主义制度的重要内容和表现。建设生态文明,必须坚持中国特色社会主义制度的自觉和自信。

(四)创造人类文明新形态的文化抉择

人的发展需要身心平衡发展,社会发展需要物质文明和精神文明的协调发展。在建设中国特色社会主义伟大实践中,我们大力推进文化现代化,形成和发展了中国特色社会主义文化。中国特色社会主义文化,是中国特色社会主义的文化形态和精神力量,为创造人类文明新形态提供了科学的精神支撑。

我们坚持以综合创新的方式实现文化现代化,努力将古往今来的一切文化要素融会贯通,以生成和创造社会主义新文化和新文明。这主要涉及中华文明、西方文明、马克思主义三种资源,但首要问题是坚持马克思主义的指导地位。马克思主义文明理论是关于文明问题的科学理论。从文明基础来看,文明是由人民群众实践创造的成果,被视为文明社会"野蛮人"的工人阶级将成为文明发展的实践主体。从文明形态来看,按照技术进步尺度,人类社会经历了蒙昧、野蛮、文明三个时代。文明时代即阶级社会,在技术社会形态上又经历了农业文明、工业文明、智能文明等发展阶段。在资本文明二重性激化的社会矛盾的基础上,人类最终必然会走向共产主义新文明,实现人的自由而全面的发展。从文明要素来看,按照社会结构领域划分,文明系统是由物质文明、政治文明、精神文明、社会文明、生态文明等构成的整体。在总体上,文明是一个整体的进步过程。因此,我们始终坚持在马克思主义的指导下融通各种文明资源。

就中国文化历史发展来看，我们坚持在中国特色社会主义伟大实践基础上贯通中华优秀传统文化、革命文化、社会主义先进文化。其中，科学对待中国传统文化是一个重要问题。中华优秀传统文化同样积淀了人类文明发展一般规律的科学认知成果、劳动人民创造的物质文化成果。按照习近平总书记关于坚持把马克思主义基本原理同中华优秀传统文化相结合、推动中华文明创造性转化和创新性发展的要求，我们应该坚持古为今用、推陈出新。例如，以尊重自然规律的马克思主义唯物主义为指导，在生态科学等当代科学的基础上，“天人合一”“中和位育”“民胞物与”等中华优秀传统文化可以成为生态文明建设的历史资源，可以增强我们对抗西方中心论和生态中心论的文化自信。

随着全球化的发展，中华文化和西方文化、中华文明和西方文明必然会相遇、相撞，但终究会相容、相融。马克思恩格斯指出，“世界历史”的发展会导致“世界的文学”的产生。我们坚持文明交流互鉴，大力弘扬和平、发展、公平、正义、民主、自由的全人类共同价值，大力构建人类命运共同体，推动建设持久和平、普遍安全、共同繁荣、开放包容、清洁美丽的世界。这样，彻底终结了西方中心论和“文明冲突论”。文明交流互鉴为创造人类文明新形态提供了适宜的国际文化环境，是人类文明新形态的重要内容和基本要求。

可见，我们坚持不忘本来、吸收外来、面向未来的统一，实现了中国特色社会主义文化的创新发展，为创造人类文明新形态提供了有力的精神支撑。生态文化是中国特色社会主义文化的重要内容。建设生态文明必须坚持对中国特色社会主义文化的自觉和自信。

总之，中国特色社会主义明确了我国现代化的发展道路、理论指引、制度保障和精神力量，具有普遍的发展观和文明论的双重意义和双重价值，不仅昭示着现代化的普遍未来，而且创造了人类文明新形态。我们不能脱离中国特色社会主义道路、理论、制度、文化来看待人类文明新形态，必须坚持对人类文明新形态的自觉和自信。对待生态文明，更是如此。

主要参考文献

《马克思恩格斯文集》第1—10卷，人民出版社2009年版。

《马克思恩格斯全集》第2卷，人民出版社1957年版。

《马克思恩格斯全集》第19卷，人民出版社1963年版。

《马克思恩格斯全集》第31卷，人民出版社1972年版。

《马克思恩格斯全集》第35卷，人民出版社1971年版。

《马克思恩格斯全集》第39卷，人民出版社1974年版。

《马克思恩格斯全集》第1卷，人民出版社1995年版。

《马克思恩格斯全集》第26卷，人民出版社2014年版。

《马克思恩格斯全集》第37卷，人民出版社2019年版。

恩格斯：《自然辩证法》，人民出版社1984年版。

《列宁专题文集》，人民出版社2009年版。

广州市环境保护宣传教育中心：《马克思恩格斯论环境》，中国环境科学出版社2003年版。

《毛泽东文集》第1—8卷，人民出版社1999年版。

《毛泽东著作专题摘编》，中央文献出版社2003年版。

《毛泽东论林业（新编本）》，中央文献出版社2003年版。

《邓小平文选》第1—3卷，人民出版社1993、1994年版。

《江泽民文选》第1—3卷，人民出版社2006年版。

《胡锦涛文选》第1—3卷，人民出版社2016年版。

《习近平谈治国理政》第1—3卷，外文出版社2018、2017、2020年版。

《习近平关于科技创新论述摘编》，中央文献出版社2016年版。

《习近平关于社会主义经济建设论述摘编》,中央文献出版社 2017 年版。

《习近平关于社会主义社会建设论述摘编》,中央文献出版社 2017 年版。

《习近平关于社会主义生态文明建设论述摘编》,中央文献出版社 2017 年版。

《习近平关于总体国家安全观论述摘编》,中央文献出版社 2018 年版。

《习近平关于统筹疫情防控和经济社会发展重要论述选编》,中央文献出版社 2020 年版。

习近平:《论党的宣传思想工作》,中央文献出版社 2020 年版。

习近平:《论把握新发展阶段、贯彻新发展理念、构建新发展格局》,中央文献出版社 2021 年版。

习近平:《论坚持人与自然和谐共生》,中央文献出版社 2022 年版。

习近平:《之江新语》,浙江人民出版社 2007 年版。

习近平:《中德携手合作造福中欧和世界》,《人民日报》2014 年 3 月 29 日。

习近平:《让工程科技造福人类、创造未来——在 2014 年国际工程科技大会上的主旨演讲》,《人民日报》2014 年 6 月 4 日。

习近平:《决胜全面建成小康社会　夺取新时代中国特色社会主义伟大胜利——在中国共产党第十九次全国代表大会上的报告》,《人民日报》2017 年 10 月 28 日。

习近平:《在庆祝改革开放 40 周年大会上的讲话》,《人民日报》2018 年 12 月 19 日。

习近平:《在第七十五届联合国大会一般性辩论上的讲话》,《人民日报》2020 年 9 月 23 日。

习近平:《在庆祝中国共产党成立 100 周年大会上的讲话》,《人民日报》2021 年 7 月 2 日。

习近平:《为打赢疫情防控阻击战提供强大科技支撑》,《求是》2020 年第 6 期。

习近平:《团结合作是国际社会战胜疫情最有力武器》,《求是》2020 年第 8 期。

习近平:《高举中国特色社会主义伟大旗帜　为全面建设社会主义现代化国家而团结奋斗——在中国共产党第二十次全国代表大会上的报告》,《人民日报》2022 年 10 月 26 日。

《新时期环境保护重要文献选编》,中央文献出版社、中国环境科学出版社 2001 年版。

《中华人民共和国国民经济和社会发展第十二个五年规划纲要》,人民出版社 2011 年版。

《中共中央关于全面深化改革若干重大问题的决定》,《人民日报》2013 年 11 月 16 日。

《中共中央关于全面推进依法治国若干重大问题的决定》,《人民日报》2014 年 10 月 29 日。

《中共中央国务院关于加快推进生态文明建设的意见》,《人民日报》2015 年 5 月 6 日。

《中共中央国务院印发〈生态文明体制改革总体方案〉》,《人民日报》2015 年 9 月 22 日。

《中共中央国务院关于全面加强生态环境保护坚决打好污染防治攻坚战的意见》,《人民日报》2018 年 6 月 25 日。

《全国人民代表大会常务委员会关于全面加强生态环境保护依法推动打好污染防治攻坚战的决议》,《人民日报》2018 年 7 月 11 日。

《中共中央关于坚持和完善中国特色社会主义制度　推进国家治理体系和治理能力现代化若干重大问题的决定》,《人民日报》2019 年 11 月 6 日。

《中办国办印发〈指导意见〉构建现代环境治理体系》,《人民日报》2020 年 3 月 4 日。

《中共中央国务院关于新时代加快完善社会主义市场经济体制的意见》,《人民日报》2020 年 5 月 19 日。

《中共中央关于制定国民经济和社会发展第十四个五年规划和二〇三五年远景目标的建议》,《人民日报》2020 年 11 月 4 日。

《中共中央国务院关于深入打好污染防治攻坚战的意见》,《人民日报》2021 年 11 月 8 日。

《中共中央关于党的百年奋斗重大成就和历史经验的决议》,《人民日报》2021 年 11 月 17 日。

《中国 21 世纪议程——中国 21 世纪人口、环境与发展白皮书》,中国环境科学出版社 1994 年版。

《中国环境保护 21 世纪议程——中国 21 世纪人口、环境与发展白皮书》,中国环境科学出版社 1994 年版。

中华人民共和国国务院新闻办公室:《中国应对气候变化的政策与行动》,《人民日报》2021 年 10 月 28 日。

《中华人民共和国生物安全法》,《人民日报》2020 年 11 月 27 日。

中华人民共和国应急管理部:《应急管理部发布 2021 年前三季度全国自然灾害情况》,2021 年 10 月 10 日,见 https://www.mem.gov.cn/xw/yjglbgzdt/202110/t20211010_399762.shtml。

国务院:《国务院关于加快建立健全绿色低碳循环发展经济体系的指导意见》,2021 年 2 月 2 日,见 http://www.gov.cn/zhengce/content/2021-02/22/content_5588274.htm。

《中华人民共和国环境保护法》,2014 年 4 月 24 日,见 http://www.npc.gov.cn/npc/c10134/201404/6c982d10b95a47bbb9ccc7a321bdec0f.shtml。

中国环境报社编译:《迈向 21 世纪——联合国环境与发展大会文献汇编》,中国环境科学出版社 1992 年版。

国家环境保护局译:《21 世纪议程》,中国环境科学出版社 1993 年版。

中日韩环境教育读本编委会:《中日韩青少年环境教育活动案例集》,北京科学技术出版社 2005 年版。

日本环境会议《亚洲环境情况报告》编辑委员会:《亚洲环境情况报告》第 1 卷,周北海等译,中国环境科学出版社 2005 年版。

[美]赫伯特 · 马尔库塞:《单面人》,湖南人民出版社 1988 年版。

[德]A.施密特:《马克思的自然概念》,欧力同等译,商务印书馆 1988 年版。

[美]弗洛姆:《弗洛姆著作精选:人性、社会、拯救》,黄颂杰编译,上海人民出版社 1989 年版。

[加]本 · 阿格尔:《西方马克思主义概论》,慎之等译,中国人民大学出版社 1991 年版。

[加]威廉 · 莱斯:《自然的控制》,岳长龄、李建华译,重庆出版社 1993 年版。

[美]詹姆斯 · 奥康纳:《自然的理由——生态学马克思主义研究》,唐正东等译,南京大学出版社 2003 年版。

[英]戴维 · 佩珀:《生态社会主义:从深生态学到社会正义》,刘颖译,山东大学出版社 2005 年版。

[美]约翰 · 贝拉米 · 福斯特:《马克思的生态学——唯物主义与自然》,刘仁胜、肖峰译,高等教育出版社 2006 年版。

[美]约翰 · 贝拉米 · 福斯特:《生态危机与资本主义》,耿建新、宋兴无译,上海译文出版社 2006 年版。

[美]大卫 · 哈维:《希望的空间》,胡大平译,南京大学出版社 2006 年版。

[印]萨拉 · 萨卡:《生态社会主义还是生态资本主义》,张淑兰译,山东大学出版社 2008 年版。

[美]戴维 · 哈维:《正义、自然和差异地理学》,胡大平译,上海人民出版社 2010 年版。

[英]纳森 · 休斯:《生态与历史唯物主义》,张晓琼、侯晓滨译,江苏教育出版社

2011 年版。

[英]特德·本顿:《生态马克思主义》,曹荣湘等译,社会科学文献出版社 2013 年版。

[美]约翰·贝拉米·福斯特:《生态革命——与地球和平相处》,刘仁胜等译,人民出版社 2015 年版。

[美]乔尔·科威尔:《自然的敌人——资本主义的终结还是世界的毁灭?》,杨燕飞、冯春涌译,中国人民大学出版社 2015 年版。

[加]威廉·莱斯:《满足的限度》,李永学译,商务印书馆 2016 年版。

[法]安德烈·高兹:《资本主义,社会主义,生态——迷失与方向》,彭姝祎译,商务印书馆 2018 年版。

[英]E.F.舒马赫:《小的是美好的》,虞鸿钧、郑关林译,商务印书馆 1984 年版。

[日]星野芳郎:《未来文明的原点》,毕晓辉等译,哈尔滨工业大学出版社 1985 年版。

[英]安德鲁·韦伯斯特:《发展社会学》,陈一筠译,华夏出版社 1987 年版。

[英]E.戈德史密斯:《生存的蓝图》,程福祜译,中国环境科学出版社 1987 年版。

[德]卡尔·雅斯贝斯:《历史的起源和目标》,魏楚雄等译,华夏出版社 1989 年版。

[苏]舍梅涅夫:《哲学和技术科学》,张斌译,中国人民大学出版社 1989 年版。

[埃及]莫斯塔法·卡·托尔巴:《论持续发展——约束和机会》,朱跃强等译,中国环境科学出版社 1990 年版。

[德]汉斯·萨克塞:《生态哲学》,文韬等译,东方出版社 1991 年版。

[美]蕾切尔·卡逊:《寂静的春天》,吕瑞兰等译,吉林人民出版社 1997 年版。

[美]丹尼斯·米都斯:《增长的极限》,李宝恒译,吉林人民出版社 1997 年版。

[美]芭芭拉·沃德、勒内·杜博斯:《只有一个地球》,《国外公害丛书》编委会译校,吉林人民出版社 1997 年版。

[美]查伦·斯普瑞特奈克:《真实之复兴》,张妮妮译,中央编译出版社 2001 年版。

[英]安德鲁·多布森:《绿色政治思想》,郇庆治译,山东大学出版社 2005 年版。

[法]塞尔日·莫斯科维奇:《还自然之魅——对生态运动的思考》,庄晨燕译,生活·读书·新知三联书店 2005 年版。

[美]彼得·S.温茨:《环境正义论》,朱丹琼等译,上海人民出版社 2007 年版。

[澳]薇尔·普鲁姆德:《女性主义与对自然的主宰》,马天杰等译,重庆出版社

2007 年版。

[澳]约翰·德赖泽克:《地球政治学:环境话语》,蔺雪春等译,山东大学出版社 2008 年版。

[荷]阿瑟·莫尔、[美]戴维·索南菲尔德:《世界范围的生态现代化——观点和关键争论》,张鲲译,商务印书馆 2011 年版。

[美]赫尔曼·E.达利、小约翰·B.柯布:《21 世纪生态经济学》,王俊等译,中央编译出版社 2015 年版。

[德]马丁·海德格尔:《海德格尔文集　林中路》,孙周兴译,商务印书馆 2015 年版。

[美]尤金·奥德姆:《生态学——科学与社会之间的桥梁》,何文珊译,高等教育出版社 2017 年版。

[英]迪特尔·赫尔姆:《自然资本:为地球估值》,蔡晓璐、黄建华译,中国发展出版社 2017 年版。

Andre Gorz, *Ecology as Politics*, Boston: South End Press, 1980.

Arran Gare, *The Philosophical Foundations of Ecological Civilization: A Manifesto for the Future*, London: Routledge, 2017.

Frederick W.Mote, *Intellectual Foundations of China*, New York: Alfred A.Knopf, 1971.

Howard L. Parsons (Edited), *Marx and Engels on Ecology*, london: Greenwood Press, 1977.

John Bellamy Foster, Brett Clark and Richard York, *The Ecological Rift: Capitalism's War on the Earth*, New York: Monthly Review Press, 2010.

Kohei Saito, *Karl Marx's Ecosocialism: Capital, Nature, and the Unfinished Critique of Political Econom*, New York: Monthly Review Press, 2017.

Martin Jänicke, On Ecological and Political Modernization, *The Ecological Modernisation Reader: Environmental Reform in Theory and Practice*, London and New York: Routledge, 2009.

Michael E.Zimmerman (Edited), *Environmental Philosophy: From Animal Rights to Radical Ecology*, New Jersey: Prentice Hall, 1993.

Paul Burkett, *Marx and Nature: A Red and Green Perspective*, New York: St. Marlin's Press, 1999.

Paul Burkett, *Marxism and Ecological Economics: Toward a Red and Green Political Economy*, Boston: Brill, 2006.

Willian J · Mitsch etc.(Edited),*Ecological Engineering:An Introduction to Ecotechnology*,New York:A Wiley-Interscience Publication,John Wiley & Sons,1984.

Alain Lipietz,"Political Ecology and the Future of Marxism",*Capitalism Nature Socialism*,Vol.11,No.1,2000.

Arran Gare,"Marxism and the Problem of Creating an Environmentally Sustainable Civilization in China",*Capitalism Nature Socialism*,Vol.19,No.1,2008.

Arthur P.J.Mol,"Environment and Modernity in Transitional China:Frontiers of Ecological Modernization",*Development and Change*,Vol.37,No.1,2006.

Cho Myung-Rae,"Emergence and Evolution of Environmental Discourses in South Korea",*Korea Journal*,Vol.44,No.3,2004.

HwaYol Jung,"The Harmony of Man and Nature: A Philosophic Manifesto",*Philosophical Inquiry*,Vol.8,No.1-2,1996.

Iring Fetscher,"Conditions for the survival of humanity:on the Dialectics of Progress",*Universitas*,Vol.20,No.3,1978.

Joel Kovel.Ecosocialism,"Global Justice,and Climate Change",*Capitalism Nature Socialism*,Vol.19,No.2,2008.

John Bellamy Foster and Brett Clark,"Marxism and the Dialectics of Ecology",*Monthly Review*,Vo.68,No.5,2016.

John Bellamy Foster and Brett Clark,Marxism and the Dialectics of Ecology,*Monthly Review*,Vo.68,No.5,2016.

John Bellamy Foster and Intan Suwandi,"COVID19 and Catastrophe Capitalism",*Monthly Review*,Vol.72,No.2,2020.

John Bellamy Foster,"Marx's ecology in historical perspective",*International Socialism Journal*,Vol.2,No.96,2002.

John Bellamy Foster,"The Great Capitalist Climacteric Marxism and 'System Change Not Climate Change'",*Monthly Review*,Vol.67,No.6,2015.

Juliet Bedford,et al,"A New Twenty-first Century Science for Effective Epidemic Response",*Nature*Vol.575,No.7,2019.

Kim Pan Suk,"The Development of Korean NGOs and Governmental Assistance to NGOs",*Korea Journal*,Vol.2,No.42,2002.

Lee See-jae,"Environmental Movement in Korea and Its Political Empowerment",*Korea Journal*,Vol.40,No.3(Autumn 2000).

Michael Löwy, "What Is Ecosocialism?" *Capitalism Nature Socialism*, Vol. 16, No. 2,2015.

Renato J.Orsato and Stewart R.Clegg,"Radical Reformism:Towards Critical Ecological Modernization",*Sustainable Development*,Vol.13,No.4,2005.

策划编辑：毕于慧
责任编辑：邓浩迪
封面设计：王欢欢
版式设计：岳秋婧

图书在版编目（CIP）数据

生态文明建设的系统进路研究/张云飞 著. —北京：人民出版社，2023.5
ISBN 978－7－01－025631－3

Ⅰ.①生… Ⅱ.①张… Ⅲ.①生态文明-建设-研究-中国 Ⅳ.①X321.2

中国国家版本馆 CIP 数据核字（2023）第 071677 号

生态文明建设的系统进路研究

SHENGTAI WENMING JIANSHE DE XITONG JINLU YANJIU

张云飞 著

人民出版社 出版发行
（100706 北京市东城区隆福寺街 99 号）

中煤（北京）印务有限公司印刷 新华书店经销

2023 年 5 月第 1 版 2023 年 5 月北京第 1 次印刷
开本：710 毫米×1000 毫米 1/16 印张：36.25
字数：550 千字

ISBN 978－7－01－025631－3 定价：132.00 元

邮购地址 100706 北京市东城区隆福寺街 99 号
人民东方图书销售中心 电话（010）65250042 65289539